网络安全系统集成

主　编 鲁先志　何　倩
副主编 罗　攀　汪双顶

中国水利水电出版社
www.waterpub.com.cn
・北京・

内 容 提 要

本书根据网络安全运维工程师岗位的工作任务和所需技能提炼设计出7个工作模块，并按照“工作模块”→“工作任务”→“职业能力”的思路细化出完成基本工作任务所需的能力条件。每个模块均包含核心概念、学习目标、基本知识、能力训练、任务实战、学习结果评价和课后作业等部分，强调理论与实践相结合，形成了完整的“学习”→“训练”→“评价”体系，能够更好地帮助学员进行学习和训练。

本书紧密对接世界技能大赛网络安全项目“基础设施搭建和安全加固”模块的竞赛要求。本书共分为两个部分：基础设施搭建和安全加固。基础设施搭建部分涵盖第1至第3个工作模块，依次为规划及部署网络系统、管理交换网络、配置路由协议，系统性地阐述网络系统规划与建设的专业技能。安全加固部分包含第4至第7个工作模块，分别是控制网络安全访问、保护网络通信安全、加固网络基础设施、防御网络攻击，全面地介绍了网络系统安全加固与防护技术。

图书在版编目（CIP）数据

网络安全系统集成 / 鲁先志，何倩主编. -- 北京 ：中国水利水电出版社，2025. 6. -- ISBN 978-7-5226-3440-1

Ⅰ. TP393.08

中国国家版本馆CIP数据核字第2025Y5N968号

策划编辑：寇文杰　责任编辑：张玉玲　加工编辑：王新宇　封面设计：苏敏

书　　名	网络安全系统集成 WANGLUO ANQUAN XITONG JICHENG
作　　者	主　编　鲁先志　何　倩 副主编　罗　攀　汪双顶
出版发行	中国水利水电出版社 （北京市海淀区玉渊潭南路1号D座　100038） 网址：www.waterpub.com.cn E-mail：mchannel@263.net（答疑） sales@mwr.gov.cn 电话：（010）68545888（营销中心）、82562819（组稿）
经　　售	北京科水图书销售有限公司 电话：（010）68545874、63202643 全国各地新华书店和相关出版物销售网点
排　　版	北京万水电子信息有限公司
印　　刷	三河市德贤弘印务有限公司
规　　格	184mm×260mm　16开本　21.75印张　509千字
版　　次	2025年6月第1版　2025年6月第1次印刷
印　　数	0001—3000册
定　　价	76.00元

凡购买我社图书，如有缺页、倒页、脱页的，本社营销中心负责调换

序　言　1

近年来，伴随着第45届世界技能大赛正式增设“网络安全”项目，世界技能组织所制定的技能标准逐渐成为专业教育中的重要指引。在培育网络安全专业人才的过程中，世界技能大赛提供了扎实的实战化平台。该项目技术文件所载明的赛项技术说明与世界技能职业标准不仅关注网络安全技术本身，也强调了竞赛评量的多面性，包括系统架构设计、运维与防御、侦测、数字鉴识与漏洞分析等。实践证明，通过技能竞赛能够锻炼学生的综合应用能力，更能考验选手对安全策略的灵活掌握与应变速度。这种“竞技与教学并进”的模式，不仅使学生累积了宝贵的实战经验，还让教师得以不断更新并优化课程内容。

同时，技能竞赛与实务教学的结合亦体现在企业真实案例和国际前沿技术的引入上。在技能人才培养的诸多合作中，本书主编鲁先志老师于推动网络安全教学和技能大赛的落实方面贡献卓著。他曾全程参与第45、46届世界技能大赛网络安全赛项的技术指导与备赛工作，深刻了解国际先进标准与我国行业需求的最佳结合点，并将这些实践经验融入书中。通过他与各专家团队的通力合作，书中的案例既能展现国际新技术，也能呼应职业人才的培养目标，使教材兼具前瞻视野与在校企间搭建桥梁的功能，实现高职院校与产业的无缝衔接。

2023年，我受广东省人力和资源保障厅邀请，带领澳门选手参加了广东省第三届职业技能大赛网络安全项目，当时鲁教授担任裁判长，由此结识。2024年7月，我以世界技能大赛网络安全项目澳门区专家的身份，带领该项目的两位选手赴北京，与鲁教授及国家队成员共同集训，获益良多。

鲁教授在著作中，妙以我国古代的“路引”制度来阐释现代网络安全中的访问控制列表，此等跨域模拟既精妙绝伦，又深入浅出，令人拍案称奇。这一论证不仅展现了他对网络安全领域的深刻洞见，更彰显其兼具文史与科技素养的广博学识。

整体而言，本书具有三大亮点：其一，全面对接世界技能竞赛网络安全项目标准，聚焦“基础设施搭建与安全加固“等关键任务；其二，融入企业真实运维案例并结合竞赛资源，紧贴实务需求；其三，配套多样化的数字资源与评价机制，便于教学应用。此书对高等职业教育以及职工院校等培训机构的网络安全教学均具重要参考价值，可在理论与实际训练之间取得平衡，促进学生“学中做、做中学”的能力养成。综观而言，本书对我国网络安全技能人才的成长益处良多，并为未来在国际竞赛中取得佳绩奠定了稳固基础。

李浩宁
澳门生产力暨科技转移中心
信息系统及科技部 信息科技经理
世界技能组织网络安全专家

序　言　2

在数字化转型的浪潮中，网络安全已成为全球经济发展的重要基石。随着新技术的快速迭代和网络威胁的持续演变，社会对高素质网络安全技术技能人才的需求日益迫切。世界技能大赛作为全球职业技能发展的风向标，其竞赛标准凝聚了国际领先企业、行业专家的智慧结晶。将世界技能大赛网络安全项目的“基础设施搭建和安全加固“模块转化为教育资源，不仅能够为职业院校提供与国际接轨的教学标准，更能帮助打造符合产业发展需求的技能人才培养体系。这项工作对推动各国网络安全人才培养的国际化进程具有重要意义。

我与本书主编鲁先志专家的合作始于 2019 年第 45 届世界技能大赛，在随后的 2021 年英国网络安全挑战赛以及第 47 届世界技能大赛赛前的“网络基础设施”模块友谊邀请赛中，他展现出了卓越的专业能力和对教育事业的执着追求。

这本教材将世界技能大赛网络安全项目的国际标准与创新的教学理念相结合，精心设计了实践案例和丰富的数字资源，为读者构建了一个全方位的技能发展平台。作为世界技能组织推动竞赛成果转化的重要成果之一，这本教材的出版将促进全球网络安全教育的交流与合作，为国际职业教育发展注入新的活力。

K. Sureshkumar

卡马奇·苏雷什·库马尔

英国首席网络安全专家

世界技能组织网络安全项目首席专家

前　言

缘起

2019 年第 45 届世界技能大赛（简称世赛）新增了网络安全赛项，编者作为中国专家参与了该赛项的技术文件开发。赛前经过各国专家讨论，“基础设施搭建和安全加固”被确定为网络安全项目的一个考核模块。该模块的技术路线汲取了中国、英国、日本、俄罗斯和新加坡等世界主要工业国家的意见和建议，并参考了《信息安全管理实施细则》（ISO 17799）和《国际信息安全管理标准体系》（BS 7799）等国际标准，体现了网络安全运维领域的典型工作任务和职业岗位需求。该模块获得了世界技能组织各成员国的一致认可，成为各国网络安全技能竞赛和人才培养的参考标准。

在 2019 年俄罗斯喀山举办的世界技能大赛中，中国选手在该项目获得银牌，并在“基础设施搭建和安全加固”模块中取得全场最高分。作为该项目第 45、46 届中国技术指导专家组组长，编者历经了两届世赛网络安全赛项的参赛备赛工作。在对原国家十二五规划教材《网络安全系统集成》进行改版升级之际，将世赛“基础设施搭建和安全加固”方面的比赛案例和训练资源融入该教材，将世赛成果转化为教学资源，服务于网络安全领域技能人才的培养。

特色

1. 对接世赛标准，产业需求导向开发

本书对接世界技能竞赛网络安全赛项标准，以企业典型的网络安全运维场景为导向，按照网络安全运维领域的典型工作任务和职业岗位需求开发。本书案例源自企业实际工作场景，同时结合了国内外网络安全技能竞赛的实践经验。教材编写团队注重内容的前沿性与实用性，将网络安全运维领域的新技术、新工艺及企业典型案例融入教材，系统整合了世界技能大赛网络安全项目中“基础设施搭建和安全加固”模块的竞赛内容和集训资源并开发形成了一系列实践性强的能力训练案例，使教材内容更加丰富完善。

2. 校企“双元”协同，德技并修育人

本书由经验丰富的教材编写团队倾力打造，团队成员包括长期从事网络安全专业教学的教师、世界技能组织专家以及国内知名网络设备厂商的核心工程师。其中，主编鲁先志担任过第 45、46 届世界技能大赛网络安全项目中国专家，主编何倩是全国技术能手并且拥有丰富的网络安全教学经验；副主编汪双顶则是锐捷科技有限公司的资深安全工程师。此外，印度世界技能竞赛专家、Infosys 公司网络安全工程师 Sangamesh 也为本书提供了专业技术指导。本书以习近平新时代中国特色社会主义思想为指导，创新性地将中华民族抗击侵略的历史故事与我国技能选手参加世界技能大赛的真人事迹融入模块引导和案例情境中，既弘扬了爱国主义精神，又落实了“培养德才兼备的高素质人才”的要求，通过多样化的形式有效深化了教材的课程思政内涵。

3. 虚拟仿真实验环境、数字资源丰富。

本书以 GNS3 网络虚拟仿真软件为载体，结合世界技能大赛网络安全赛项的配套资源，秉承开放共享的精神，供读者自由使用和充分利用。书中所有实验均可在虚拟仿真环境中完成，无需使用商业产品。此外，本书还配备了微课视频、授课 PPT、案例素材和习题库等数字化学习资源，并采用辅学资源标注，通过图标直观地提示读者本书所配套的教学资源类型、内容和用途，从而实现教材内容与教学资源的有机整合，浑然一体。

本书将世界技能大赛领域的网络安全职业技能标准与我国的行业标准和网络安全运维岗位职业能力需求相结合，满足高等职业教育领域网络安全相关专业教学需求。同时，本书也可以作为技工院校开设网络安全专业课程的教材，满足学校人才培养和参赛选手训练的需求。

致谢

本书由重庆电子科技职业大学鲁先志、何倩担任主编，罗攀和锐捷科技有限公司汪双顶任副主编。其中，鲁先志负责统筹教材整体架构和案例设计，并编写工作模块 1 和工作模块 7；何倩负责编写工作模块 5 和工作模块 6；罗攀负责编写工作模块 2、3、4；汪双顶负责将企业实际案例融入教材的能力训练和实践情境中，同时为书中的交换机、路由器等网络设备教学内容提供技术支持和企业应用案例。

本书在编写过程中还得到了世界技能组织多位专家的热心指导，包括来自英国的 Suresh、新加坡的 Peng Hong 和印度的 Sangamesh 等。同时，特别感谢世界技能竞赛中国组委会团队近十年来的持续耕耘与无私奉献，正是他们的不懈努力，使中国技能人才得以在世界舞台上绽放光彩。

编　者

2025 年 1 月

目　　录

工作模块 1

规划及部署网络系统

模块导引

攻坚克难：世界技能大赛背后的匠心传承

第 47 届世界技能大赛赛前，网络安全项目的首席专家苏雷什（Suresh）在技术论坛上发布了一封感谢信。他在信中写道："我想借此机会向中国团队表示衷心的感谢，感谢他们为本项目参赛国家提供了这套庞大的基础设施环境。"时间回到比赛两周前，世界技能大赛网络安全项目管理团队正面临着一个棘手的难题。本项目的 A 模块作为比赛的核心内容必须严格保密，但缺乏实践和交流的机会，来自世界各地的选手们难以快速适应比赛环境。一场友谊赛成了各国团队的共同期望，但由于技术要求高，多数团队难以承担——搭建如此复杂的在线竞赛环境，按照往届经验至少需要两个月的筹备时间。

"让我们迎接这个挑战。"8 月 22 日，中国团队在与苏雷什深入商讨后，毅然接下了这份重任。留给团队的只有短短一周时间，他们需要在这期间完成常规需要两个月才能建成的基础设施环境。这不仅考验着团队的技术实力，更是对团队协作能力的重大考验。中国团队凭借在第 45、46 届世界技能大赛积累的丰富经验，尤其是在"基础设施搭建和安全加固"模块的专业优势，团队全力投入工作，逐步攻克技术难关。从网络架构设计到安全防护部署，从性能测试到应急预案准备，每个环节都精益求精。8 月 27 日，一个能够支持 19 个国家、57 名选手和专家同时在线竞技的网络环境顺利搭建成功。友谊赛得以圆满举办，不仅为各国选手提供了宝贵的实战机会，更彰显了中国团队的责任担当。

"这不仅是一场友谊赛，更是世界技能大赛合作共享精神的生动写照。"一位参与比赛的专家这样评价。诚然，在这次活动中，我们看到的不只是精湛的技术，更有跨越国界的协作与互助精神。中国团队用实际行动诠释了"技能无国界"的理念，展现了大国工匠的风范。

工作任务 1-1：网络需求分析与逻辑设计

任务简介

网络的需求分析是网络开发过程的起始部分，旨在明确用户所需的网络服务和网络性能需求。其主要任务包括以下几个方面：第一，用户需求分析。包括直接与用户交流，了解他们的具体需求。用户的需求通常包括网络延时与可预测响应时间、可靠性、伸缩性和高安全性等。第二，应用需求分析。该部分需要确定网络需要支持的应用类型和功能。常见的应用需求包括文件管理、数据库、文字处理等，并且需要明确这些应用的实时性和非实时性需求等。第三，网络性能需求。该部分需要评估网络的性能指标，如带宽、延迟、抖动和丢包率等。第四，安全需求。需要确保网络系统的安全性，防止未经授权的访问和数据泄露。第五，网络管理需求。包括网络设备的配置和管理、故障排查和性能优化等。

本任务要求学习者了解网络系统集成的体系结构，掌握网络需求分析的基本过程，并能够进行网络开发的逻辑设计。

职业能力 1-1-1：能分析网络需求

一、核心概念

- 网络：通过物理链路连接的多个自治计算机系统，允许这些系统按照共同的网络协议进行通信和资源共享。
- 系统：为实现特定功能以达到某一目标而构成的相互关联的一个集合体。计算机网络中的计算机、交换机、路由器、防火墙、系统软件、应用软件等就体现了一个有机的、协调的集合体。
- 集成：将孤立的事物和元素通过某种方式集中在一起，产生有机联系，从而构成一个有机整体的过程和操作方法。
- 网络需求：包括功能需求、性能需求、运行环境、可扩充性和可维护性等方面。
- 网络拓扑结构：包括星型、环型、总线型、分布式、树型、网状、蜂窝状等结构。

二、学习目标

- 掌握网络系统集成的基本概念和原理。
- 能够设计、部署和管理复杂的网络系统集成方案。
- 能够解决网络系统集成过程中的出现问题和挑战，包括性能优化、故障排除等。
- 了解网络系统集成的发展趋势和未来发展方向。
- 能整理分析网络需求。

学习思维导图：

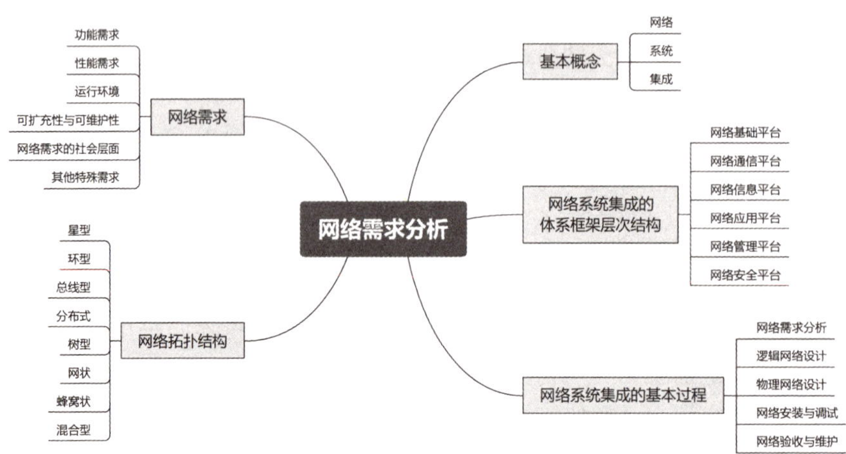

三、基本知识

1. 网络系统集成的体系结构

网络系统集成的概念含有三个层次，即网络、系统、集成。网络系统集成主要是指以用户的网络应用需求和投资规模为出发点，合理选择各种软件产品、硬件产品和应用系统等，并组织为一体，搭建能够满足用户的实际需要，性价比优良的计算机网络系统的过程。

从网络系统集成的通用定义可知，其包含以下要素：

（1）目标。系统生命周期中与用户利益始终保持一致的服务。

（2）方法。先进的理论、先进的手段、先进的技术和先进的管理方式。

（3）对象。计算机及通信硬件、计算机软件、计算机使用者等。

（4）内容。计算机网络集成、信息和数据集成和应用系统集成等。

网络系统集成的体系框架用层次结构描述了网络系统集成涉及的内容，目的是给出清晰的网络系统功能界面，反映复杂网络系统中各组成部分的内在联系，如图 1-1 所示。

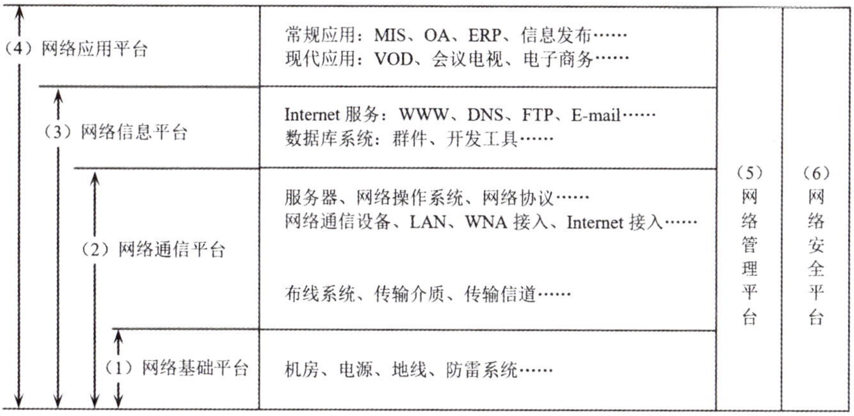

（4）网络应用平台
常规应用：MIS、OA、ERP、信息发布……
现代应用：VOD、会议电视、电子商务……
（3）网络信息平台
Internet 服务：WWW、DNS、FTP、E-mail……
数据库系统：群件、开发工具……
（2）网络通信平台
服务器、网络操作系统、网络协议……
网络通信设备、LAN、WNA 接入、Internet 接入……
布线系统、传输介质、传输信道……
（1）网络基础平台
机房、电源、地线、防雷系统……
（5）网络管理平台
（6）网络安全平台

图 1-1　网络系统集成体系框架层次结构

（1）网络基础平台。网络基础平台是指为了保障网络安全、可靠、正常运行所必须采取的环境保障措施。主要考虑计算机网络的结构化布线和机房、电源等环境问题。

（2）网络通信平台。选择成熟的网络软硬件产品，使用开放的网络通信协议 TCP/IP，依据网络互联规则，进行网络设备的布局和配置，提供数据通信的交换和路由功能。

（3）网络信息平台。网络信息平台提供支撑网络应用的数据库技术、群件技术和分布式中间件等，以信息沟通、信息发布、数据交换、信息服务为目的，提供设计、配置和实现电子邮件（E-mail）、万维网（World Wide Web，WWW）、文件传送（File Transfer Protocol，FTP）和域名（Domain Name System，DNS）等网络服务。

（4）网络应用平台。网络应用平台容纳各种应用服务，直接面向网络用户。例如，用于学校的教学管理系统、用于企业的 OA 系统等。

（5）网络管理平台。网络管理平台是指网络系统采用的网络管理措施，涉及网络管理工作站、网管代理、网络管理协议、管理信息库以及有关技术实现。

（6）网络安全平台。网络安全贯穿于网络系统集成体系架构的各个层次。作为网络系统集成商，在网络安全方案中一定要给用户提供明确的、详实的解决方案，其主要内容是防信息泄露和防黑客入侵。

2. 网络系统集成的基本过程

网络系统集成是一项综合性很强的网络系统工程，其实施全过程包括商务、管理和技术三大方面的行为，这些行为交替或混合地执行，需要用户、网络系统集成商、产品生产商、供货商、应用软件开发商、施工队以及工程监理等各种人员的相互配合。

通常将网络系统集成过程粗略分为网络需求分析、逻辑网络设计、物理网络设计、网络安装与调试、网络验收与维护等，如图 1-2 所示。

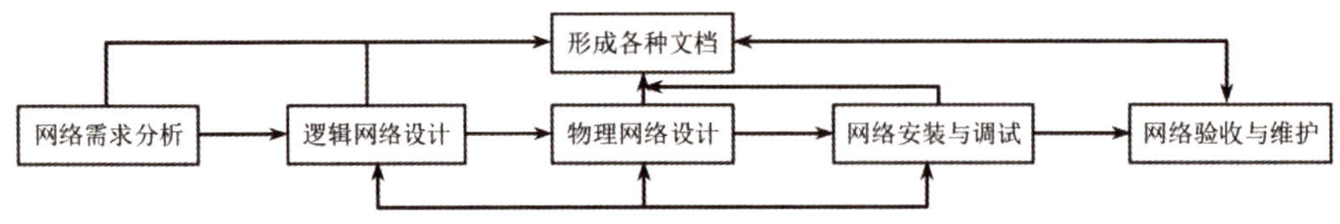

图 1-2 网络系统集成过程模型

（1）网络需求分析。网络需求分析用来确定该网络系统要支持的业务、要完成的网络功能、要达到的性能等。网络需求分析的内容包括网络的应用目标、网络的应用约束、网络的通信特征，这需要全面细致地勘察整个网络环境。网络需求包括网络应用需求、用户需求、计算机环境需求和网络技术需求等。

（2）逻辑网络设计。逻辑网络设计主要包含确定逻辑设计目标、网络服务评价、技术选项评价、进行技术决策四大步骤，其需要确定的内容有：网络拓扑结构采用平面结构还是三层结构、如何规划 IP 地址、采用何种路由协议、采用何种网络管理方案，以及在网络管理和网络安全方面的考虑。

（3）物理网络设计。物理网络设计包括网络环境的设计、结构化布线系统设计、网络机房系统设计和供电系统的设计，以及具体采用哪种网络技术，网络设备的选型等。

（4）网络安装与调试。网络安装与调试是依据逻辑网络设计和物理网络设计的结果，按照设备连接图和施工阶段图进行组网。在组网施工过程中进行阶段测试，整理各种技术文档资料，在施工安装、调试及维护阶段做好记录，尤其要记录下每次发现的问题是什么，出现问题的原因是什么，问题涉及哪些方面，解决问题所采用的措施和方法，以后如何避免类似问题的发生，为以后建设计算机网络积累经验。

（5）网络验收与维护。网络验收与维护包括给网络节点设备加电，通过网络连接到服务器运行网络应用程序，以及对网络是否满足需求进行测试和检查。

3. 网络需求

网络需求通常涉及功能需求、性能需求、运行环境、可扩充性与可维护性、网络需求的社会层面、其他特殊需求等六个方面。

（1）功能需求。根据用户的实际网络环境和需求，确定网络必须完成的特定功能。如文件传输、远程登录、电子邮件服务、视频会议等。

（2）性能需求。分析网络系统处理性能的重要性，如工作站的权限设置、容错能力、网络安全等方面的要求。

（3）运行环境。选择合适的网络操作系统、语言系统和相应应用软件，以及共享资源的配置。

（4）可扩充性与可维护性。考虑如何增加工作站、与其他网络互连、对软件的升级换代等问题，确保网络能够随着业务增长和技术进步而扩展和维护。

（5）网络需求的社会层面。除了技术和功能性需求外，网络还满足用户在情感层面上的一些需求，如自我塑造、情绪管理、人际交流和社会互动等。这些需求有助于用户获得社会归属感和安全感。

（6）其他特殊需求。根据特定的应用场景或行业需求，可能需要额外的网络特性，比如数据加密、访问控制策略等。

4. 网络拓扑结构

（1）星型拓扑结构。星型拓扑结构是指各工作站以星型方式连接成网。网络有中央节点，其他节点（工作站、服务器）都与中央节点直接相连，这种结构以中央节点为中心，因此又称为集中式网络，如图 1-3 所示。

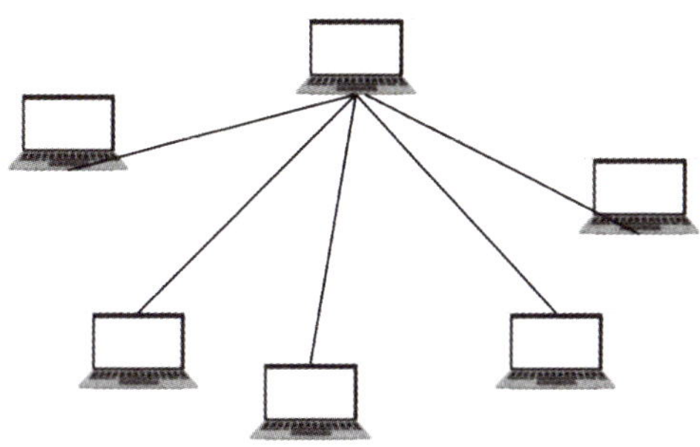

图 1-3 星型拓扑结构

（2）环型拓扑结构。环型拓扑结构中的传输媒体从一个端用户到另一个端用户，直到将所有的端用户连成环型。数据在环路中沿着一个方向在各个节点间传输，信息从一个节点传到另一个节点。这种结构消除了端用户通信时对中心系统的依赖性，如图 1-4 所示。

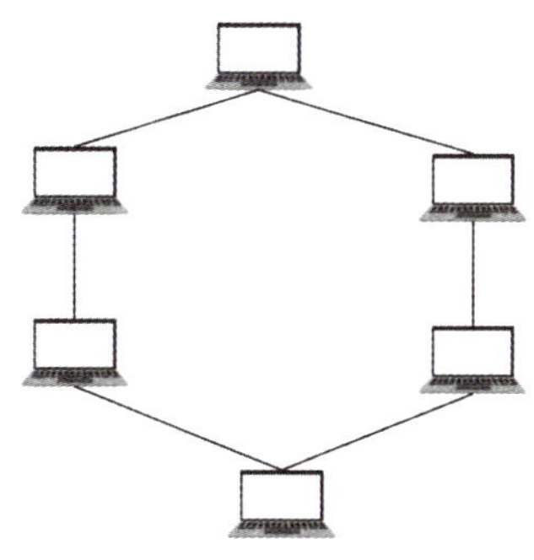

图 1-4 环型拓扑结构

（3）总线型拓扑结构。总线型拓扑结构是使用同一媒体或电缆连接所有端用户的一种方式，连接端用户的物理媒体由所有设备共享，各工作站地位平等，无中心节点控制，公用总线上的信息多以基带形式串行传递，其传递方向总是从发送信息的节点开始向两端扩散，如同广播电台发射的信息一样，因此又称广播式计算机网络，如图 1-5 所示。

（4）分布式拓扑结构。分布式拓扑结构的网络是将分布在不同地点的计算机通过线路互连起来的一种网络形式。

分布式拓扑结构的网络具有三大特点：第一，由于采用分散控制，即使整个网络中的某个局部出现故障，也不会影响全网的操作，因而具有很高的可靠性。第二，网络中的路径选择最短路径算法，故网上延迟时间少，传输速率高，但控制复杂。第三，各个节点间均可以直接建立数据链路，信息流程最短，便于全网范围内的资源共享。

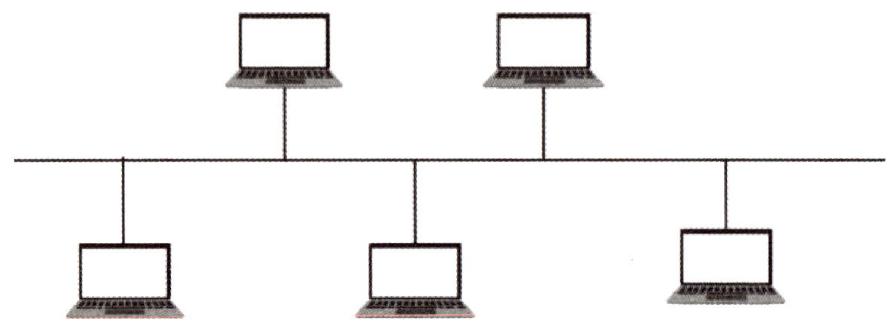

图 1-5　总线型拓扑结构

（5）树型拓扑结构。树型拓扑结构是分级的集中控制式网络，与星型拓扑结构相比，它的通信线路总长度短，成本较低，节点易于扩充，寻找路径比较方便，但除了叶节点及其相连的线路外，任一节点或其相连的线路故障都会使系统受到影响，如图 1-6 所示。

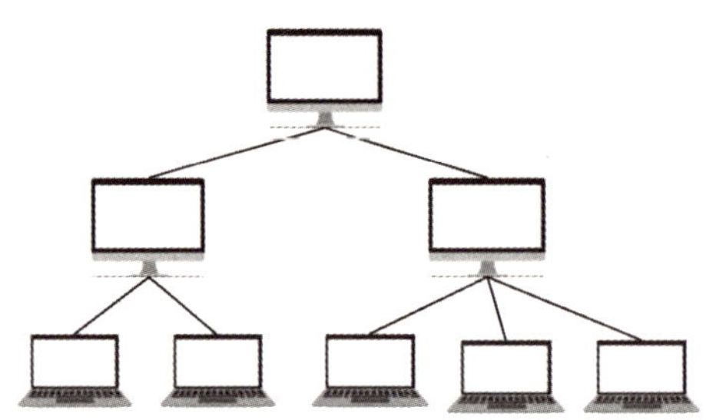

图 1-6　树型拓扑结构

（6）网状拓扑结构。在网状拓扑结构中，网络的每台设备之间均有点到点的链路连接，这种连接不经济，只有每个站点都要频繁发送信息时才使用这种方法。其安装复杂，但系统可靠性高，容错能力强，有时也称为分布式拓扑结构，如图 1-7 所示。

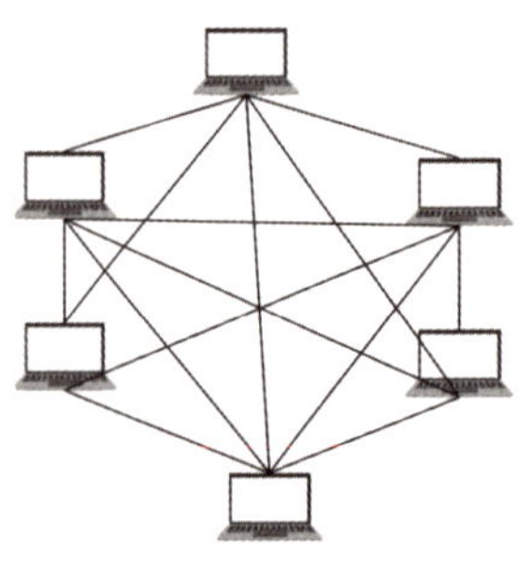

图 1-7　网状拓扑结构

（7）蜂窝状拓扑结构。蜂窝状拓扑结构是无线局域网中常用的结构。它以无线传输介质（微波、卫星、红外等）点到点和多点传输为特征，是一种无线网，适用于城市网、校园网、企业网。

（8）混合型拓扑结构。混合型拓扑结构是由星型拓扑结构或环型拓扑结构和总线型拓扑结构结合在一起的网络拓扑结构，这样的拓扑结构更能满足较大网络的拓展，解决了星型拓扑结构输距离上的局限，同时又解决了总线型拓扑结构在连接用户数量上的限制，如图 1-8 所示。

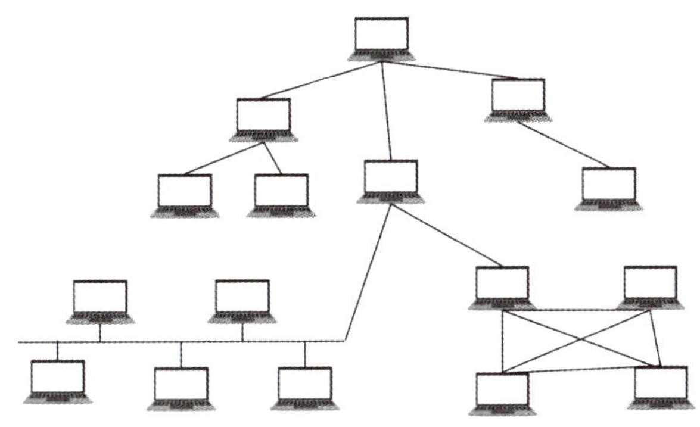

图 1-8　混合型拓扑结构

四、能力训练

1. 进行网络需求分析

某学院搬迁至新校区，该校希望建立起一流的现代化学院，组建自己的校园网络，整个校园楼宇分为行政、教师办公、教学实验、图书阅览、宿舍生活五大功能楼宇。

根据实际情况对该项目进行需求分析。

（1）一般性需求。

1）设立一个网络中心，配置相应的服务器及路由器等设备。网络中心可对整个校园网进行管理，并作为校内连接 Internet 的网络关口，承担防御过滤等安全功能。

2）校园的主要建筑有图书馆、教学实验楼、行政楼、教师楼、宿舍区，必须在这些建筑物内安装足够信息点以及信息终端以满足用户的需求。

3）以学生公寓为例，每幢学生公寓有 6 层，每层有 24 间宿舍，每间宿舍须设 4 个信息点。据此，应该在每层设集线箱，每幢公寓设有一个管理间，管理间内设二层交换设备。

4）整个校园为一个虚拟局域网，为管理不同性质用户应划分不同子网，进行 IP 地址分配以及相应的路由配置。针对拥有多个校区的情况，可通过公共网络采用虚拟专用网络（Virtual Private Network，VPN）将多个校区连在同一虚拟局域网。

（2）性能需求。

1）数据精确度高，接入速率快，可扩展性好。

2）时间特性。时间默认为当前时。

3）适应性。Windows10 系统下 IIS5.0 环境可顺利运行。

（3）网络的拓扑结构。

布线系统采用星形分布式拓扑结构，分为工作区子系统、水平子系统、管理子系统、垂直干线子系统、建筑群子系统、设备间子系统等。典型的校园网网络拓扑图如图 1-9 所示。

同时，为确保校园网的性能及安全需求，采用 100Mbps 或 1000Mbps 光纤以太网作为校园网的主干。主干网承担了整个学校网络包交换、子网划分、网络管理等重要任务，应具有三层路由功能、包交换性能高的交换机作为主干网的节点机，分布在校园内，在图书馆、自习室建设无线网络，以满足学习需要。做好应急设备的准备，应有备用设备以确保紧急情况下的网络保障，网络系统必须安全可靠，保证教学数据的安全运行，并能满足学校不断发展的需要。

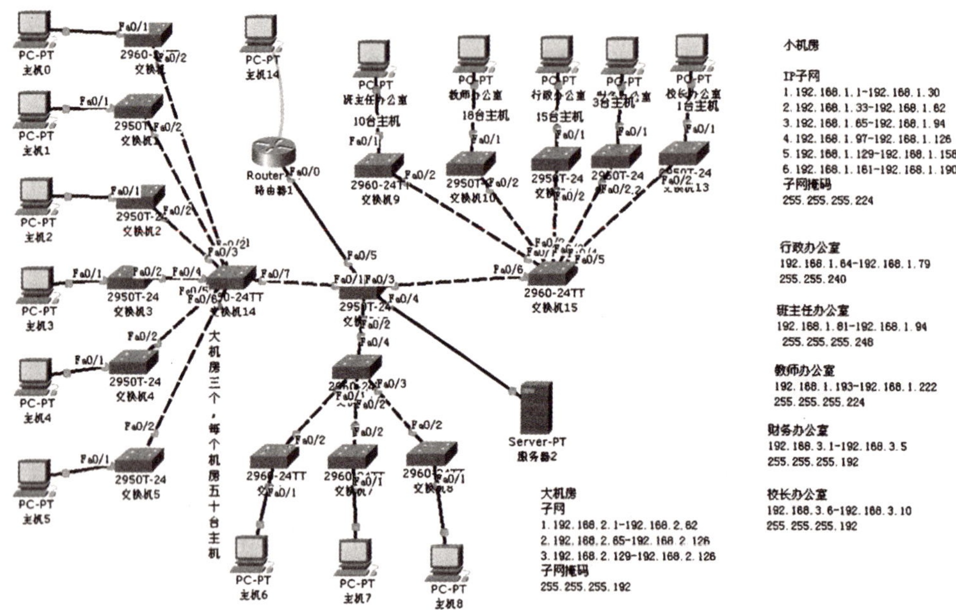

图 1-9　典型校园网网络拓扑图

校园网以 Internet 的方式来组织网内信息。建立校内电子邮局，同时校园网能与 Internet 全面接入。

接入中国教育科研网（CerNET）及因特网（Internet），实现真正意义上的数据共享、信息共享。

（4）功能需求。

1）实现教学管理网络化，完成学校教学管理信息的采集、处理、查询、统计、分析。

2）实现学校各部门办公自动化，提高学校管理工作效率。

3）发挥计算机在教学中的作用，实现多媒体课件制作网络化，逐步实现教师备课电子化、多媒体化。

4）保证网络系统的开放性、可持续发展性，便于以后集成视频点播、远程教学等功能。

5）实现上传文件与管理文件功能。

6）实现添加、修改与删除等网络管理员功能。

（5）安全需求。

1）按照相应标准进行局域网的建设，确保物理层安全。

2）采用主机访问控制手段加强对主机的访问控制。

3）划分安全子网，加强网络边界的访问控制，防止内外的攻击威胁，定期进行网络安全检测，建立网络防病毒系统。

4）建立身份认证系统，对各应用系统本身进行加固。

5）校园网接入 Internet 时，应使用防火墙的过滤功能来防止网络黑客和其他非法入侵者入侵网络系统，并对接入 Internet 用户进行权限控制。

6）设置用户权限，对不同用户分组进行权限限制。

7）对校内各网络节点进行监控，防止病毒传播。

（6）应用需求。

1）建设学校网站，实现学校的对外宣传以及发布学校内部信息。

2）在校园网内实现文件传输共享。

3）实现学校行政、教师的无纸化办公。

4）图书馆电子化，实现图书信息搜索。

5）校园生活电子化，如一卡通消费和个人账户的管理和查询。

6）校内网络辅助教育教学，如广播、组播、上机考试等。

7）建立学生与老师交流的电子邮件系统。

8）网络中心应相应的配置 E-mail 服务器、FTP 服务器、WEB 服务器及防火墙等设备。

9）实现学生和教师间的交流工具，学习资源的提供者，有利于学生进行探索学习和协作学习。

10）为教师进行教科研活动服务。

11）管理教务，如学生学籍管理、教师人事管理、财务管理、学生成绩选课查询等。

五、任务实战

1. 任务情境

在第 45 届世界技能大赛网络安全比赛中，项目的技术文件为各国选手描述了一个场景：某国的一个港口年吞吐量为 200 万吨，该港口有办公部、市场部、业务部，有自己的中心服务器和门户网站，并且有通过虚拟专线连接的分支机构。现需要对该港口的业务和日常办公需求进行网络设计和规划。计算机网络在港口的业务开展中扮演着非常重要的角色，所有的业务数据全部通过计算机处理，并通过网络在总部和分部之间传递，因此该项目对网络的可靠性和业务数据传递的安全性有很高的要求。为了使港口能适应公司规模的不断扩大、业务的不断拓展、员工数量的不断增多和信息应用系统的不断增加，并在未来几年内保持技术的先进性和实用性，港口计划分两期建设网络信息系统。一期工程要求在项目的规划和实施中采用先进的计算机、服务器、网络设备以及系统管理模式，实现公司内部所有资源的合理应用和完善管理，使所有员工都能方便地使用公司内部网络，并能安全、高效地访问公司内部的网络应用服务和 Internet。

2. 任务要求

请读者根据任务情境，完成表 1-1 中的需求分析填写。

表 1-1　需求分析表

整体需求	详细需求	需求分析结果
用户需求调研	港口网络的用户数量及分布情况	
网络整体需求	港口网络项目角色任务	
	港口网络的部门划分	
	港口网络冗余	
	总部与分部间的网络运行机制	
网络功能分析	总部和分部的网络隔离	
	链路冗余和负载均衡	
	路由协议选择	
	是否需要网络地址转换（Network Address Translation，NAT）技术	
网络性能分析	港口网络带宽	
网络工程设计	网络拓扑设计	
	港口网络地址规划	
	港口网络路由交换策略	
	港口网络设备管理	
	港口物理网络设计	
	港口网络部署	

3. 任务实施步骤

（请参照能力训练中的内容完成此任务步骤）

（1）调研港口网络的用户数量及分布情况，形成详细调研报告并将结果填入需求分析表。

（2）对港口网络进行整体需求分析，包括项目角色任务、部门划分、网络冗余和运行机制等，将结果填入需求分析表。

（3）对港口网络进行功能和性能的需求分析，将结果填入需求分析表。

（4）对港口网络进行网络工程设计，根据工程设计的模块将结果填入需求分析表。

六、学习结果评价

本任务主要讨论了网络需求分析的主要方法和网络系统集成的概念。读者需要阅读相关文献和案例，撰写学习笔记和总结，对课堂内容进行复习和巩固。同时，设计一个网络系统集成方案，包括网络拓扑、设备选型、安全策略等需求，并撰写详细的实施计划。为了让读者清楚自身学习情况，现将设定学习结果评价表，小组同学之间可以交换评价，进行互相监督，见表 1-2。

表 1-2　学习结果评价表

序号	评价内容	评价标准	评价结果（是 / 否）
1	对网络系统集成概念掌握程度	熟练掌握	
2	对项目实训基本操作了解程度	熟练操作	

七、课后作业

1. 填空题

（1）网络需求包括（　　）、（　　）、（　　）、（　　）、（　　）等 5 个方面。

（2）计算机网络拓扑结构包括（　　）、（　　）、（　　）、（　　）、（　　）等 5 种。

2. 简答题

请列举 3 种常见的网络拓扑结构并分析它们的特点。

职业能力 1-1-2：能规划网络地址

一、核心概念

- 网络地址：即 IP 地址，是一个 32 位二进制数的地址，由 4 个 8 位字段组成，每个字段之间用点号隔开，用于标识 TCP/IP 宿主机。
- 子网掩码：又称网络掩码、地址掩码，是一个 32 位地址，用于屏蔽 IP 地址的一部分以区别网络标识和主机标识，并说明该 IP 地址是在局域网上，还是在广域网上。
- 子网划分：是指在 IPv4 或 IPv6 网络中，将一个大型网络划分为多个较小的网络，以便管理和高效地使用 IP 地址空间。这种划分使得网络内部的设备可以通过本地路由来相互通信，同时阻止它们与其他网络的设备通信。
- 无分类编址：即无类别域间路由选择（Classless Inter Domain Routing，CIDR），它消除了传统的 A 类、B 类和 C 类地址以及子网划分的概念，因而可以更加有效地分配 IPv4 的地址空间。

二、学习目标

- 熟练掌握 IP 地址的概念和意义。
- 熟练掌握子网掩码的概念和应用。
- 能够根据需求进行定长和步定长子网划分。
- 能够根据需求进行网络地址的规划。

学习思维导图：

三、基本知识

1. 网络地址及其层次关系

计算机网络中有 4 类地址，包括域名地址、端口地址、IP 地址和介质访问控制（Medium Access Control，MAC）地址，这些地址用于网络中的计算机设备、网络应用进程的寻址，与 TCP/IP 模型的对应关系如图 1-10 所示。在网络体系结构中的数据链路层及其以下层对应的地址为物理地址，网络层及其以上层对应的地址为逻辑地址。在计算机网络中，之所以要使用逻辑地址，主要是为了便于标识网络连接和网络寻址。

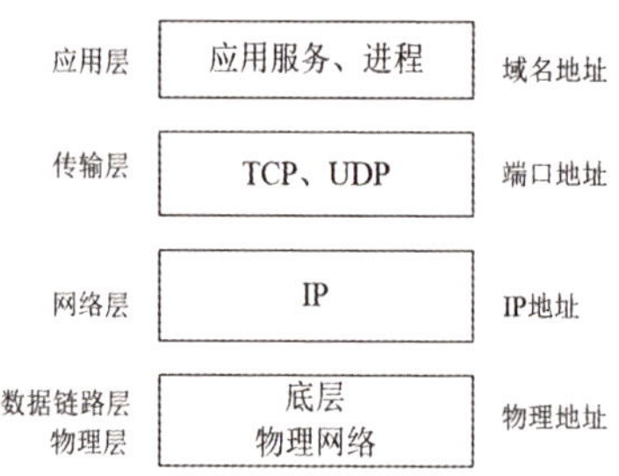

图 1-10　网络中的地址及其模型对应关系

（1）IP 地址之间的转化过程。在网络中寻址时需要进行地址转换，需要用到地址转换协议。域名地址通过域名服务器（Domain Name System，DNS）找到对应的 IP 地址；IP 地址通过地址解析协议（Address Resolution Protocol，ARP）找到对应的物理地址，反之，物理地址通过反向地址解析协议（Reverse Address Resolution Protocol，RARP）转换为对应的 IP 地址；IP 地址与端口地址构成套接字（Socket），用于标识不同的应用服务进程，在具体应用时套接字呈现的是一个数字。主机域名、IP 地址和物理地址之间转换的关系如图 1-11 所示。

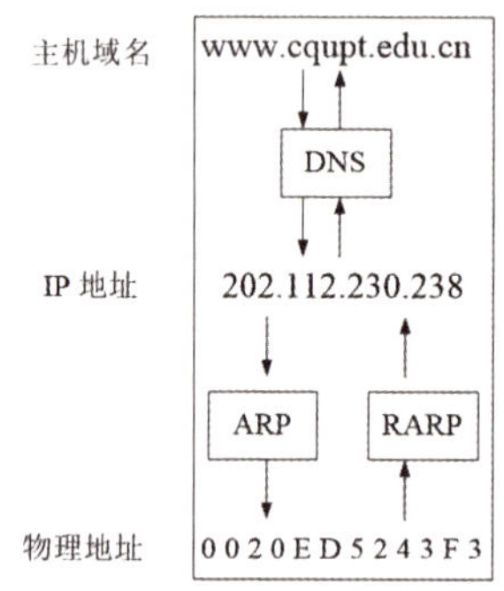

图 1-11　主机域名、IP 地址和物理地址之间转换的关系

（2）IP 地址及其分类。IP 地址用于标识网络连接。根据 IP 协议（RFC791）的定义，IP 地址是一个 32 位二进制数，由网络 ID 和主机 ID 组成。网络寻址时，先按 IP 地址中的网络 ID 找到主机所在网络（给定 IP 地址和掩码做与运算的结果，如图 1-12 所示），然后再按主机 ID 找到主机（给定 IP 地址和掩码取反后做与运算的结果，或用给定的 IP 地址减网络地址的结果，如图 1-13 所示）。根据 IP 地址的第一个字节的某些位来确定不同的网络类型，IP 地址分类见表 1-3；根据 IP 地址的构成和应用情况，分成几类特殊的 IP 地址，见表 1-4。

```
 IP 地址：   202.195.64.10    11001010. 11000011. 01000000. 00001010
子网掩码：   255.255.255.0    11111111. 11111111. 11111111. 00000000
AND运算
----------------------------------------------------------------------
网络地址：   202.195.64.0     11001010. 11000011. 01000000. 00000000
```

图 1-12　IP 地址中网络 ID 提取过程

```
  IP地址：   202.195.64.10    11001010. 11000011. 01000000. 00001010
掩码取反：    0.  0.  0. 255    00000000. 00000000. 00000000. 11111111
AND运算
----------------------------------------------------------------------
主机地址：    0.  0.  0.  10    00000000. 00000000. 00000000. 00001010
或
  IP地址：   202.195.64.10    11001010. 11000011. 01000000. 00001010
网络地址：   202.195.64. 0    11001010. 11000011. 01000000. 00000000
减法运算：
----------------------------------------------------------------------
主机地址：    0.  0.  0.  10    00000000. 00000000. 00000000. 00001010
```

图 1-13　IP 地址中主机 ID 提取过程

表 1-3　IP 地址分类

地址类型	IP 地址范围	说明
A 类公有地址	1.0.0.0 ～ 126.255.255.255	126 个网络号，每个网络 16 777 214 台主机
B 类公有地址	128.0.0.0 ～ 191.255.255.255	16384 个网络号，每个网络 65 534 台主机
C 类公有地址	192.0.0.0 ～ 223.255.255.255	2 097 152 个网络号，每个网络 254 台主机
D 类公有地址	224.0.0.0 ～ 239.255.255.255	用于组播或已知的多点传送
E 类公有地址	240.0.0.0 ～ 254.255.255.255	实验地址，保留给将来使用
A 类私有地址	10.0.0.0 ～ 10.255.255.255	用于企业局域网，不能在因特网上使用
B 类私有地址	172.16.0.0 ～ 172.31.255.255	用于企业局域网，不能在因特网上使用
C 类私有地址	192.168.0.0 ～ 192.168.255.255	用于企业局域网，不能在因特网上使用
D 类保留地址	224.0.0.0 ～ 224.0.0.255	用于本地管理或特别站点的组播
D 类保留地址	239.0.0.0 ～ 239.255.255.255	用于管理和系统级路由等
D 类组播地址	224.0.0.1	特指组播中的所有主机
D 类组播地址	224.0.0.2	特指组播中的所有路由器

表 1-4　特殊 IP 地址

网络号	主机号	说明	例子
全 0	全 0	本机	0.0.0.0
全 1	全 1	本网段广播地址，路由器不转发	255.255.255.255
全 0	全 1	本网段的广播地址	0.0.255.255
全 1	全 0	本网络掩码	255.255.0.0
全 0	主机 ID	本网段的某个主机	0.0.96.33
网络 ID	全 0	标识一个网络，常用在路由表中	96.33.0.0
网络 ID	全 1	从一个网络向另一个网络广播	96.33.255.255
127	任何值	本机测试回送（loopback）地址	127.0.0.1

2. 掩码

掩码是一个 32 位的二进制数，其中表示网络 ID 部分对应位置为“1”，表示主机 ID 部分对应位置为“0”。掩码用于“掩”掉特定 IP 地址中的一部分以区别网络地址和主机地址，并说明该 IP 地址是在本地网络上，还是在远程网络上，这也说明 IP 地址不能脱离掩码而独立存在。掩码分为默认掩码和子网掩码，如果不划分子网，则使用默认掩码，如 A 类 IP 地址的默认掩码为 255.0.0.0，B 类 IP 地址的默认掩码为 255.255.0.0，C 类 IP 地址的默认掩码为 255.255.255.0 等；如果要划分子网，则使用子网掩码，其值视具体情况而定。

子网掩码就像一把镂了一些孔洞的尺子，将它覆盖在 IP 地址上，透过孔洞可以看到的是 IP 地址的网络 ID，而被掩住的是主机 ID，如图 1-14 所示。

3. 子网划分

子网掩码的一个重要功能就是用来划分子网。由于一个单位申请到的 IP 地址是 IP 地址的网络 ID，而后面的主机 ID 则由单位用户自行分配。所以，通过划分子网可以将单个网络 ID 对应的主机 ID 分成两个部分，其中一部分用于子网 ID 编址，剩下的部分用于主机 ID 编址，这样两级的 IP 地址在本单位内部就变为三级的 IP 地址：网络 ID+ 子网 ID+ 主机 ID。

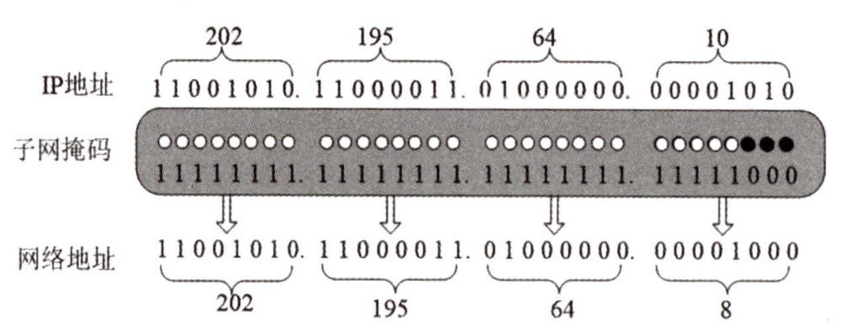

图 1-14　子网掩码的“掩”IP 地址示意图

（1）定长子网掩码（Fixed Length Subnet Mask，FLSM）划分过程。划分子网的最初目的是把基于某类（A 类、B 类、C 类）的网络进一步划分成几个规模相同的子网，每个子网的掩码长度是一样的，所以把这种划分方法称为定长子网掩码划分方法。IP 协议（RFC950）规定了划分子网的规范，其中对网络地址中的子网 ID 做了如下规定：由于主机 ID 全为“0”代表的是本网络，所以网络地址中的子网 ID 也不能全为“0”，子网 ID 全为“0”时，表示本子网网络；主机 ID 全为“1”代表的是广播地址，所以网络地址中的子网 ID 也不能全为“1”，子网 ID 全为“1”时，表示本子网广播，所以在划分子网时需要考虑子网 ID 不能取全“1”和“0”。

通过以下例子说明 FLSM 划分的具体过程。

【例 1】某单位现有 70 台计算机需要联网，要求每个子网内的主机数量不少于 40 台，问使用一个 C 类网络地址 192.168.1.0/24 如何进行子网划分。

1）确定需要划分的子网号位数和主机号位数。子网号位数计算公式为：子网数量 $=2^m-2$，其中 m 就是子网号位数；主机号位数计算公式为：主机号位数 n=32- 网络 ID 位数 - 子网号位数 m，每个子网主机地址数量为 2^n-2。由此确定 n=6，m=2。

2）选择正确的子网掩码。按照子网掩码的取值规则，得出子网掩码为 255.255.255.192，如图 1-15 所示。

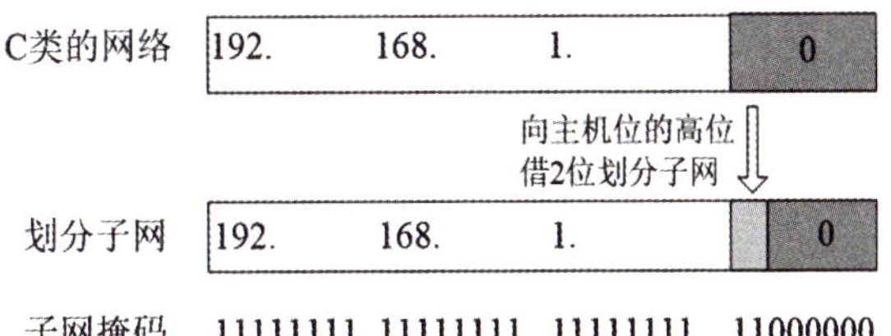

图 1-15　选择正确的子网掩码

3）确定标识每一个子网的网络地址，如图 1-16 所示，两个子网的网络地址分别是 192.168.1.64 和 192.168.1.128。

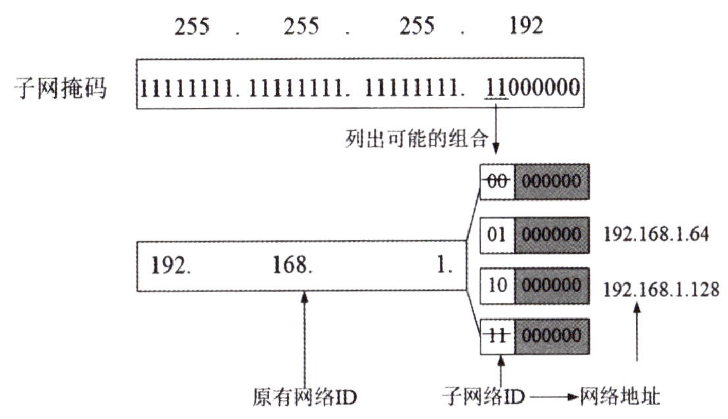

图 1-16　确定每一个子网的网络地址

4）确定每一个子网的主机地址范围，如图 1-17 所示。

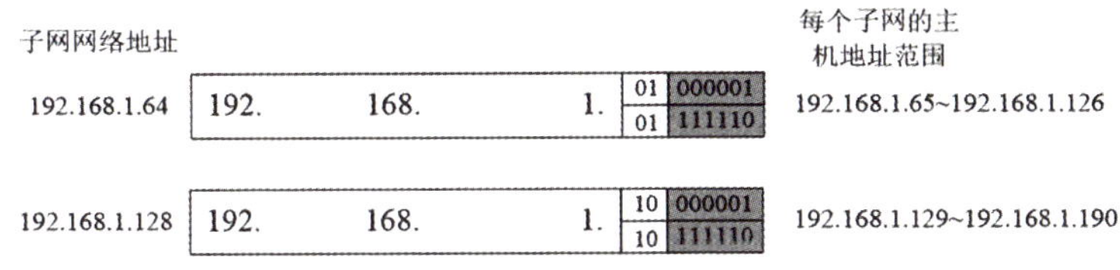

图 1-17　确定每一个子网的主机地址范围

（2）变长子网掩码（Varode Length Subnet Mask，VLSM）划分过程。虽然 FLSM 划分子网方法对 IP 地址结构进行了有价值的扩充，但是它受到一个基本的限制，即整个网络只有一个子网掩码。因此，若用户选择了一个子网掩码，也就意味着每个子网的主机数确定之后，就不能选择不同尺寸的子网掩码，任何对更大尺寸子网的要求，意味着必须改变整个网络的子网掩码。

下面使用一个具体的例子来说明 VLSM 的划分过程。

【例 2】已获得一个 C 类网络地址 192.168.2.0/24，请对图 1-18 所示的 14 个网络使用 VLSM 进行 IP 规划。

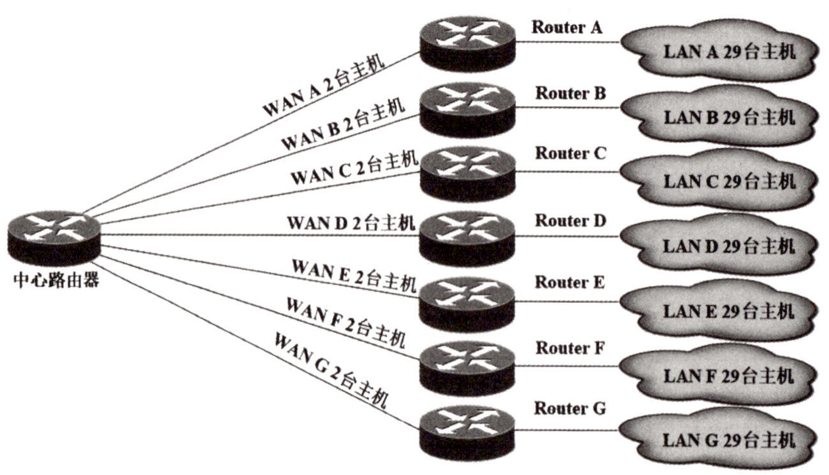

图 1-18　VLSM 子网划分拓扑图

1）分析网络拓扑图可知最大的子网段需要为 29 台主机提供 IP 地址。

2）为最大网段找出合适的子网掩码。此子网占用 32 个 IP 地址，子网掩码为 255.255.255.224，可以提供 30 个主机 IP 地址。即 192.168.2.0/24 被划分为 8 个子网，见表 1-5。

表 1-5　划分 8 个子网

子网编号	子网网络	子网掩码	子网分配
1	192.168.2.0	255.255.255.224	LAN A
2	192.168.2.32	255.255.255.224	LAN B
3	192.168.2.64	255.255.255.224	LAN C
4	192.168.2.96	255.255.255.224	LAN D
5	192.168.2.128	255.255.255.224	LAN E
6	192.168.2.160	255.255.255.224	LAN F
7	192.168.2.192	255.255.255.224	LAN G
8	192.168.2.224	255.255.255.224	用于广域网连接

3）中心路由器到各路由器的子网段因为是点对点链路，每网段有 2 台主机。所以在 8 个能容纳 30 台主机的子网中选取一个，划分新的更小的子网。

4）这里选择 192.168.2.224/27 子网为例，使用网络前缀 /30（子网掩码 255.255.255.252）将其划为 8 个更小的子网，每个子网占用 4 个 IP 地址，可提供 2 台主机的容量。即 192.168.2.224/27 被划分为 8 个子网，见表 1-6。

表 1-6　进一步划分 8 个子网

子网编号	子网网络	子网掩码	子网分配
1	192.168.2.224	255.255.255.252	WAN A
2	192.168.2.228	255.255.255.252	WAN B

续表

子网编号	子网网络	子网掩码	子网分配
3	192.168.2.232	255.255.255.252	WAN C
4	192.168.2.236	255.255.255.252	WAN D
5	192.168.2.240	255.255.255.252	WAN E
6	192.168.2.244	255.255.255.252	WAN F
7	192.168.2.248	255.255.255.252	WAN G
8	192.168.2.252	255.255.255.252	备用

5）本例 VLSM 划分结果如图 1-19 所示。

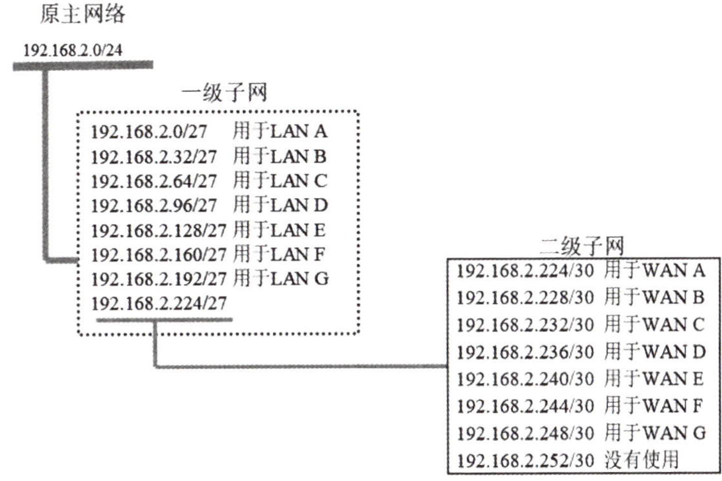

图 1-19 VLSM 划分结果

4. 无分类编址

无分类域间路由（Classless Inter Domain Routing，CIDR）是 VLSM 和路由汇总（路由聚合）的扩展，CIDR 在使用 VLSM 的基础上消除了传统 A、B、C 类网络划分，并且可以在软件的支持下实现超网构造。CIDR 通过使用 VLSM 和路由汇总可以大幅度提高 IP 地址空间的利用率，增加网络的可扩展性，减小路由表规模，提高路由器的路由转发能力。

在应用中，CIDR 使用斜线记法，方法是在 IP 地址后面加一斜线“/”，然后写上网络前缀所占比特数，前缀使用一个十进制数标识。例如，192.168.2.21/26，表示在 32 位比特的 IP 地址中，前 26 位表示网络标识，后面 6 位表示主机标识。

【例 3】192.168.1.16/28 和 192.168.1.0/28 可以被汇总为 192.168.1.0/27（汇总后新的子网掩码为 255.255.255.224）。

【例 4】192.168.1.16/28 和 192.168.1.8/29 不能被汇总为 192.168.1.0/27（会对 192.168.1.0/29 产生路由黑洞，因为 192.168.1.0 ～ 192.168.1.7 在 192.168.1.0/27 中，但不在 192.168.1.16/28 和 192.168.1.8/29 中）。

如果网络规划不好，可能产生多条汇总的路由。

【例 5】如图 1-20 所示的网络，在路由器 A 上做了路由汇总，但通告的是两条汇总路由。

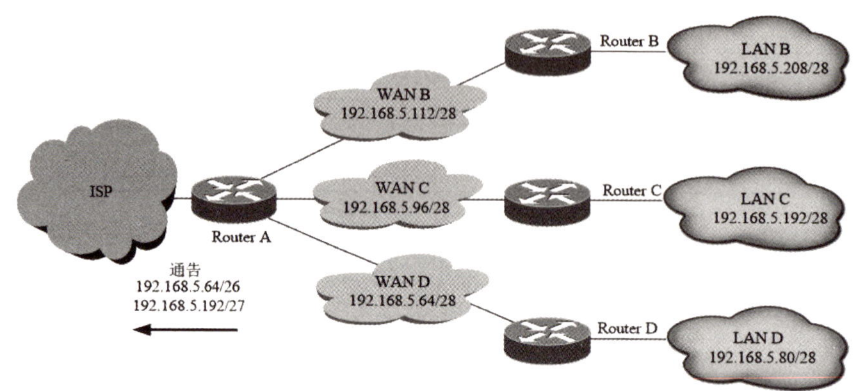

图 1-20 CIDR 路由汇总操作拓扑图

先对连续边界的子网 WAN B、WAN C、WAN D、LAN D 进行汇总，因为这 4 个网络地址最高位有 26 位相同，所以汇总后用前缀“/26”，汇总后的路由聚合了 1/4 个 C 类地址块，如图 1-21 所示。

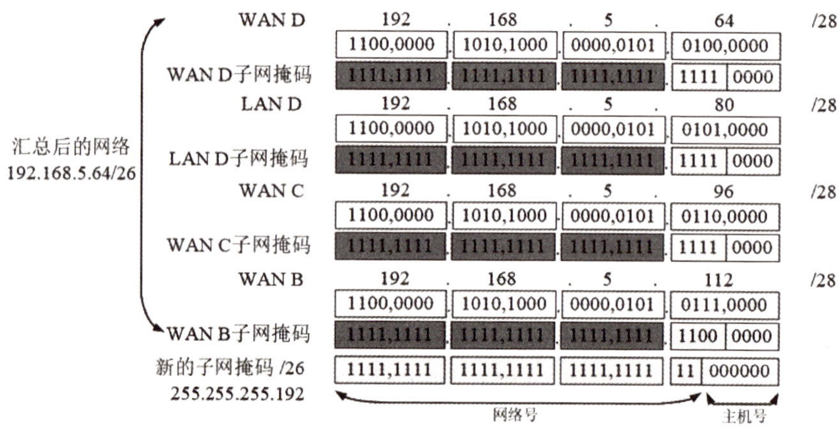

图 1-21 CIDR 路由汇总操作 1

再对连续边界的子网 LAN B、LAN C 进行汇总，因为 LAN B 和 LAN C 网络地址最高位有 27 位相同，所以汇总后用前缀“/27”，汇总后的路由聚合了 1/8 个 C 类地址块，如图 1-22 所示。

四、能力训练

进行子网划分

（1）需求。如果一家公司申请了一个 C 类 IP 地址，这个公司有 4 个部门，A 部门有 10 台主机，B 部门有 15 台主机，C 部门有 30 台主机，D 部门有 20 台主机，现在需要给每个部门划分一个子网。分配了一个总的网段为 192.168.2.0/24，如何为每个部门划分单独的网段呢？

汇总后的网络 192.168.5.192/27					
LAN C	192	168	5	192	/28
	1100,0000	1010,1000	0000,0101	1100,0000	
LAN C子网掩码	1111,1111	1111,1111	1111,1111	1111 0000	
LAN B	192	168	5	208	/28
	1100,0000	1010,1000	0000,0101	1101,0000	
LAN B子网掩码	1111,1111	1111,1111	1111,1111	1111 0000	
新的子网掩码 /27 255.255.255.224	1111,1111	1111,1111	1111,1111	111 00000	
	网络号			主机号	

图 1-22　CIDR 路由汇总操作 2

（2）分析。根据题目可以得知，四个部门至少需要四个子网，子网数 <=4，主机数 <=30，192.168.2.0/24 为 C 类 IP 地址。

默认子网掩码：255.255.255.0

转换为二进制数：11111111.11111111.11111111.00000000

子网划分是通过牺牲主机的数量来转换子网数的，由题意得方程 2 的 n 次方小于等于 4，解得 n 等于 2。需要牺牲主机位为 2 位及对应的二进制码：11111111.11111111.11111111.11000000

转换为十进制为 255.255.255.192，所以子网掩码为 255.255.255.192。

为验证子网结构是否符合要求，计算当前子网主机应为 2 的 6 次方减 2 等于 62>=30，所以依据所算子网掩码进行排列组合得出 4 个子网：

11111111.11111111.11111111.00000000

11111111.11111111.11111111.01000000

11111111.11111111.11111111.10000000

11111111.11111111.11111111.11000000

同时在网络地址分配中同为 1 和同为 0 的地址不用，所以转换为十进制后只有 2 个子网。

（3）具体划分。因为出现了子网不够用的情况，说明 2 的 2 次方是不够用的，需要再借一位，即 2 的 3 次方。

使用公式 2 的 n 次方减 2>= 4 个子网，依据前面得出 n=3。

所以主机位为 5 位，对应的子网数为 3 位。

子网掩码：255.255.255.224

对应二进制：11111111.11111111.11111111.11100000

依据所算子网掩码进行排列组合得出 8 个子网数：

11111111.11111111.11111111.00000000

11111111.11111111.11111111.00100000

11111111.11111111.11111111.01000000

11111111.11111111.11111111.01100000

11111111.11111111.11111111.10000000

11111111.11111111.11111111.10100000

11111111.11111111.11111111.11000000

11111111.11111111.11111111.11100000

同时在网络地址分配中同为 1 和同为 0 的地址不用，所以转换为十进制后只有 6 个子网。子网掩码如下：

255.255.255.32

255.255.255.64

255.255.255.96

255.255.255.128

255.255.255.160

255.255.255.192

根据题目 IP 为 192.168.2.0 地址。

转换为二进制：11000000.10100000.00000010.00000000，与子网掩码的二进制进行逻辑与运算。分别得出 6 个子网如下：

255.255.255.32：192.168.2.33~192.168.2.62 ——> 子网 192.168.2.32

255.255.255.64：192.168.2.65~192.168.2.94 ——> 子网 192.168.2.64

255.255.255.96：192.168.2.97~192.168.2.126 ——> 子网 192.168.2.98

255.255.255.128：192.168.2.129~192.168.2.158 ——> 子网 192.168.2.128

255.255.255.160：192.168.2.161~192.168.2.190 ——> 子网 192.168.2.160

255.255.255.192：192.168.2.193~192.168.2.222——> 子网 192.168.2.192

五、任务实战

1. 任务情境

图 1-23 所示为某港口的网络整体拓扑结构图，其内部数据的交换是分层进行的，分为两个层次，分别为接入层和核心层。广域网接入的功能由路由器来完成，通过串行接口技术接入 Internet；服务器群模块用来对企业网的接入用户提供 WEB、DNS、FTP、E-mail 等多种网络服务。在构建起物理网络后，为该公司网络中的各个部门划分逻辑网段。

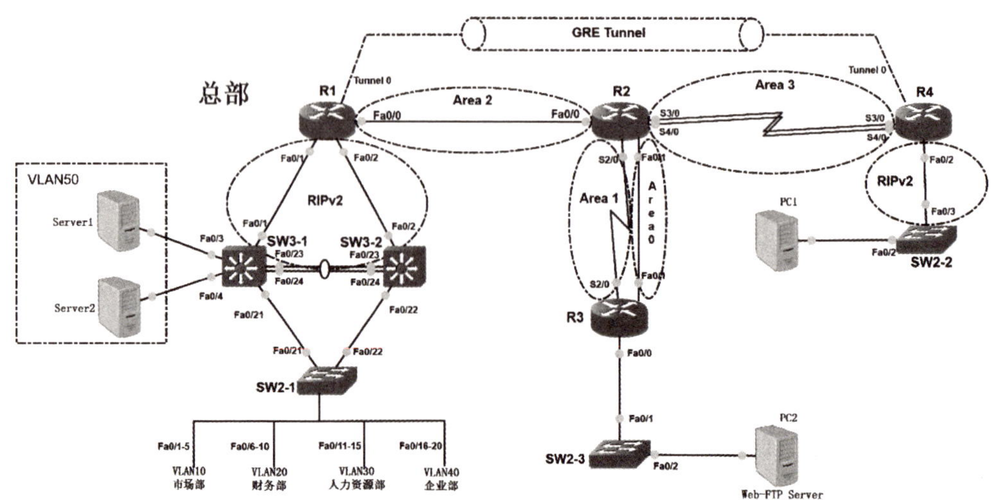

图 1-23　网络整体拓扑结构图

2. 任务要求

根据网络整体拓扑结构图，确定网络设备、服务器和业务终端互联的物理接口和逻辑接口，采用子网划分技术，本着节约 IP 地址、方便管理的原则，为企业网络内部业务终端、服务器、网络设备管理和企业网络接入 Internet 分配 IP 地址，将结果填于相应表格的空白处。

3. 任务实施步骤

（1）业务 IP 地址及虚拟局域网（Virtual Local Area Network，VLAN）规划。港口共有信息点 1235 个，为了节省开支，合理使用 IP 地址，根据局域网内部终端、设备互联、设备管理、服务器等港口建网要求使用私网地址。其中公司内部终端 IP 地址采用连续私网地址网段 192.168.0.0/24 ～（　　），便于使用 CIDR 技术，减少核心交换机路由表条目，提高路由查找速度。每个网段预留一定数量的 IP 地址空间，以便将来扩展使用，具体规划结果见表 1-7。

表 1-7　VLAN 及 IP 地址规划

VLAN 号	VLAN 名称	IP 网段	默认网关	汇总	说明
…	…	…	…	…	…

在 IP 地址的规划中，需要注意某些部门分配的 IP 地址段。例如，分配一个网络前缀为 28 的网络可以满足该部门当前的 IP 地址数量需求，但是考虑到后来部门的可扩展性，为其分配了一个网络前缀为 27 的网段；对于必须要分配一个网络前缀为 27 的网段，因为虽然该部门有 30 个信息点，但是实际的 IP 地址需求至少是 30+1（网关 IP 地址）=31 个 IP 地址，而网络前缀为 27 的网段无法满足需求。对于这种处于网络 IP 地址需求临界点的网络一定要特别注意。

（2）设备互联 IP 地址规划。港口总部和分部之间的网络设备，核心层交换机与路由器、路由器与路由器之间的连接链路上也有 IP 地址的需求，使用私有地址网段 172.16.1.0/24。此时，可以将交换机看作多以太网接口的路由器，这些设备之间的连接链路由于只需要两个有效的 IP 地址，因此，为其分配一个网络前缀为（　　）的网段，具体规划结果见表 1-8。

表 1-8　设备互联 IP 地址规划

设备名称	接口	互联地址	设备名称	接口	互联地址
…	…	…	…	…	…

（3）设备网管 IP 地址规划。港口网络中的所有设备都需要进行远程管理，因此每一个网络设备都至少需要一个配置管理用的 IP 地址。而且，为保障网络设备的安全，网络设备管理 IP 地址必须是一个独立的网段，这里使用 172.16.0.0/24 网段，具体规划结果见表 1-9。

表 1-9　设备网管 IP 地址规划

核心层	管理地址	掩码	下联 2 层设备	管理地址	掩码
…	…	…	…	…	…

（4）服务器 IP 地址规划。港口的各种服务器如 WEB 服务器、E-mail 服务器、FTP 服务器和各个部门的服务器等都需要 IP 地址。这些服务器大多放在港口的网络中心机房中，通过高速的接入交换机连接到核心交换机，或直接连接到核心交换机上。服务器网段采用 10.11.150.0/24 网段，具体规划结果见表 1-10。

表 1-10　服务器 IP 地址规划

设备名称	接口	互联地址	设备名称	接口	互联地址
…	…	…	…	…	…

一个实际的网络安全系统集成项目中，IP 地址的规划是一个非常复杂的任务，需要考虑到方方面面甚至是一些特殊的需求，但涉及的知识基本上就是本任务介绍的 CIDR、VLSM 等技术，因此需要读者多加练习，熟练掌握。

表 1-11 给出了后续项目实施的 IP 地址及 VLAN 规划，所有工作任务的实施都以此为基础。

表 1-11　IP 地址及 VLAN 规划

设备	接口	IP 地址	备注
SW2-1	VLAN10		fa0/1-5 为 VLAN10 Access 口
	VLAN20		fa0/6-10 为 VLAN20 Access 口
	VLAN30		fa0/11-15 为 VLAN30 Access 口
	VLAN40		fa0/16-20 为 VLAN40 Access 口

续表

设备	接口	IP 地址	备注
SW2-2	VLAN80（研发部）		fa0/2-5 为 VLAN80 Access 口
	VLAN90（生产部）		fa0/6-10 为 VLAN90 Access 口
SW3-1	VLAN10	192.168.10.253/24	
	VLAN20	192.168.20.253/24	
	VLAN30	192.168.30.253/24	
	VLAN40	192.168.40.253/24	
	VLAN50	192.168.50.253/24	
	Fa0/1	192.168.60.1/30	
SW3-2	VLAN10	192.168.10.252/24	
	VLAN20	192.168.20.252/24	
	VLAN30	192.168.30.252/24	
	VLAN40	192.168.40.252/24	
	Fa0/1	192.168.60.5/30	
R1	Fa0/1	192.168.60.2/30	
	Fa0/2	192.168.60.6/30	
	Fa0/0	19.1.1.1/30	
	Tunnel 0	192.168.70.1/30	
R2	Fa0/0	19.1.1.2/30	
	Fa0/1	19.1.1.5/30	
	MP1	19.1.1.9/30	S3/0 和 S4/0 做端口捆绑
	S2/0	19.1.1.13/30	
R3	Fa0/1	19.1.1.6/30	
	S2/0	19.1.1.14/30	
	Fa0/0	222.168.5.1/30	
R4	MP1	19.1.1.10/30	S3/0 和 S4/0 做端口捆绑
	Tunnel 0	192.168.70.2/30	
	Fa0/1.80	192.168.80.254/24	
	Fa0/1.90	192.168.90.254/24	
Server1	NIC	192.168.50.2/24	
Server2	NIC	192.168.50.3/24	
PC1	NIC		用于配置和测试网络
PC2	NIC	222.168.5.2/30	用于模拟 Internet 中的服务器

六、学习结果评价

本任务主要讲述了子网划分和网络地址规划相关内容。读者需要阅读相关文献和案例，撰写学习笔记和总结，对课堂内容进行复习和巩固。同时，为了让读者清楚自身学习情况，现将设定学习结果评价表，小组同学之间可以交换评价，进行互相监督，见表 1-12。

表 1-12　学习结果评价表

序号	评价内容	评价标准	评价结果（是 / 否）
1	对 IP 地址基本概念掌握	熟练掌握	
2	对 IP 地址进行划分	熟练操作	
3	配置和测试网络	基础操作	

七、课后作业

1. 填空题

（1）划分子网的方法有（　　）和（　　）2 种。

（2）掩码的主要作用是（　　）和（　　）。

（3）172.16.3.5/21 的网络地址为（　　）。

2. 选择题

（1）地址 192.168.37.62/26 属于网络（　　）。

A．192.168.37.0　　B．255.255.255.192

C．192.168.37.64　　D．1921.68.37.32

（2）主机地址 192.168.190.55/27 对应的广播地址是（　　）。

A．192.168.190.59　　B．255.255.190.55

C．192.168.190.63　　D．1921.68.190.1

（3）给定地址 10.1.138.0/27、10.1.138.64/26、10.1.138.32/27 的最佳汇总地址是（　　）。

A．10.0.0.0/8　　B．10.1.0.0/16

C．10.1.138.0/24　　D．10.1.138.0/25

3. 简答题

（1）现有 192.168.10.0/24 网段，要对该网段进行地址规划，要求每个子网至少能容纳 16 台主机，那么划分后的网络最多能有多少个子网？

（2）划分子网的作用主要有哪些？

工作任务 1-2：网络设备基本管理

任务简介

网络设备管理是指对网络中的设备进行有效的监督、配置、维护和优化，以确保网络的稳定性和高效性。网络设备包括交换机、路由器、防火墙、无线接入点等，这些设备的管理都需要专业的技术支持。网络设备管理的主要任务包括设备监控、配置管理、故障处理、性能优化等。设备监控是指对网络设备的运行状态进行实时监控，以确保网络设备正常运行。配置管理是指对网络设备的配置信息进行管理，包括网络设备的初始配置、修改配置和备份配置等。故障处理是指对网络设备出现的故障进行及时的处理，以恢复网络的正常运行。性能优化是指通过对网络设备的性能进行分析和优化，以提高网络的运行效率。

本任务要求学习者能够掌握路由器、交换机等重要网络设备的基本知识，并能够正确连接网络设备，对网络设备进行基本的配置。

职业能力 1-2-1：能对网络设备进行基本配置

一、核心概念

- 交换机（Switch）：交换机意为“开关”，是一种用于电（光）信号转发的网络设备。
- 路由器（Router）：路由器是连接两个或多个网络的硬件设备，在网络间起网关的作用，是读取每一个数据包中的地址然后决定如何传送的专用智能性网络设备。
- 防火墙：防火墙通过有机结合各类用于安全管理与筛选的软件和硬件设备，帮助计算机网络于其内、外网之间构建一道相对隔绝的保护屏障，以保护用户资料与信息安全性的一种技术。
- 网关：网关又称网间连接器、协议转换器，其在网络层以上实现网络互连，是复杂的网络互连设备，仅用于两个高层协议不同的网络互连中。

二、学习目标

- 理解路由器、交换机的工作原理。
- 掌握路由器与交换机的正确连接。
- 熟练使用网络虚拟软件 GNS3 进行网络设备配置。

学习思维导图：

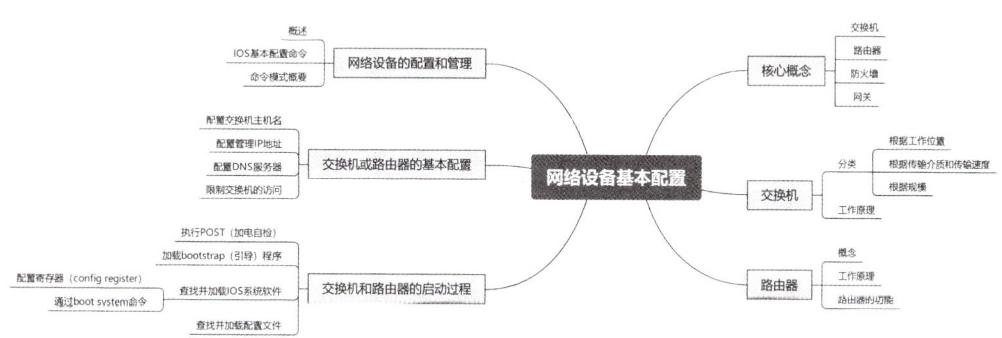

三、基本知识

1. 交换机

交换机是按照通信两端传输信息的需要，用人工或设备自动完成的方法，把要传输的信息送到符合要求的相应路由上的技术设备的统称。

（1）分类。根据工作位置的不同，交换机可以分为广域网交换机和局域网交换机。广域的交换机就是一种在通信系统中完成信息交换功能的设备，它应用在数据链路层。交换机有多个端口，每个端口都具有桥接功能，可以连接一个局域网或一台高性能服务器或工作站。

从传输介质和传输速度上，交换机可分为以太网交换机、快速以太网交换机、

千兆以太网交换机、光纤分布式数据接口（Fiber Distributed Data Interface，FDDI）交换机、异步传输（Asynchronous Transfer Mode，ATM）交换机和令牌环交换机等。

从规模应用上，可分为企业级交换机、部门级交换机和工作组交换机等。

随着计算机及其互联技术的迅速发展，以太网成为了迄今为止普及率最高的短距离二层计算机网络，以太网的核心部件就是以太网交换机，如图 1-24 所示。

图 1-24　以太网交换机

（2）工作原理。交换机工作于开放式系统互连（Open System Interconnect，OSI）参考模型的第二层，即数据链路层。交换机内部的 CPU 会在每个端口成功连接时，通过将 MAC 地址和端口对应，形成一张 MAC 表。在今后的通信中，发往该 MAC 地址的数据包将仅送往其对应的端口，而不是所有的端口。因此，交换机可用于划分数据链路层广播，即冲突域；但它不能划分网络层广播，即广播域。

交换机的主要作用是维护转发表和根据转发表进行数据帧的转发，其基本工作原理如图 1-25 所示。

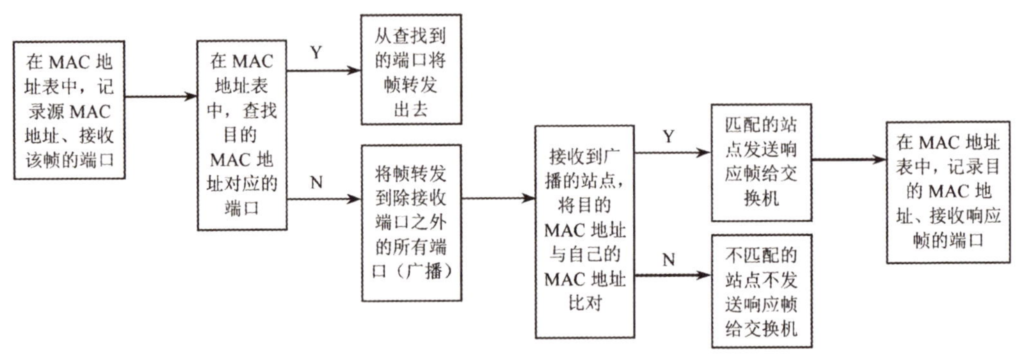

图 1-25　交换机基本工作原理

1）交换机在自己的转发表（也称 MAC 地址表、MAC 表、交换表）中添加一条记录，记录下发送该帧的站点 MAC 地址（源 MAC 地址）和交换机接收该帧的端口，通常称这种行为是交换机的“自学习”功能。

2）根据帧的“目的 MAC 地址”，在转发表中查找该 MAC 地址对应的端口。

3）如果在转发表中找到该端口，则将该帧从找到的端口转发出去，此种行为称为交换机的“转发”功能。

4）如果在转发表中没有找到“目的 MAC 地址”，交换机将该帧广播到除接收端口之外的所有端口，这种行为称为交换机的“泛洪”功能。

5）接收到广播帧的站点，将“目的 MAC 地址”与自己的 MAC 地址相比较，如果匹配，则发送一个响应帧给交换机，交换机在转发表中记录下“目的 MAC 地址”和交换机接收响应帧的端口。

6）交换机将接收数据帧从接收响应帧的端口转发出去。

2. 路由器

路由器又称网关设备，它是在 OSI/RM 七层模型中完成的网络层中继以及第三层中继任务，对不同的网络之间的数据包进行存储、分组转发处理，其主要任务就是在不同的逻辑分开网络。路由器通过路由决定数据的转发，转发策略称为路由选择（routing），这也是路由器名称的由来。作为不同网络之间互相连接的枢纽，路由器系统构成了基于 TCP/IP 的国际互联网络 Internet 的主体脉络。

（1）工作原理。网络中的设备通信需要通过 IP 地址，路由器只能根据具体的 IP 地址来转发数据。路由器的多个端口可以连接多个网段，每个端口的 IP 地址的网络地址都必须与所连接的网段的网络地址一致。不同端口的网络地址是不同的，所对应的网段也是不同的，这样才能使各个网段中的主机通过自己网段的 IP 地址把数据发送到路由器上，其工作原理如图 1-26 所示。

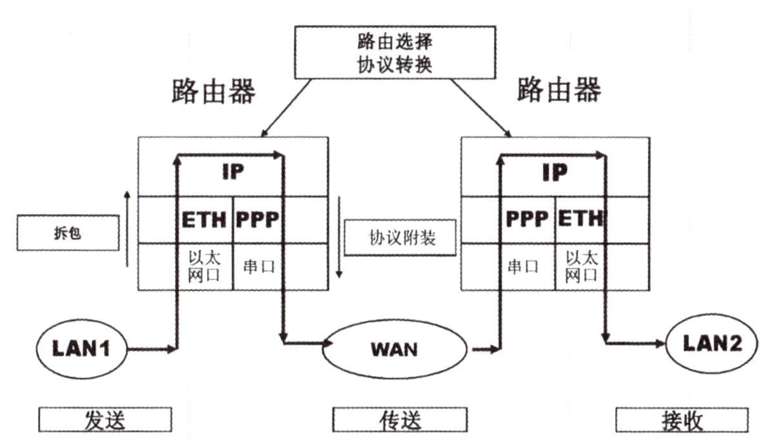

图 1-26　路由器的工作原理

（2）路由器的功能。路由器最主要的功能是实现信息的转送，在路由器中通常存在着一张路由表。根据传送网站传送的信息的最终地址，寻找下一转发地址，该过程称之为寻址，路由器的功能主要有以下五个方面。

第一，实现 IP、TCP、UDP、ICMP 等网络的互连。

第二，对数据进行处理。收发数据包，具有对数据的分组过滤、复用、加密、压缩及防护等各项功能。

第三，依据路由表的信息，对数据包下一传输目的地进行选择。

第四，进行外部网关协议和其他自治域之间拓扑信息的交换。

第五，实现网络管理和系统支持功能。

3. 交换机和路由器的启动过程

交换机或路由器上电后开始启动，启动结束后，用户可配置初始软件。交换机或路由器要在网络中正常运行，必须成功地启动默认配置。

交换机或路由器的启动过程分为四个步骤，如图 1-27 所示。

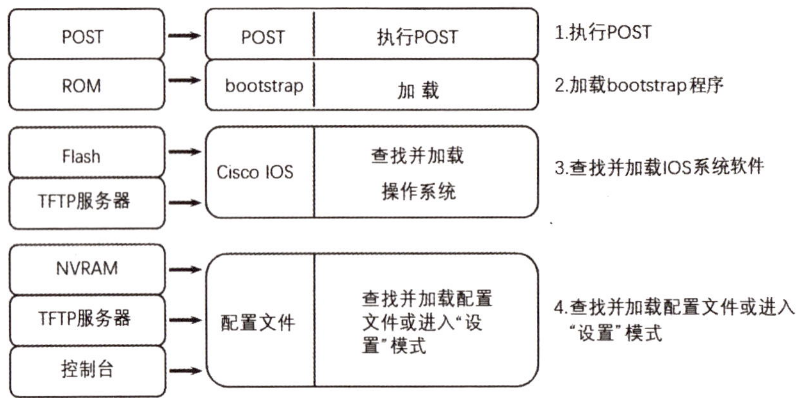

图 1-27 交换机或路由器启动过程

（1）执行 POST（加电自检）。交换机或路由器上电后，ROM 芯片上的软件会执行 POST，对构成交换机或路由器的各芯片 CPU、RAM 和闪存等必须要检测，以保证交换机或路由器在使用时可以正常工作。

（2）加载 bootstrap（引导）程序。执行 POST 完成后，bootstrap 程序将从 ROM 复制到 RAM。进入 RAM 后，CPU 会执行 bootstrap 程序中的指令。bootstrap 程序的主要任务是查找 IOS 映像文件并将其加载到 RAM 中。

（3）查找并加载 IOS 系统软件。有 3 个地方可以获得 IOS 文件：闪存、外部简单文件传输协议（Trivial File Transfer Protocol，TFTP）服务器、ROM。在默认情况下，路由器会首先从闪存中加载 IOS 至 RAM 中，如果加载失败，则从外部的 TFTP 服务器上直接读入到 RAM 中，而不是闪存中，最后才将 ROM 中受限功能的 BOOT ROM IOS 加载至 RAM 中，主要用于升级闪存中的 IOS。

可以分别用两种工具来告诉路由器加载哪个 IOS，介绍如下。

第一种工具是配置寄存器（config register），是一个存储在路由器中的 16 位的二进制数，其低 4 位称为启动域，告诉引导程序加载哪个软件，如下所示：

1）0x2100：加载 ROMMON（低级别调试和密码恢复）。

2）0x2101：加载 BOOT ROM IOS（升级 IOS）。

3）0x2102：加载其他位置的 IOS，常用的是从闪存中。

4）0x2142：从 Flash 启动，但不使用 NVRAM 中的 startup-config 命令（一般用于口令恢复）。

第二种工具是 boot system 命令。

1）加载在配置文件中 boot system 命令定义的 IOS 文件。

2）如果 IOS 文件加载失败，则尝试去找下一个 boot system 命令。

3）如果所有的 boot system 都执行失败，或者没有 boot system 命令，将会加载闪存中找到的第一个 IOS 文件。

（4）查找并加载配置文件。IOS 加载后，bootstrap 程序会搜索 NVRAM 中的启动配置文件（也称为 startup-config）。此文件含有先前保存的配置命令以及参数，其中包括接口地址、路由信息、口令等。

如果启动配置文件 startup-config 位于 NVRAM，则会将其复制到 RAM 作为运行配置文件 running-config。

如果不能找到启动配置文件，路由器会提示用户进入设置模式。设置模式包含一系列问题，提示用户一些基本的配置信息。设置模式不适于复杂的路由器配置，网络管理员一般不会使用该模式。

采用 show startup-config 命令来查看启动配置文件中的 boot system 命令。boot system 命令需在全局模式下使用，如下所示：

```
Router#config terminal
Router(config)#boot system flash:c1700-advipservicesk9-mz.123-11.T3.bin
Router(config)#boot system tftp c1700-advipservicesk9-mz.123-11.T3.bin 10.1.1.1
Router(config)#boot system rom
Router(config)#end
Router#copy running-config startup-config // 这条命令是非常必要的，否则 boot system 命令不会生效
```

4. 交换机或路由器的基本配置

交换机或路由器的基本配置命令大致相同，下面以交换机为例，其基本配置包括配置交换机主机名、配置管理 IP 地址、配置 DNS 服务器、限制交换机的访问等。

（1）配置交换机主机名。默认情况下，交换机的主机名默认为 Switch。当网络中使用了多个交换机时，为了以示区别，通常根据交换机的应用场地，为其设置一个具体的主机名。

例如，若要将交换机的主机名设置为 Sw2024，则设置命令为：

```
Switch>enable                         // 进入特权模式
Switch#                               // 特权模式提示符
Switch#config terminal                // 进入全局配置模式
Enter configuration commands,one,per,line,End with CNTL/Z.
Switch(config)#                       // 全局配置模式提示符
Switch(config)#hostname Sw2024        // 设置主机名为 Sw2024
```

（2）配置管理 IP 地址。由于路由器或三层交换机是三层设备，可以直接在其接口上配置 IP 地址，所以直接使用接口地址作为管理 IP 即可。在二层交换机中，IP 地址仅用于远程登录管理交换机，对于交换机的正常运行不是必需的。若没有配置 IP 地址，则交换机只能采用控制端口进行本地配置和管理。

默认情况下，交换机的所有端口均属于 VLAN1，VLAN1 是交换机自动创建和管理的。每个 VLAN 只有一个活动的管理地址，因此，对二层交换机设置管理 IP 地址之前，首先应选择 VLAN1 接口，具体设置命令为：

```
Switch 2960(config)#interface vlan 1                               // 进入 VLAN1 接口配置模式
Switch 2960(config-if)#ip address 192.168.3.156 255.255.255.0      // 设置 IP 地址和子网掩码
Switch 2960(config)#ip default-gateway 192.168.3.1                 // 设置默认网关
```

（3）配置 DNS 服务器。默认情况下，交换机启用了 DNS 服务，但没有指定 DNS 服务器的 IP 地址。启用 DNS 服务并指定 DNS 服务器 IP 地址后，在对交换机进行配置时，对于输入错误的配置命令，交换机会尝试进行域名解析，这会影响配置。因此，在实际应用中，通常禁用 DNS 服务，具体设置命令为：

```
Switch 2960(config)#ip domain-lookup                     // 启用 DNS 服务
Switch 2960(config-if)#ip name-server 61.128.128.68
// 指定 DNS 服务器的 IP 地址，各地址用空格分隔，最前面的为首选 DNS 服务器
```

```
Switch 2960(config-if)#no ip domain-lookup                //禁用 DNS 服务
```

（4）限制交换机的访问。在交换机的 IOS 上可以设置不同的口令来提供不同的访问权限，口令是防范未经许可的人员访问交换机的主要手段，必须在本地为每台交换机配置口令以限制访问。交换机的口令有以下几种。

- 控制台口令：用于限制人员通过控制台访问交换机。
- 特权口令：用于限制人员访问特权执行模式。
- 特权加密口令：加密口令，用于限制人员访问特权执行模式。
- 虚拟终端（Virtual Teletype，VTY）口令：用于限制人员通过 Telnet 访问交换机。

1）设置控制台口令。Cisco IOS 设备的控制台端口具有特别权限。作为最低限度的安全措施，必须为所有的交换机控制台端口配置强口令。配置命令为：

```
Switch 2960(config)#line console 0 //进入控制端口的 Line 配置模式，0 表示只有一个控制台端口
Switch 2960(config-line)#password abcd1234          //设置登录密码为 abcd1234
Switch 2960(config-line)#login                      //使密码生效
Switch 2960(config-line)#exit                       //返回全局配置模式
```

2）设置特权口令和特权加密口令。设置进入特权模式口令，可以使用以下两种配置命令：

```
Switch 2960(config)#enable password abcdef          //设置特权模式口令为 abcdef
Switch 2960(config)#enable secret abcdef            //设置特权模式口令为 abcdef
```

两者的区别为：第一种方式所设置的密码是以明文的方式存储的，在 show running-config 命令输出中可见；第二种方式所设置的密码是以密文的方式存储的，在 show running-config 命令输出中不可见。

3）设置 VTY 口令。VTY 线路使用户可通过 Telnet 访问交换机。许多 Cisco 设备默认支持 5 条 VTY 线路，这些线路编号为 0～4，所有可用的 VTY 线路均需要设置口令，可为所有连接设置同一个口令。通过为其中一条线路设置不同的口令，可以为网络管理员提供一条保留通道，当其他连接均被使用时，网络管理员可以通过此保留通道访问交换机以进行管理工作。VTY 口令配置命令为：

```
Switch 2960(config)#line vty 0 5                    //进入虚拟终端的 Line 配置模式
Switch 2960(config-line)#password abcd1234          //设置登录密码为 abcd1234
Switch 2960(config-line)#login                      //使密码生效
Switch 2960(config-line)#exit                       //返回全局配置模式
```

5. 网络设备的配置和管理

（1）网络设备配置管理概述。网络设备配置和管理是指对各种网络设备（如路由器、交换机、防火墙、服务器等）进行配置、管理、维护和监控的过程。这些网络设备构成了网络基础架构的重要组成部分，负责网络通信、安全、管理等各个方面。

常见的网络设备配置和管理任务包括：

1）设备初始化配置。对新设备进行初始配置，如设置管理 IP 地址、登录账号密码、设备名称等。

2）接口配置。配置设备的各种接口，如配置路由器的接口 IP 地址、配置交换机的 VLAN 等。

3）路由配置。配置路由器的路由表、静态路由、动态路由等。

4）交换机配置。配置交换机的端口、VLAN、链路聚合等。

5）安全配置。配置设备的安全策略，如防火墙规则、访问控制列表（Access Control List，ACL）、VPN 等。

6）监控配置。配置设备的监控，如简单网络管理协议（Simple Network Management Protocol，SNMP）、syslog 等。

7）故障排除。通过查看设备日志、使用 ping、traceroute 等命令排查设备故障。

网络设备配置和管理需要经验丰富的网络工程师进行操作，以确保设备的稳定性和安全性。

（2）IOS 基本配置命令。只需输入命令关键字的一部分字符，这部分字符足够识别唯一的命令关键字即可。例如，show configuration 命令可以写成：

```
Switch#show conf    // 显示配置文件
```

几乎所有命令都有 no 选项，通常使用 no 选项来取消某项功能，执行与命令本身相反的操作。例如，no shutdown 命令执行 shutdown 命令的相反操作，即打开接口，命令如下：

```
Switch(config-if)#no shutdown    // 开启打开的接口
```

一些常见的简写命令见表 1-13。

表 1-13　常见的简写命令

原命令	简写	原命令	简写
configure	conf	write	wr
interface	int	reload	r
enable	en	ping	p
disable	dis	traceroute	tr
show	sh	clear	cl

（3）命令模式概要。命令模式是指网络设备上的用户交互界面，用户可以通过命令模式向网络设备发出各种命令，实现对网络设备的管理和控制。不同的命令模式提供了不同级别的操作权限，用户可以根据需要进入不同的命令模式进行配置和管理。

常见的命令模式包括：

1）用户模式（User Exec mode）。用户模式也称为普通模式，只能查看设备的状态信息，不能对设备进行修改。

2）特权模式（Privileged Exec mode）。特权模式也称为管理模式，可以对设备进行修改、配置、管理等操作。进入该模式需要在用户模式下输入 enable 命令，进入后命令提示符会从“>”变成“#”。

3）全局配置模式（Global configuration mode）。全局配置模式可以对设备进行全局性的配置，如配置 IP 地址、路由协议等。进入该模式需要在特权模式下输入 configure terminal 命令，进入后命令提示符会从“#”变成“(config)”。

4）接口配置模式（Interface configuration mode）。接口配置模式可以对设备的接口进行单独的配置，如配置接口的 IP 地址、子网掩码、最大传输单元（Maximum Transmission Unit，MTU）等。进入该模式需要在全局配置模式下输入特定命令进入特定接口配置的模式，如 interface GigabitEthernet 0/1 命令。

5）行配置模式（Line configuration mode）。行配置模式可以对设备的线路进行配置，如配置 Telnet 登录等。进入该模式需要在全局配置模式下输入特定命令进入特定行配置模式，如 line vty 04 命令。

6）监视模式（Monitoring mode）。监视模式也称为诊断模式，用于查看设备的运行状态、性能参数、故障信息等。进入该模式需要在特权模式下输入 show 命令，命令提示符会从“#”变成“>”。

7）VLAN 配置模式。VLAN 配置模式是一种特殊的命令模式，用于配置 VLAN 相关参数，例如 VLAN ID、VLAN 名称、端口 VLAN 分配等。在 VLAN 配置模式下，用户可以使用一系列命令来配置 VLAN，例如创建 VLAN、删除 VLAN、添加端口到 VLAN、从 VLAN 中删除端口、显示 VLAN 配置等。通常，进入 VLAN 配置模式需要先进入全局配置模式，然后再进入 VLAN 配置模式。VLAN 配置模式的提示符通常类似“Switch(config-vlan）#”的形式。

进入不同的命令模式可以使用特定的命令，如 enable、configure terminal、interface 等命令。同时，各个命令模式下支持的命令也不同，用户根据自身需要选择合适的命令模式进行操作。

四、能力训练

使用 GNS3 进行网络基本配置

（1）需求。使用一台交换机连接两台主机，配置两台主机的 IP 地址在同一网段，可以互相通信。

（2）网络基本配置拓扑图如图 1-28 所示。

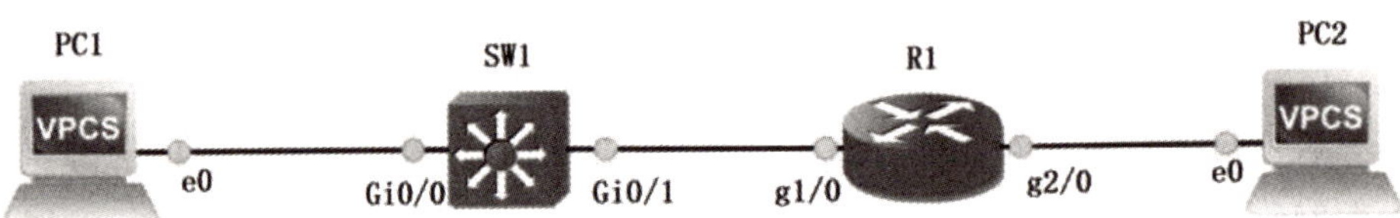

图 1-28　网络基本配置拓扑图

（3）实现过程。

第一步，根据需求，使用 GNS3 搭建好拓扑图。

第二步，分别对 PC1 和 PC2 配置 IP 地址，命令如下所示：

```
PC1> ip 192.168.1.2 255.255.255.0 192.168.1.254
PC2> ip 192.168.2.2 255.255.255.0 192.168.2.254
```

第三步，配置交换机 SW1，命令如下所示：

```
SW1> enable                                   // 进入特权模式
SW1# configure terminal                       // 进入全局配置模式
SW1(config)# interface gigabitEthernet 0/0    // 进入接口 gigabitEthernet 0/0
SW1(config-if)# no shutdown                   // 打开接口
SW1(config-if)# exit                          // 返回全局配置模式
SW1(config)# interface gigabitEthernet 0/1    // 进入接口 gigabitEthernet 0/1
SW1(config-if)# no shutdown                   // 打开接口
SW1(config-if)# end                           // 返回特权模式
```

第四步，配置路由器 R1，命令如下所示：

```
R1> enable                                        // 进入特权模式
R1# configure terminal                            // 进入全局配置模式
R1(config)# interface gigabitEthernet 1/0         // 进入接口 gigabitEthernet 1/0
R1(config-if)# ip address 192.168.1.254 255.255.255.0  // 配置接口的 IP 地址
R1(config-if)# no shutdown                        // 打开接口
R1(config-if)# exit                               // 返回全局配置模式
R1(config)# interface gigabitEthernet 2/0         // 进入接口 gigabitEthernet 2/0
R1(config-if)# ip address 192.168.2.254 255.255.255.0  // 配置接口的 IP 地址
R1(config-if)# no shutdown                        // 打开接口
R1(config-if)# end                                // 返回特权模式
```

第五步，PC1 和 PC2 通过 ping 命令进行验证，命令如下所示：

```
PC1> ping 192.168.2.2
84 bytes from 192.168.2.2 icmp_seq=1 ttl=63 time=47.017 ms
84 bytes from 192.168.2.2 icmp_seq=2 ttl=63 time=20.269 ms
84 bytes from 192.168.2.2 icmp_seq=3 ttl=63 time=21.362 ms
84 bytes from 192.168.2.2 icmp_seq=4 ttl=63 time=18.548 ms
84 bytes from 192.168.2.2 icmp_seq=5 ttl=63 time=20.658 ms
```

从实验结果可以看出，两台主机通过交换机实现了互相通信。

五、任务实战

1. 任务情境

某港口网络在建设过程中涉及大量网络设备（如交换机、路由器等）的配置和维护工作。由于各种原因导致之前设置的密码丢失，网络工程人员现需要进行密码破除和重置操作。同时，为了加强网络设备的管理，在重新配置这些设备后，需要对启动配置文件和 IOS 文件进行备份，以防止网络设备的配置文件和映像系统受损，确保在需要时能够及时恢复。

2. 任务要求

网络工程师需要完成以下五个方面的内容：

（1）破除并重置路由器密码。

（2）在网络上搭建 TFTP 服务器。

（3）将路由器 IOS 软件备份到 TFTP 服务器上。

（4）配置路由器，使其从 TFTP 服务器处加载配置。

（5）按任务实施步骤的要求，填写相关术语于空白处。

3. 任务实施步骤

（1）为搭建拓扑图如图 1-29 所示的网络环境，需要如下设备：交换机、路由器、PC 机各 1 台，TFTP 服务器软件，RJ45 TO DB-9 配置线 1 根和直通网线 2 根。

（2）硬件连接。按照图 1-29 所示连接网络设备、PC 机和 TFTP 服务器。

（3）在 PC 机上运行超级终端并设置通信参数，进入超级终端配置界面。

（4）破除及重置路由器密码。

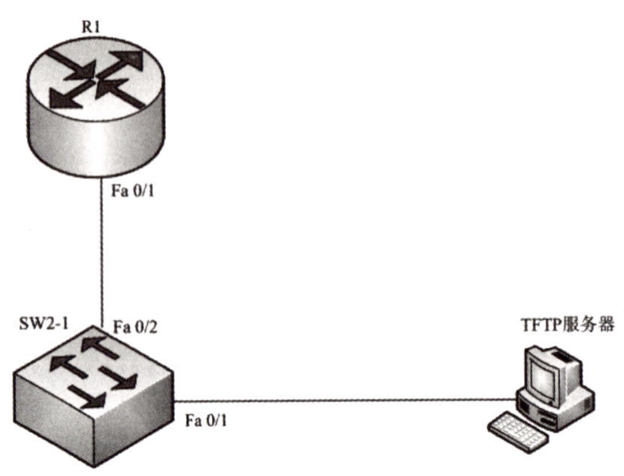

图 1-29　网络拓扑图

第一步，关闭路由器电源并重新开机。当控制台出现启动过程时，1 分钟内按 Ctrl+Break 组合键中断路由器的启动过程，使路由器进入 ROMMON 模式，命令如下所示：

```
System Bootstrap, Version 12.1(3r)T2, RELEASE SOFTWARE (fc1)
Copyright (c) 2000 by cisco Systems, Inc.
cisco 2811 (MPC860) processor (revision 0x200) with 60416K/5120K bytes of memory
monitor: command “boot” aborted due to user interrupt
rommon 1 >
```

第二步，绕过启动配置。此时启动配置文件仍然存在，只是启动路由器时跳过了已忽略的口令，命令如下：

```
rommon 1 >（confreg）0X2142       // 使路由器绕过启动配置
rommon 2 >reset                    // 路由器随后重新启动，但会忽略保存的配置
Router>（     ）                   // 进入特权模式
Router#                            // 特权模式提示符
Router#（     ）                   // 将 NVRAM 中的配置文件复制到内存，切记不要执行
                                   //copy running-config startup-config，否则会擦除启动配置
```

第三步，密码重置，命令如下：

```
Router#（     ）                          // 进入全局配置模式
Router(config)#（     ）                  // 设置路由器的主机名为 R1
R1(config)#（     ）                      // 设置熟悉密码为 cisco
R1(config)#（     ）                      // 把寄存器的值恢复为正常值 0x2102
R1(config)#exit                           // 回退到特权模式
R1#copy running-config startup-config     // 保存配置
Destination filename [startup-config]?    // 输入保存配置文件的名称
Building configuration...
[OK]
R1#reload                                 // 重启路由器，检查路由器是否正常
```

（5）搭建 TFTP 服务器。

第一步，在 PC 中安装并运行 TFTP 服务器。在 PC 中一旦安装了 TFTP 服务器软件，就会自动启动 TFTP 服务。

第二步，配置 TFTP 服务器 IP 地址。由于 TFTP 服务器安装在 PC 上，配置 TFTP 服务器的 IP 地址就是配置该 PC 的 IP 地址。这里将安装 TFTP 服务器这台 PC 的 IP 地

址配置为 192.168.10.200，子网掩码配置为 255.255.255.0。

（6）备份配置文件。

第一步，通过 Telnet 或 Console 登录到路由器，配置以太网接口的 IP 地址，命令如下：

```
R1>enable                                      // 进入特权配置模式
R1#config terminal                             // 进入全局配置模式
R1(config)#interface fastethernet 0/1          // 选择路由器接口 1
R1(config-if)#ip address 192.168.10.1 255.255.255.0    // 配置端口 IP 地址和子网掩码
R1(config-if)#no shutdown                      // 激活接口 1
```

注意：路由器以太网接口的 IP 地址必须和上面配置的 TFTP 服务器的 IP 地址在同一网段。

第二步，检验路由器与 TFTP 服务器之间的连通性。在 TFTP 服务器所在的 PC 上打开命令窗口，ping 路由器以太网接口的 IP 地址，确保 TFTP 服务器与路由器之间的网络连通，应能 ping 通，若不能 ping 通，需再检查上面的配置。

第三步，将路由器启动配置文件备份到 TFTP 服务器中，命令如下：

```
R1#copy running-config startup-config          // 保存配置
Destination filename [startup-config]?         // 输入保存配置文件的名称
Building configuration...
[OK]
```

注意：路由器第一次启动时，是不存在配置文件的，必须将当前运行的配置文件保存为配置文件才可以，否则运行下面的命令时会报错，命令如下：

```
R1#copy startup-config tftp                          // 备份配置文件到 TFTP 服务器
Address or name of remote host []? 192.168.10.200    // 输入 TFTP 服务器的 IP 地址
Destination filename [Router-confg]? startup-config  // 输入指派给配置文件的名称
Writing startup-config..！！！！                      // 装载配置文件成功
[OK – 573 bytes]
573 bytes copied in 3.45 sec (0 bytes/sec)
```

这时，查看 TFTP 服务器的存放目录，会看到一个名为“startup-config”的配置文件。

注意：屏幕显示“！！！！”表示装载成功，显示“...”表示装载失败。

（7）从 TFTP 服务器恢复启动配置文件。第一步，使用 copy tftp startup-config 命令，如下所示：

```
R1#copy tftp: startup-config
Address or name of remote host []? 192.168.10.200
Source filename []? startup-config
Destination filename [startup-config]?
Accessing tftp://192.168.10.200/startup-config…
Loading stratup-config from 192.168.10.200:!
[OK – 526 bytes]
573 bytes copied in 0.047 sec (11191 bytes/sec)
R1#
```

第二步，再次重新加载路由器，加载完成时，路由器应会显示“R1>”，键入 show startup-config 命令，检查恢复的配置文件是否完整。

六、学习结果评价

本任务主要介绍了路由器和交换机的基础知识。读者需要阅读相关文献和案例，撰写学习笔记和总结，对课堂内容进行复习和巩固。为了让读者清楚自身学习情况，现将设定学习结果评价表，小组同学之间可以交换评价，进行互相监督，见表 1-14。

表 1-14　学习结果评价表

序号	评价内容	评价标准	评价结果（是 / 否）
1	对交换机的掌握程度	熟练掌握	
2	对路由器的掌握程度	熟练掌握	
3	对 GNS3 的熟悉程度	熟练操作	

七、课后作业

1. 选择题

（1）以太网交换机组网中有环路出现也能正常工作，是因为运行了（　　）协议。

A. PPP　　B. STP　　C. VLAN　　D. HDLC

（2）交换机如何知道将帧转发到哪个端口？（　　）。

A. 用 MAC 地址表　　B. 用 ARP 地址表

C. 读取源 ARP 地址　　D. 读取源 MAC 地址

（3）要想通过串口配置 Quidway S2008 以太网交换机，波特率应为（　　）。

A. 9600　　B. 4800　　C. 38400　　D. 115200

（4）数据在数据链路层时，一般称之为（　　）。

A. 段　　B. 包　　C. 位　　D. 帧

（5）RARP 的作用是（　　）。

A. 将自己的 IP 地址转换为 MAC 地址

B. 将对方的 IP 地址转换为 MAC 地址

C. 将对方的 MAC 地址转换为 IP 地址

D. 知道自己的 MAC 地址，通过 RARP 协议得到自己的 IP 地址

（6）Telnet 工作于（　　）。

A. 网络层　　B. 传输层　　C. 会话层

D. 表示层　　E. 应用层

（7）路由器中时刻维持着一张路由表，这张路由表可以是静态配置的，也可以是（　　）产生的。

A. 生成树协议　　B. 链路控制协议

C. 动态路由协议　　D. 被承载网络层协议

（8）C 类地址的缺省掩码是（　　）。

A. 255.0.0.0　　B. 255.255.255.0　　C. 255.255.0.0　　D. 255.255.0.0

2. 简答题

（1）什么是路由器？描述其工作过程。

（2）什么是交换机？描述其工作过程。

（3）什么是三层交换机？其和二层交换机有什么区别？三层交换机是否可以替代路由器？为什么？

工作模块 2 管理交换网络

模块导引

战场指挥与网络管理：从百团大战看现代信息交换技术的管理与应用

1940 年，抗日烽火燃烧中华大地，八路军在华北地区发动了著名的百团大战。这场战役中，八路军各部队协同作战，如同精密运作的齿轮，相互配合，对日军的重要据点和交通线发起了雷霆般的打击。百团大战的胜利，不仅沉重打击了日寇的嚣张气焰，更彰显了协同作战、灵活应对的巨大力量。而今，硝烟散尽，信息时代的战场上，数据洪流奔涌不息。人们建设的信息交换网络，需要严密的组织和高效的管理才能发挥最大效能。面对网络攻击、病毒入侵等突发状况，更需要各个部门、各个系统灵活应对，密切配合，才能保障网络的安全和稳定。

现代信息交换技术的发展同样源于前人智慧的积累。历史为我们提供了宝贵的经验和教训，指导我们在管理和交换网络时，充分利用资源并进行动态监督、组织和控制，确保网络的正确和高效运行。正如八路军的百团大战，现代信息交换网络的管理也需要有序的规划和灵活的应对，以应对各种突发状况，保障网络的安全和稳定。在信息时代，网络的高效管理与安全防护至关重要。从战略智慧中汲取灵感，学习如何在复杂多变的环境中迅速调配资源、优化配置，确保信息畅通无阻。无论是应对网络攻击，还是处理系统故障，都需要具备统筹全局的能力和灵活应变的智慧。

工作任务 2-1：网络的隔离与互通

任务简介

网络隔离技术是一种在确保网络安全的前提下实现信息交换和资源共享的重要方法。它通过在物理层面分离网络的同时，建立受控的数据交换通道，从而在隔离有害网络安全威胁的基础上，保障可信网络内部数据的安全交互。这种技术既满足了网络安全防护的需求，又不影响必要的业务数据交换，实现了网络安全性与可用性的平衡。

本工作任务要求实现网络的隔离与互通。

职业能力 2-1-1：能按需求划分 VLAN

一、核心概念

- 冲突域：是一个命令集，用于过滤进入或者离开接口的流量。

- 广播域：与 IP 地址一起使用，用于确定某个网络所包含的 IP。
- 虚拟局域网：又称 VLAN，是一组逻辑上的设备和用户，这些设备和用户并不受物理位置的限制，可以根据功能、部门及应用等因素将它们组织起来，相互之间的通信就好像它们在同一个网段中。

二、学习目标

- 理解冲突域与广播域的概念、原理。
- 掌握 VLAN 的概念和原理。
- 掌握利用网络设备划分 VLAN 技术。

学习思维导图：

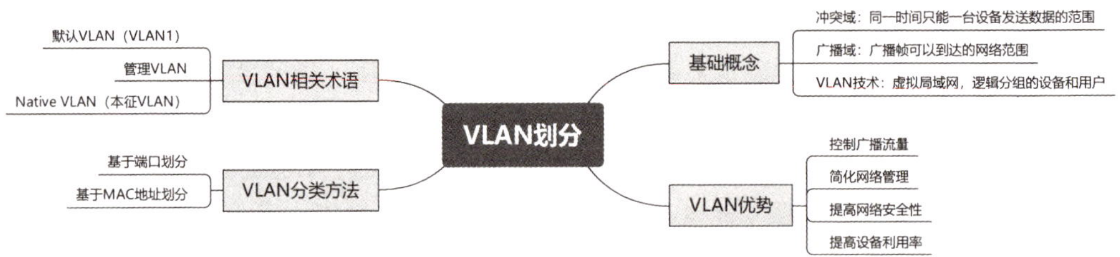

三、基本知识

1. 冲突与冲突域

冲突和广播是计算机网络中的两个基本概念，也是学习交换式局域网的基础。在以太网中，当两个数据帧同时被发送到物理传输介质上，并完全或部分重叠时，就发生了数据冲突；一个网络范围，在这个范围内同一时间只有一台设备能够发送数据，若有两台以上设备同时发送数据，就会发生数据冲突，如图 2-1 所示。

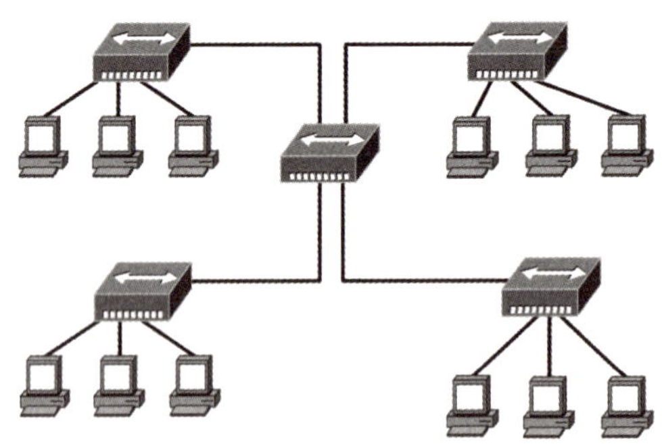

图 2-1　集线器构成冲突域

2. 广播与广播域

广播是由广播帧构成的数据流量，在网络传输中，告知网络中的所有计算机接收此帧并处理。过量的广播操作会引起网络带宽的利用率及终端的负荷等问题。广播域也是一个网络范围，在这个网络范围内，任何一台设备发出的广播帧，区域内的其他所有设备都能接收到该广播帧。默认状态下，通过交换机连接的网络是一个广播域，交换机的每一个活动端口都是一个冲突域，所有活动端口在一个广播域内，如图 2-2 所示。

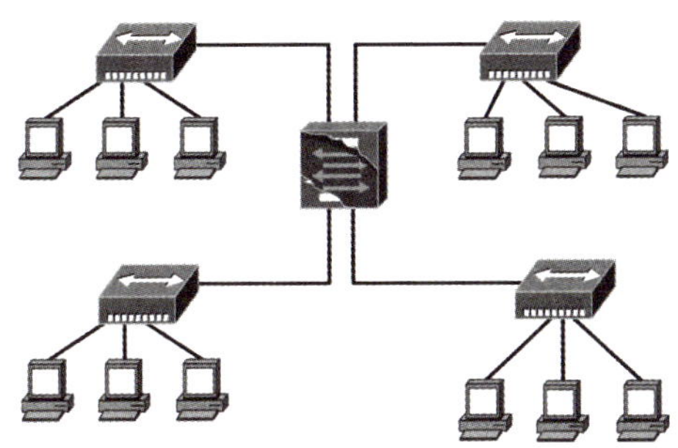

图 2-2　交换机构成广播域

冲突域和广播域之间最大的区别在于：任何设备发出的 MAC 帧均覆盖整个冲突域，而只有以广播形式传输的 MAC 帧才能覆盖整个广播域。集线器、交换机、路由器分割冲突域与广播域比较情况见表 2-1。

表 2-1　集线器、交换机、路由器分割冲突域与广播域比较情况

设备	冲突域	广播域
集线器	所有端口处于同一冲突域	所有端口处于同一广播域
交换机	每个端口处于同一冲突域	可配置的（划分 VLAN）广播域
路由器	每个端口处于单独冲突域	每个端口处于单独广播域

3. VLAN 技术

（1）VLAN 的概念。VLAN 是一种将局域网从逻辑上按需要划分为若干个网段，在第二层上分割广播域，分隔开用户组的一种交换技术。这些网段物理上是连接在一起的，逻辑上是分离的，即将一个局域网划分成了多个局域网，故名虚拟局域网。VLAN 的应用将过去以路由器为广播域的边界扩展为以 VLAN 为广播域的边界。这一技术主要应用于交换机和路由器中，但主流应用还是交换机，可以说交换机和 VLAN 是一个整体，两者不可分割。

VLAN 技术的实施可以确保：第一，在不改变一个大型交换式以太网的物理连接的前提下，任意划分子网；第二，每一个子网中的终端具有物理位置无关性，即每一个子网可以包含位于任何物理位置的终端；第三，子网划分和子网中终端的组成可以通过配置改变，且这种改变对网络的物理连接不会提出任何要求，VLAN 示意图如图 2-3 所示。

（2）VLAN 的优点。

1）控制广播流量。默认状态下，一个交换机组成的网络，所有交换机端口都在一个广播域内。采用 VLAN 技术，可将某个（或某些）交换机的端口划到某一个 VLAN 内，在同一个 VLAN 内的端口处于相同的广播域中。每个 VLAN 都是一个独立的广播域，VLAN 技术可以控制广播域的大小。

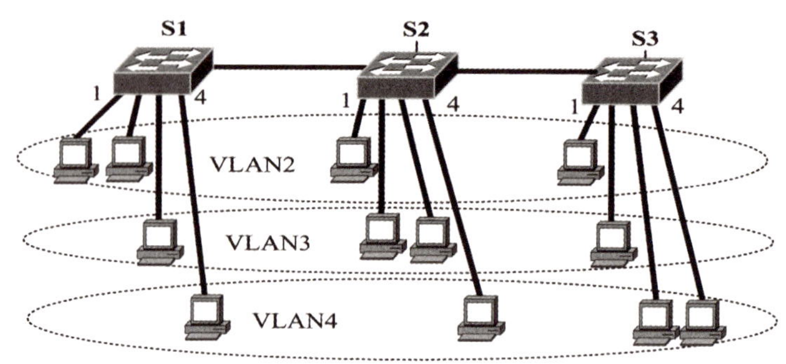

图 2-3　VLAN 示意图

2）简化网络管理。当用户物理位置变动时，不需要重新布线、配置和调试，只需保证在同一个 VLAN 内即可，可以减轻网络管理员在移动、添加和修改用户时的开销。

3）提高网络安全性。不同 VLAN 的用户未经许可是不能相互访问的。可以将重要资源放在一个安全的 VLAN 内，限制用户访问，通过在三层交换机设置安全访问策略允许合法用户访问，限制非法用户访问。

4）提高设备利用率。每个 VLAN 形成一个逻辑网段。通过交换机，合理划分不同的 VLAN，将不同应用放在不同的 VLAN 内，实现在一个物理平台上运行多种要求相对独立的应用，并且各应用之间不会相互影响。

（3）VLAN 的分类。在应用上，对 VLAN 的具体实现方法有所不同，目前普遍实现方法可分为基于端口划分 VLAN 和基于 MAC 地址划分 VLAN 两种。

1）基于端口划分 VLAN。基于端口的 VLAN 划分是最简单、最有效，也是使用最多的一种方法。在一台交换机上，可以按需求将不同的端口划分到不同的 VLAN 中，如图 2-4 所示。在多台交换机上，也可以将不同交换机上的几个端口划分到同一个 VLAN 中。创建某个 VLAN，将交换机端口分配给某个 VLAN，建立端口和 VLAN 之间的绑定，每一个 VLAN 可以包含任意的交换机端口组合。基于端口划分 VLAN 的缺点是，当用户从一个端口移动到另一个端口时，网络管理员必须对交换机端口所属 VLAN 成员重新进行配置。

2）基于 MAC 划分 VLAN。建立终端与 VLAN 之间的绑定，必须建立终端标识符与 VLAN 之间的绑定。通常用作终端标识符的是 MAC 地址，因此，可以建立 MAC 地址与 VLAN 之间的绑定。交换机不是根据终端接入交换机的端口确定该终端属于的 VLAN，而是通过接收到的 MAC 帧的源 MAC 地址确定发送该 MAC 帧的终端所属的 VLAN。基于 MAC 地址的 VLAN 划分可以允许网络设备从一个物理位置移动到另一个物理位置，并且自动保留其所属 VLAN 成员身份。

（4）VLAN 相关术语。网络中有很多和 VLAN 相关的术语，这些术语按照网络流量的类型和 VLAN 所执行的特定功能进行定义。

1）默认 VLAN。交换机初始启动完成后，交换机的所有端口都加入到默认 VLAN 中，大部分公司交换机的默认 VLAN 是 VLAN1。VLAN1 基于 VLAN 的所有功能，但是不能对它进行重命名，也不能删除，其是自动创建的，保存在位于 Flash 中的 vlan.dat 文件中。VLAN1 具有一些特殊功能，如 Cisco 交换机的二层控制流量（如生成树协议流量）功能始终属于 VLAN1。

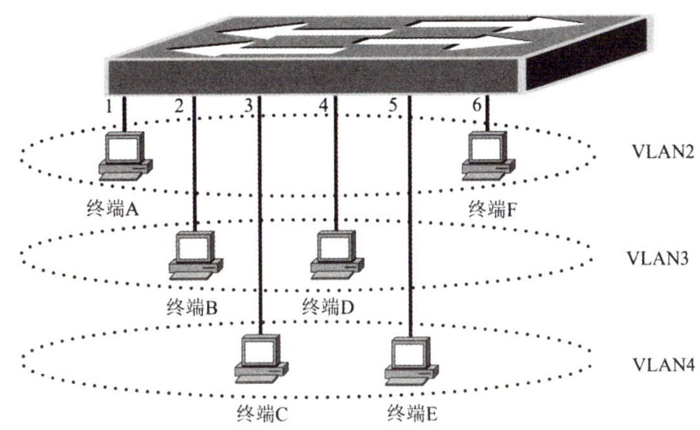

图 2-4　基于端口划分 VLAN

2）管理 VLAN。管理 VLAN 是网络管理员在交换机上配置用于访问交换机管理功能的 VLAN。在交换机上为管理 VLAN 分配 IP 地址和子网掩码，通过进一步配置，网络管理员就可以通过超文本传输协议（HyperText Transfer Protocol，HTTP）、超文本传输安全协议（Hypertext Transfer Protocol Secure，HTTPS）、远程登录协议（Telnet）、安全外壳协议（Secure Shell，SSH）、简单网络管理协议（Simple Network Management Protocol，SNMP）等对交换机进行管理。大多数交换机和厂家出厂配置中，默认使用 VLAN1 作为管理 VLAN。但是，VLAN1 作为管理通常是不恰当的，网络管理员需要根据网络建设情况来设计规划并创建管理 VLAN。

3）Native VLAN（本征 VLAN）。Native VLAN 分配给 IEEE 802.1q 中继端口，其作用是向下兼容传统 LAN 中无标记的流量，充当中继链路两端的公共标识。IEEE 802.1q 中继端口支持多个来自多个 VLAN 的流量（有标记流量），也支持来自 VLAN 以外的流量（无标记流量）。IEEE 802.1q 中继端口会将无标记的流量发送到 Native VLAN，从而提高链路传输效率。如果交换机端口配置了 Native VLAN，则连接到该端口的计算机将产生无标记流量。在实际应用中，一般使用 VLAN1 以外不存在的 VLAN 作为 Native VLAN，目的是避免 VLAN 跳跃攻击，提高网络安全性。

四、能力训练

利用 GNS3 进行 VLAN 配置

任务：实现相同 VLAN 间通信，不同 VLAN 间不可通信，VLAN 拓扑图如图 2-5 所示。

PC1、PC2、PC3 配置 IP 地址和子网掩码，命令如下所示：

```
PC1> ip 192.168.1.1/24                    // 配置 PC1 的 IP 地址 子网掩码
Checking for duplicate address...
PC1 : 192.168.1.1 255.255.255.0

PC2> ip 192.168.1.2/24                    // 配置 PC2 的 IP 地址 子网掩码
Checking for duplicate address...
PC2 : 192.168.1.2 255.255.255.0
```

```
PC3> ip 192.168.1.3/24                              // 配置 PC3 的 IP 地址 子网掩码
Checking for duplicate address...
PC3 : 192.168.1.3 255.255.255.0
```

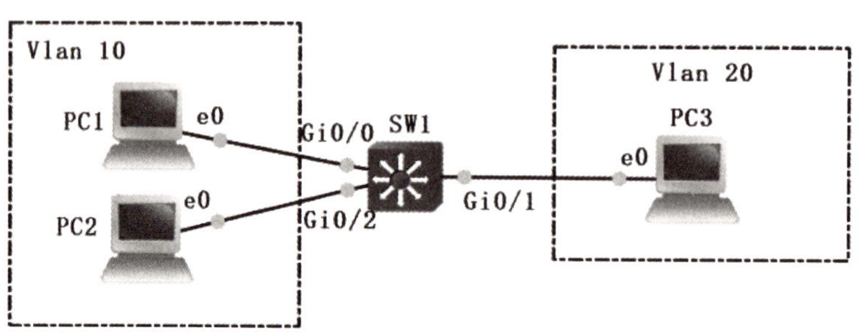

图 2-5　VLAN 拓扑图

交换机 SW1 进入端口进行 VLAN 配置，命令如下所示：

```
SW1#configure terminal                                   // 进入全局配置模式
SW1(config)#vlan 10                                      // 创建一个 VLAN 10
SW1(config-vlan)#name vlan10                             // 设置 VLAN 的名称
SW1(config-vlan)#exit                                    // 返回全局配置模式
SW1(config)#vlan 20                                      // 创建一个 VLAN 20
SW1(config-vlan)#name vlan20                             // 设置 VLAN 的名称
SW1(config-vlan)#exit                                    // 返回全局配置模式
SW1(config)#interface range GigabitEthernet 0/0-1        // 进入接口 GigabitEthernet 0/0-1 的配置模式
SW1(config-if)#switchport mode access                    // 将接口设置为访问模式
SW1(config-if)#switchport access vlan 10                 // 将接口划分到 VLAN 10 中
SW1(config-if)#exit                                      // 返回全局配置模式
SW1(config)#interface GgabitEthernet 0/2                 // 进入接口 GigabitEthernet 0/2 的配置模式
SW1(config-if)#switchport mode access                    // 将接口设置为访问模式
SW1(config-if)#switchport access vlan 20                 // 将接口划分到 VLAN 20 中
SW1(config-if)#exit                                      // 返回全局配置模式
SW1(config)#exit                                         // 返回特权模式
SW1#write                                                // 保存配置更改
```

PC1 和 PC2 可以互相通信，命令如下所示：

```
PC1> ping 192.168.1.2                                    // 测试 ping PC2 能不能互相通信
84 bytes from 192.168.1.2 icmp_seq=1 ttl=64 time=4.035 ms
84 bytes from 192.168.1.2 icmp_seq=2 ttl=64 time=4.125 ms
84 bytes from 192.168.1.2 icmp_seq=3 ttl=64 time=3.030 ms
84 bytes from 192.168.1.2 icmp_seq=4 ttl=64 time=4.319 ms
84 bytes from 192.168.1.2 icmp_seq=5 ttl=64 time=7.777 ms
```

PC1 和 PC3 不可以互相通信，命令如下所示：

```
PC1> ping 192.168.1.3                                    // 测试 ping PC3 能不能互相通信
host (192.168.1.3) not reachable
```

五、任务实战

1. 任务情境

为了实现港口总部 4 个不同部门用户、服务器区域之间的二层隔离功能，并实现同一场所相同部门内部网络的连通性及资源共享功能，需将处于相同场所的所有用户划分到同一 VLAN 内，并且所有用户处于同一子网，可以在网络安全系统集成实训室中模拟本任务的实施，搭建拓扑图如图 2-6 所示的网络实训环境。

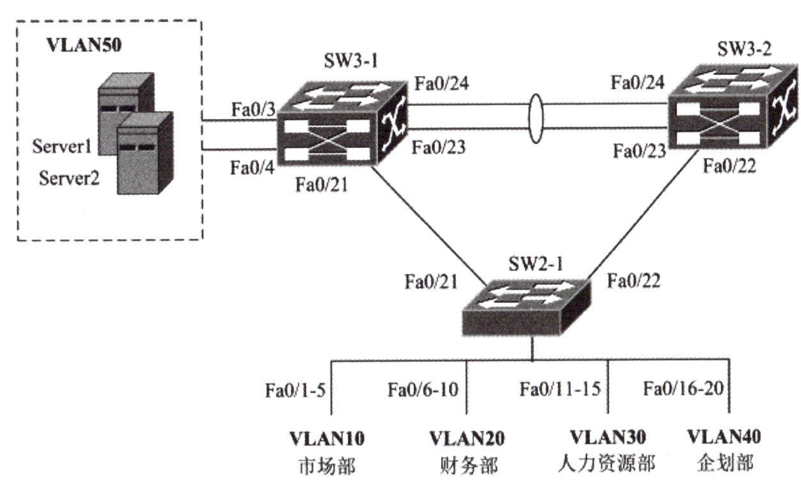

图 2-6　本地 VLAN 配置拓扑图

2. 任务要求

现假定港口的市场部、财务部、人力资源部、企划部 4 个部门位于同一幢办公大楼内，并且不同部门的不同用户都接入一台可进行网络管理的二层交换机上；核心层交换机位于信息大楼的网络中心机房内，办公大楼和网络中心机房内的交换机通过双绞线连接起来，并完成如下配置任务：

（1）网络中各交换机的名称、VLAN 及名称的详细规划。

（2）网络中各交换机端口连接及 VLAN 的划分。

（3）PC 机名称及 IP 地址、子网掩码和网关地址的规划与配置。

（4）各交换机端口 VLAN 成员分配。

（5）各部门用户网络连通性测试。

（6）使用 MyBase 软件对配置脚本进行管理，以便下一次实训和全网联调设备时使用。

3. 任务实施步骤

（1）设备清单。为了搭建如图 2-6 所示的网络环境，需要如下设备：二层交换机 1 台，三层交换机两台，PC 机 3 台，双绞线若干根，配置线 1 根。

（2）计算机 IP 地址及 VLAN 配置规划。PC 机名称、IP 通信参数和交换机名称、VLAN 号、VLAN 划分，PC 机和交换机端口之间的连接，交换机端口之间的连接情况见表 2-2。

表 2-2　计算机 IP 地址及 VLAN 配置规划表

<table>
<tr><th>场所</th><th>部门</th><th>交换机名称</th><th>VLAN</th><th>VLAN 名称</th><th>交换机端口</th><th>计算机名称</th><th>IP 地址</th><th>掩码</th><th>默认网关</th></tr>
<tr><td rowspan="4">办公大楼 A</td><td>市场部</td><td rowspan="4">SW2-1</td><td>10</td><td>shichangbu</td><td>Fa0/1-Fa0/5</td><td>PC1-PC5</td><td>192.168.10.2-192.168.10.6</td><td rowspan="6">255.255.255.0</td><td>192.168.10.1</td></tr>
<tr><td>财务部</td><td>20</td><td>caiwubu</td><td>Fa0/6-Fa0/10</td><td>PC6-PC10</td><td>192.168.20.2-192.168.20.6</td><td>192.168.20.1</td></tr>
<tr><td>人力资源部</td><td>30</td><td>renliziyuanbu</td><td>Fa0/11-Fa0/15</td><td>PC11-PC15</td><td>192.168.30.2-192.168.30.6</td><td>192.168.30.1</td></tr>
<tr><td>企划部</td><td>40</td><td>qihuabu</td><td>Fa0/16-Fa0/20</td><td>PC16-PC20</td><td>192.168.40.2-192.168.40.6</td><td>192.168.40.1</td></tr>
<tr><td rowspan="2">网络中心</td><td rowspan="2">服务器区</td><td rowspan="2">SW3-1</td><td rowspan="2">50</td><td rowspan="2">fuwuqi</td><td>Fa0/3</td><td>PC21</td><td>192.168.50.2</td><td rowspan="2">192.168.50.1</td></tr>
<tr><td>Fa0/4</td><td>PC22</td><td>192.168.50.3</td></tr>
</table>

表 2-2 中没有考虑 SW3-2 中 VLAN 的规划，此部分将在任务 3 中实现，4 个部门的计算机名称规划为 PC1、PC2、…，主要用来配置交换机和测试网络连通性，实际工作中应规划为不同的名称。

（3）SW2-1 交换机 VLAN 配置。

第一步，清除交换机 SW2-1 上的原有配置，命令如下：

```
SW2-1#erase startup-config                   //清除启动配置文件
```

使用 show flash：命令，查看保存在闪存的 vlan.dat 文件中的 VLAN 配置，要想删除 VLAN，必须删除闪存中的 vlan.data 文件。

```
Switch#show flash:
Directory of flash:/
   1  -rw-    4414921    <no date>  c2960-lanbase-mz.122-25.FX.bin
   2  -rw-        616    <no date>  vlan.dat
64016384 bytes total (59600847 bytes free)
SW2-1#del vlan.dat                           // 删除 VLAN 配置
Delete filename [vlan.dat]?                  // 欲删除的 VLAN 文件
Delete flash:/vlan.dat? [confirm]            // 确认是否删除
Switch#                                      // 特权模式
```

第二步，配置办公大楼交换机的主机名为 SW2-1，命令如下：

```
Switch#config terminal
Switch(config)#hostname SW2-1
```

第三步，在 SW2-1 上创建 VLAN，并按表 2-2 分别为 VLAN 命名，命令如下：

```
SW2-1(config)#vlan 10                        // 定义一个 VLAN，编号为 10
SW2-1(config-vlan)#name shichangbu           // 定义 VLAN10 的名称为 shichangbu
SW2-1(config-vlan)#exit                      // 回退到全局模式
SW2-1(config)#vlan 20                        // 定义一个 VLAN，编号为 20
SW2-1(config-vlan)#name caiwubu              // 定义 VLAN20 的名称为 caiwubu
SW2-1(config-vlan)#exit                      // 回退到全局模式
SW2-1(config)#vlan 30                        // 定义一个 VLAN，编号为 30
SW2-1(config-vlan)#name renliziyuanbu        // 定义 VLAN30 的名称为 renliziyuanbu
SW2-1(config-vlan)#exit                      // 回退到全局模式
SW2-1(config)#vlan 40                        // 定义一个 VLAN，编号为 40
```

```
SW2-1(config-vlan)#name qihuabu          // 定义 VLAN40 的名称为 qihuabu
SW2-1(config-vlan)#exit                  // 回退到全局模式
```

第四步，按图 2-6 所示，将端口划分到对应 VLAN 中，命令如下：

```
SW2-1(config)#interface range fastethernet 0/1-5       // 指定批量端口
SW2-1(config-if-range)#switchport access vlan 10       // 将批量端口分配给 VLAN10
SW2-1(config-if-range)#exit                            // 回退到全局模式
SW2-1(config)#interface range fastethernet 0/6-10      // 指定批量端口
SW2-1(config-if-range)#switchport access vlan 20       // 将批量端口分配给 VLAN20
SW2-1(config-if-range)#exit                            // 回退到全局模式
SW2-1(config)# interface range fastethernet 0/11-15    // 指定批量端口
SW2-1(config-if-range)#switchport access vlan 30       // 将批量端口分配给 VLAN30
SW2-1(config-if-range)#exit                            // 回退到全局模式
SW2-1(config)#interface range fastethernet 0/16-20     // 指定批量端口
SW2-1(config-if-range)#switchport access vlan 40       // 将批量端口分配给 VLAN40
```

第五步，配置网络中心交换机的主机名为 SW3-1，命令如下：

```
Switch#config terminal
Switch(config)#hostname SW3-1
```

第六步，在 SW3-1 上创建 VLAN，并按表 2-2 分别为 VLAN 命名，命令如下：

```
SW3-1(config)#vlan 50                    // 定义一个 VLAN，编号为 50
SW3-1(config-vlan)#name fuwuqi           // 定义 VLAN50 的名称为 fuwuqi
SW3-1(config-vlan)#exit                  // 回退到全局模式
```

第七步，按图 2-6 所示，将端口划分到对应 VLAN 中，命令如下：

```
SW3-1(config)#interface range fastethernet 0/3-4       // 指定批量端口
SW3-1(config-if-range)#switchport access vlan 50       // 将批量端口分配给 VLAN50
SW3-1(config-if-range)#exit                            // 回退到全局模式
```

（4）在 SW2-1 交换机上使用 show vlan 命令查看 VLAN 配置情况，命令如下：

```
SW2-1#show vlan                          // 显示所有 VLAN 的信息
  VLAN   Name           Status   Ports
---------------------------------------------------------------------------
  1      default        active   Fa0/21,Fa0/22,Fa0/23,Fa0/24
  10     shichangbu     active   Fa0/1,Fa0/2,Fa0/3,Fa0/4,Fa0/5
  20     caiwubu        active   Fa0/6,Fa0/7,Fa0/8,Fa0/9,Fa0/10
  30     renliziyuanbu  active   Fa0/11,Fa0/12,Fa0/13,Fa0/14,Fa0/15
  40     qihuabu        active   Fa0/16,Fa0/17,Fa0/18,Fa0/19,Fa0/20
```

（5）在 SW3-1 交换机上使用 show vlan 命令查看 VLAN 配置情况，命令如下：

```
SW3-1#show vlan                          // 显示所有 VLAN 的信息
  VLAN   Name           Status   Ports
---------------------------------------------------------------------------
  1      default        active   Fa0/1,Fa0/2,Fa0/5,Fa0/6,Fa0/7,Fa0/8
                                 Fa0/9,Fa0/10,Fa0/11,Fa0/12,Fa0/13
                                 Fa0/14,Fa0/15,Fa0/16,Fa0/17,Fa0/18
                                 Fa0/19,Fa0/20,Fa0/21,Fa0/22,Fa0/23
                                 Fa0/24
  50     fwquqi         active   Fa0/3,Fa0/4
```

（6）测试连通性。按表 2-2 分配的 IP 地址，配置 PC1 和 PC2 的 IP 地址，用网线将 PC1 和 PC2 分别连接到 VLAN10、VLAN20、VLAN30、VLAN40 和 VLAN50 所规划的端口上，使用 ping 命令分别测试网络的连通性。结果是（□通□不通）；如果将 PC1 连接到 VLAN10 的 Fa0/1 端口上，将 PC2 连接到 VLAN20 的 Fa0/6 端口上，测试 PC1 和 PC2 之间的网络连通性，结果是（□通□不通），请说明理由；如果将 PC1 连接到 VLAN10 的 Fa0/1 端口上，将 PC2 连接到 VLAN50 的 Fa0/3 端口上，测试 PC1 和 PC2 之间的网络连通性，结果是（□通□不通），请说明理由。

（7）使用 MyBase 软件对以上配置脚本进行整理，以便下一次实训和全网联调设备时使用。

六、学习结果评价

本任务主要讨论了冲突域、广播域以及虚拟局域网 VLAN 技术的相关内容。读者需要阅读相关文献和案例，撰写学习笔记和总结，对课堂内容进行复习和巩固。为了让读者清楚自身学习情况，现将设定学习结果评价表，小组同学之间可以交换评价，进行互相监督，见表 2-3。

表 2-3　学习结果评价表

序号	评价内容	评价标准	评价结果（是 / 否）
1	对交换机和路由器工作原理的掌握程度	熟练掌握	
2	对冲突与和广播域是否了解	非常了解	
3	对虚拟局域网 VLAN 技术的掌握程度	熟练掌握	

七、课后作业

1. 填空题

（1）IEEE 802.3 定义的以太网帧的长度最小为（　　）字节，最大为（　　）字节。

（2）既能隔离广播域，又能隔离冲突域的设备是（　　）。

2. 简答题

（1）什么是冲突域？什么是广播域？隔离冲突域和广播域的设备有哪些？

（2）VLAN 与传统的 LAN 相比，有哪些优势？

职业能力 2-1-2：能管理 VLAN 间的通信

一、核心概念

- 数据透传：即数据透明传送，是指在数据的传输过程中，通过无线的方式使这组数据不发生任何形式的改变，仿佛传输过程是透明的一样，同时保证传输的质量，让数据原封不动地到了最终接收者手里。
- VLAN 汇聚：VLAN 汇聚是一种网络架构，它允许通过将多个 VLAN 组合成一个逻辑上的超级 VLAN 来进行广播域的隔离和资源管理。在超级 VLAN 中，不同的子 VLAN 共享相同的 IP 子网和缺省网关，这有助于节省 IP 地址资源并提高网络的灵活性和可扩展性。

● 三层交换机：三层交换机是具有部分路由器功能的交换机，工作在 OSI 网络标准模型的第三层，即网络层。三层交换机的最重要目的是加快大型局域网内部的数据交换，所具有的路由功能也是为此目的服务的，能够做到一次路由，多次转发。

二、学习目标

● 理解 VLAN 数据帧的透传。
● 理解 VLAN 汇聚链接。
● 掌握 VLAN 的部署与规划。

学习思维导图：

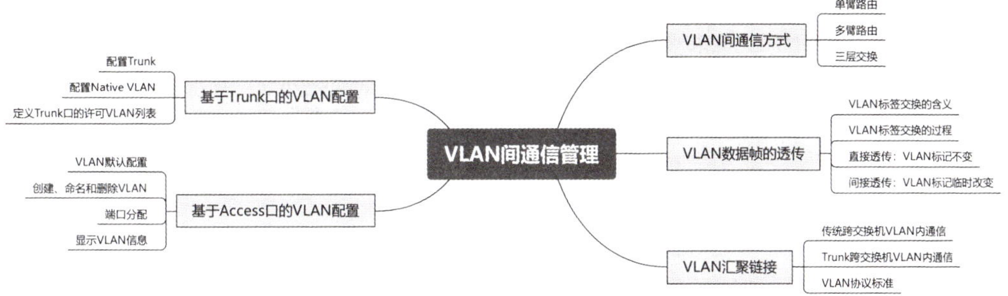

三、基本知识

1. VLAN 间通信的几种方式

VLAN 技术解决了冲突域的通信问题、但是仍存在广播域的通信问题，而广播域之间的通信一般是由路由器中继的。因此，要想实现 VLAN 间通信必然离不开路由技术，这里主要介绍单臂路由、多臂路由以及三层交换三种 VLAN 间通信的方式。

（1）单臂路由。单臂路由是指在路由器的一个接口上通过配置子接口（或“逻辑接口”，并不存在真正物理接口）的方式，实现原来相互隔离的不同 VLAN 之间的互联互通。

路由器的物理接口可以被划分成多个逻辑接口，这些被划分后的逻辑接口被形象的称为子接口。值得注意的是，这些逻辑子接口不能被单独的开启或关闭，也就是说，当物理接口被开启或关闭时，所有的该接口的逻辑子接口也随之被开启或关闭。如图 2-7 所示为典型单臂路由拓扑结构图。

（2）多臂路由。多臂路由是使用路由器物理接口通信，这种方法面临着一个主要的问题：每一个 VLAN 都需要占用路由器上的一个物理接口，如果 VLAN 数目众多，就需要占用大量的路由器接口。所以，在实际的网络部署中，几乎都不会通过多臂路由器来实现 VLAN 间的三层通信。如图 2-8 所示为典型的多臂路由拓扑结构图。

（3）三层交换。三层交换技术通过在二层交换技术的基础上增加三层路由功能，解决了局域网中网段划分后，网段中子网必须依赖路由器进行管理的局面，从而解决了传统路由器低速、复杂所造成的网络瓶颈问题。

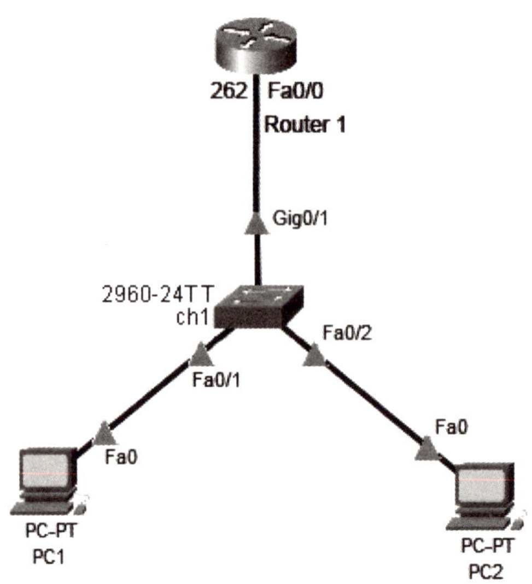

图 2-7　单臂路由拓扑结构图

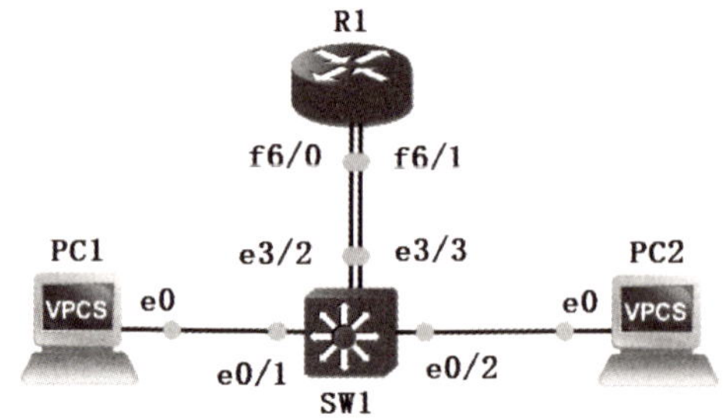

图 2-8　多臂路由拓扑结构图

三层交换技术允许在单个物理接口上配置多个子接口，这些子接口分别对应不同的 VLAN。通过这种方式，只需连接一个物理接口就可以实现不同 VLAN 之间的互通。这种技术适用于各个 VLAN 内主机处于不同网段的场景。通过配置三层子接口，可以实现 VLAN 间的数据通信，而无需将不同的 VLAN 连接到三层设备的不同物理接口上，从而节省了物理资源并提高了效率。

在实际应用中，配置三层交换实现 VLAN 间通信的步骤包括：

第一步，创建和配置 VLAN。首先需要定义不同的 VLAN，确保每个 VLAN 内的设备可以相互通信，而不同 VLAN 之间的设备则不能直接通信。

第二步，配置三层子接口或 VLANIF 接口。在每个 VLAN 中配置一个或多个三层子接口或 VLANIF 接口，并为这些接口分配 IP 地址。

第三步，配置路由协议。根据网络拓扑结构图和需求，配置适当的路由协议，如开放式最短路径优先（Open Shortest Path First，OSPF）、路由信息协议（Routing Information Protocol，RIP）等，以确保数据包能够正确地路由到目标 VLAN。

第四步，测试和验证。进行必要的测试和验证，确保不同 VLAN 之间的通信按照预期进行。

通过这种方式，三层交换技术有效地提高了网络的灵活性和可扩展性，同时减少了网络设备的数量和复杂性，降低了成本，是现代企业网络架构中的关键技术之一。图 2-9 所示为三层交换拓扑结构图。

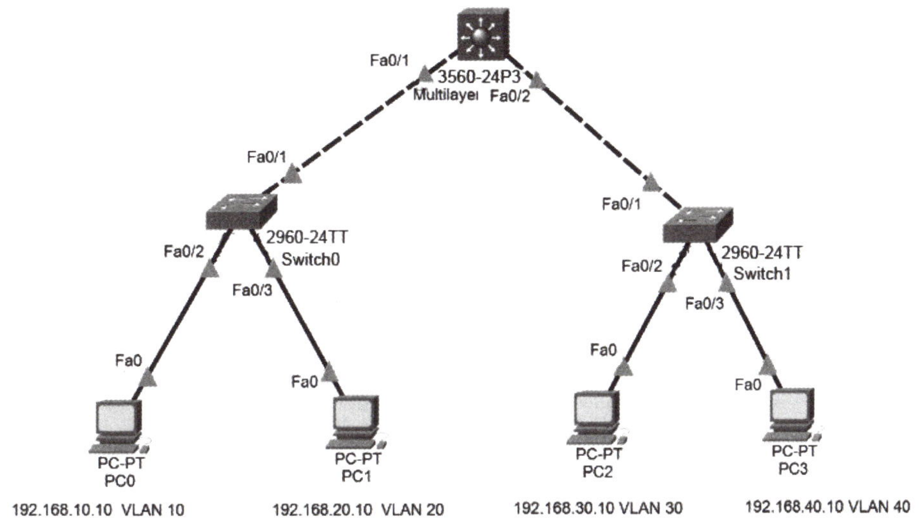

图 2-9　三层交换拓扑结构图

2. VLAN 数据帧的透传

（1）VLAN 标签交换的含义。由于 VLAN 重新划分了物理 LAN 成员的逻辑连接关系，因此，原来连接在一个交换机或处在一个 IP 子网的主机之间的通信受到了限制。VLAN 成员之间的寻址不再简单地按照桥接方式的 MAC 地址或是由路由方式的 IP 地址进行。VLAN 帧在网络互联设备中的转发根据 VLAN 标签中的寻址结构 VLAN ID（VID）进行，这就是 VLAN 标签交换的含义。

（2）VLAN 标签交换的过程。VLAN 标签交换包括三个方面的工作：

1）网络互联设备要给物理 LAN 打上标签，标签由 IEEE 802.1q 标准来规范。

2）网络互联设备建立和维护 VID 与端口关联，由 VLAN 成员关系解析协议（VLAN Membership Resolution Protocol，VMRP）定义 VLAN 成员关系，由组地址解析协议（Group Address Resolution Protocol，GARP）管理 VLAN 成员关系。

3）网络互联设备根据 VID 与端口关联，把携带某个 VID 的 VLAN 帧从与该 VID 关联的端口转发出去。

VLAN 标签交换同时遵守端口规则。先考虑目的主机和源主机在同一个交换机上的情形。数据帧进入交换机端口前，数据帧的头部并没有加上 VLAN 标签。当数据帧进入交换机端口时，根据该端口的入口规则（根据端口所属 VLAN，并在数据帧头部加上 VLAN 标签）决定是否接受该数据帧。如果接收，再根据出口规则（根据所属

VLAN 的 MAC 表，找到对应的目标端口，去除标签）决定是否转发该数据帧，VLAN 标签交换原理图如图 2-10 所示。

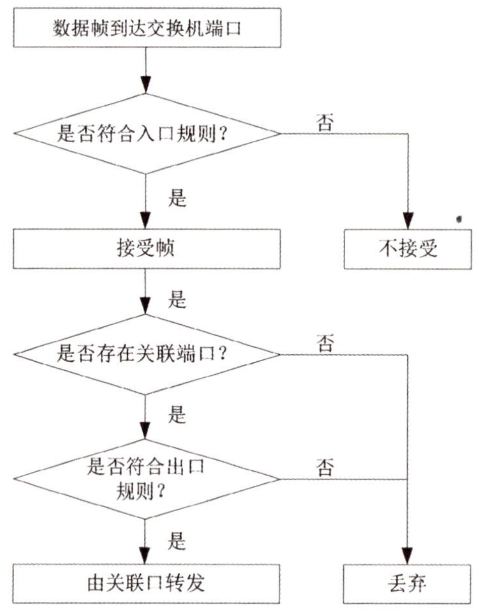

图 2-10　VLAN 标签交换原理图

再考虑目的主机和源主机不在同一个交换机上的情形，VLAN 标签交换示意图如图 2-11 所示。假设局域网 A 中的主机 H1 发送数据给局域网 B 中的主机 H2，当源主机 H1 把物理 LAN 帧发送给交换机 A 时，交换机 A 根据 VLAN 管理信息数据库和目的 MAC 地址确定该 LAN 帧接收者所在的 VID，在此例中 VID=K。交换机 A 发现目的主机 H2 不在本地，于是交换机 A 查阅 VLAN 管理信息数据库确定从哪个端口把该帧发送出去，该标签中的 VID=K。当 VLAN 帧达到交换机 B 以后，交换机 B 按照图 2-11 所示的原理把帧转发给目的主机 H2。

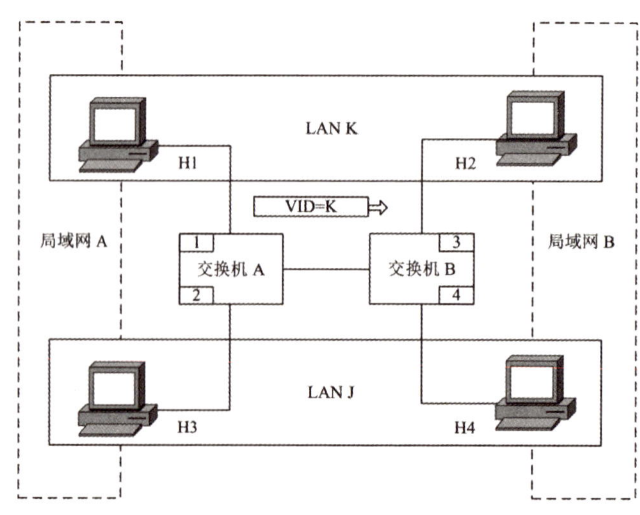

图 2-11　VLAN 标签交换示意图

（3）VLAN 数据帧直接透传。直接透传是指某个数据帧在两个直连链路的两个端口间传输，数据帧的 VLAN 标记没有发生任何变化。如两个直连交换机的 Trunk 端口，两个 Trunk 端口的 Native VLANID 都是 VLAN10，VLAN20 的数据帧从 Switch1 的 Trunk 端口发送出来，被另一端 Switch2 的 Trunk 端口接收，收发之间，VLAN20 的数据帧无任何改变，如图 2-12 所示。

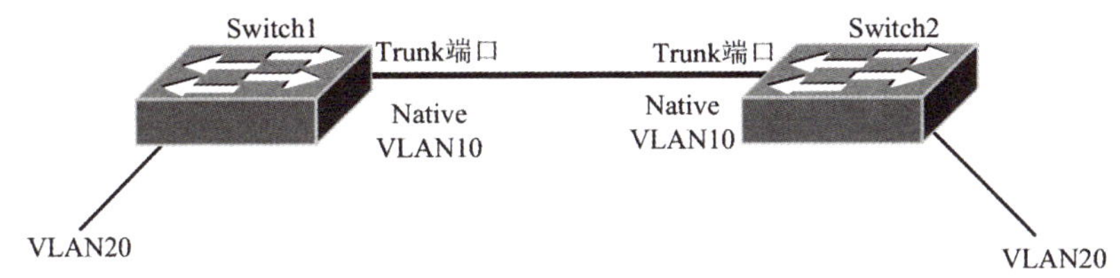

图 2-12　VLAN 数据帧直接透传

（4）VLAN 数据帧间接透传。在间接透传过程中，数据帧在两个直连端口链路间传输时，在两个端口收发时，数据帧的 VLAN 标签会发生改变，但是最终数据帧的 VLAN 还是没变。如两个直连的 Trunk 端口，两个 Trunk 端口的 Native VLANID 都是 VLAN10，VLAN10 的数据帧从 Switch1 的 Trunk 端口发送出来，此时被剥除 VLAN10 的信息，被另一端 Switch2 的 Trunk 端口接收，此时又被添加 VLAN10 的信息。收发之间，VLAN10 的数据帧先是被剥离 VLAN 信息，然后在接收端又被打上原先的 VLAN10 信息，如图 2-13 所示。

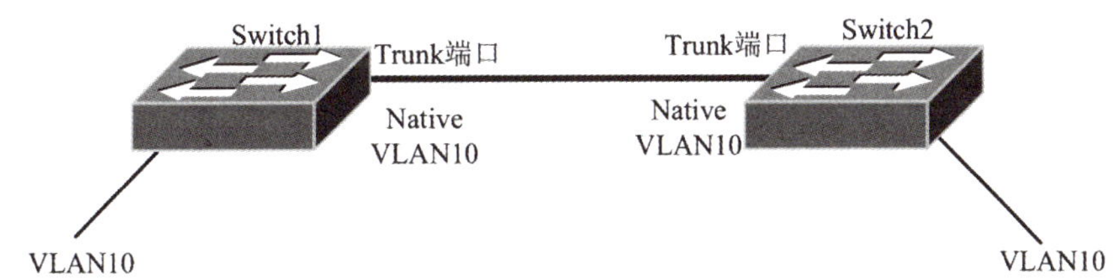

图 2-13　VLAN 数据帧间接透传

3. VLAN 汇聚链接（Trunk）

通常每个 VLAN 必须是一个独立的网段或子网，若通信双方不在同一网段，则需要解决 VLAN 之间的通信问题。但是，不同 VLAN 之间无法通过交换技术直接通信，必须借助路由器或具有路由功能的交换机来实现。使用路由功能从一个 VLAN 向另一个 VLAN 转发网络流量的进程称为 VLAN 间路由。实现 VLAN 间路由有三种方法，分别介绍如下。

在实际应用中，VLAN 中的端口有可能在同一个交换机上，也有可能跨越多台交换机，比如，同一个部门的员工，可能会分布在不同的建筑物或不同的楼层中，此时的 VLAN 将跨越多台交换机，如图 2-14 所示，需要实现不同交换机上相同 VLAN 间的通信。

（1）传统跨交换机 VLAN 内通信。当 VLAN 成员分布在多台交换机的端口上时，如何才能实现彼此间的通信呢？解决办法是在交换机上各提供一个端口，用于将两台交换机级连起来，专门用于提供该 VLAN 内的主机跨交换机相互通信，如图 2-15 所示。有多少个 VLAN，就对应地需要占用多少个端口，这对宝贵的交换机端口而言，是一种严重的浪费，而且扩展性和管理效率都很差。

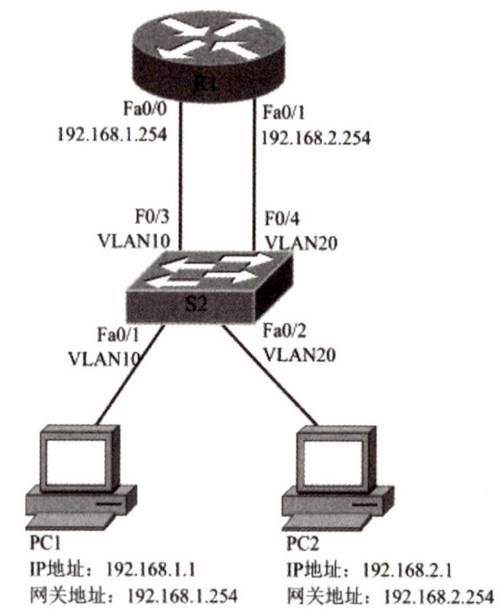

图 2-14　VLAN 间跨越多台交换机通信

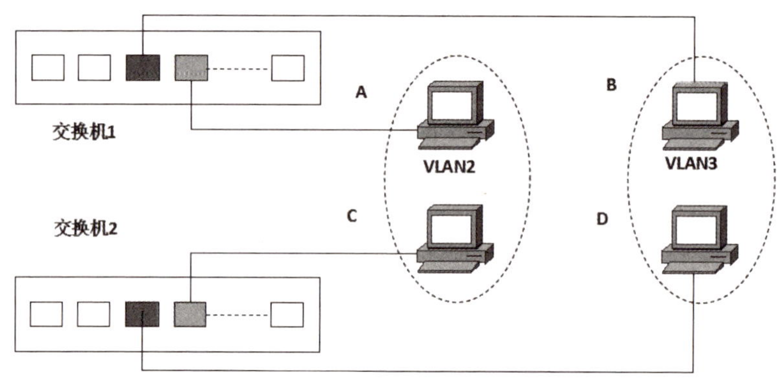

图 2-15　VLAN 内的主机跨交换机相互通信

（2）Trunk 跨交换机 VLAN 内通信。为了避免低效率的连接方式对交换机端口的大量占用，人们想办法让交换机间的互联链路汇集到一条链路上，让该链路允许多个 VLAN 的通信流经过，这样就可以解决对交换机端口额外占用的问题，这条用于实现多个 VLAN 在交换机间通信的链路，称为交换机的汇聚链路或主干链路（Trunk Link）（有的也称作中继链路），如图 2-16 所示。用于提供汇聚链路的端口，称为汇聚端口（有的称作中继端口），由于汇聚链路承载了所有 VLAN 的通信流量，因此要求只有通信速度在 100Mbps 或以上的端口，才能作为汇聚端口使用。

（3）VLAN 协议标准。VLAN Trunk 技术目前有两种协议标准，分别为 ISL 和 IEEE 802.1q，前者是思科（Cisco）私有技术，后者则是电气电子工程师学会（Institute of Electrical and Electronics Engineers，IEEE）的国际标准，两种协议互不兼容。默认使用的是 IEEE 802.1q 协议标准。

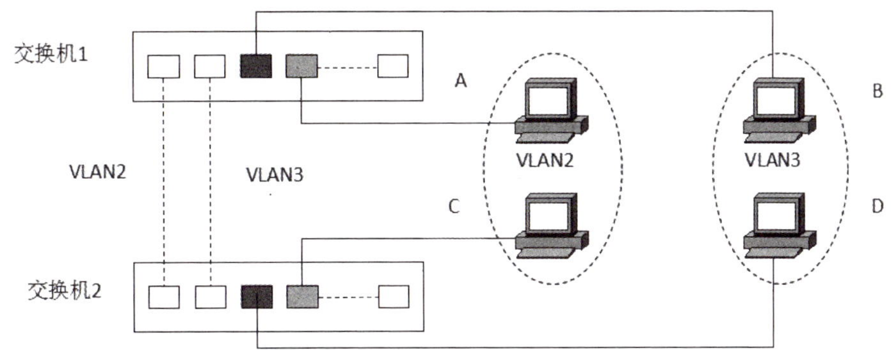

图 2-16 主干链路实现 VLAN 内的主机跨交换机相互通信

二层交换机根据以太网帧头信息来转发数据帧，但帧头信息并不包含以太网帧应该属于哪个 VLAN 的相关信息。因此，当以太网帧进入汇聚链路后，以太网帧需要额外的信息来标识自己属于哪个 VLAN。这个过程需要使用 IEEE 802.1q 协议标准封装帧头来实现，这个过程对用户来讲也是完全透明的。这种封装帧头指向原来的以太网帧添加标记，用于指出该帧属于哪个 VLAN，VLAN 以太网帧格式如图 2-17 所示。

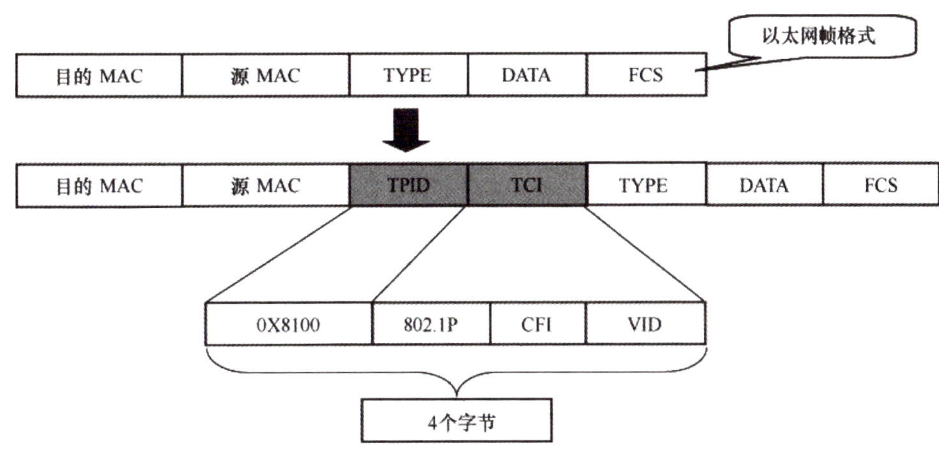

图 2-17 VLAN 以太网帧格式

VLAN 以太网帧在原来以太网帧的基础上增加了 4 个字节的 Tag 信息，其中包括 2 个字节的标记协议标识符（Tag Protocol Identitier，TPID）和 2 个字节的标记控制信息（Tag Control Information，TCI）。TPID 指明 MAC 帧是以太网的还是令牌环的帧，值为 0X8100，表明是 802.1q 数据帧；而 TCI 中又包含 3 位的优先级（802.1p），1 位的规范格式指示符（Counonical Format Indicator，CFI），其默认值为 0，其余的 12 位作为 VID，支持 4096 个 VLAN 识别，其中 VID=0 用于识别帧的优先级，VID=4095 作为预留，所以 VLAN 配置的最大可能值为 4094。

4. 基于 Access 口的 VLAN 配置

对于交换机端口来说，如果它所连接的以太网段端口能识别和发送带有 802.1q 标签的数据帧，那么这种端口称为 Trunk 口，相反称为 Access 口。

（1）VLAN 的默认配置。VLAN 是以 VLAN+ID 来标识的，遵循 IEEE 802.1q 协议标准，最多支持 250 个 VLAN（VLAN ID 范围为 1 ～ 4094）。在交换机上可以添加、删除、修改 VLAN2 ～ VLAN4094（除 VLAN1002 ～ 1005 外），而 VLAN1 则是由交换机自动创建，并且不可删除。表 2-4 列出了 VLAN 的默认配置。

表 2-4　VLAN 的默认配置

参数	默认值	范围
VLAN ID	1	1 ～ 4094
VLAN name	VLAN x	其中 x 是 VLAN Name，无范围
VLAN state	active	active、inactive

（2）创建 VLAN，命令如下：

```
Switch(config)# vlan vlan-id                    //vlan-id 代表要创建的 VLAN 号
```

（3）命名 VLAN。为区分不同的 VLAN，应对 VLAN 取一个名字。VLAN 的名字默认为“VLAN+ 以 0 开头的 4 位 VLANID 号”。比如，VLAN 0004 就是 VLAN 4 的默认名字，命令如下：

```
Switch(config)#vlan 10                          // 进入 VLAN 10 的配置模式
Switch(config-vlan)#name vlan 10                // 给 VLAN10 命名
```

（4）删除 VLAN。VLAN 删除后，原来属于该 VLAN 的交换机端口将仍然属于该 VLAN，不会自动划归到 VLAN1。由于所属的 VLAN 已被删除，此时这些端口将处于非活动状态，在查看 VLAN 时看不到这些端口。因此，在删除 VLAN 之前，最好先将属于该 VLAN 的端口划归到 VLAN1，然后再删除该 VLAN，删除 VLAN 的命令如下：

```
Switch(config)#no vlan 40                       // 删除 VLAN40
```

（5）向 VLAN 分配 Access 口。在接口模式下可利用命令将选中的端口划分到一个已经创建的 VLAN 中。如果把一个接口分配给一个不存在的 VLAN，那么这个 VLAN 将自动被创建。

如将 Switch 的 5 ～ 7 号口划入 VLAN10 的命令如下：

```
Switch(config)#interface range fastethernet 0/5-7      // 选中 5 ～ 7 号口
Switch(config-if-range)#switchport access vlan 10      // 划入 VLAN10 中
```

（6）显示 VLAN 信息。显示的 VLAN 信息包括 VLAN-ID、VLAN 状态、VLAN 成员端口以及 VLAN 配置信息，命令如下：

```
Switch#show vlan id 10                          // 显示 VLAN10 的信息
Switch#show vlan                                // 显示所有 VLAN 的信息
```

以下是执行 show vlan 命令后，显示交换机上所有的 VLAN 配置信息：

```
VLAN    Name       Status    Ports
-----------------------------------------------------------------------------------
1       default    active    Fa0/1,Fa0/2,Fa0/3,Fa0/4,Fa0/8
                             Fa0/9,Fa0/12,Fa0/13,Fa0/14,Fa0/15
                             Fa0/16,Fa0/17,Fa0/18,Fa0/19,Fa0/20
                             Fa0/21,Fa0/22,Fa0/23,Fa0/24
10      VLAN-10    active    Fa0/5,Fa0/6,Fa0/7
20      VLAN-20    active    Fa0/10,Fa0/11
```

说明：本交换机上划分了两个 VLAN，分别为 VLAN10 和 VLAN20，端口 Fa0/5 ～

7 划分至 VLAN10 中，端口 Fa0/10 ～ 11 划分至 VLAN20 中。

（7）显示接口状态信息。在特权模式下，还可以使用命令来显示与 VLAN 配置有关的接口配置是否正确。

如要显示 f0/1 的接口状态，命令如下：

```
Switch#show interface fastethernet 0/1 switchport
Interface      Switchport      Mode      Access      Native      Protected      VLAN lists
----------------------------------------------------------------------------------------------------------
Fa0/1          Enabled         Access    1           1           Disabled       All
```

5. 基于 Trunk 口的 VLAN 配置

（1）配置 Trunk。使用 switchport mode 命令可以把一个普通的以太网端口在 Access 模式和 Trunk 模式之间切换。

switchport mode access 命令：将一个接口设置成 Access 模式。

switchport mode trunk 命令：将一个接口设置成 Trunk 模式。

如将交换机 Switch 的 fastethernet 0/1 端口设置为 Trunk 模式的命令如下：

```
Switch(config)#interface fastethernet 0/1
Switch(config-if)#switchport mode trunk
```

（2）配置 Native VLAN。所谓 Native VLAN，就是指在这个接口上收发的 untag 报文，都被认为是属于这个 VLAN 的。

配置 Trunk 链路时，要确认连接链路两端的 Trunk 口属于相同的 Native VLAN，否则将导致数据帧从一个 VLAN 传播到另一个 VLAN 上。

为一个 Trunk 口配置 Native VLAN 的命令如下：

```
Switch(config-if)#switchport trunk native vlan vlan-id
```

如果一个帧带有 Native VLAN 的 VLAN ID，在通过这个 Trunk 口转发时，会自动被剥去 Tag。当接口的 Native VLAN 设置为一个不存在的 VLAN 时，交换机会自动创建 VLAN。若一个接口的 Native VLAN 不在接口的许可 VLAN 列表中，则 Native VLAN 的流量不能通过该接口。

（3）定义 Trunk 口的许可 VLAN 列表。Trunk 口默认传输本交换机的所有 VLAN（1 ～ 4094）流量。可以通过设置 Trunk 口的许可 VLAN 列表来限制某些 VLAN 的流量不能通过这个 Trunk 口。

在接口模式下，修改一个 Trunk 口的许可 VLAN 列表的命令如下：

```
switchport trunk allowed vlan {all | [add| remove| except]} vlan-list
```

1）参数 vlan-list 可以是一个 VLAN，也可以是一系列 VLAN，以值小的 VLAN ID 开头，以值大的 VLAN ID 结尾，中间用“-”号连接，例如 10-20。

2）参数 all 的含义是许可 VLAN 列表包含所有支持的 VLAN。

3）参数 add 表示将指定 VLAN 加入许可 VLAN 列表。

4）参数 remove 表示将指定 VLAN 从许可 VLAN 列表中删除，不能将 VLAN1 从许可 VLAN 列表中删除。

5）参数 except 表示将除列出的 VLAN 列表外的所有 VLAN 加入许可 VLAN 列表。

如将 VLAN30 从 Trunk 口的许可 VLAN 列表中移除的配置命令如下：

```
Switch(config)#interface fastethernet 0/1
```

```
Switch(config-if)#switchport trunk allowed vlan remove 30
```

四、能力训练

1. 使用路由器实现 VLAN 间通信

在使用路由器实现 VLAN 间通信时，与构建横跨多台交换机的 VLAN 时的情况类似。如图 2-18 所示，当交换机上划分两个 VLAN 时，交换机上处于不同 VLAN 的两个端口分别和路由器的两个不同接口连接，此时每一个 VLAN 相当于一个子网，被分配一个子网地址。路由器的每一个接口分配一个同段子网 IP 地址，相当于交换机所连接网段内终端的网关。激活路由器后，通过路由器上自动生成的直连路由，就可以实现两个不同 VLAN 之间的成员通信，关键配置过程如下。

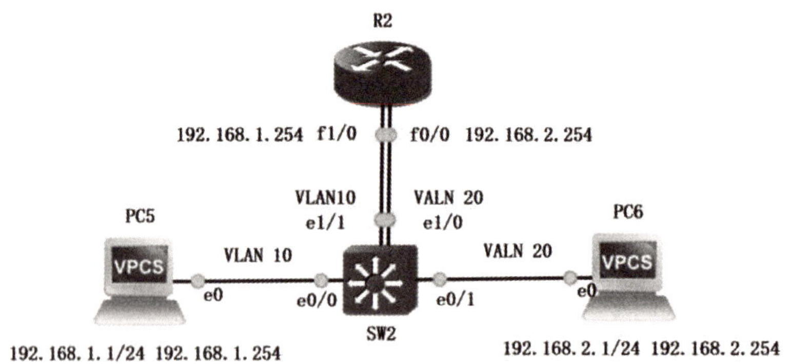

图 2-18　使用路由器实现 VLAN 间通信

（1）PC 机 TCP/IP 通信参数配置。

PC5 的配置：IP 地址 192.168.1.1；掩码 255.255.255.0；网关 192.168.1.254，命令如下：

```
PC5> ip 192.168.1.1/24 192.168.1.254
Checking for duplicate address...
PC5 : 192.168.1.1 255.255.255.0 gateway 192.168.1.254
```

PC6 的配置：IP 地址 192.168.2.1；掩码 255.255.255.0；网关 192.168.2.254，命令如下：

```
PC6> ip 192.168.2.1/24 192.168.2.254
Checking for duplicate address...
PC6 : 192.168.2.1 255.255.255.0 gateway 192.168.2.254
```

（2）交换机 SW2 的配置。配置交换机 SW2 的命令如下：

```
SW2(config)#vlan 10                        // 创建 VLAN10
SW2(config-vlan)#vlan 20                   // 创建 VLAN20
SW2(config-vlan)#exit                      // 返回全局模式
SW2(config)#interface Ethernet 0/0         // 选 SW2 的以太网端口 1
SW2(config-if)#switchport mode access      // 设置 SW2 的以太网端口为 Access 模式
SW2(config-if)#switchport access vlan 10   // 将 SW2 的以太网端口加入 VLAN10
SW2(config)#interface Ethernet 1/1         // 选 SW2 的以太网端口 3
SW2(config-if)#switchport mode access      // 设置 SW2 的以太网端口为 Access 模式
SW2(config-if)#switchport access vlan 10   // 将 SW2 的以太网端口加入 VLAN10
SW2(config)#interface Ethernet 0/1         // 选 SW2 的以太网端口 2
SW2(config-if)#switchport mode access      // 设置 SW2 的以太网端口为 Access 模式
SW2(config-if)#switchport access vlan 20   // 将 SW2 的以太网端口加入 VLAN20
```

```
SW2(config)#interface Ethernet 1/0          // 选 SW2 的以太网端口 4
SW2(config-if)#switchport mode access       // 设置 SW2 的以太网端口为 Access 模式
SW2(config-if)#switchport access vlan 20    // 将 SW2 的以太网端口加入 VLAN20
```

（3）路由器 R2 的配置。配置路由器 R2 的命令如下：

```
R2(config)#interface fastethernet 1/0                  // 选 R2 的快速以太网端口 1/0
R2(config-if)#ip address 192.168.1.254 255.255.255.0   // 配置接口 IP 地址
R2(config-if)#no shutdown                              // 激活端口 1/0
R2(config)#interface fastethernet 0/0                  // 选 R2 的快速以太网端口 0/0
R2(config-if)#ip address 192.168.2.254 255.255.255.0   // 配置接口 IP 地址
R2(config-if)#no shutdown                              // 激活端口 0/0
```

由上可以看到，如果使用这种方式来实现 VLAN 之间的通信，需要每个 VLAN 都与路由器建立物理连接。

2. 使用单臂路由实现 VLAN 间通信

假如有太多的 VLAN，其数量超过了路由器接口数量，这时，上面的方法明显就不能使用了，此时可使用单臂路由，即在路由器上设置多个逻辑子接口，每个子接口对应一个 VLAN。由于物理路由接口只有一个，各子接口的数据在物理链路上传递要进行标记封装（可以封装为 802.1q 帧），用来实现多个 VLAN 间的通信，这种方法称为做单臂路由，如图 2-19 所示。从图中可以看出，VLAN 间传递流量的设备正是路由器，在 Trunk 链路上，每个数据帧都会“穿越”两次：第一次由交换机将数据帧发送给路由器；第二次由路由器将数据帧发回给目的 VLAN，关键配置过程如下。

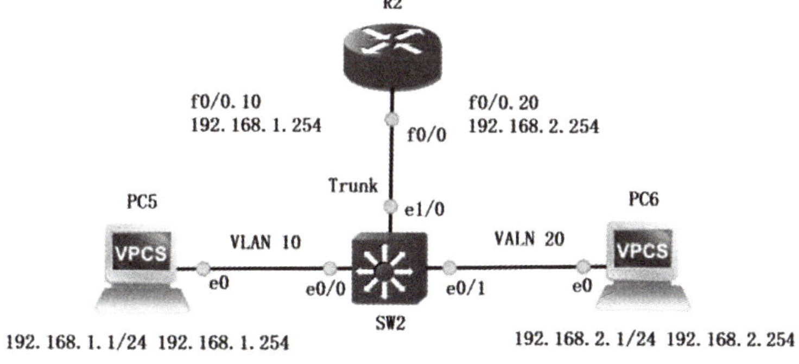

图 2-19　使用单臂路由实现 VLAN 间通信

（1）PC 机 TCP/IP 通信参数配置。

PC5 的配置：IP 地址 192.168.1.1 掩码 255.255.255.0 网关 192.168.1.254，命令如下：

```
PC5> ip 192.168.1.1/24 192.168.1.254
Checking for duplicate address...
PC5 : 192.168.1.1 255.255.255.0 gateway 192.168.1.254
```

PC6 的配置：IP 地址 192.168.2.1 掩码 255.255.255.0 网关 192.168.2.254，命令如下：

```
PC6> ip 192.168.2.1/24 192.168.2.254
Checking for duplicate address...
PC6 : 192.168.2.1 255.255.255.0 gateway 192.168.2.254
```

（2）交换机 SW2 的配置。交换机 SW2 的配置命令如下：

```
SW2(config)#vlan 10                         // 创建 VLAN10
```

```
SW2(config-vlan)#vlan 20                             // 创建 VLAN20
SW2(config-vlan)#exit                                // 返回全局模式
SW2(config)#interface Ethernet 0/0                    // 选 SW2 的以太网端口 1
SW2(config-if)#switchport mode access                // 设置 SW2 的以太网端口为 Access 模式
SW2(config-if)#switchport access vlan 10             // 将 SW2 的以太网端口加入 VLAN10
SW2(config)#interface Ethernet 0/1                    // 选 SW2 的以太网端口 2
SW2(config-if)#switchport mode access                // 设置 SW2 的以太网端口为 Access 模式
SW2(config-if)#switchport access vlan 20             // 将 SW2 的以太网端口加入 VLAN20
SW2(config)#interface Ethernet 1/0                    // 选 SW2 的以太网端口 3
SW2(config-if)#switchport trunk encapsulation dot1q  // 将中继封装为 dot1q
SW2(config-if)#switchport mode trunk                 // 设置 SW2 的以太网端口为 Trunk 模式
```

（3）路由器 R2 的配置。路由器 R2 的配置命令如下：

```
R2(config)#interface Fastethernet 0/0                      // 进入路由器 F0/0 接口
R2(config-if)#no shutdown                                  // 激活 F0/0 接口
R2(config-if)#exit                                         // 返回全局模式
R2(config)#interface Fastethernet 0/0.10                   // 进入路由器 F0/0.1 子接口
R2(config-subif)#encapsulation dot1q 10                    // 封装格式为 802.1q 帧，VLAN 号为 10
R2(config-subif)#ip address 192.168.1.254 255.255.255.0    // 设置 IP 地址
R2(config-subif)#exit                                      // 返回全局模式
R2(config)#interface Fastethernet 0/0.20                   // 进入路由器 F0/0.2 子接口
R2(config-subif)#encapsulation dot1q 20                    // 封装格式为 802.1q 帧，VLAN 号为 20
R2(config-subif)#ip address 192.168.2.254 255.255.255.0    // 设置 IP 地址
R2(config-subif)#exit                                      // 返回全局模式
```

3. 使用三层交换机 SVI 接口

使用单臂路由方式进行 VLAN 间路由时，数据帧需要在 Trunk 链路上往返发送，从而引入了一定的转发延迟；同时，路由器使用软件转发 IP 报文，如果 VLAN 间路由数据量较大，会消耗路由器大量的 CPU 和内存资源，造成转发性能的瓶颈。随着三层交换机在企业网络中的使用，目前绝大多数企业采三层交换机来实现 VLAN 间路由，并使用专门设计的硬件来转发数据，通常能达到线速的吞吐量。

（1）三层交换技术简介。随着局域网技术的快速发展，三层交换技术应运而生，通过三层交换技术可以完成企业网中虚拟局域网之间的数据包高速转发。三层交换技术的出现，解决了局域网中划分虚拟局域网之后，VLAN 网段必须依赖路由器进行管理的局面，解决了传统路由器低速、复杂所造成的网络瓶颈问题。当然，三层交换技术并不是网络交换机与路由器的简单叠加，而是将两者进行有机结合，形成一个集成的、完整的解决方案。

（2）三层交换机的物理路由接口。三层交换机不仅是交换机，具有基本的交换功能，它还具有路由功能，相当于一台路由器，每一个物理接口还可以成为一个路由接口，连接一个子网。三层交换机的物理接口默认是交换接口，也就是二层接口，如果需要将它转变为三层接口，需要利用 switchport 和 no switchport 开关命令。

下面的命令将 Fa0/1 接口由二层口转换为三层口，并绑定一个 IP 地址：

```
Switch(config)#interface Fastethernet 0/1               // 选 Switch 的端口 1
Switch(config-if)#no switchport                         // 转换为三层路由接口
Switch(config-if)#ip address 192.168.1.1 255.255.255.0  // 配置接口 IP
```

```
Switch(config-if)#no shutdown                    // 开启该接口
```

利用三层交换机的该功能，可以将它当成一台路由器来使用。在使用三层交换机路由功能实现 VLAN 间通信如图 2-20 所示，当每个二层交换机上只有一个 VLAN 时，二层交换机分别和三层交换机的三个不同接口进行连接。开启三层交换机上连接二层交换机接口的三层路由功能，并绑定 IP 地址，这时三层交换机的作用等同于一台多端口路由器。

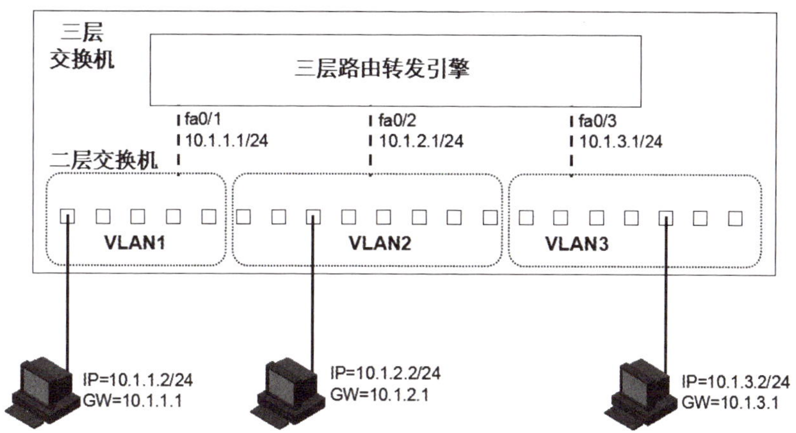

图 2-20 使用三层交换机的路由功能实现 VLAN 间通信

（3）三层交换机的交换机虚拟接口（Switch Virtual Interface，SVI）。尽管三层交换机的接口可以作为物理路由口工作在三层，但如果当该路由口连接到多个 VLAN 时（与之相连的二层交换机上部署了多个 VLAN），那么这个三层物理接口应该同时作为多个 VLAN 的网关，这是无法实现的。所以，如果要实现 VLAN 之间的通信，可以通过三层交换机物理路由接口来实现，但更多情况下是通过开启三层交换机的交换机虚拟接口方式实现的。

所谓 SVI 是指为交换机中的 VLAN 创建的虚拟接口，它是一个三层接口，可以绑定 IP 地址，使用方式和实际的三层接口一样。

具体实现方法是：首先在三层交换机上创建各个 VLAN 的虚拟接口 SVI，并设置 IP 地址，然后将所有 VLAN 连接的工作站主机的网关指向该 SVI 的 IP 地址即可，如图 2-21 所示。

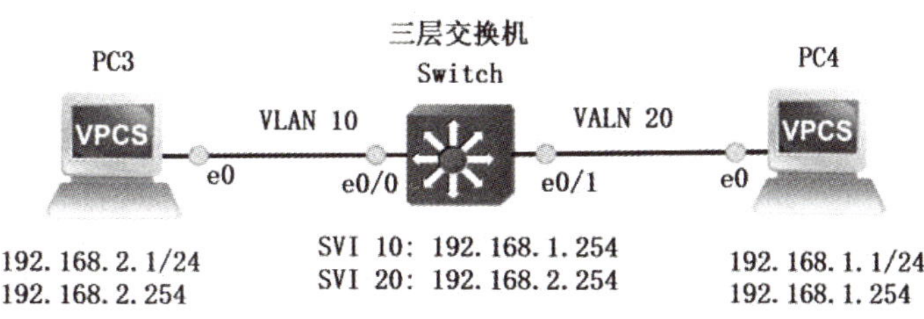

图 2-21 使用三层交换机的 SVI

主要配置命令如下：

```
Switch(config)#vlan 10                    // 创建 VLAN10
```

```
Switch(config-vlan)#vlan 20                                  // 创建 VLAN20
Switch (config-vlan)#exit                                    // 回退到全局配置模式
Switch(config)#interface Ethernet 0/0                        // 选 Switch 的端口 1
Switch(config-if)#switchport mode access                     // 设置端口 1 为 Access 模式
Switch(config-if)#switchport access vlan 10                  // 将端口 1 划入 VLAN10 中
Switch(config-vlan)#interface Ethernet 0/1                   // 选 Switch 的端口 2
Switch(config-if)#switchport mode access                     // 设置端口 1 为 Access 模式
Switch(config-if)#switchport access vlan 20                  // 将端口 1 划入 VLAN20 中
Switch(config-if)#interface vlan 10                          // 进入 SVI 10 接口
Switch(config-if)#ip address 192.168.1.254 255.255.255.0     // 配置 VLAN10 的网关
Switch(config-if)#interface vlan 20                          // 进入 SVI 20 接口
Switch(config-if)#ip address 192.168.2.254 255.255.255.0     // 配置 VLAN20 的网关
```

五、任务实战

1. 任务情境

某港口的分支结构有 2 个部门（销售部和财务部），这两个部门的计算机都连接在 1 台二层交换机上，网络中有 1 台路由器，用于与 Internet 连接，如图 2-22 所示。为了防止网络内广播流量太大导致网络速度变慢，现在需要对广播进行限制但不能影响两部门进行相互通信，需要对交换机和路由器进行适当配置来实现这一目标。

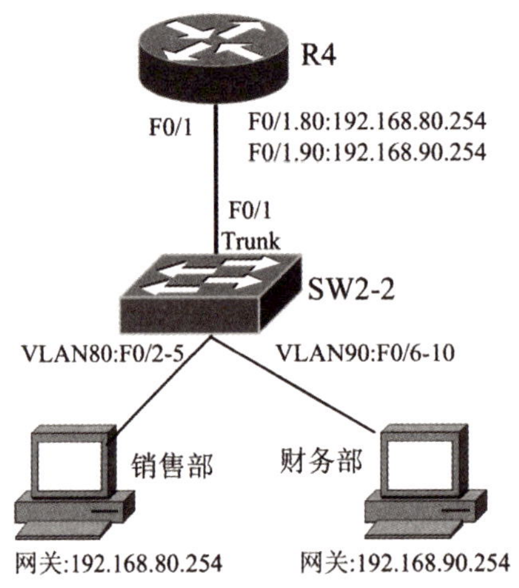

图 2-22　港口分支结构网络配置拓扑图

2. 任务要求

在图 2-22 所示的网络拓扑结构中，要限制网络中的广播流量，可以在交换机上划分两个 VLAN，分别是 VLAN80 和 VLAN 90，对应公司分部的销售部和财务部的计算机子网。在交换机上划分 VLAN 后，由于不同部门的计算机属于不同的 VLAN，它们即使连接在同一台交换机上，也不能实现二层互访。为实现不同部门的计算机可以相互通信，必须将 VLAN 连接到路由器端口，由路由器完成 VLAN 间通信。本任务需要根据图 2-22 所示的拓扑图完成如下配置：

（1）网络中二层交换机的 VLAN 号及名称的详细规划。

（2）交换机 Trunk 端口成员分配。

（3）在路由器端口上划分子接口。

（4）对路由器子接口进行 dot1q 协议封装。

（5）部门计算机名称及 IP 地址、子网掩码和网关地址的规划与配置。

（6）各部门用户间网络连通性测试。

（7）使用 MyBase 软件对配置脚本进行管理，以便下一次实训和全网联调设备时使用。

3. 任务实施步骤

（1）设备清单。为了搭建网络环境，需要如下设备：二层交换机 1 台，路由器 1 台，PC 机 2 台，双绞线若干根，配置线 1 根。

（2）配置交换机的名称为 SW2-2，命令如下：

```
Switch#config terminal
Switch(config)#hostname SW2-2
```

（3）在二层交换机上划分 VLAN，将端口加入相应 VLAN，将与路由器相连的交换机端口设置为 Trunk 模式，命令如下：

```
SW2-2(config)#vlan 80                          // 定义一个 VLAN，编号为 80
SW2-2(config-vlan)#name xiaoshoubu             // 定义 VLAN80 的名称为 xiaoshoubu
SW2-2(config-vlan)#exit                        // 回退到全局模式
SW2-2(config)#vlan 90                          // 定义一个 VLAN，编号为 90
SW2-2(config-vlan)#name caiwubu                // 定义 VLAN90 的名称为 caiwubu
SW2-2(config-vlan)#exit                        // 回退到全局模式
SW2-2(config)# interface range fashtethernet 0/2-5    // 指定批量端口
SW2-2(config-if-range)#switchport access vlan 80      // 将批量端口分配给 VLAN80
SW2-2(config-if-range)#exit                           // 回退到全局模式
SW2-2(config)#interface range fashtethernet 0/6-10    // 指定批量端口
SW2-2(config-if-range)#switchport access vlan 90      // 将批量端口分配给 VLAN90
SW2-2(config-if-range)#exit                           // 回退到全局模式
SW2-2(config)#interface fastethernet 0/1              // 进入端口 F0/1
SW2-2(config-if)#switchport mode trunk                // 将端口设置成 trunk 模式
```

（4）在路由器上配置主机名、划分子接口、对子接口进行 dot1q 封装，并配置子接口 IP 地址，命令如下：

```
Ruijie#config terminal
Ruijie(config)#hostname R4
R4(config)# interface fastethernet 0/1                // 进入端口 F0/1
R4(config-if)#no shutdown                                    // 打开物理接口
R4(config-if)#exit                                           // 回退到全局模式
R4(config)#interface fastethernet 0/1.80                     // 进入子接口
R4(config-subif)#ip address 192.168.80.254 255.255.255.0     // 配置子接口 IP 地址
R4(config-subif)#encapsulation dot1q 80                      // 封装子接口
R4(config-subif)#no shutdown                                 // 打开子接口
R4(config-subif)# interface fastethernet 0/1.90              // 进入子接口
R4(config-subif)#ip address 192.168.90.254 255.255.255.0     // 配置 IP 地址
R4(config-subif)#encapsulation dot1q 90                      // 封装子接口
R4(config-subif)#no shutdown                                 // 打开子接口
```

（5）查看交换机的 VLAN 和端口配置。在 SW2-2 交换机上使用 show vlan 命令查看 VLAN 配置情况，命令如下所示：

```
SW2-2#show vlan                        // 显示所有 VLAN 的信息
```

```
VLAN    Name          Status    Ports
--------------------------------------------------------------------------------
1       default       active    Fa0/11, Fa0/12, Fa0/13, Fa0/14
                                Fa0/15, Fa0/16, Fa0/17, Fa0/18
                                Fa0/19, Fa0/20, Fa0/21, Fa0/22
                                Fa0/23, Fa0/24
80      xiaoshoubu    active    Fa0/2, Fa0/3, Fa0/4, Fa0/5
90      caiwubu       active    Fa0/6, Fa0/7, Fa0/8, Fa0/9, Fa0/10
```

（6）查看路由器的路由表。使用 show ip route 命令查看 R4 上的路由表项，命令如下所示：

```
R4#show ip route
Codes: C - connected, S - static, I - IGRP, R - RIP, M - mobile, B - BGP
    D - EIGRP, EX - EIGRP external, O - OSPF, IA - OSPF inter area
    N1 - OSPF NSSA external type 1, N2 - OSPF NSSA external type 2
    E1 - OSPF external type 1, E2 - OSPF external type 2, E - EGP
    i - IS-IS, L1 - IS - IS level - 1, L2 - IS - IS level - 2, ia - IS - IS inter area
    * - candidate default, U - per - user static route, o - ODR
    P - periodic downloaded static route
Gateway of last resort is not set
C    192.168.80.0/24 is directly connected, Vlan80
C    192.168.90.0/24 is directly connected, Vlan90
```

（7）配置各部门计算机的 IP 地址和网关。在二层交换机 SW2-2 上划分 VLAN 后，各部门分别属于不同 VLAN，各部门的网络号也不相同，设定销售部计算机 PC1 的 IP 地址为 192.168.80.2，掩码为 255.255.255.0，网关为 192.168.80.254；财务部计算机 PC2 的 IP 地址为 192.168.90.2，掩码为 255.255.255.0，网关为 192.168.90.254。

（8）测试网络的连通性。如果配置正确，两个部门的计算机之间应能相互通信。

六、学习结果评价

本任务主要讨论了 VLAN 汇聚链接和数据帧透传的相关内容。读者需要阅读相关文献和案例，撰写学习笔记和总结，对课堂内容进行复习和巩固。为了让读者清楚自身学习情况，现将设定学习结果评价表，小组同学之间可以交换评价，进行互相监督，见表 2-5。

表 2-5　学习结果评价表

序号	评价内容	评价标准	评价结果（是 / 否）
1	了解 VLAN 技术的基本原理及其协议标准	基本了解	
2	能够利用单臂路由技术实现 VLAN 间的通信	基本掌握	

七、课后作业

1. 填空题

（1）VLAN 端口主要有（　　）和（　　）两种类型。

（2）实现不同 VLAN 间的通信方法有（　　）、（　　）和（　　）。

2. 选择题

（1）一个 Access 端口可以属于 VLAN 的数量（　　）。

A．仅一个　　B．最多 64 个
C．最多 4094 个　　D．依网络管理员设置的结果而定

（2）下列关于 VLAN 的说法中不正确的是（　　）。

A．隔离广播域
B．相互间通信要通过三层设备
C．可以限制网上的计算机互相访问的权限
D．只能对在同一交换机上的主机进行逻辑分组

（3）下列关于 SVI 端口的描述中正确的是（　　）。

A．SVI 端口是虚拟的逻辑接口
B．SVI 端口的数量是由网络管理员设定的
C．SVI 端口可以配置 IP 地址作为 VLAN 的网关
D．只有三层交换机具有 SVI 端口

3. 简答题

（1）简述什么是 Native VLAN，有什么特点？

（2）两个站点之间如何通过三层交换机实现跨网段通信？

工作任务 2-2：冗余网络管理

任务简介

在由多台交换机构建的复杂网络环境中，备份连接（即冗余链路）的设计和实施对确保网络的健壮性和稳定性至关重要。在网络架构设计中，汇聚层需要采用双归属方式连接到核心层的不同设备，这种设计可以有效防止单个核心设备故障从而导致业务中断。对于接入层的链路设计，则需要根据具体业务的重要程度来选择：关键业务采用双链路上行方式以提供更高的可用性，而一般业务可以采用单链路上行方式。在实施双链路上行设计时，需要根据实际网络环境和业务需求，选择合适的负载分担和冗余备份技术，主要包括生成树协议（Spanning Tree Protocol，STP）、链路聚合以及虚拟路由冗余协议（Virtual Router Redundancy Protocol，VRRP）等。

本任务的核心目标是要求实现冗余网络的管理，掌握这些备份技术的具体实施方法和应用场景。

职业能力 2-2-1：能管理冗余网络

一、核心概念

- 生成树协议：STP 是生成树协议的英文缩写，可应用于计算机网络中树形拓扑结构建立，主要作用是防止网桥网络中的冗余链路形成环路工作。
- 链路聚合：指将多个物理端口汇聚在一起，形成一个逻辑端口，以实现出 / 入流量吞吐量在各成员端口的负荷分担，交换机根据用户配置的端口负荷分担策略决定网络封包从哪个成员端口发送到对端。

- 虚拟路由冗余协议：VRRP 是虚拟路由冗余协议的缩写，主要用于解决局域网中配置静态网关可能出现的单点失效问题。

二、学习目标

- 了解 STP、快速生成树协议（Rapid Spanning Tree Protocol，PRSTP）和多生成树协议（Multiple Spanning Tree Protocol，MSTP）的工作原理。
- 掌握 MSTP 的特性及配置技能。
- 了解链路聚合的标准和工作原理。
- 掌握链路聚合的特性及配置技能。
- 掌握 VRRP 相关知识和配置技能。
- 具备网络工程可靠性设计的基本技能。

学习思维导图：

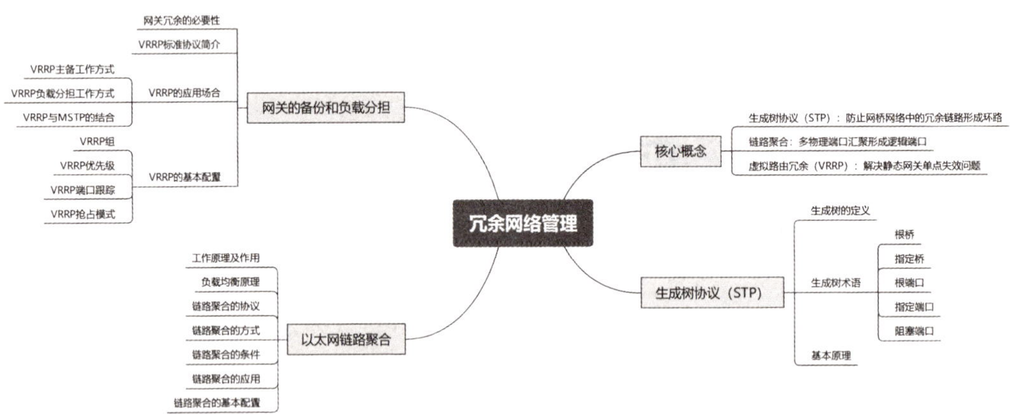

三、基本知识

1. 交换网络中的环路问题

如图 2-23 所示，PC1 和 PC3 之间可以通过 SW1 的 Fa0/1 和 SW2 的 F0/2 之间的链路连通，可是如果 SW1 和 SW2 之间的这条链路中断，就会导致 PC1 和 PC3 之间的通信中断。为了解决单一链路故障引起的网络问题，可以考虑在 SW1 和 SW2 之间再增添一条链路，如图 2-24 所示。

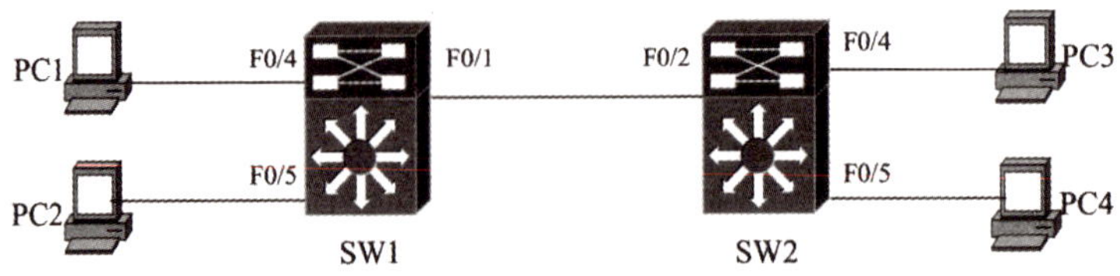

图 2-23　单一链路的网络拓扑图

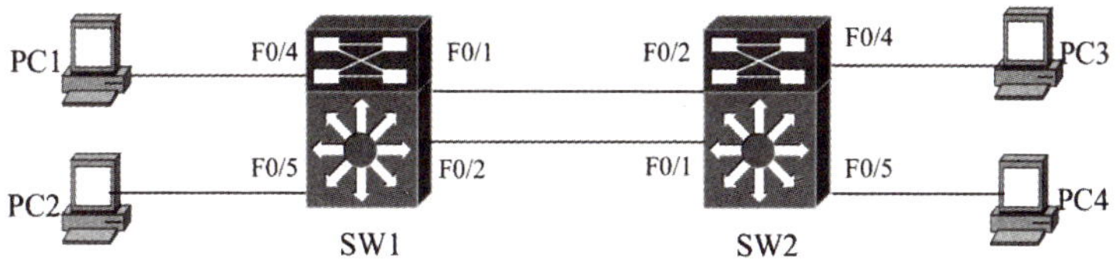

图 2-24　有冗余链路的网络拓扑图

图 2-24 所示的网络拓扑虽然解决了 SW1 和 SW2 之间的单一链路故障问题，但也带来了交换机环路问题：广播风暴、多帧复制、MAC 地址表不稳定。以太网交换机传送的第二层数据帧不像路由器传送的第三层数据包有 TTL 值，如果有环路存在，第二层的以太网帧不能被适当终止，除非环路被破坏，否则将造成网络拥塞，甚至是网络瘫痪。

2. 生成树协议

（1）生成树的定义。STP 最早是由数字设备公司开发的，IEEE 后来开发了自己的 STP 版本，称为 802.1D。STP 就是在具有回路的交换机网络上，生成没有回路的逻辑网络的方法。STP 的关键是保证网络上任何一点到另一点的路径只有一条，使得具有冗余链路的网络既有了容错能力，同时避免了产生回路带来的不利影响。

（2）生成树术语。STP 有两种特殊的网桥：根桥和指定桥。网桥上的端口有不同的角色：根端口、指定端口和阻塞端口，如图 2-25 所示。

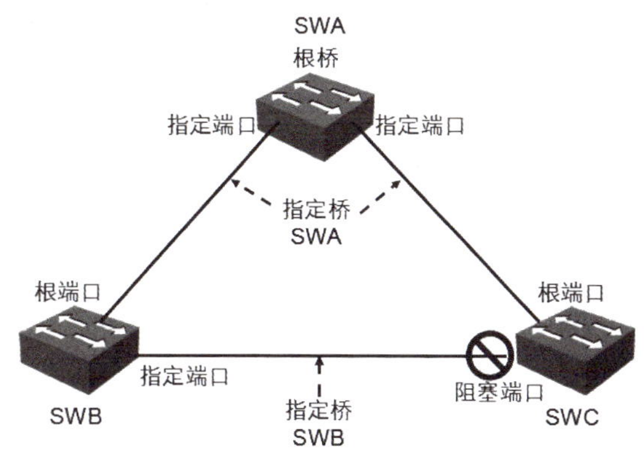

图 2-25　网桥和端口角色

1）根桥（Root Bridge）。根桥是整个生成树的根节点，由所有网桥中优先级最高的桥担任。

2）指定桥（Designate Bridge）。指定桥是负责一个物理段上数据转发任务的桥，由这个物理段上优先级最高的桥担任。

3）根端口（Root Port）。根端口是指直接连到根桥的链路所在的端口，或者到根桥的路径开销最短的端口。

4）指定端口（Designate Rort）。指定端口是指物理段上属于指定桥的端口，所以通常情况下根桥的所有端口都是指定端口。

5）阻塞端口。阻塞端口是指既不是指定端口也不是根端口的端口，它用来为指定端口或根端口备份。

（3）生成树协议的基本原理。STP 协议的基本原理是通过在交换机之间传递特殊的协议报文（网桥协议数据单元，Bridge Protocol Data Unit，BPDU）来确定网络的拓扑结构，并选择一个根桥作为整个网络的中心，其他交换机作为非根桥。STP 协议通过逻辑上阻塞某些端口，防止环路的形成，从而保证网络的稳定性和可靠性。

其工作机制主要包括以下内容：

1）根桥选举。在所有交换机中选举出一个根桥，选举依据是桥 ID（由桥优先级和 MAC 地址组成），优先级低的设备会被选为根桥。

2）根端口选举。每个非根桥会选择一个到达根桥开销最小的端口作为根端口。

3）指定端口选举。每个物理段上选举一个指定端口，负责转发数据。

4）端口状态管理。STP 将端口分为阻塞、学习、转发三种状态，通过管理这些状态来防止环路的形成。

生成树协议的端口状态包括以下三种：

1）阻塞（Blocking）。端口不转发也不学习数据。

2）学习（Learning）。端口不转发数据，但可以学习 MAC 地址。

3）转发（Forwarding）。端口可以转发和学习数据。

生成树协议的 BPDU 报文用于在交换机之间传递信息，确定根桥和最短路径。BPDU 报文有两种类型：配置 BPDU 和 TCN BPDU。配置 BPDU 用于维护生成树拓扑，TCN BPDU 用于通知拓扑变化。

生成树协议 STP 虽然能有效防止环路，但其收敛速度较慢，不适用于频繁变化的网络环境。快速生成树协议 RSTP 通过简化端口状态和提高收敛速度可以解决这些问题，使得网络在拓扑变化时能更快恢复。

3. 以太网链路聚合

提高网络链路带宽可采用多种解决方案。一种方法是购买新的高性能设备，如千兆位或者万兆位交换机来提高端口速率，但这种方法的成本高，不符合公司实际需求；另一种方法是采用链路聚合（也称端口聚合）技术，这种方法成本低。

（1）链路聚合的工作原理及作用。链路聚合是链路带宽扩展的一个重要途径，符合 802.3ad 标准。它可以把多个端口的带宽叠加起来，如图 2-26 所示为典型的链路聚合配置。全双工快速以太网端口形成的逻辑链路带宽可以达到 800MBps，吉比特以太网接口形成的逻辑链路带宽可以达到 8GBps。

链路聚合的主要功能是将两个交换机的多条链路捆绑形成逻辑链路，而其逻辑链路的带宽就是所有物理链路带宽之和；另外使用链路聚合时当其中的一条链路发生故障时，网络仍然能够正常运行，发生故障的链路恢复后能够重新加入到链路聚合中；链路聚合还能在各端口上运行流量均衡算法，起到分担负载的作用，解决交换网络中因带宽引起的网络瓶颈问题。

（2）链路聚合的负载均衡原理。链路聚合还可以根据报文的 MAC 地址或 IP 地址进行流量平衡。

1）源 MAC 地址流量平衡即根据报文的源 MAC 地址把报文分配到各个链路中。不同的主机转发的链路不同，同一台主机的报文从同一个链路转发。

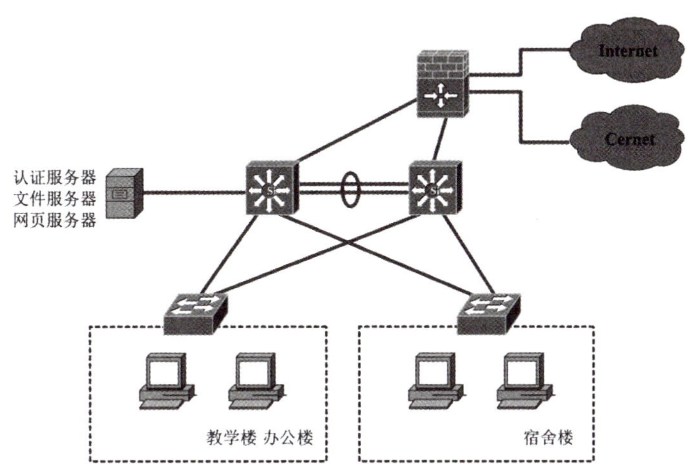

图 2-26 典型的链路聚合配置

2）目的 MAC 地址流量平衡即根据报文的目的 MAC 地址把报文分配到各个链路中。同一目的主机的报文从同一个链路转发，不同目的主机的报文从不同的链路转发。

3）源 IP 地址 / 目的 IP 地址对流量平衡是根据报文源 IP 地址与目的 IP 地址进行流量分配的。不同源 IP 地址 / 目的 IP 地址对的报文通过不同的端口转发，同一源 IP 地址 / 目的 IP 地址对通过相同的链路转发。该流量平衡方式一般用于三层链路聚合；如果在此流量平衡方式下收到的是二层数据帧，则自动根据源 MAC 地址 / 目的 MAC 地址对进行流量平衡。

如图 2-27 所示，一个聚合链路同路由器进行通信，路由器的 MAC 地址只有一个，为了让路由器与其他多台主机的通信量能够被多个链路分担，应设置根据目的 MAC 地址进行流量平衡。因此，应根据不同的网络环境设置适合流量分配的方式，以充分利用网络带宽。

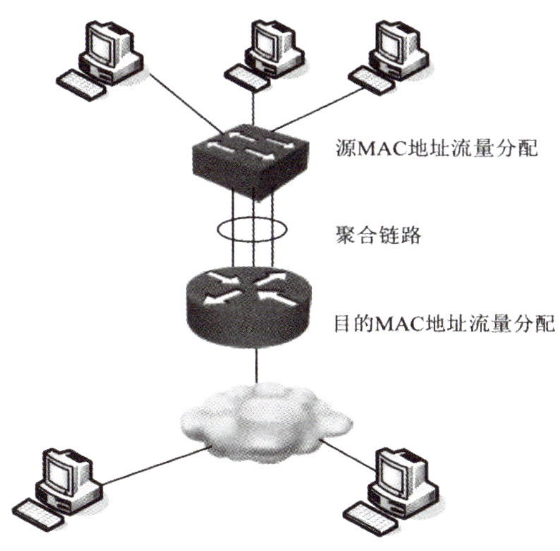

图 2-27 链路聚合流量平衡示意图

（3）链路聚合的协议。端口聚集协议（Port Aggregation Protocol，PAgP）和链路聚集控制协议（Link Aggregation Control Protocol，LACP）都是用于自动创建链

路聚合的。不同的是，PAgP 是 Cisco 专有协议，而 LACP 是 IEEE 802.3ad 定义的公开标准协议。

无论是 PAgP 还是 LACP，都是通过在交换机的级联接口之间互相发送数据包来协商创建链路聚合的。交换机接口收到对方的要求建立 PAgP 或者 LACP 数据后，如果允许，交换机会动态将物理端口捆绑形成聚合链路。

（4）链路聚合的方式。如果将聚合链路设置为 on 或者 off 模式，则不使用自动协商的 PAgP 或 LACP 协议，而是手动配置聚合链路；如果将模式置为 auto、desirable、silent 或 non-silent，则使用 PAgP 协议；如果将模式置为 passive 或 active，则使用 LACP 协议。

（5）链路聚合的条件。

1）端口必须处于相同的 VLAN 之中或都为 Trunk 口。

2）端口必须使用相同的网络介质。

3）端口必须都处于全双工工作模式。

4）端口必须是相同传输速率的端口。

5）本端是手动（动态）配置，另外一端也应该是手动（动态）配置。

（6）链路聚合的应用。下面分别针对第二层接口（无 Trunk）、第二层接口（有 Trunk）和第三层接口的情况介绍链路聚合的使用。

1）第二层接口（无 Trunk）。当希望交换机的级联接口作为普通的二层接口使用，而不希望有 Trunk 流量时，可以使用第二层的链路聚合。采用这种方式的 aggregateport 应该首先将交换机的接口设置为第二层模式。

2）第二层接口（有 Trunk）。当希望交换机的级联接口作为二层 aggregateport（聚合端口）使用并且能够运行 Trunk，可以使用带 Trunk 的第二层 aggregateport 实现。采用这种方式的 aggregateport 应该首先将交换机的接口设置为第二层模式，并且配置好 Trunk，然后配置 aggregateport。

3）第三层接口。当希望交换机之间能够通过第三层接口相连，就像两个路由器通过以太网接口相连一样，然后使用 aggregateport 提高访问速度。

（7）链路聚合的基本配置。

1）建立聚合逻辑端口，命令如下：

```
S1(config)#interface range fastethernet 0/3-4        // 进入端口 Fa0/3-4 配置模式
S1(config-if-range)#port-group 1                     // 将端口 Fa0/3-4 聚合成逻辑端口 AP1
```

2）进入聚合逻辑端口，命令如下：

```
S1(config)#interface aggregateport 1                 // 进入聚合端口 AP1
```

3）设置聚合逻辑端口类型，命令如下：

```
S1(config-if)#switch mode trunk                      // 设置聚合端口类型为 Trunk
```

4）显示聚合逻辑端口的信息，命令如下：

```
S1#show aggregateport summary                        // 显示聚合端口的信息
```

4. 网关的备份和负载分担

（1）网关冗余的必要性。通常情况下，在同一网段内的所有主机都设置一条相同的以网关为下一跳的默认路由。主机发往其他网段的报文将通过默认路由发往网关，再由网关进行转发，从而实现主机与外部网络通信。当网关发生故障时，本网段内所有以网关为默认路由的主机将无法与外部网络通信，如图 2-28 所示。

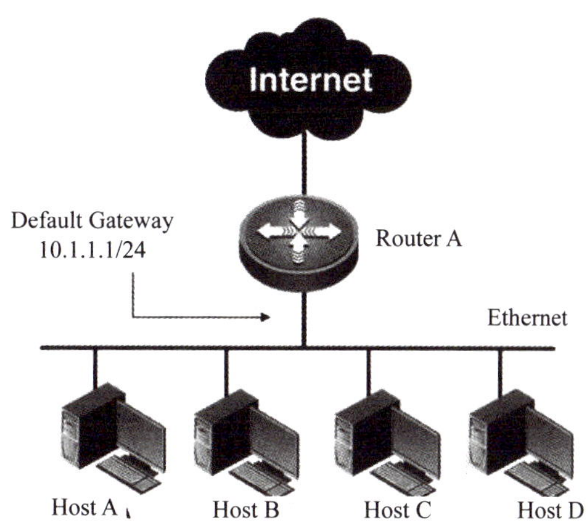

图 2-28 单网关通信

在双核心层次化网络结构中，为了减少作为网关的路由器（或三层交换机）出现故障，导致用户无法正常访问网络服务的现象，可考虑在网络设计中应用冗余网关技术。常用的冗余网关协议包括：虚拟路由冗余协议（VRRP）、热备份路由协议（Hot Standby Routing Protocol，HSRP）、网关负载均衡协议（Gateway Load Balancing Protocol，GLBP）。限于篇幅，本书只讨论 VRRP 协议。

（2）VRRP 标准协议简介。VRRP 是一种容错协议，在提高可靠性的同时，简化了主机的配置。VRRP 报文通过指定的组播地址 224.0.0.18 进行发送。VRRP 协议通过交互报文的方法将多台物理路由器模拟成一台虚拟路由器，网络上的主机与虚拟路由器进行通信，一旦 VRRP 组中的某台物理路由器失效，其他路由器自动将接替其工作。

VRRP 原理如图 2-29 所示。

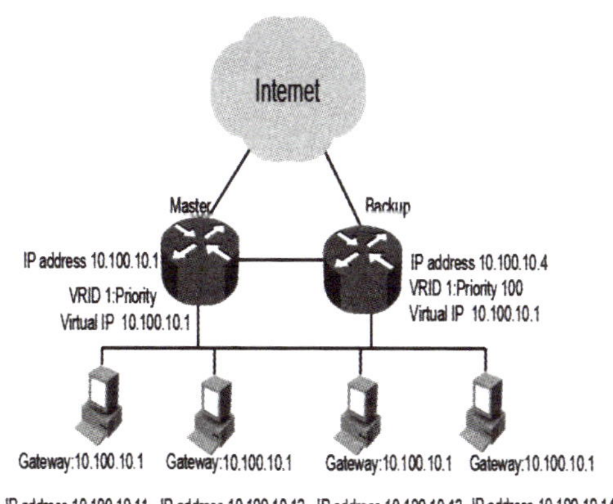

图 2-29 VRRP 原理

VRRP 涉及的主要术语包括如下几个。

1）VRRP 组。VRRP 组由具有相同组 ID（范围为 1 ～ 255）的多台路由器组成，

对外虚拟成一台路由器，充当网关；一台路由器可以参与到多个组中，充当不同的角色，实现负载均衡。

2）IP 地址拥有者。接口 IP 地址与虚拟 IP 地址相同的路由器被称为 IP 地址拥有者。

3）虚拟 MAC 地址。一个虚拟路由器拥有一个虚拟 MAC 地址，其格式为 00-00-5E-00-01-[组号]。当虚拟路由器（Master 路由器）回应 ARP 请求时，回应的是虚拟 MAC 地址，而不是接口的真实 MAC 地址。

4）Master、Backup 路由器。Master 路由器是 VRRP 组中实际转发数据包的路由器，Backup 路由器是 VRRP 组中处于监听状态的路由器，Master 路由器失效时由 Backup 路由器替代。

5）优先级。VRRP 中根据优先级来确定参与备份组中的每台路由器的地位。优先级的取值范围是 0 ～ 255，数值越大优先级越高，优先级的默认值为 100，但是可配置的范围为 1 ～ 254，优先级 0 为系统保留，优先级 255 保留给 IP 地址拥有者。

6）接口监视。VRRP 开启 track 功能，监视某个接口，并根据所监视接口的状态动态地调整本路由器的优先级。

7）抢占模式。工作在抢占模式下的路由器，一旦发现自己的优先级比当前的 Master 路由器的优先级高，就会对外发送通告报文，用于保证高优先级的路由器只要接入网络就会成为 Master 主路由器。默认情况下，抢占模式都是开启的。

8）VRRP 的选举。VRRP 选举时，首先比较优先级，优先级高者获胜，成为该组的 Master 路由器，失败者成为 Backup 路由器；如果优先级相等，IP 地址大者获胜。在 VRRP 组内，可以指定各路由器的优先级。Master 路由器定期发送 Advertisement 报文，Backup 路由器接收 Advertisement 报文。Backup 路由器如果一定时间内未收到 Advertisement 报文，则认为 Master 路由器失效，进行新一轮的 Master 路由器选举。

（3）VRRP 的应用场合。

1）VRRP 主备工作方式。在 VRRP 主备工作方式中，仅由 Master 路由器承担网关功能。当 Master 路由器出现故障时，其他 Backup 路由器会通过 VRRP 选举出一个路由器接替 Master 路由器的工作，如图 2-30 所示。只要备份组中仍有一台路由器正常工作，虚拟路由器就仍然正常工作，这样可以避免由于网关单点故障而导致的网络出现中断。

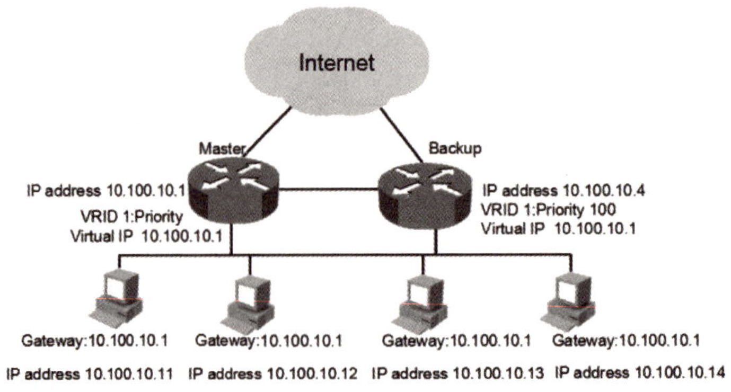

图 2-30　VRRP 主备工作方式

VRRP 主备工作方式中仅需一个备份组，不同的路由器在该备份组中拥有不同的优先级，优先级最高的路由器成为 Master 路由器。

2）VRRP 负载分担工作方式。VRRP 负载分担工作方式是指多台路由器同时承担业务，因此负载分担工作方式需要两个或两个以上的备份组，每个备份组都包括一个 Master 路由器和若干个 Backup 路由器。各备份组的 Master 路由器各不相同。同一台路由器同时加入多个 VRRP 备份组，在不同备份组中具有不同的优先级。

如图 2-31 所示，为了实现业务流量在路由器之间的负载分担，需要局域网内主机的默认网关分别配置为不同的虚拟 IP 地址。在配置优先级时，需要确保备份组中各路由器的 VRRP 优先级形成交叉对应。

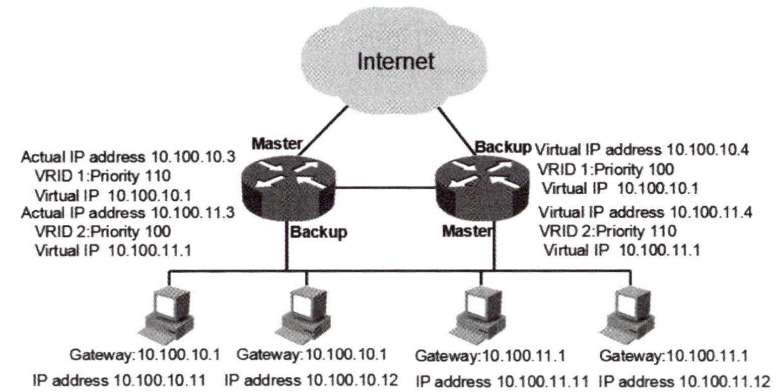

图 2-31　VRRP 负载分担工作方式

3）VRRP 与 MSTP 的结合。采用生成树协议只能做到链路级备份，无法做到网关级备份。MSTP 与 VRRP 结合可以同时做到链路级备份与网关级备份，极大地提高了网络的健壮性。在进行 MSTP 和 VRRP 结合配置使用时，需要注意的是保持各 VLAN 的根桥与各自的 VRRP Master 路由器要保持在同一台三层交换机上。VRRP 与 MSIP 结合应用示例如图 2-32 所示。

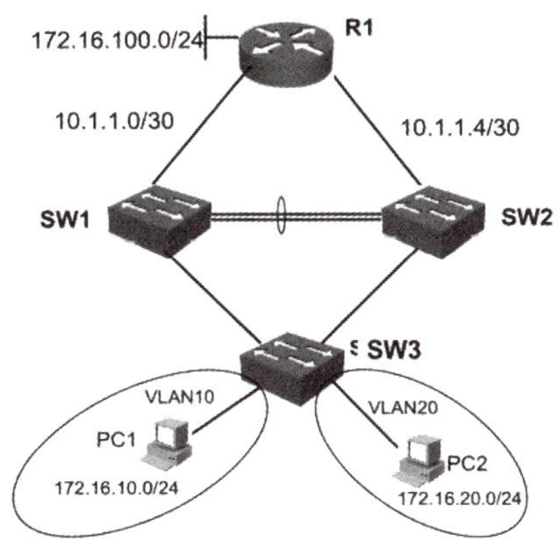

图 2-32　VRRP 与 MSTP 结合应用示例

（4）VRRP 的基本配置。

1）配置 VRRP 组，命令如下：

```
Router(config-if)#vrrp group-number ip ip-address [ secondary ]
```

其中，group-number 为 VRRP 组的编号，即 VRID，取值范围为 1 ～ 255；ip-address 为 VRRP 组的虚拟 IP 地址；secondary 为该 VRRP 组配置的辅助 IP 地址。

2）配置 VRRP 优先级，命令如下：

```
Router(config-if)#vrrp group-number priority number
```

其中，group-number 表示 VRRP 组号；number 表示优先级，取值范围为 1 ～ 254，默认为 100。

3）配置 VRRP 端口跟踪，命令如下：

```
Router(config-if)#vrrp group-number track interface [priority-decrement]
```

其中，group-number 表示 VRRP 组号；interface 表示被跟踪的端口；priority-decrement 表示 VRRP 发现被跟踪端口不可用后，所降低的优先级数值，默认为 10。当被跟踪端口恢复后，优先级也将恢复到原先的值。

4）配置 VRRP 抢占模式，命令如下：

```
Router(config-if)#vrrp group-number preempt [delay delay-time]
```

其中，group-number 表示 VRRP 组号；delay-time 表示抢占的延迟时间，即发送通告报文前等待的时间，单位为 s，取值范围为 1 ～ 255；默认情况下，抢占模式是启用的，如果不配置延迟时间，那么默认值为 0s，即当路由器从故障中恢复后，立即进行抢占操作。

四、能力训练

1. 配置 MSTP 解决交换环路问题

为了提高网络的可靠性，我们可以采用如图 2-33 所示的扁平双核心网络拓扑结构。在这种结构中，需要在交换机 SW2-1、SW3-1 和 SW3-2 上配置多生成树协议（MSTP），通过该协议的配置，可以增强交换网络的链路可靠性并实现流量负载均衡功能。

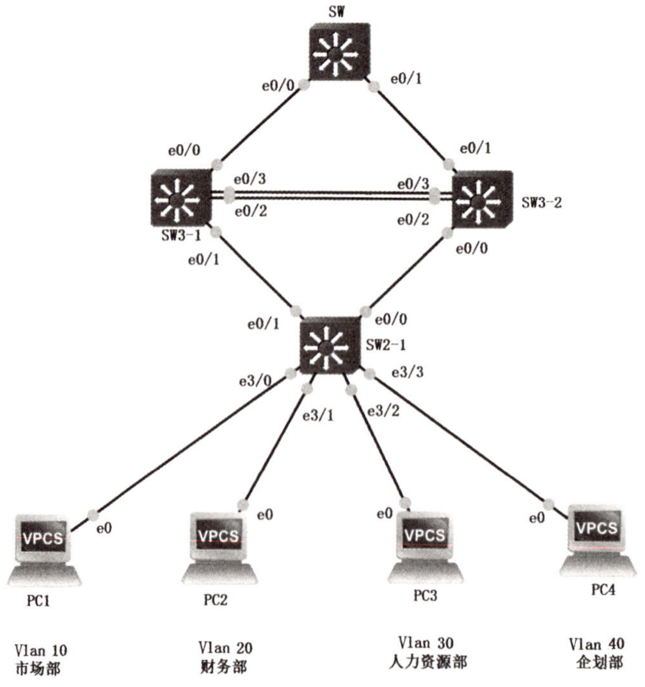

图 2-33　扁平双核心网络拓扑结构

（1）明确配置目标。

1）依据拓扑图，在交换机上配置 MSTP。

2）创建两个 MSTP 实例，分别为实例 1 和实例 2，实例 1 的成员是 VLAN10 和 VLAN20，实例 2 的成员是 VLAN30 和 VLAN40。

3）设置 SW3-1 为生成树实例 1 的根，SW3-2 为生成树实例 2 的根，并要求 SW3-1 和 SW3-2 互为备份根。

4）验证各交换机端口的 STP 状态和角色。

5）测试网络 MSTP 的运行情况。

6）使用 MyBase 软件对配置脚本进行管理，以便下一次实训和全网联调设备时使用。

（2）实现步骤。

1）将 3 台交换机之间连接的端口设置为 Trunk 模式。

SW2-1 交换机上的配置，命令如下：

```
SW2-1(config)#interface range Ethernet 0/0-1                        // 批量指定端口
SW2-1(config-if-range)#switchport trunk encapsulation dot1q         // 封装为 dot1q
SW2-1(config-if-range)#switchport mode trunk                        // 交换机端口模式为中继
```

SW3-1 交换机上的配置，命令如下：

```
SW3-1(config)#interface range Ethernet 0/0-3                        // 批量指定交换机端口
SW3-1(config-if-range)#switchport trunk encapsulation dot1q         // 封装为 dot1q
SW3-1(config-if)#switchport mode trunk                              // 交换机端口模式为中继
```

SW3-2 交换机上的配置，命令如下：

```
SW3-2(config)#interface range Ethernet 0/0-3                        // 批量指定交换机端口
SW3-2(config-if-range)#switchport trunk encapsulation dot1q         // 封装为 dot1q
SW3-2(config-if)#switchport mode trunk                              // 交换机端口模式为中继
```

2）在 3 台交换机上启用 MSTP。

在交换机 SW2-1 中开启 MSTP 功能，命令如下：

```
SW2-1(config)#spanning-tree mode mst            // 开启生成树功能，锐捷交换机默认为 MSTP
SW2-1(config)#spanning-tree mst configuration   // 进入生成树配置模式
SW2-1(config-mst)#name MST                      // 设置域名为 MST
SW2-1(config-mst)#revision 1                    // 设置修订版本为 1
SW2-1(config-mst)#instance 1 vlan 10,20         // 创建实例 1 映射 VLAN10、VLAN20
SW2-1(config-mst)#instance 2 vlan 30,40         // 创建实例 2 映射 VLAN30、VLAN40
```

在交换机 SW3-1 中开启 MSTP 功能，命令如下：

```
SW3-1(config)#spanning-tree mode mst            // 开启生成树功能，锐捷交换机默认为 MSTP
SW3-1(config)#spanning-tree mst configuration   // 进入生成树配置模式
SW3-1(config-mst)#name MST                      // 设置域名为 MST
SW3-1(config-mst)#revision 1                    // 设置修订版本为 1
SW3-1(config-mst)#instance 1 vlan 10,20         // 创建实例 1 映射 VLAN10、VLAN20
SW3-1(config-mst)#instance 2 vlan 30,40         // 创建实例 2 映射 VLAN30、VLAN40
```

在交换机 SW3-2 中开启 MSTP 功能，命令如下：

```
SW3-2(config)#spanning-tree mode mst            // 开启生成树功能，锐捷交换机默认为 MSTP
SW3-2(config)#spanning-tree mst configuration   // 进入生成树配置模式
SW3-2(config-mst)#name MST                      // 设置域名为 MST
SW3-2(config-mst)#revision 1                    // 设置修订版本为 1
```

```
SW3-2(config-mst)#instance 1 vlan 10,20        // 创建实例 1 映射 VLAN10、VLAN20
SW3-2(config-mst)#instance 2 vlan 30,40        // 创建实例 2 映射 VLAN30、VLAN40
```

3）查看网络中的根交换机。在本配置中，假设 SW2-1 的桥 ID（Bridge ID）最小。通过执行 show spanning-tree 命令，可以查看到全局的生成树配置，如 MaxAge、HelloTime 等。同时也可以查看各实例的配置结果，例如查看实例 0 中的 VLAN 映射表，因为所有 VLAN 默认映射到实例 0，从“RootCost : 0、RootPort : 0”可以判定，实例 0 中交换机 SW2-1 为根交换机。同样地，在实例 1 和实例 2 中也可以判断交换机 SW2-1 为根交换机。

请读者在交换机 SW3-1 和 SW3-2 上使用 show spanning-tree 命令，并对输出结果进行分析。

4）查看各交换机端口的 MSTP 状态和角色。在交换机 SW3-1 上使用 show spanning-tree mst 1 命令查看特定实例的信息，如图 2-34 所示。从显示结果中可以看到，交换机 SW3-1 在实例 1 中的优先级为 32768，根端口为 Fa0/21。

```
SW3-1#show spanning-tree mst 1        //显示交换机SW3-1上实例1的特性
###### MST 1 vlans mapped : 10,20
BridgeAddr : 00d0.f8ff.4e3f            //交换机SW3-1的MAC地址
Priority : 32768                       //优先级
TimeSinceTopologyChange : 0d:7h:21m:17s
TopologyChanges : 0
DesignatedRoot : 100100d0f8b83287  //后12位是MAC地址，此处显示的是SW2-1交换机的
                                   MAC，这说明交换机SW2-1是实例1(instance )的生成树的根交换机
RootCost : 200000
RootPort : 21
```

图 2-34　查看特定实例信息

请读者在交换机 SW2-1、SW3-1 和 SW3-2 上使用 show spanning-tree mst instance interfaces 命令，并对输出结果进行分析。

从上面的分析可以知道，以上的配置并没有实现负载分担的效果，更为糟糕的是根交换机由性能低下的交换机来承担，因此接下来要为不同的生成树实例选举出不同的根交换机。

5）为不同实例指定不同的首选根桥和备份根桥。通过使用 spanning-tree mst instance-id priority 命令调整某台交换机在特定实例中的优先级，实现负载的分担，具体配置如下。

交换机 SW3-1 的 MST 配置，命令如下：

```
SW3-1(config)#spanning-tree mst 1 priority 4096     // 实例 1 在 SW3-1 的优先级为 4096
SW3-1(config)#spanning-tree mst 2 priority 8192     // 实例 2 在 SW3-1 的优先级为 8192
```

配置优先级比较高是为了使 SW3-1 作为实例 1 的根节点，一方面是因为它的性能比 SW2-1 强，防止 SW2-1 被选做根节点；更重要的是，如果默认优先级更高的为 SW3-2，则 VLAN10、VLAN20 也会通过 SW3-2 传输，与所希望的配置效果产生冲突。

交换机 SW3-2 的 MST 配置命令如下：

```
SW3-2(config)#spanning-tree mst 2 priority 4096     // 实例 2 在 SW3-2 的优先级为 4096
SW3-2(config)#spanning-tree mst 1 priority 8192     // 实例 1 在 SW3-2 的优先级为 8192
```

6）查看当前各实例的根交换机。在交换机 SW3-1 上使用 show spanning-tree mst 1

命令查看是否 SW3-1 作为实例 1 的根节点；在交换机 SW3-2 上使用 show spanning-tree mst 2 命令查看是否 SW3-2 作为实例 2 的根节点。

7）查看当前各交换机端口的 STP 状态和角色。在交换机 SW3-1 上使用 show spanning-tree summary 命令查看 SW3-1 交换机端口的 STP 状态和角色；在交换机 SW3-2 上使用 show spanning-tree summary 命令查看 SW3-2 交换机端口的 STP 状态和角色。

8）使用 MyBase 软件对配置脚本进行管理，以便下一次实训和全网联调设备时使用。

2. 配置链路聚合提高带宽

链路聚合（Link Aggregation），也称为端口捆绑、端口聚集或链路聚集，链路聚合是将多个端口聚合在一起形成 1 个汇聚组，以实现出 / 入负荷在各成员端口中的分担。从外面看起来，1 个汇聚组好像就是 1 个端口。

链路聚合可以提高链路带宽和可靠性，使得同组成员彼此动态备份。

任务：将多个端口聚合在一起形成 1 个汇聚组，以实现出 / 入负荷在各成员端口中的分担，拓扑图如图 2-35 所示。

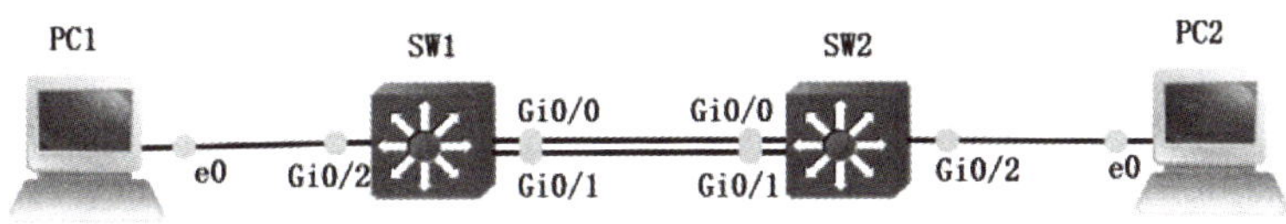

图 2-35　链路聚合任务拓扑图

PC1、PC2 配置 IP 地址和子网掩码，命令如下所示：

```
PC1> ip 192.168.1.1/24                  // 配置 PC1 的 IP 地址 子网掩码
Checking for duplicate address...
PC1 : 192.168.1.1 255.255.255.0

PC2> ip 192.168.1.2/24          /       / 配置 PC2 的 IP 地址 子网掩码
Checking for duplicate address...
PC2 : 192.168.1.2 255.255.255.0
```

交换机 SW1 配置命令如下所示：

```
SW1#configure terminal                  // 进入全局配置模式
SW1(config)#interface range GigabitEthernet 0/0-1  // 进入接口 GigabitEthernet 0/0-1 的配置模式
SW1(config-if)#channel-protocol lacp    // 设置链路聚合控制协议为 LACP( 默认值 )，LACP 为
                                        // 标准协议，PAgP 为 Cisco 私有
SW1(config-if)#channel-group 1 mode active       // 设置指定端口组为 1，信道 ID 为 1，模式
                                                 // 为 active 模式
SW1(config-if)#exit                     // 返回全局配置模式
SW1(config)#interface port-channel 1    // 创建捆绑接口，就是用 channel-group 1 加入的
                                        // 相同 ID 的物理接口，捆绑成一个逻辑接口
SW1(config-if)#switchport trunk encapsulation dot1q // 封装协议为 dot1q
SW1(config-if)#switchport mode trunk               // 将接口设置为 Trunk 模式
SW1(config-if)#switchport trunk allowed vlan all   // 允许所有 VLAN 通过
SW1(config-if)#exit                                // 返回全局配置模式
SW1(config)#exit                                   // 返回特权模式
SW1#write                                          // 保存配置更改
```

交换机 SW2 配置命令如下所示：

```
SW2#configure terminal                        // 进入全局配置模式
SW2(config)#interface range GigabitEthernet 0/0-1  // 进入接口 GigabitEthernet 0/0-1 的配置模式
SW2(config-if)#channel-protocol lacp          // 设置链路聚合控制协议为 LACP（默认值），
                                              //LACP 为标准协议，PAgP 为 Cisco 私有
SW2(config-if)#channel-group 1 mode passive   // 设置指定端口组为 1，信道 ID 为 1，模式为
                                              //passive 模式
SW2(config-if)#exit                           // 返回全局配置模式
SW2(config)#interface port-channel 1          // 创建捆绑接口，就是用 channel-group 1 加入的
                                              // 相同 ID 的物理接口，捆绑成一个逻辑接口
SW2(config-if)#switchport trunk encapsulation dot1q  // 封装协议为 dot1q
SW2(config-if)#switchport mode trunk          // 将接口设置为 Trunk 模式
SW2(config-if)#switchport trunk allowed vlan all  // 允许所有 VLAN 通过
SW2(config-if)#exit                           // 返回全局配置模式
SW2(config)#exit                              // 返回特权模式
SW2#write                                     // 保存配置更改
```

查看交换机 SW1（SW2 同）的端口通道信息，如图 2-36 所示。

```
SW1#show etherchannel port-channel
                Channel-group listing:
                ----------------------

Group: 1
----------
                Port-channels in the group:
                ---------------------------

Port-channel: Po1    (Primary Aggregator)

------------

Age of the Port-channel   = 0d:00h:16m:53s
Logical slot/port   = 16/0          Number of ports = 2
HotStandBy port = null
Port state          = Port-channel Ag-Inuse
Protocol            =   LACP
Port security       = Disabled
Load share deferral = Disabled

Ports in the Port-channel:

Index   Load   Port     EC state        No of bits
------+------+------+------------------+-----------
  0     00     Gi0/0    Active             0
  0     00     Gi0/1    Active             0

Time since last port bundled:    0d:00h:14m:32s    Gi0/1
```

图 2-36　查看交换机的端口通道信息

查看交换机 SW1（SW2 同）的聚合链路状态，如图 2-37 所示。

PC1 和 PC2 可以互相通信，测试命令如下所示：

```
PC1> ping 192.168.1.2                         // 测试 ping PC2 能不能互相通信
84 bytes from 192.168.1.2 icmp_seq=1 ttl=64 time=4.035 ms
84 bytes from 192.168.1.2 icmp_seq=2 ttl=64 time=4.125 ms
84 bytes from 192.168.1.2 icmp_seq=3 ttl=64 time=3.030 ms
84 bytes from 192.168.1.2 icmp_seq=4 ttl=64 time=4.319 ms
84 bytes from 192.168.1.2 icmp_seq=5 ttl=64 time=7.777 ms
```

```
SW1#show etherchannel summary
Flags:  D - down        P - bundled in port-channel
        I - stand-alone s - suspended
        H - Hot-standby (LACP only)
        R - Layer3      S - Layer2
        U - in use      N - not in use, no aggregation
        f - failed to allocate aggregator

        M - not in use, minimum links not met
        m - not in use, port not aggregated due to minimum links not met
        u - unsuitable for bundling
        w - waiting to be aggregated
        d - default port

        A - formed by Auto LAG


Number of channel-groups in use: 1
Number of aggregators:           1

Group  Port-channel  Protocol    Ports
------+-------------+-----------+-----------------------------------------------
1      Po1(SU)         LACP      Gi0/0(P)    Gi0/1(P)
```

图 2-37　查看交换机的聚合链路状态

五、任务实战

1. 任务情境

随着港口业务的快速发展，网络面临以下挑战：接入网络的计算机数量不断增加，各部门之间的业务数据交换日益频繁，特别是人力资源部和企划部访问内部服务器的流量持续攀升。这些因素导致交换机 SW1 和 SW2 之间的链路带宽出现瓶颈，严重影响了网络性能。为了解决这一问题，我们采用链路聚合（Link Aggregation）技术，该技术不仅可以解决核心层交换机之间的带宽瓶颈问题，还能确保核心层交换机之间的网络流量均衡分布，同时提供更好的网络灵活性并有效节约网络建设投资成本。

可以在网络安全系统集成实训室中模拟本任务的实施，搭建如图 2-38 所示的网络实训环境。

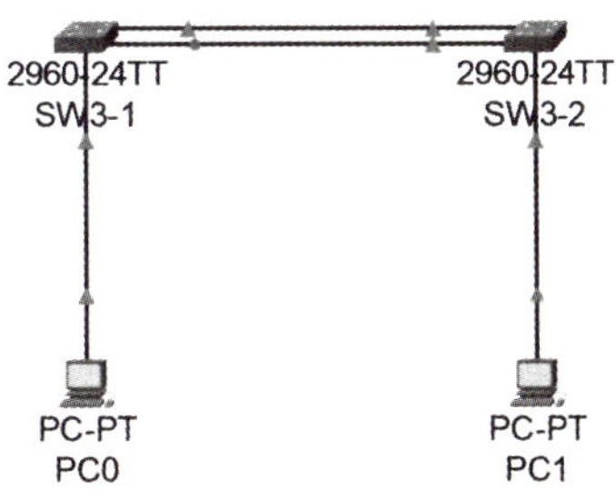

图 2-38　链路聚合网络拓扑结构图

2. 任务要求

在之前任务的基础上，保障网络链路带宽，完成如下配置任务：

（1）配置交换网络聚合端口。

（2）配置聚合端口的负载均衡。

（3）验证测试聚合端口功能。

（4）使用 MyBase 软件对配置脚本进行管理，以便下一次实训和全网联调设备时使用。

3. 任务实施步骤

（1）在核心层交换机 SW3-1 和 SW3-2 上配置二层静态端口聚合。

在 SW3-1 上进行二层静态端口聚合配置，命令如下：

```
SW3-1(config)#interface range Ethernet 0/2-3                 // 选定 e0/2、e0/3 端口
SW3-1(config-if-range)#channel-group 1 mode on               // 创建一个聚合组
SW3-1(config-if-range)#int port-channel 1                    // 进入聚合组 1 的接口配置模式
SW3-1(config-if)#switchport mode trunk                       // 将聚合接口模式设为 Trunk
SW3-1(config-if)#switchport trunk encapsulation allowed vlan all     // 允许所有 VLAN 通过
```

在 SW3-2 上进行二层静态端口聚合配置，命令如下：

```
SW3-2(config)#interface range Ethernet 0/2-3                 // 选定 e0/2、e0/3 端口
SW3-2(config-if-range)#channel-group 1 mode on               // 创建一个聚合组
SW3-2(config-if-range)#int port-channel 1                    // 进入聚合组 1 的接口配置模式
SW3-2(config-if)#switchport mode trunk                       // 将聚合接口模式设为 Trunk
SW3-2(config-if)#switchport trunk encapsulation allowed vlan all     // 允许所有 VLAN 通过
```

（2）配置交换机 SW3-1 和 SW3-2 聚合端口基于源 IP 地址负载均衡。在交换机 SW3-1 和 SW3-2 全局配置模式下输入命令：

```
SW3-1(config)#port-channel load-balance src-dst-ip
SW3-2(config)#port-channel load-balance src-dst-ip
```

（3）查看二层聚合端口的配置情况。在交换机 SW3-1 和 SW3-2 上查看聚合端口设置情况，如图 2-39 所示。

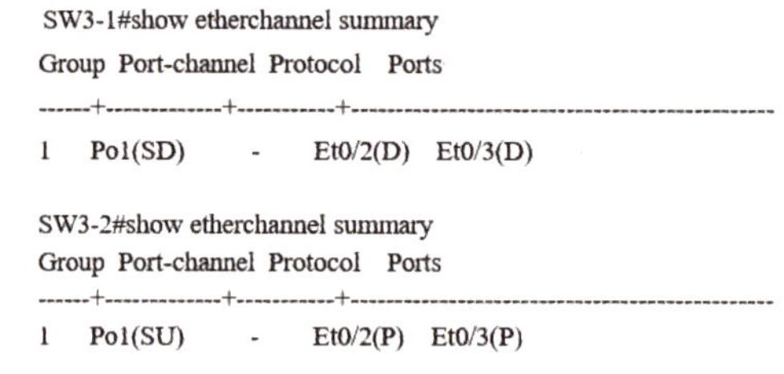

```
SW3-1#show etherchannel summary
Group  Port-channel  Protocol   Ports
------+-------------+-----------+-----------------------------------------------
1      Po1(SD)        -         Et0/2(D)   Et0/3(D)

SW3-2#show etherchannel summary
Group  Port-channel  Protocol   Ports
------+-------------+-----------+-----------------------------------------------
1      Po1(SU)        -         Et0/2(P)   Et0/3(P)
```

图 2-39　查看聚合端口设置情况

（4）验证测试聚合端口功能。在交换机 SW3-1 和 SW3-2 上划分 VLAN100，将 Fa0/10 划分至 VLAN100 中，PC1 和 PC2 分别接入交换机 SW3-1 和 SW3-2 的 Fa0/10 中。配置 PC1 和 PC2 的 IP 地址为 192.168.100.1 和 192.168.100.2，从 PC1 连续向 PC2 发出 ping 命令，断开 SW3-1 的 Fa0/23 端口与 SW3-2 的 Fa0/23 端口之间的链路，观察返回数据包的变化情况。链路断开期间，交换机需要按照以太网端口聚合协议重新计算，会引起网络短暂中断。

（5）使用 MyBase 软件对配置脚本进行管理，以便下一次实训和全网联调设备时使用。

六、学习结果评价

本任务主要讨论了交换网络中的环路问题，以及生成树协议 STP 和以太网的链路聚合，网关备份和负载分担相关内容。读者需要阅读相关文献和案例，撰写学习笔记

和总结，对课堂内容进行复习和巩固。为了让读者清楚自身学习情况，现将设定学习结果评价表，小组同学之间可以交换评价，进行互相监督，见表 2-6。

表 2-6　学习结果评价表

序号	评价内容	评价标准	评价结果（是/否）
1	理解生成树协议的基本原理	基本掌握	
2	能够利用网络设备配置 STP、VRRP 等协议	基本掌握	

七、课后作业

1. 填空题

（1）交换网络环境中环路的形成会产生（　　）、（　　）和（　　）问题。

（2）IEEE 定义的生成树规范有（　　）、（　　）和（　　）。

（3）链路聚合协议的标准有（　　）和（　　），聚合方式分为（　　）和（　　）。

（4）国际标准网关级冗余被称为（　　），有（　　）和（　　）工作方式。

2. 选择题

（1）（　　）端口拥有从非根桥到根网桥的最低成本路径。

A．根　　B．指定　　C．阻塞　　D．非根非指定

（2）RSTP 中（　　）状态等同于 STP 的监听状态。

A．阻塞　　B．丢弃　　C．学习　　D．监听

（3）在为连接大量客户主机的交换机配置链路聚合后，应选择（　　）流量平衡算法。

A．dst-mac　　B．src-mac　　C．dst-ip　　D．src-ip

（4）下列关于 MST 区域的说法中正确的是（　　）。

A．属于同一个 MST 区域的交换机一定具有相同的 VLAN 和实例映射关系

B．如果两个交换机配置的 MST 区域名不相同，则这两个交换机一定属于不同的 MST 区域

C．运行 MSTP 的交换机之间需要交互完整的 VLAN 和实例的映射关系，如果映射关系不同则交换机不属于同一个 MST 区域

D．MST 区域之间运行的是 RSTP

（5）交换机启动 VRRP 后，若主交换机要关闭 VRRP 协议，则其发布通告的优先级（　　）。

A．变为 0　　B．变为 1　　C．变为 255　　D．不变

3. 简答题

（1）为什么要使用链路冗余技术？主要实现技术有哪些？

（2）简述 STP 中最短路径的选择过程。

（3）简述 RSTP 做了哪些改进来缩短收敛时间。

（4）简述 MSTP 的实现过程。

（5）简述链路聚合的作用及聚合时应具备的条件。

（6）在 MSTP 和 VRRP 网络中，如何合理设置根交换机及主交换机？

工作模块 3 配置路由协议

模块导引

基石筑峰：从世界技能大赛看技术实践的真谛

世界技能大赛网络安全项目有一个熟悉赛场的环节，选手可以在规定的时间去熟悉第二天要比赛的内容。两位选手回来非常紧张地给我描述了在这个环节中发生的问题，他们按要求打开了自己电脑的一个比赛素材，突然电脑屏幕出现了全红的状态，出现了一串英文“you are hacked!”（你的电脑被黑客入侵了），然后电脑的鼠标和键盘全部失灵，无法操作。“这种场景我们参加的比赛从来没见过，什么都不能操作该怎么做题啊？”

我对这两位选手非常了解，他们是中国知名高校网络安全专业的研究生，参加了国际国内很多顶尖的赛事，技术水平非常高，如果给他们操作电脑的机会，他们一定能找到定位到这个病毒，把题做出来。这时在我脑海里浮现出7年前的一个场景，当时我的电脑中了病毒，所有的按键都失灵了，我的一个在当地电脑城的工作的学生用了不到10分钟就解决了这个问题。我跟两位选手说，明天正式比赛的时候再遇到这种情况，就把电脑强制断电关机，重新启动电脑并同时按F8进入系统的安全模式就可以操作电脑了，后面就是你们擅长的了。两个学生疑惑问我，比赛过程中可以把自己的电脑断电吗？是否触犯竞赛规则？我告诉他们规则没有禁止重启自己的电脑，你们就可以这么做。第二天比赛结束两位选手高兴地说，按照老师你说的方法很快就把这道题做出来了。

这道题源于网络安全工程师面临的一个典型工作场景，这种病毒在全球各国都出现过，世赛把这种场景作为赛题考察选手的网络安全实战水平。两位选手当时精神处于高度紧张状态，把遇到的问题复杂化了，没有想到按正常的工作流程排除故障。“最高端的食材往往需要最原始（简单）的烹饪方式。”世界技能大赛是全球顶尖赛事，对选手技术要求非常全面，考察的是选手解决企业生产实际问题的能力。

工作任务 3-1：静态路由配置

任务简介

静态路由是网络管理员手动配置的路由信息，它不会随网络拓扑结构或链路状态的变化而自动调整，需要网络管理员手动维护。在进行配置时，网络管理员需要正确设置目标网段、子网掩码和下一跳地址等关键信息。这种路由方式特别适用于末梢网络环境，可以有效简化路由器配置，减轻网络管理工作负担。具体配置过程包括进入设置网关的接口、设置 IP 地址和保存配置等基本步骤，网络管理员在配置静态路由过程中需要注意，每台路由器都必须对所有非直连网段进行配置，以确保整个网络的连通性。虽然静态路由具有不占用网络带宽、系统资源消耗少、安全性高等优点，但也存在需要手动逐条配置、无法自动适应网络变化等局限性，网络管理员在实际配置过程中需要权衡这些因素。

本工作任务要求网络管理员掌握并完成静态路由的配置。

职业能力 3-1-1：能手动配置路由信息

一、核心概念

- 路由：是指分组从源到目的地时，决定端到端路径的网络范围的进程，路由工作在网络层，路由器通过转发数据包来实现网络互连。
- 静态路由：路由信息由手动配置，而非动态决定，静态路由是固定的，不会改变，即使网络状况已经改变或是重新被组态。

二、学习目标

- 熟悉路由器端口类型及其端口配置。
- 了解路由表、静态路由和动态路由的基本概念。
- 理解路由器转发数据包的过程及路由表的形成、结构与作用。
- 掌握静态路由的应用场合及其配置方法。

学习思维导图：

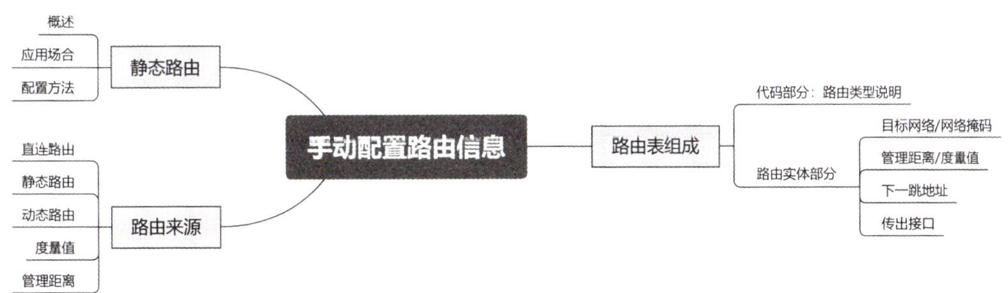

三、基本知识

1. 路由技术概述

（1）路由的概念。路由是把数据从一个网络转发到另一个网络的过程，完成这个过程的设备就是路由器。路由的动作包括两项基本内容：寻径和转发。寻径即为确定到达目的地的最佳路径；转发即沿确定好的到达目的地的最佳路径传送信息分组。路由器的转发特点是逐跳转发，在如图 3-1 所示的示意图中，Network A 的 IP 报文要想发送给 Network B，首先发给 R1，R1 收到后根据报文的目的 IP 地址查找路由并将报文转发给 R2，R2 收到后根据报文的目的 IP 地址查找路由并将报文转发给 R3，R3 收到后将报文转发给 Network B。这就是路由转发的逐跳性，即路由只指导本地转发，而不影响其他设备转发，设备之间的转发是相互独立的。

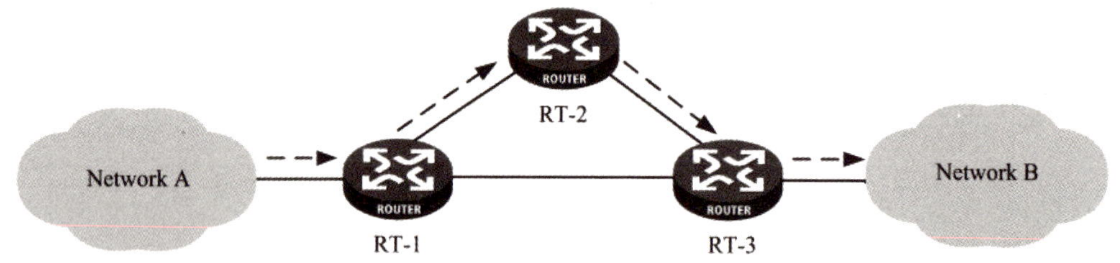

图 3-1　路由转发示意图

（2）路由表的概念。路由表是保存在 RAM 中的数据文件，存储了直连网络以及远程网络相关的信息。路由表的主要用途是为路由器提供通往不同目的网络的路径。为此，路由器需要搜索存储在路由表中的路由信息。路由表包含若干路由条目，在路由器中使用 show ip route 命令可以显示路由器的路由表信息，如图 3-2 所示。

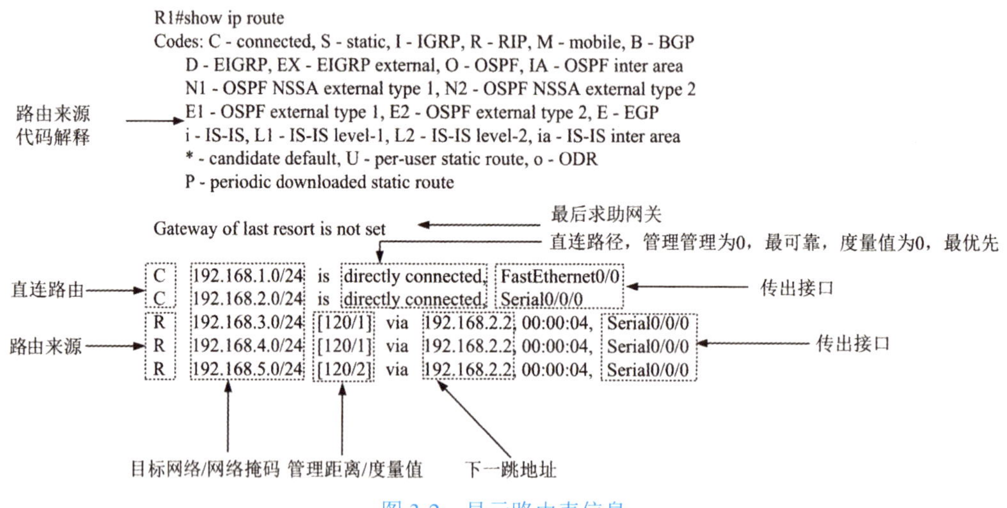

图 3-2　显示路由表信息

从图 3-2 可以看出，路由表由两部分组成：代码（Codes）部分和路由表的实体部分。其中代码部分解释了每个代码的具体含义；在路由表实体部分的每一行，从左到右包含如下内容：路由来源、目标网络 / 网络掩码、管理距离 / 度量值、下一跳地址、传出接口等，这些内容的解释见表 3-1。

表 3-1　路由条目解释

条目	含义
路由来源	路由来源可以是直连路由、静态路由或动态路由等
目标网络 / 网络掩码	路由器将数据包中的目的 IP 地址与该字段进行比较，来找到匹配的路由
管理距离 / 度量值	为了区别不同路由协议获得路由的可信度，用管理距离加以表示，其值越小，表示越可信。路由协议会给去往目的地的多条路径计算一个度量值，其值越小，路径越佳，注意不同路由协议计算度量值的方法不同
下一跳地址	下一跳地址告诉路由器把匹配这条路由的数据包转发到其他路由器的路由中
传出接口	传出接口告诉路由器把匹配这条路由的数据包从本地路由器的接口送出

（3）路由来源。

1）直连路由。直连路由是指直连到路由器某一接口的网络。当路由器接口配置有 IP 地址和子网掩码时，此接口即成为该相连网络的主机。接口的网络地址和子网掩码以及接口类型和编号都将直接输入路由表，用于表示直连网络。路由器若要将数据包转发到某一主机（如 PC2），则该主机所在的网络应该是路由器的直连网络。生成直连路由的条件有两个：接口配置了 IP 地址，并且这个接口的物理链路是连通的。

2）静态路由。静态路由是由网络管理员手动配置在路由器中的路由信息。当网络的拓扑结构或链路的状态发生变化时，网络管理员需要手动去修改路由表中相关的静态路由信息。

3）动态路由。由路由器按指定的协议格式在网上广播和接收路由信息，通过路由器之间不断交换路由信息，动态地更新和确定路由表，并随时向附近的路由器广播，这种方式称为动态路由。动态路由通过检查其他路由器的信息，并根据开销、链接等情况自动决定每个包的路由途径。动态路由由于较具灵活性，使用配置简单，成为目前主要的路由类型。

4）度量值。度量值（Metric）表示到达这条路由所指目的地的代价，也称为路由权值（Cost）。计算路由度量值时通常会考虑跳数、链路带宽、链路延时、链路使用率、链路可信度以及链路 MTU 等因素。

不同的动态路由协议会选择其中的一种或几种因素来计算度量值。在常用的路由协议中，RIP 使用跳数来计算度量值，跳数越小，其度量值也就越小；而 OSPF 使用链路带宽来计算度量值，链路带宽越大，其度量值越小。度量值通常只对动态路由协议有意义，静态路由和直连路由的度量值统一规定为 0。

通过 RIP 和 OSPF 两个协议度量值计算的参考依据可以看出，度量值只在同一种路由协议内有比较意义，在不同的路由协议之间路由度量值没有比较意义，也不存在换算关系。

5）管理距离。管理距离（Administration Distance，AD）指出了路由协议的可信度，每种路由协议都指定了一个默认值，路由器将按从低到高的顺序来优先选择路由协议。

管理距离越小，其可信度就越高。一般而言直连路由的可信度最高，其 AD 值为 0，静态路由的可信度（AD 值为 1）次之，最不可靠的是动态路由（不同的动态路由协议 AD 值不一样，如 RIP 的 AD 值为 120，OSPF 的 AD 值为 110）。AD 的主要作用是决定路由进程使用哪个路由来源，图 3-3 为管理距离比较示意图。

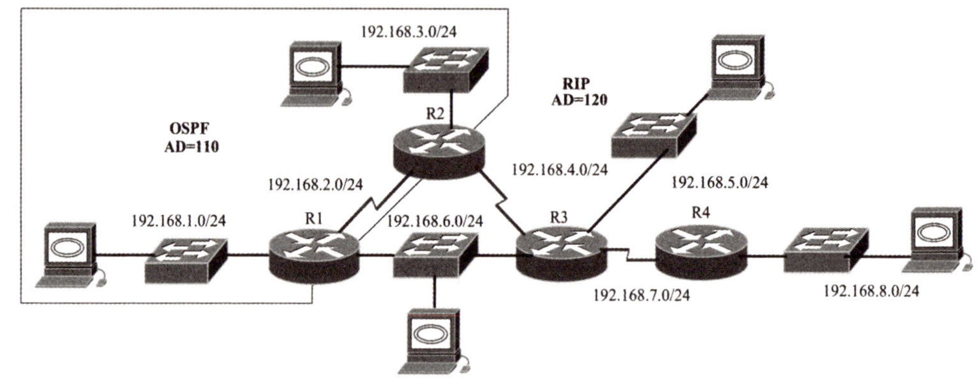

图 3-3　管理距离比较示意图

R2 当前同时使用 RIP 和 OSPF 路由协议（通常情况下，路由器很少会使用多个动态路由协议，此处只是为了说明管理距离的工作原理）。R2 使用 OSPF 从 R1 获悉通往 192.168.6.0/24 的路由，同时，也使用 RIP 从 R3 获悉了该路由。RIP 的管理距离值为 120，而 OSPF 的管理距离值相对较低，为 110。所以，R2 会将 OSPF 所获悉的路由添加到路由表中，并且将发往 192.168.6.0/24 网络的所有数据包转发到路由器 R1。

如果到 R1 的链路无法使用，会发生什么情况？如果是这样，R2 似乎就没有到 192.168.6.0 网络的路由了。而实际上，R2 在 RIP 数据库中仍旧保存了有关 192.168.6.0 网络的 RIP 路由信息。这可以通过 show ip rip database 命令来查看。此命令可以显示 R2 了解到的所有 RIP 路由，包括添加在路由表中的 RIP 路由和没有添加的 RIP 路由。

路由优先级的取值范围为 0 ～ 255，0 表示直接连接的路由，255 表示任何来自不可信源端的路由，数值越小表明优先级越高。路由器默认的管理距离值见表 3-2。

表 3-2　默认管理距离值

路由信息源	默认管理距离值	路由信息源	默认管理距离值
直连路由	0	OSPF	110
静态路由（出口为本地接口）	0	S-IS	115
静态路由（出口为下一跳）	1	RIPv1，RIPv2	120
EIGRP 汇总路由	5	EIGRP（外部）	170
外部边界网关协议（EBGP）	20	内部边界网关协议（IBGP）	200
EIGRP（内部）	90	未知	255
IGRP	100		

通过上面可以得出：在同一路由协议内，各目的地址相同的路由以度量值作为判断的依据；而在不同的路由协议之间，各目的地相同的路由以 AD 值作为判断的依据。

2. 静态路由

（1）静态路由概述。静态路由是由网络管理员手动输入路由器的，当网络拓扑发生变化而需要改变路由时，网络管理员就必须手动改变路由信息，不能动态反映网络拓扑。静态路由不会占用路由器的 CPU、RAM 和线路的带宽。同时静态路由也不会把网络的拓扑暴露出去，但配置静态路由时存在容易出错、维护困难和需要完全了解整个网络的情况才能进行操作的缺点。

（2）静态路由的应用场合。由于静态路由不能对网络拓扑的改变做出反应，一般用于规模不大、拓扑结构固定的网络中，因此可在以下情况使用静态路由。

1）网络中仅包含几台路由器。在这种情况下，使用动态路由协议并没有实际好处，相反动态路由可能会增加额外的管理负担。

2）网络仅通过单个互联网服务提供商（Internet Service Provider，ISP）接入 Internet。因为该 ISP 是唯一的 Internet 出口点，所以不需要在此链路间使用动态路由协议。通常把这种网络称为末端网络、末节网络、存根网络、边界网络或边缘网络。

3）以集中星状拓扑结构配置大型网络。集中星状拓扑结构由一个中央位置（中心点）和多个分支位置（分散点）组成，其中每个分散点仅有一条到中心点的连接，所以不需要动态路由。

（3）静态路由的配置。

1）ip route 命令。配置静态路由的命令是 ip route，在全局配置模式下，建立静态路由的命令格式为：

```
ip route destination-perfix destination-perfix-mask {address|interface} [distance] [tag tag] [permanet]
```

具体参数解释见表 3-3。

表 3-3　ip route 命令参数表

参数	描述
destination-perfix	目的网络或子网 IP 地址
destination-perfix-mask	目的网络 IP 地址的子网掩码
address	可以用来达到目的网络的下一跳 IP 地址
interface	要使用的网络接口
distance	（任选项）管理距离
tag tag	（任选项）为了通过路由映像控制重发布，可以被用作匹配参数的标记值
permanet	（任选项）即使接口被关闭，路由也不能取消

2）在配置静态路由时，一般使用更为简单的语法版本，命令如下所示：

```
ip route destination-perfix destination-perfix-mask {address|interface}
```

静态路由有两种配置方法：一种方法是把数据发往下一跳路由器的 IP 地址；另一种方法是从自己的某个接口把数据转发出去，它们的默认管理不同，这是因为带下一跳地址的静态路由，需要通过递归路由查找解析传出接口。

因此，在配置静态路由时，在点到点网络中最好使用传出接口的方法，以此提高

查找的速度。对于使用出站以太网的静态路由，最好同时使用下一跳地址和传出接口两种方法。

3）可以使用 no ip route 命令来删除静态路由。

4）可以使用 show ip route 命令来显示路由器中的路由表。

5）可以使用 show running-config 命令来检查静态路由的配置情况。

四、能力训练

1. 静态路由的配置

图 3-4 中的 R2 模拟企业出口路由器，R3 模拟 ISP 接入路由器，在这种场景下，R2 和 R3 之间不适合运行动态路由协议。这是因为 R2 无需将外部网络的大量路由条目加入自身路由表而降低查询速度，这些外部路由对企业网络运行也无实际价值；同时考虑到 R3 作为 ISP 路由器本身路由表已经庞大，应当尽量减少其中的路由条目。

因此，最优配置方案是在 R2 上配置一条指向 ISP 路由器的默认路由，用于企业访问 Internet；在 ISP 路由器 R3 上配置一条指向企业路由器的静态路由，用于处理发往企业内部网络的数据流量。

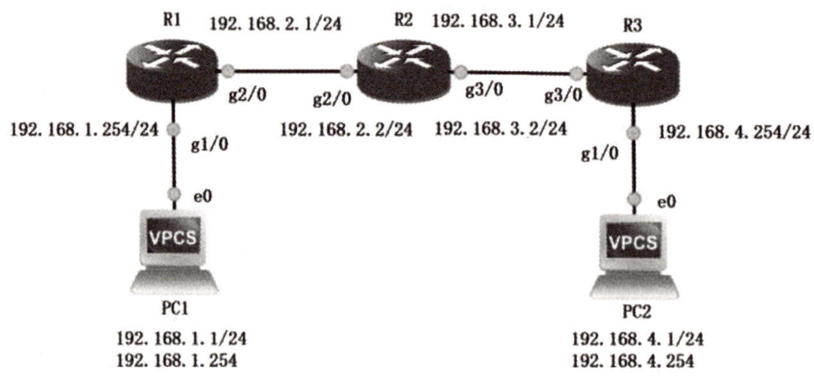

图 3-4　静态路由的配置应用举例

（1）基础配置。

1）配置 PC1 的 IP 地址，命令如下：

```
PC1> ip 192.168.1.1 24 192.168.1.254
Checking for duplicate address...
PC1 : 192.168.1.1 255.255.255.0 gateway 192.168.1.254
PC1> save
Saving startup configuration to startup.vpc
. done
```

2）配置 PC2 的 IP 地址，命令如下：

```
PC2> ip 192.168.4.1 24 192.168.4.254
Checking for duplicate address...
PC2 : 192.168.4.1 255.255.255.0 gateway 192.168.4.254
PC2> save
Saving startup configuration to startup.vpc
. done
```

3）配置路由器 R1 的 IP 地址，命令如下：

```
R1#configure terminal                              // 进入全局配置模式
R1(config)#interface gigabitEthernet 1/0           // 进入接口 gigabitEthernet 1/0
R1(config-if)#ip address 192.168.1.254 255.255.255.0       // 配置接口 IP 地址
R1(config-if)#no shutdown                          // 打开当前接口
R1(config-if)#exit                                 // 返回全局配置模式
R1(config)#interface gigabitEthernet 2/0           // 进入接口 gigabitEthernet 2/0
R1(config-if)#ip address 192.168.2.1 255.255.255.0 // 配置接口 IP 地址
R1(config-if)#no shutdown                          // 打开当前接口
R1(config-if)#end                                  // 退出到特权配置模式
R1#write                                           // 保存配置
```

4）配置路由器 R2 的 IP 地址，命令如下：

```
R2#configure terminal                              // 进入全局配置模式
R2(config)#interface gigabitEthernet 2/0           // 进入接口 gigabitEthernet 2/0
R2(config-if)#ip address 192.168.2.2 255.255.255.0 // 配置接口 IP 地址
R2(config-if)#no shutdown                          // 打开当前接口
R2(config-if)#exit                                 // 返回全局配置模式
R2(config)#interface gigabitEthernet 3/0           // 进入接口 gigabitEthernet 3/0
R2(config-if)#ip address 192.168.3.1 255.255.255.0 // 配置接口 IP 地址
R2(config-if)#no shutdown                          // 打开当前接口
R2(config-if)#end                                  // 退出到特权配置模式
R2#write                                           // 保存配置
```

5）配置路由器 R3 的 IP 地址，命令如下：

```
R3#configure terminal                              // 进入全局配置模式
R3(config)#interface gigabitEthernet 3/0           // 进入接口 gigabitEthernet 3/0
R3(config-if)#ip address 192.168.3.2 255.255.255.0 // 配置接口 IP 地址
R3(config-if)#no shutdown                          // 打开当前接口
R3(config-if)#exit                                 // 返回全局配置模式
R3(config)#interface gigabitEthernet 1/0           // 进入接口 gigabitEthernet 1/0
R3(config-if)#ip address 192.168.4.254 255.255.255.0// 配置接口 IP 地址
R3(config-if)#no shutdown                          // 打开当前接口
R3(config-if)#end                                  // 退出到特权配置模式
R3#write                                           // 保存配置
```

在路由器 R1、R2、R3 上完成 IP 地址配置后，使用 show ip interface brief 命令查看接口状态、IP 地址配置是否正确。如下所示为在路由器 R3 上使用 show ip interface brief 命令后的输出结果，R1，R2 同理。

```
R3#show ip interface brief
Interface              IP-Address        OK? Method Status                Protocol
GigabitEthernet1/0     192.168.4.254     YES manual up                    up
GigabitEthernet2/0     unassigned        YES unset  administratively down down
GigabitEthernet3/0     192.168.3.2       YES manual up                    up
```

（2）配置静态路由。

1）配置路由器 R1 的静态路由，命令如下：

```
R1(config)#ip route 192.168.3.0 255.255.255.0 192.168.2.2  // 配置静态路由，下一跳为 192.168.2.2
R1(config)#ip route 192.168.4.0 255.255.255.0 192.168.2.2  // 配置静态路由，下一跳为 192.168.2.2
```

2）配置路由器 R2 的静态路由，命令如下：

```
R2(config)#ip route 192.168.1.0 255.255.255.0 192.168.2.1   //配置静态路由，下一跳为 192.168.2.1
R2(config)#ip route 192.168.4.0 255.255.255.0 192.168.3.2   //配置静态路由，下一跳为 192.168.3.2
```

3）配置路由器 R3 的静态路由，命令如下：

```
R3(config)#ip route 192.168.1.0 255.255.255.0 192.168.3.1   //配置静态路由，下一跳为 192.168.3.1
R3(config)#ip route 192.168.2.0 255.255.255.0 192.168.3.1   //配置静态路由，下一跳为 192.168.3.1
```

各台设备正确配置 IP 地址并写入静态路由命令后，静态路由将在路由表中存在。如下所示为在路由器 R1 上配置静态路由命令后使用 show ip route 命令的输出结果，R2，R3 同理。

```
R1#show ip route
     192.168.1.0/24 is variably subnetted, 2 subnets, 2 masks
C        192.168.1.0/24 is directly connected, GigabitEthernet1/0
L        192.168.1.254/32 is directly connected, GigabitEthernet1/0
     192.168.2.0/24 is variably subnetted, 2 subnets, 2 masks
C        192.168.2.0/24 is directly connected, GigabitEthernet2/0
L        192.168.2.1/32 is directly connected, GigabitEthernet2/0
S     192.168.3.0/24 [1/0] via 192.168.2.2
S     192.168.4.0/24 [1/0] via 192.168.2.2
```

配置好后可以使用 ping 命令来验证连通性，这里可以尝试在 PC1 上面 ping PC2，命令如下所示，可以看到是能 ping 通的。

```
PC1> ping 192.168.4.1
84 bytes from 192.168.4.1 icmp_seq=1 ttl=61 time=48.191 ms
84 bytes from 192.168.4.1 icmp_seq=2 ttl=61 time=46.444 ms
84 bytes from 192.168.4.1 icmp_seq=3 ttl=61 time=40.367 ms
84 bytes from 192.168.4.1 icmp_seq=4 ttl=61 time=39.184 ms
84 bytes from 192.168.4.1 icmp_seq=5 ttl=61 time=43.631 ms
```

2. 静态路由实现路由备份和负载分担

如图 3-5 所示到达同一网络如有多条不同管理距离的路由存在，路由器将采用管理距离低的路由。路由备份和负载分担的原理是利用路由的不同管理距离。下面举例利用静态路由实现路由备份和负载分担。

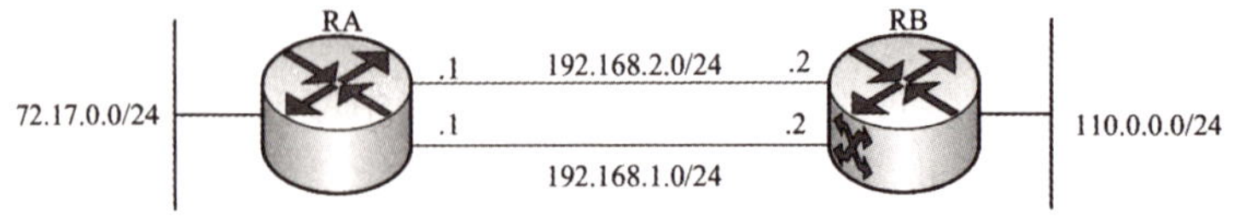

图 3-5　静态路由实现路由备份和负载分担

（1）路由备份。在路由器 RA 进行配置，命令如下：

```
RA(config)#ip route 110.0.0.0 255.255.255.0 192.168.2.2  5
RA(config)#ip route 110.0.0.0 255.255.255.0 192.168.1.2  10
```

在路由器 RB 上进行配置，命令如下：

```
RB(config)#ip route 72.17.0.0 255.255.255.0 192.168.2.1  5
RB(config)#ip route 72.17.0.0 255.255.255.0 192.168.1.1  10
```

当使用 show ip route 命令查看路由器 RA 的路由表时就会发现只有一条 110.0.0.0 255.255.255.0 的路由（下一跳为 192.168.2.2）。

当把图 3-5 中上面那条以太网链路断开后，再使用 show ip route 命令查看路由器 RA，路由表发生了变化。可以看到，到达 110.0.0.0 255.255.255.0 的路由下一跳变为 192.168.1.2，也就是说原来被掩盖的路由出现了。这样就实现了图 3-5 中的下面那条以太线路实际上成为了上面以太网线路的备份线路。

（2）负载分担。在路由器 RA 上进行配置，命令如下：

```
RA(config)#ip route 110.0.0.0 255.255.255.0 192.168.2.2  5
RA(config)#ip route 110.0.0.0 255.255.255.0 192.168.1.2  5
```

在路由器 RB 上进行配置，命令如下：

```
RB(config)#ip route 72.17.0.0 255.255.255.0 192.168.2.1  5
RB(config)#ip route 72.17.0.0 255.255.255.0 192.168.1.1  5
```

当使用 show ip route 命令查看路由器 RA 的路由表时就会发现有两条 110.0.0.0 255.255.255.0 的路由（下一跳为 192.168.2.2 和 192.168.1.2）。

五、任务实战

1. 任务情境

某港口公司采用单线接入 Internet 方案，总部和分部通过出口路由器使用专线互连。作为公司的出口路由器，与 Internet 路由器之间采用静态路由配置更为合理。这是因为公司出口路由器无需将 Internet 上数以万计的路由条目加入路由表而影响查询效率，这些外部路由对公司网络运行也无实际意义。同时，Internet 路由器本身路由表已十分庞大，需要尽可能控制路由条目数量。因此，在公司出口路由器上采用静态路由技术，可以有效满足内网用户访问 Internet 的需求。

2. 任务要求

为模拟实际环境，在网络安全系统集成实训室搭建如图 3-6 所示的网络拓扑图。其中 R1、R3 和 R4 模拟港口出口路由器，R2 模拟 Internet 路由器。公司总部和分部内网采用私有 IP 地址，内网的三层交换机或路由器仅提供本地内网用户的路由，通过默认路由实现内网用户访问 Internet。Internet 路由器 R2 仅提供注册 IP 地址的路由，其路由表不包含私有 IP 地址。网络管理员需要按照网络管理和维护岗位操作规范，完成后续的配置任务。

（1）使用静态路由技术，实现公司内网用户都能访问 Internet。

（2）采取恰当的措施，对配置结果进行验证。

（3）使用 MyBase 软件对配置脚本进行管理，以便下一次实训和全网联调设备时使用。

3. 任务实施步骤

（1）建立物理连接并运行超级终端。用合适的网线（直连线和交叉线）及串行电缆将交换机和路由器连接起来。

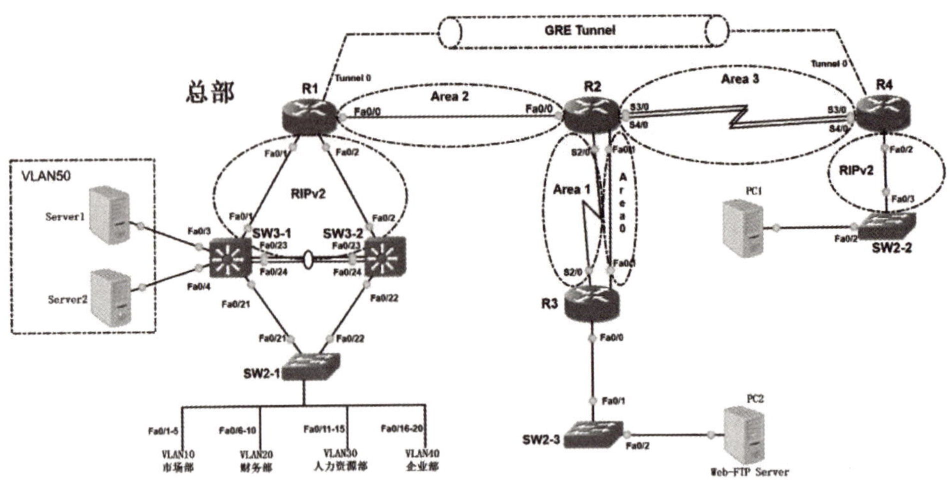

图 3-6　静态路由配置网络拓扑图

（2）基本 IP 地址配置和验证接口配置参数。在 SW3-1、SW3-2、R1、R2、R3、R4 设备上完成 IP 地址配置，具体配置如下：

1）配置交换机 SW3-1 上的 IP 地址，命令如下：

```
SW3-1(config)#interface FastEthernet 0/1                        // 选定交换机接口
SW3-1(config-if)#no switchport                                  // 将二层端口切换为三层接口
SW3-1(config-if)#ip address 192.168.60.1 255.255.255.252        // 配置接口 IP 地址
SW3-1(config-if)#interface VLAN 10                              // 进入 VLAN 接口配置模式
SW3-1(config-if)#ip address 192.168.10.253 255.255.255.0        // 配置接口 IP 地址
SW3-1(config-if)#interface VLAN 20                              // 进入 VLAN 接口配置模式
SW3-1(config-if)#ip address 192.168.20.253 255.255.255.0        // 配置接口 IP 地址
SW3-1(config-if)#interface VLAN 30                              // 进入 VLAN 接口配置模式
SW3-1(config-if)#ip address 192.168.30.253 255.255.255.0        // 配置接口 IP 地址
SW3-1(config-if)#interface VLAN 40                              // 进入 VLAN 接口配置模式
SW3-1(config-if)#ip address 192.168.40.253 255.255.255.0        // 配置接口 IP 地址
```

2）配置交换机 SW3-2 上的 IP 地址，命令如下：

```
SW3-2(config)#interface FastEthernet 0/1                        // 选定交换机接口
SW3-2(config-if)#no switchport                                  // 将二层端口切换为三层接口
SW3-2(config-if)#ip address 192.168.60.5 255.255.255.252        // 配置接口 IP 地址
SW3-2(config-if)#interface VLAN 10                              // 进入 VLAN 接口配置模式
SW3-2(config-if)#ip address 192.168.10.254 255.255.255.0        // 配置接口 IP 地址
SW3-2(config-if)#interface VLAN 20                              // 进入 VLAN 接口配置模式
SW3-2(config-if)#ip address 192.168.20.254 255.255.255.0        // 配置接口 IP 地址
SW3-2(config-if)#interface VLAN 30                              // 进入 VLAN 接口配置模式
SW3-2(config-if)#ip address 192.168.30.254 255.255.255.0        // 配置接口 IP 地址
SW3-2(config-if)#interface VLAN 40                              // 进入 VLAN 接口配置模式
SW3-2(config-if)#ip address 192.168.40.254 255.255.255.0        // 配置接口 IP 地址
```

3）配置路由器 R1 上的 IP 地址，命令如下：

```
R1(config)#interface FastEthernet 0/0                           // 选定路由器接口
R1(config-if)#ip address 19.1.1.1 255.255.255.252               // 配置接口 IP 地址
```

```
R1(config-if)#interface FastEthernet 0/1                // 选定路由器接口
R1(config-if)#ip address 192.168.60.2 255.255.255.252   // 配置接口 IP 地址
R1(config-if)#interface FastEthernet 0/2                // 选定路由器接口
R1(config-if)#ip address 192.168.60.6 255.255.255.252   // 配置接口 IP 地址
```

4）配置路由器 R2 上的 IP 地址，命令如下：

```
R2(config)#interface multilink 1                    // 创建 multilink 1 逻辑接口
R2(config-if)#ip address 19.1.1.9 255.255.255.252   // 配置 IP 地址
R2(config-if)#encapsulation ppp                     // 封装 PPP 协议
R2(config-if)#ppp multilink                         // 使能 MP 功能
R2(config-if)#interface serial 3/0                  // 进入具体物理口，进行逻辑绑定
R2(config-if)#encapsulation ppp                     // 封装 PPP 协议
R2(config-if)#ppp multilink                         // 使能 MP 功能
R2(config-if)#ppp multilink group 1                 // 绑定逻辑口，组号与 multilink 号一致
R2(config)#interface serial 4/0                     // 进入具体物理口，进行逻辑绑定
R2(config-if)#encapsulation ppp                     // 封装 PPP 协议
R2(config-if)#ppp multilink                         // 使能 MP 功能
R2(config-if)#ppp multilink group 1                 // 绑定逻辑口，组号与 multilink 号一致
R2(config)#interface Serial 2/0                     // 选定路由器接口
R2(config-if)#ip address 19.1.1.13 255.255.255.252  // 配置接口 IP 地址
R2(config-if)#clock rate 64000                      // 配置路由器 DCE 端时钟频率
R2(config-if)#interface FastEthernet 0/0            // 选定路由器接口
R2(config-if)#ip address 19.1.1.2 255.255.255.252   // 配置接口 IP 地址
R2(config-if)#interface FastEthernet 0/1            // 选定路由器接口
R2(config-if)#ip address 19.1.1.5 255.255.255.252   // 配置接口 IP 地址
```

5）配置路由器 R3 上的 IP 地址，命令如下：

```
R3(config)#interface Serial 2/0                        // 选定路由器接口
R3(config-if)#ip address 19.1.1.14 255.255.255.252     // 配置接口 IP 地址
R3(config-if)#interface FastEthernet 0/0               // 选定路由器接口
R3(config-if)#ip address 222.168.5.1 255.255.255.252   // 配置接口 IP 地址
R3(config-if)#interface FastEthernet 0/1               // 选定路由器接口
R3(config-if)#ip address 19.1.1.6 255.255.255.252      // 配置接口 IP 地址
```

6）配置路由器 R4 上的 IP 地址，命令如下：

```
R4(config)#interface multilink 1                      // 创建 multilink 1 逻辑接口
R4(config-if)# ip address 19.1.1.10 255.255.255.252   // 配置 IP 地址
R4(config-if)#encapsulation ppp                       // 封装 PPP 协议
R4(config-if)#ppp multilink                           // 使能 MP 功能
R4(config-if)#interface serial 3/0                    // 进入具体物理口，进行逻辑绑定
R4(config-if)#encapsulation ppp                       // 封装 PPP 协议
R4(config-if)#ppp multilink                           // 使能 MP 功能
R4(config-if)#ppp multilink group 1                   // 绑定逻辑口，组号与 multilink 号一致
R4(config-if)#interface serial 4/0                    // 进入具体物理口，进行逻辑绑定
R4(config-if)#encapsulation ppp                       // 封装 PPP 协议
R4(config-if)#ppp multilink                           // 使能 MP 功能
R4(config-if)# interface serial 3/0                   // 进入具体物理口，进行逻辑绑定
R4(config-if)#interface fastethernet 0/1              // 进入端口 F0/1
R4(config-if)#no shutdown                             // 打开物理接口
R4(config-if)#exit                                    // 回退到全局模式
R4(config)#interface fastethernet 0/1.80              // 进入子接口
```

```
R4(config-subif)#ip address 192.168.80.254 255.255.255.0     //配置子接口 IP 地址
R4(config-subif)#encapsulation dot1q 80                      //封装子接口
R4(config-subif)# no shutdown                                //打开子接口
R4(config-subif)# interface fastethernet 0/1.90              //进入子接口
R4(config-subif)#ip address 192.168.90.254 255.255.255.0     //配置 IP 地址
R4(config-subif)#encapsulation dot1q 90                      //封装子接口
R4(config-subif)#no shutdown                                 //打开子接口
```

在 SW3-1、SW3-2、R1、R2、R3、R4 设备上完成 IP 地址配置后，使用 show ip interface brief 命令查看接口状态、IP 地址配置是否正确。如图 3-7 所示为在路由器 R2 上使用 show ip interface brief 命令后的输出结果。

请读者使用 show ip interface brief 命令查看 SW3-1、SW3-2、R1、R3、R4 设备各接口的 IP 地址配置和接口状态。

（3）在路由器上查看路由表。在 SW3-1、SW3-2、R1、R2、R3、R4 设备的相关接口正确配置 IP 地址后，在三层设备的路由表中会自动生成关于接口的直连路由。如图 3-8 所示为在路由器 R2 上使用 show ip route 命令检查路由表的输出结果。

```
R2#show ip interface brief
Interface                  IP-Address(Pri)      OK?      Status
multilink 1                19.1.1.9/30          YES      UP
Serial 2/0                 19.1.1.13/30         YES      UP
Serial 3/0                 no address           YES      DOWN
Serial 4/0                 no address           YES      DOWN
FastEthernet 0/0           19.1.1.2/30          YES      UP
FastEthernet 0/1           19.1.1.5/30          YES      UP
```

图 3-7　检查 R2 各接口 IP 地址配置和接口状态

```
R2#show ip route

Codes:  C - connected, S - static, R - RIP, B - BGP
        O - OSPF, IA - OSPF inter area
        N1 - OSPF NSSA external type 1, N2 - OSPF NSSA external type 2
        E1 - OSPF external type 1, E2 - OSPF external type 2
        i - IS-IS, su - IS-IS summary, L1 - IS-IS level-1, L2 - IS-IS level
        ia - IS-IS inter area, * - candidate default
Gateway of last resort is no set
C     19.1.1.0/30 is directly connected, FastEthernet 0/0
C     19.1.1.2/32 is local host.
C     19.1.1.4/30 is directly connected, FastEthernet 0/1
C     19.1.1.5/32 is local host.
C     19.1.1.8/30 is directly connected, multilink 1
C     19.1.1.9/32 is local host.
C     19.1.1.10/32 is directly connected, multilink 1
C     19.1.1.12/30 is directly connected, Serial 2/0
C     19.1.1.13/32 is local host.
```

图 3-8　检查 R2 的路由表

请读者使用 show ip route 命令查看 SW3-1、SW3-2、R1、R3、R4 设备的路由表。

（4）配置各测试计算机的 IP 地址，并测试网络的连通性。采用 VLAN10 中的一台 PC 机作为测试主机，配置 IP 地址为 192.168.10.2，掩码为 255.255.255.0，网关 192.168.10.254，发送 ping 命令，分别测试去往 SW3-1 接口 Fa0/1、R1 接口 Fa0/1、R1 接口 Fa0/0、R2 接口 Fa0/0 等的连通性，记录结果并分析存在的问题。

（5）静态路由配置规划。根据港口网络前期规划的要求，公司总部和分部均采用 RIPv2 动态路由协议，广域网连接部分采用 OSPF 动态路由协议。为了使得公司总部和分部的计算机用户能够访问 Internet，需要在出口路由器 R1、R3 和 R4 上配置静态路由。

（6）配置静态路由。

1）R1 上静态路由配置，命令如下：

```
R1(config)#ip route 0.0.0.0 0.0.0.0 fastethernet 0/0     // 配置默认路由，出接口为 fastethernet0/0
```

2）R4 上静态路由配置，命令如下：

```
R4(config)#ip route 0.0.0.0 0.0.0.0 19.1.1.9             // 配置默认路由，下一跳为 19.1.1.9
```

3）R3 上静态路由配置，命令如下：

```
R3(config)#ip route 0.0.0.0 0.0.0.0 fastethernet 0/1     // 配置默认路由，出接口为 fastethernet0/1
R3(config)#ip route 0.0.0.0 0.0.0.0 serial 2/0 10        // 配置默认路由，出接口为 serial2/0，AD
                                                         // 值为 10
```

R3 上配置了 2 条默认路由，主要实现链路的备份功能。考虑到以太网链路的带宽高于串行链路的带宽，故以太网链路作为主链路，因此需要将通过串行链路达到目标节点的默认路由的 AD 值设置为 10。

（7）验证路由表。在网络中三层设备上正确配置 IP 地址并写入静态路由命令后，静态路由将在路由表中存在。如图 3-9 所示为在路由器 R4 上配置静态路由后使用 show ip route 命令的输出结果。

```
R4#show ip route

Codes:  C - connected, S - static, R - RIP, B - BGP
        O - OSPF, IA - OSPF inter area
        N1 - OSPF NSSA external type 1, N2 - OSPF NSSA external type 2
        E1 - OSPF external type 1, E2 - OSPF external type 2
        i - IS-IS, su - IS-IS summary, L1 - IS-IS level-1, L2 - IS-IS level
        ia - IS-IS inter area, * - candidate default

Gateway of last resort is 192.168.70.1 to network 0.0.0.0

C     19.1.1.8/30 is directly connected, multilink 1
C     19.1.1.10/32 is local host.
C     192.168.80.0/24 is directly connected, FastEthernet 0/1.80
C     192.168.80.254/32 is local host.
C     192.168.90.0/24 is directly connected, FastEthernet 0/1.90
C     192.168.90.254/32 is local host.
S     19.1.1.0/30 [1/0] via 19.1.1.9
```

图 3-9　检查 R4 的路由表

请读者使用 show ip route 命令检查路由器 R1 和 R3 的路由表。

六、学习结果评价

本任务主要讨论了路由技术和路由器的主要功能，讲述了路由的分类，重点讲述了静态路由的主要内容。读者需要阅读相关文献和案例，撰写学习笔记和总结，对课堂内容进行复习和巩固。为了让读者清楚自身学习情况，现将设定学习结果评价表，小组同学之间可以交换评价，进行互相监督，见表 3-4。

表 3-4　学习结果评价表

序号	评价内容	评价标准	评价结果（是 / 否）
1	路由器的主要功能	熟练掌握	
2	静态路由的配置方法	熟练掌握	

七、课后作业

1. 填空题

（1）路由器工作在 OSI 模型的（　　），在网络中的两大主要功能是（　　）和（　　）。

（2）前缀为 /27 的网络可以有（　　）个可用的主机地址。

（3）路由的来源有（　　）、（　　）和（　　）。

2. 选择题

（1）当路由器从多个路由选择协议学到到达相同目的地的多条路由时，路由器根据（　　）决定使用哪条路由。

A. 跳数　　B. 管理距离

C. 度量值　　D. 路由汇总

（2）（　　）是静态路由的缺点。

A. 引起不可以预测的路由行为

B. 没有机制保证它能从一条失效的链路中恢复

C. 每个更新都发送所有的路由信息

D. 产生高处理器占用率

（3）以下选项最好地描述了默认路由的是（　　）。

A. 网络管理员手动输入的紧急数据路由

B. 网络失效时使用的路由

C. 在路由表中没有找到明确达到目的地网络的路由条目时使用的路由

D. 预先设定的最短路径

3. 简答题

（1）路由表的主要作用是什么？

（2）简述静态路由的优点和缺点。在什么情况下会优先选用静态路由？

（3）什么是度量值？什么是管理距离？常见动态路由协议的度量值是什么？管理距离是多少？

工作任务 3-2：动态路由配置

任务简介

动态路由是指路由器能够自动建立并动态维护路由表，根据网络环境变化及时调整路由信息。动态路由机制的运行依赖两个核心功能：路由器间的实时路由信息交换以及路由表的自动维护。当网络拓扑结构发生变化时，路由器通过相互交换路由信息来传播这些变化，确保所有路由器都能获知最新的网络状态。路由器在接收到更新的路由信息后，会通过路由算法重新计算并更新路由表。目前广泛使用的动态路由协议包括 RIP、OSPF、中间系统到中间系统协议（Intermediate System to Intermediate System，IS-IS）、边界网关协议（Border Gateway Protocol，BGP）和内部网关路由协议（Interior Gateway Routing Protocol/Enhanced Interior Gateway Routing Protocol，IGRP/EIGRP）等，每种协议都具有其独特的工作机制和路由选择策略。

本工作任务需要对 RIP 和 OSPF 这两种典型的动态路由进行配置。

职业能力 3-2-1：能管理 RIP 动态路由

一、核心概念

- 路由协议：路由协议是用来计算、维护路由信息的协议。路由协议通常采用一定的算法计算出路由并用一定的方法确定路由的正确性、有效性。
- 可路由协议：又称为被路由协议，指可以被路由器在不同逻辑网段间路由的协议。可路由协议通常工作在 OSI 参考模型的网络层，定义数据包内各字段的格式和用途，其中包括网络地址等，路由器可根据数据包内的网络地址对数据包进行转发。
- 动态路由：动态路由是与静态路由相对的一个概念，指路由器能够根据路由器之间交换的特定路由信息自动地建立自己的路由表，并且能够根据链路和节点的变化适时地进行自动调整。
- RIP：路由信息协议是基于距离矢量算法的路由协议，利用跳数作为计量标准。在带宽、配置和管理方面要求较低，主要适用于规模较小的网络中。

二、学习目标

- 熟悉路由器端口类型及其端口配置。
- 理解动态路由的基本概念。
- 理解路由器转发数据包的过程及路由表的形成、结构与作用。
- 掌握有类路由和无类路由的基本概念。
- 掌握 RIP 动态路由的应用场合及其配置方法。

学习思维导图：

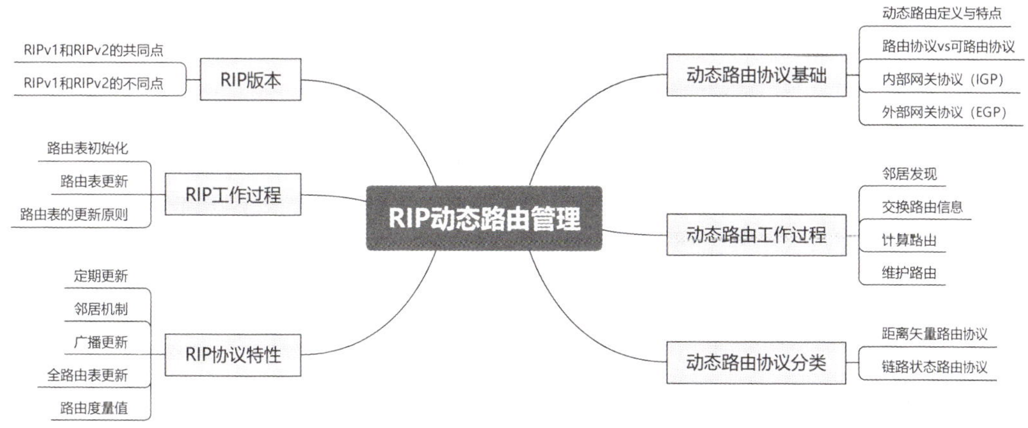

三、基本知识

1. 动态路由协议

静态路由信息在默认情况下是私有的，不会传递给其他的路由器。静态路由信息在网络拓扑结构发生变化时，必须由网络管理员手动改变路由表，不能及时动态反映网络拓扑的改变，有可能引起网络的延迟甚至网络无法工作。但是，在大型网络中，一旦网络拓扑发生变化，这种缺点将会导致很严重的后果，因此需要采用动态路由协议来交换路由信息。在介绍动态路由协议之前，先来比较两个容易混淆的概念：路由协议和可路由协议，再了解动态路由协议的概念。

动态路由协议就是路由器用来动态交换路由信息，动态生成路由表的协议。动态路由机制的运作依赖路由器的两个基本功能：对路由表的维护；路由器之间实时的路由信息交换。通过图 3-10，可以直观地看出动态路由信息交换的过程。

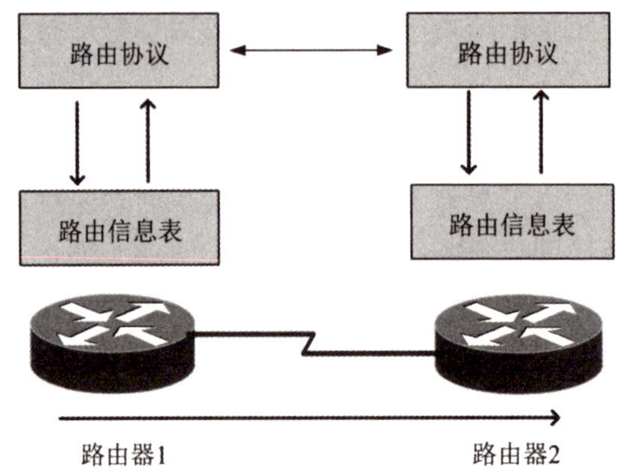

图 3-10　动态路由信息交换过程

根据是否在一个自治系统（Autonomous System，AS）内部使用，动态路由协议可分为内部网关协议（IGP）和外部网关协议（EGP），如图 3-11 所示。AS 是一个具有统一管理机构、统一路由策略的网络集合，在同一个 AS 中所有的路由器共享相同的路由表信息。AS 内部采用的路由选择协议称为内部网关协议，用于同一个 AS 中的路由器间交换路由选择信息，如 RIP、OSPF 等；外部网关协议主要用于多个 AS 之间的路由通信，如 BGP、BGP-4 等。

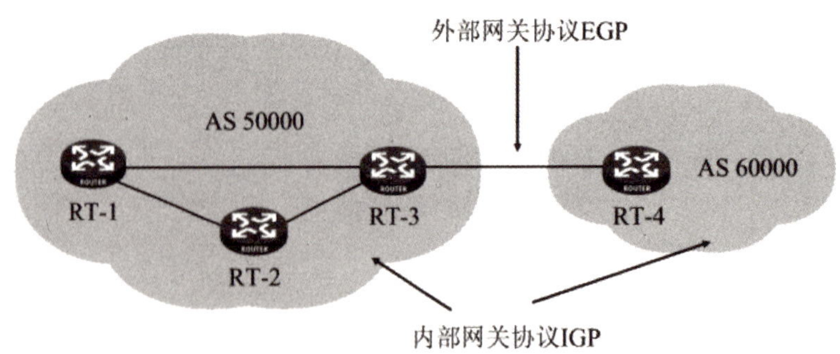

图 3-11　IGP 与 EGP

2. 动态路由协议的工作过程

动态路由协议是在路由器之间通过运行某种算法相互交换一定的信息来计算路由，每种路由协议都有自己特定的报文格式，如果两台路由器都支持某种路由协议并正确启动了该协议，则具备了相互通信的基础。

各种动态路由协议共同的目的是计算与维护路由。通常，动态路由协议的工作过程包含下面 4 个阶段：

（1）邻居发现。运行了某种路由协议的路由器会主动把自己获得的路由信息介绍给网段内的其他路由器。路由器既可以通过广播方式发送路由协议消息，也可以通过单播方式将路由协议报文发送给指定的邻居路由器。

（2）交换路由信息。发现邻居路由器后，每台路由器将自己已知的路由信息发给相邻的路由器，相邻路由器又发送给下一台路由器。这样经过一段时间后，最终每台路由器都会收到网络中所有的路由信息。

（3）计算路由。每台路由器都会运行某种算法（取决于使用哪种路由协议），并计算出最终的路由。实际上路由器需要计算的是该条路由信息的下一跳和度量值。

（4）维护路由。为了能够感知突然发生的网络故障（如设备故障或线路中断），路由协议规定两台路由器之间的协议报文应该周期性地发送。如果路由器有一段时间收不到邻居路由器发来的路由协议，则会认为邻居路由器失效了。

3. 动态路由协议分类

动态路由协议通过算法来计算最优路径，根据路由所执行的算法，动态路由协议一般分为以下两类。

（1）距离矢量路由协议。距离矢量（Distance-Vector，D-V）路由协议基于贝尔曼—福特算法，通过判断距离查找到达远程网络的最佳路径。采用跳数表示距离，数据包每通过一个路由器称为一跳，使用最少跳数到达目的网络的路由称为最佳路由；下一跳即指向远程网络的方向表示矢量。路由器发送整个路由表到直连相邻的路由器；RIP 协议就是距离矢量路由协议。

（2）链路状态路由协议。链路状态（Link-State）路由协议基于迪杰斯特拉（Dijkstra）算法，也称为最短路径优先算法。使用该协议的路由器有三个独立表，一个用来跟踪直连的邻居、一个用来判定整个互联网络的拓扑、一个用于路由选择。路由器发送包含自己连接状态的链路状态更新信息给网络上的所有其他路由器，配置了链路状态路由协议的路由器可以获取网络上所有其他路由器的信息来创建完整的网络图。

表 3-5 列出了距离矢量路由协议与链路状态路由协议的比较。

表 3-5　距离矢量路由协议与链路状态路由协议比较

距离矢量路由协议	链路状态路由协议
从网络邻居的角度了解网络拓扑	有整个网络的拓扑信息
复制完整路由表到邻居路由器	仅链路状态的变化部分信息传送到其他路由器
频繁、定期发送路由信息，数据包多、收敛慢	事件触发发送路由信息，数据包少、收敛快
简单、占有较少的 CPU 和 RAM 资源	复杂、占有较多的 CPU 和 RAM 资源

4. 距离矢量路由协议 RIP

RIP 最初是为 Xerox 网络系统 Xeroxparc 通用协议而设计的，采用距离矢量算法，即路由器根据距离选择路由，所以也称为距离矢量协议。

（1）RIP 协议的概念。

1）定期更新。定期更新意味着路由器每经过特定时间周期就要发送更新信息。

需要注意，如果更新信息的发送过于频繁可能会引起网络拥塞，但如果更新信息发送不频繁，网络收敛时间过长则不能被接受。RIP 每隔 30s 向用户数据报协议（User Datagram Protocol，UDP）端口 520 发送一次路由更新报文。

2）邻居机制。在路由器看来，邻居通常意味着共享相同数据链路的路由器。距离矢量路由协议向邻接路由器发送更新信息，并依赖邻居向它的邻居传递更新信息。因此，距离矢量路由协议被说成使用逐跳更新方式。

3）广播更新。当路由器首次在网络上被激活时，路由器怎样寻找其他路由器呢？它又是怎样宣布自己的存在呢？最简单的方法是向广播地址（在 IP 网络中，广播地址是 255.255.255.255）发送更新信息。使用相同路由选择协议的邻居路由器将会收到广播数据包，并且采取相应的动作，不关心路由更新信息的主机和其他设备会丢弃该数据包。

4）全路由表更新。大多数距离矢量路由协议使用非常简单的方法告诉邻居它所知的一切，该方法就是广播它的整个路由表。邻居在收到这些更新信息之后，会收集自己需要的信息，其他则被丢弃。另外，广播自己的全部路由表，每一个 RIP 数据包包含一个指令、一个版本号和一个路由域及最多 25 条路由信息（最大 512 个字节）。这也是造成网络广播风暴的重要原因之一，因其收敛速度也很慢，所以 RIP 只适用于小型的同构网络。

5）路由度量值。RIP 的度量值是基于跳数的，每经过一台路由器，路径的跳数加 1。跳数越多，路径就越长。RIP 算法总是优先选择跳数最少的路径，它允许的最大跳数为 15，任何超过 15 跳数（如 16）的目的地均被标记为不可达。

（2）RIP 路由协议的工作过程。

1）路由表的初始化。RIP 路由协议刚运行时，路由器之间还没有开始互发路由更新数据包。每个路由器的路由表里只有自己所直接连接的网络（直连路由），其距离为 0，是绝对的最佳路由，如图 3-12 所示。

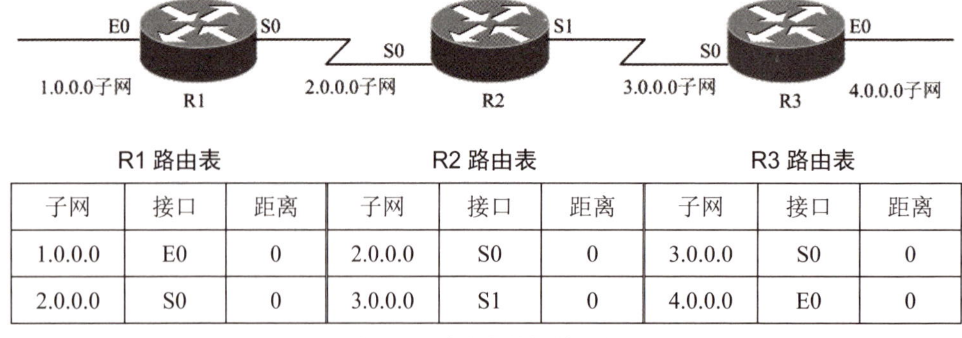

子网	接口	距离	子网	接口	距离	子网	接口	距离
1.0.0.0	E0	0	2.0.0.0	S0	0	3.0.0.0	S0	0
2.0.0.0	S0	0	3.0.0.0	S1	0	4.0.0.0	E0	0

图 3-12　路由表的初始状态

2）路由表的更新。路由器知道了自己直连的子网后，每 30 秒就会向相邻的路由器发送路由更新数据包，相邻路由器收到对方的路由信息后，先将其距离加 1，并改变接口为自己收到路由更新包的接口，再通过比较距离大小，每个网络取最小距离保存在自己的路由表中，如图 3-13 所示。路由器 R1 从路由器 R2 处接收到 R2 的路由“3.0.0.0 S0 1”和“2.0.0.0 S0 1”，而自己的路由表“2.0.0.0 S0 0”为直连路由，距离更小，所以不变。

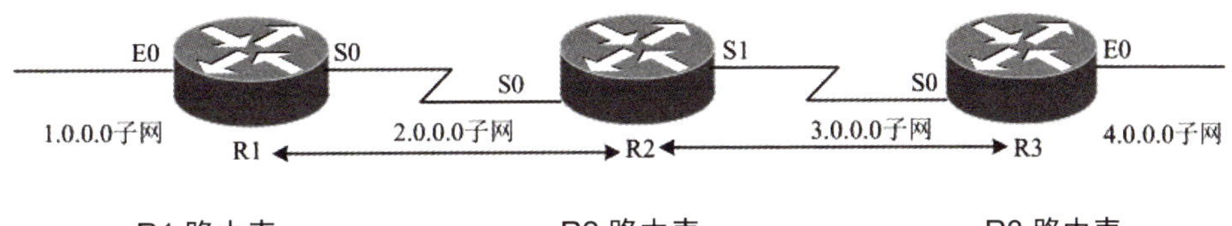

R1 路由表			R2 路由表			R3 路由表		
子网	接口	距离	子网	接口	距离	子网	接口	距离
1.0.0.0	E0	0	2.0.0.0	S0	0	3.0.0.0	S0	0
2.0.0.0	S0	0	3.0.0.0	S1	0	4.0.0.0	E0	0
3.0.0.0	S0	1	1.0.0.0	S0	1	2.0.0.0	S0	1
			4.0.0.0	S1	1			

图 3-13　路由器开始向邻居发送路由更新包，通告自己直接连接的子网

路由器把从邻居那里接收来的路由信息不仅放入路由表，还放进路由更新数据包，再向邻居发送，一次一次地，路由器就可以接收到远程子网的路由了。如图 3-14 所示，路由器 R1 再次从路由器 R2 处学到路由器 R3 所直接连接的子网“4.0.0.0S0 2”，路由器 R3 也能从路由器 R2 处学到路由器 R1 所直接连接的子网“1.0.0.0S0 2”，距离值在原基础上增 1 后变为 2。

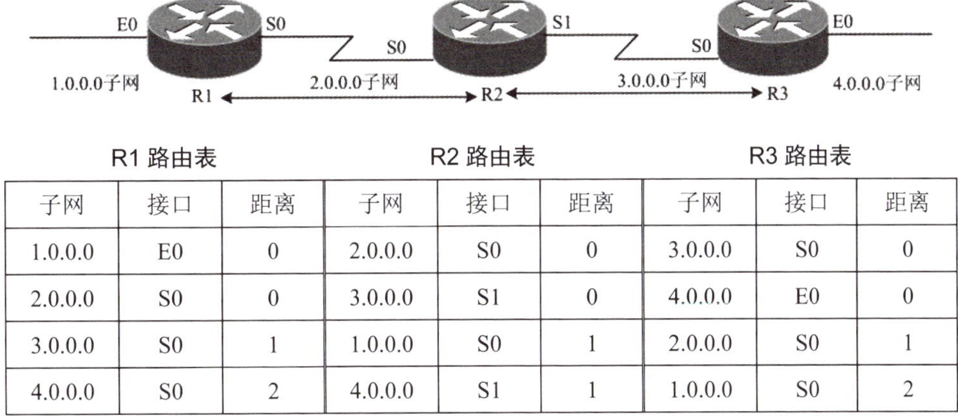

R1 路由表			R2 路由表			R3 路由表		
子网	接口	距离	子网	接口	距离	子网	接口	距离
1.0.0.0	E0	0	2.0.0.0	S0	0	3.0.0.0	S0	0
2.0.0.0	S0	0	3.0.0.0	S1	0	4.0.0.0	E0	0
3.0.0.0	S0	1	1.0.0.0	S0	1	2.0.0.0	S0	1
4.0.0.0	S0	2	4.0.0.0	S1	1	1.0.0.0	S0	2

图 3-14　路由器把从邻居那里学到的路由放进路由更新包，通告给其他邻居

（3）RIP 路由表的更新原则。

第一，对于 RIP 路由表中已有的路由项，当发送响应报文的 RIP 邻居相同时，不论响应报文中携带的路由项度量值是大还是小，都更新该路由项（度量值相同时只将其老化定时器清零）。

第二，对于 RIP 路由表中已有的路由项，当发送响应报文的 RIP 邻居不同时，只在路由项度量值减少时更新该路由项。

第三，对于 RIP 路由表中不存在的路由项，在度量值小于协议规定的最大值时，在路由表中增加该路由项。

网络中若是拓扑结构发生变化，将引起路由表的更新。如图 3-15 所示，RA 在更新路由表后，立即传送更新后的 RIP 路由信息，通知其他路由器同步更新，如图中的

RB 同步更新。这种更新与前面所说的路由器周期性的发送更新信息不一样，它是在路由器更新路由表后立即进行的，无需等待。

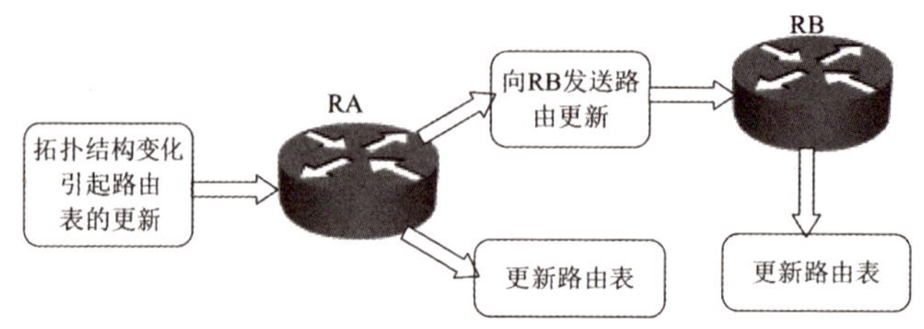

图 3-15　拓扑结构变化引起的路由表更新

（4）RIP 的版本。RIP 目前有两个版本：第一版 RIPv1 和第二版 RIPv2，下面讨论这两个版本的共同点和不同点。

1）RIPv1 和 RIPv2 的共同点。

- RIP 以到达目的网络的最小跳数作为路由选择度量标准，而不是以链路带宽和延迟作为选择标准。
- RIP 最大跳数为 15 跳，这限制了网络的规模。
- RIP 默认路由更新周期为 30 s，并使用 UDP 协议的 520 端口。
- RIP 的管理距离为 120。
- 支持等价路径（在等价路径上负载均衡）默认为 4 条，支持的最大条数和 IOS 的版本相关。

2）RIPv1 和 RIPv2 的不同点。RIPv1 和 RIPv2 最主要的区别是 RIPv1 是有类路由协议，而 RIPv2 是无类路由协议，它们之间的区别见表 3-6。

表 3-6　RIPv1 与 RIPv2 的区别

RIPv1	RIPv2
是一个有类别路由协议，不支持不连续子网设计（在同一路由器中其子网掩码相同），不支持全 0 全 1 子网	是一个无类别路由协议，支持不连续子网设计（在同一路由器中其子网掩码可以不同），支持全 0 全 1 子网
不支持 VLSM 和 CIDR	支持 VLSM，不支持 CIDR
采用广播地址 255.255.255.255 发送路由更新	采用组播地址 224.0.0.9 发送路由更新
不提供认证	提供明文和 MD5 认证
在路由选择更新包中不包含子网掩码信息，只包含下一网关信息	在路由选择更新包中子网掩码信息、下一跳路由器的 IP 地址
默认自动汇总，且不能关闭自动汇总	默认自动汇总，但能用命令关闭自动汇总
路由表查询方式由大类到小类（即先查询主类网络，把属同一主类的全找出来，再在其中查询子网号）	路由表中每个路由条目都携带自己的子网掩码，下一跳地址，查询机制是由小类到大类（按位查询，最长匹配、精确匹配，先检查 32 位掩码的）

四、能力训练

RIP 动态路的基本配置

采用动态路由协议 RIPv2 进行相关配置，拓扑结构图如图 3-16 所示，需要在路由器 R1、R2 和 R3 上配置 RIPv2，实现网络的互通。主要配置过程如下。

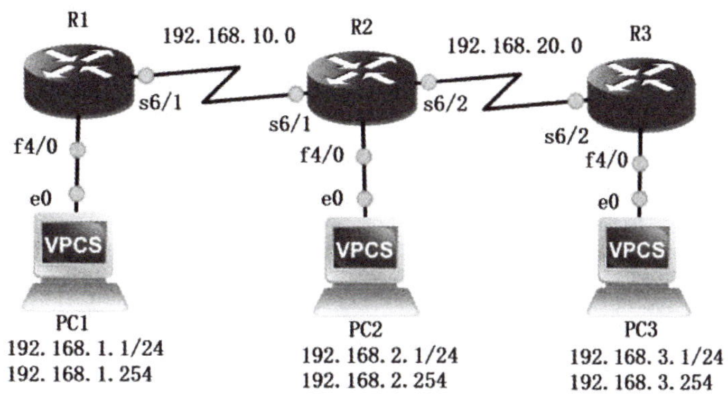

图 3-16 RIPv2 配置拓扑结构图

配置 PC1 的 IP 地址，命令如下：

```
PC1> ip 192.168.1.1 24 192.168.1.254
```

配置 PC2 的 IP 地址，命令如下：

```
PC2>ip 192.168.2.1 24 192.168.2.254
```

配置 PC3 的 IP 地址，命令如下：

```
PC3>ip 192.168.3.1 24 192.168.3.254
```

对 R1 进行基本配置，命令如下：

```
R1#configure terminal                                // 进入全局配置模式
R1(config)#interface fastEthernet 4/0                // 进入接口 f4/0
R1(config-if)#ip address 192.168.1.254 255.255.255.0 // 设置接口 IP
R1(config-if)#no shutdown                            // 打开接口
R1(config-if)#exit                                   // 返回全局配置模式
R1(config)#interface serial 6/1                      // 进入接口 s6/1
R1(config-if)#ip address 192.168.10.1 255.255.255.0  // 设置接口 IP
R1(config-if)#no shutdown                            // 打开接口
R1(config-if)#end                                    // 返回特权模式
R1#write memory                                      // 保存配置
```

配置 R2 的 IP 地址，命令如下：

```
R2#configurc tcrminal                                // 进入全局配置模式
R2(config)#interface fastEthernet 4/0                // 进入接口 f4/0
R2(config-if)#ip address 192.168.2.254 255.255.255.0 // 设置接口 IP
R2(config-if)#no shutdown                            // 打开接口
R2(config-if)#exit                                   // 返回全局配置模式
R2(config)#interface serial 6/1                      // 进入接口 s6/1
R2(config-if)#ip address 192.168.10.2 255.255.255.0  // 设置接口 IP
R2(config-if)#no shutdown                            // 打开接口
R2(config-if)#exit                                   // 返回全局配置模式
R2(config)#interface serial 6/2                      // 进入接口 s6/2
R2(config-if)#ip address 192.168.20.1 255.255.255.0  // 设置接口 IP
R2(config-if)#no shutdown                            // 打开接口
```

```
R2(config-if)#end                               // 返回特权模式
R2#write memory                                 // 保存配置
```

配置 R3 的 IP 地址，命令如下：

```
R3#configure terminal                           // 进入全局配置模式
R3(config)#interface fastEthernet 4/0           // 进入接口 f4/0
R3(config-if)#ip address 192.168.3.254 255.255.255.0  // 设置接口 IP
R3(config-if)#no shutdown                       // 打开接口
R3(config-if)#exit                              // 返回全局配置模式
R3(config)#interface serial 6/2                 // 进入接口 s6/2
R3(config-if)#ip address 192.168.20.2 255.255.255.0   // 设置接口 IP
R3(config-if)#no shutdown                       // 打开接口
R3(config-if)#end                               // 返回特权模式
R3#write memory                                 // 保存配置
```

配置好 IP 地址之后可以在特权模式下通过 show ip interface brief 命令查看 IP 地址，例如查看 R1 IP 地址的命令如下：

```
R1#show ip interface brief
Interface            IP-Address       OK? Method Status                Protocol
FastEthernet0/0      unassigned       YES unset  administratively down down
GigabitEthernet1/0   unassigned       YES unset  administratively down down
GigabitEthernet2/0   unassigned       YES unset  administratively down down
GigabitEthernet3/0   unassigned       YES unset  administratively down down
FastEthernet4/0      192.168.1.254    YES manual up                    up
FastEthernet4/1      unassigned       YES unset  administratively down down
Ethernet5/0          unassigned       YES unset  administratively down down
Ethernet5/1          unassigned       YES unset  administratively down down
Ethernet5/2          unassigned       YES unset  administratively down down
Ethernet5/3          unassigned       YES unset  administratively down down
Serial6/0            unassigned       YES unset  administratively down down
Serial6/1            192.168.10.1     YES manual up                    up
Serial6/2            unassigned       YES unset  administratively down down
Serial6/3            unassigned       YES unset  administratively down down
```

在三个路由器上配置 RIPv2 路由协议，关闭路由自动汇总。配置 RIPv2 手动路由汇总，以便减少路由表大小，提高路由查找效率。

在 R1 上配置 RIPV2，命令如下：

```
R1(config)#router rip                     // 启动动态路由协议 RIP
R1(config-router)#version 2               // 设置 RIP 版本为 2
R1(config-router)# network 192.168.1.0    // 宣告网络
R1(config-router)# network 192.168.10.0   // 宣告网络
R1(config-router)#end                     // 返回特权模式
R1#write memory                           // 保存配置
```

在 R2 上配置 RIPV2，命令如下：

```
R2(config)#router rip                     // 启动动态路由协议 RIP
R2(config-router)#version 2               // 设置 RIP 版本为 2
R2(config-router)# network 192.168.2.0    // 宣告网络
R2(config-router)# network 192.168.10.0   // 宣告网络
```

```
R2(config-router)# network 192.168.20.0     // 宣告网络
R2(config-router)#end                       // 返回特权模式
R2#write memory                             // 保存配置
```

在 R3 上配置 RIPV2，命令如下：

```
R3(config)#router rip                       // 启动动态路由协议 RIP
R3(config-router)#version 2                 // 设置 RIP 版本为 2
R3(config-router)# network 192.168.3.0      // 宣告网络
R3(config-router)# network 192.168.20.0     // 宣告网络
R3(config-router)#end                       // 返回特权模式
R3#write memory                             // 保存配置
```

在路由器 R1、R2 和 R3 上使用 show ip route 命令查看路由表。如图 3-17 所示为在路由器 R1 上运行 RIPv2 协议后使用 show ip route 命令的输出结果。

```
R1#show ip route
Codes: L - local, C - connected, S - static, R - RIP, M - mobile, B - BGP
       D - EIGRP, EX - EIGRP external, O - OSPF, IA - OSPF inter area
       N1 - OSPF NSSA external type 1, N2 - OSPF NSSA external type 2
       E1 - OSPF external type 1, E2 - OSPF external type 2
       i - IS-IS, su - IS-IS summary, L1 - IS-IS level-1, L2 - IS-IS level-2
       ia - IS-IS inter area, * - candidate default, U - per-user static route
       o - ODR, P - periodic downloaded static route, H - NHRP, l - LISP
       a - application route
       + - replicated route, % - next hop override

Gateway of last resort is not set

      192.168.1.0/24 is variably subnetted, 2 subnets, 2 masks
C        192.168.1.0/24 is directly connected, FastEthernet4/0
L        192.168.1.254/32 is directly connected, FastEthernet4/0
R     192.168.2.0/24 [120/1] via 192.168.10.2, 00:00:16, Serial6/1
R     192.168.3.0/24 [120/2] via 192.168.10.2, 00:00:16, Serial6/1
      192.168.10.0/24 is variably subnetted, 2 subnets, 2 masks
C        192.168.10.0/24 is directly connected, Serial6/1
L        192.168.10.1/32 is directly connected, Serial6/1
R     192.168.20.0/24 [120/1] via 192.168.10.2, 00:00:16, Serial6/1
```

图 3-17　检查 R1 的路由表

从输出结果中可以知道，路由器 R1 的路由表已经收到了与 R1 非直连网段的路由信息 192.168.2.0/24、192.168.3.0/24、192.168.20.0/24 说明是通过 RIP 协议接收到的。

测试网络的连通性，通过 ping 命令测试 PC1、PC2 和 PC3 的连通性，结果如图 3-18 所示。

```
PC1> ping 192.168.2.1

84 bytes from 192.168.2.1 icmp_seq=1 ttl=62 time=41.085 ms
84 bytes from 192.168.2.1 icmp_seq=2 ttl=62 time=26.598 ms
84 bytes from 192.168.2.1 icmp_seq=3 ttl=62 time=22.156 ms
84 bytes from 192.168.2.1 icmp_seq=4 ttl=62 time=28.304 ms
84 bytes from 192.168.2.1 icmp_seq=5 ttl=62 time=38.460 ms
PC1> ping 192.168.3.1

84 bytes from 192.168.3.1 icmp_seq=1 ttl=61 time=85.893 ms
84 bytes from 192.168.3.1 icmp_seq=2 ttl=61 time=34.298 ms
84 bytes from 192.168.3.1 icmp_seq=3 ttl=61 time=52.470 ms
84 bytes from 192.168.3.1 icmp_seq=4 ttl=61 time=35.579 ms
84 bytes from 192.168.3.1 icmp_seq=5 ttl=61 time=41.298 ms
```

图 3-18　测试联通性

至此，内部网络已经连通，下面实现公司总部和分部之间广域网的连通。

五、任务实战

1. 任务情境

某港口网络架构采用三层交换机连接网络出口路由器，并通过出口路由器与外部路由器互联形成港口网络拓扑结构，如图 3-19 所示。

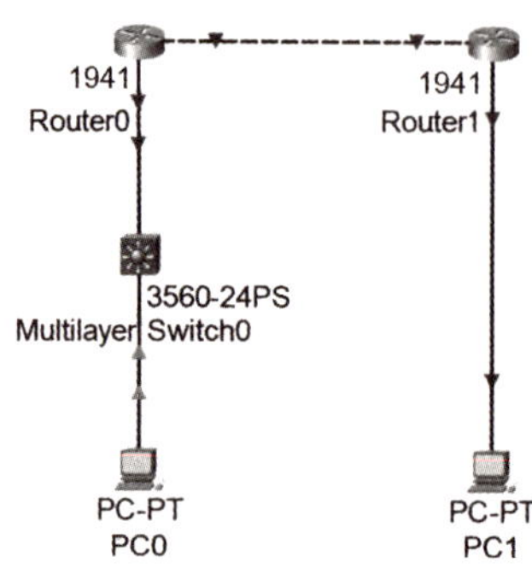

图 3-19　港口网络拓扑结构

2. 任务要求

为简化网络管理维护工作，选择采用 RIPv2 协议实现内外网络互通，RIPv2 相比 RIPv1 具有支持 VLSM、携带子网掩码、支持路由认证等优势，能够更好地满足现代网络环境需求。本任务要求读者实现 RIPV2 协议互通，并完成详细的报告。

3. 任务实施步骤

（1）给 PC0 和 PC1 配置 IP 地址和网关，要求不在同一个网段。

（2）在三层交换机上划分 VLAN10 和 VLAN20，其中 VLAN10 用于连接港口网主机，VLAN20 用于连接 Router1。

（3）路由器之间通过 V.35 电缆通过串口连接，数据通信设备（Data Communication Equipment，DCE）端连接在 R0 上，配置其时钟频率为 64000。

（4）在三层交换机上配置 RIPv2 路由协议。

（5）在路由器 Router0、Router1 上配置 RIPv2 路由协议。

（6）验证 PC0 和 PC1 之间的互通性。

六、学习结果评价

本任务主要讨论了动态路由协议的基本内容，重点描述了距离矢量路由协议的概念、含义以及应用。读者需要阅读相关文献和案例，撰写学习笔记和总结，对课堂内容进行复习和巩固。为了让读者清楚自身学习情况，现将设定学习结果评价表，小组同学之间可以交换评价，进行互相监督，见表 3-7。

表 3-7　学习结果评价表

序号	评价内容	评价标准	评价结果（是 / 否）
1	动态路由协议	熟练掌握	
2	距离矢量路由协议的概念和应用	熟练掌握	

七、课后作业

1. 填空题

（1）默认情况下，RIP 无效计时器为（　　）秒，刷新计时器为（　　）秒，抑制计时器为（　　）秒。

（2）RIPv2 使用组播地址（　　）通告路由信息。

RIP 支持的最大路由跳数为（　　）跳。

2. 选择题

（1）使用（　　）命令可以取消 RIPv2 默认的网络汇总功能。

A. no ip rip-summary　　B. no rip auto-summarization

C. no auto-summary　　D. no route-summarization

（2）（　　）命令用于显示 RIP 数据库中的汇总地址条目。

A. show ip protocols　　B. show ip route database

C. show ip rip database　　D. show ip route

（3）在 RIPv2 中使用组播更新替代广播更新的优点是（　　）。

A. 以太网接口忽略组播消息　　B. 它使 RIPv2 与 OSPF 兼容

C. 主机和非 RIPv2 路由器忽略组播消息　　D. 它使 RIPv2 比 RIPv1 收敛得更快

（4）下列语句描述了 RIPv1 和 RIPv2 各自特征的是（　　）。

A. RIPv1 最大跳数为 16，而 RIPv2 最大跳数为 32

B. RIPv1 是有类的，而 RIPv2 是无类的

C. RIPv1 只用跳数作为度量值，而 RIPv2 使用跳数和带宽作为度量值

D. RIPv1 发送周期性的更新，而 RIPv2 只在网络拓扑发生变化时才发送更新

3. 简答题

（1）简述 RIPv1 和 RIPv2 的特征。

（2）什么是有类路由协议和无类路由协议？什么是有类路由行为和无类路由行为？

（3）哪些机制可以避免 RIP 的路由环路？

职业能力 3-2-2：能管理 OSPF 动态路由

一、核心概念

- 路由协议：路由协议是用来计算、维护路由信息的协议。路由协议通常采用一定的算法计算出路由，使用一定的方法确定路由的正确性、有效性并维护之。
- OSPF：OSPF 路由协议是一种典型的链路状态（Link-state）路由协议，OSPF 将链路状态组播数据（Link State Advertisement，LSA）传送给在某一区域内的所有路由器，OSPF 简单地说就是两个相邻的路由器通过发送报文的形式成为邻居关系，邻居再相互发送链路状态信息形成邻接关系，之后各自根据最短路径算法算出路由。

二、学习目标

- 熟悉路由器端口类型及其端口配置。
- 理解动态路由的基本概念。
- 理解路由器转发数据包的过程及路由表的形成、结构与作用。

● 掌握 OSPF 动态路由的应用场合及配置方法。

学习思维导图：

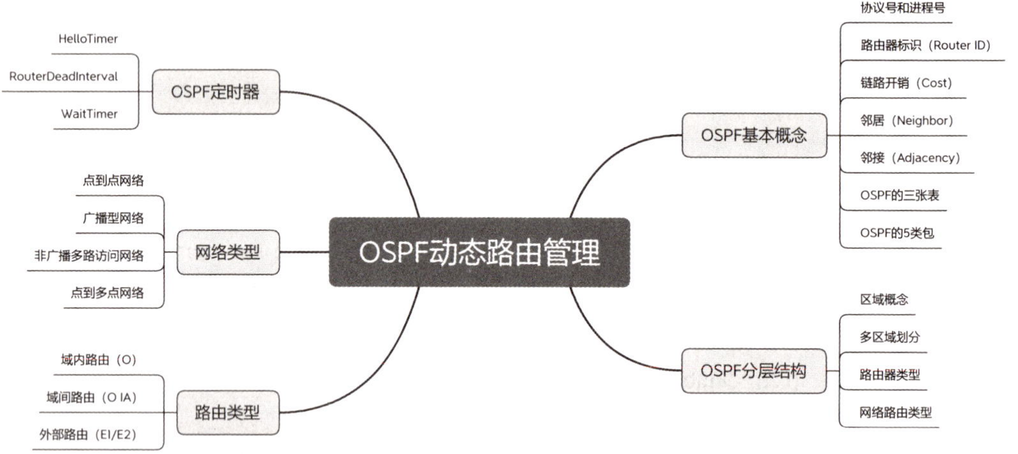

三、基本知识

1. OSPF 动态路由协议概述

OSPF 是一种典型的链路状态路由协议，运行 OSPF 的每一台路由器都维护一个描述 AS 拓扑结构的数据库，该数据库由每一个路由器的链路状态、路由器相连的网络状态、该 AS 的外部状态等信息组成。所有的路由器运行相同的短进程优先调度（Shortest Path First，SPF）算法，根据该路由器的拓扑数据库，构造出以自己为根节点的最短路径树，该最短路径树的叶子节点是 AS 内部的其他路由器。当到达同一目的地存在多条相同等价路由时，OSPF 能够在多条路径上实现负载均衡。要了解 OSPF 的详细工作过程，首先需要了解 OSPF 的几个术语，下面分别加以介绍。

（1）OSPF 协议的协议号和进程号。OSPF 协议用 IP 报文直接封装协议报文，其协议号为 89。在同一台路由器上可以运行多个不同的 OSPF 进程，它们之间互不影响，彼此独立。OSPF 进程号具有本地概念，不影响与其他路由器之间的报文交换。因此，不同的路由器之间即使进程号不同也可以进行报文交换。路由器的一个接口只能属于一个 OSPF 进程。

（2）路由器标识（Router ID）。因为运行 OSPF 的路由器要了解每条链路是连接在哪个路由器上的，因此就需要有一个唯一的标识来标记 OSPF 网络中的路由器，这个标识称为 Router ID。OSPF 使用一个 32 位的无符号整数来标识 Router ID，支持手动配置和自动从当前所有接口的 IP 地址选举一个 IP 地址作为 Router ID，选举规则是：

1）优选通过手工配置指定的 Router ID。

2）次选本路由器最大的 Loopback 接口地址。

3）如果没有配置 Loopback 接口，那么就选取路由器中最大的物理接口地址。

（3）链路开销（Cost）。Cost 是指从该接口发送出去的数据包的出站接口代价，并使用 16 位的无符号的整数表示。OSPF 路由协议依靠计算链路的带宽，来得到到达目的地的最短路径（路由）。Cost 的值是取 108/ 带宽（b/s）的整数部分，两台路由器之间的 Cost 之和的最小值为最佳路径。

（4）邻居（Neighbor）。通过各自的接口连接到相同网络的两台路由器被称为邻居。OSPF 的邻居发现是其获知网络状况并构建路由表的第一步。这一过程使得需要在路由器之间发送多播 Hello 包，并从学习到邻居的路由器标识开始。

（5）邻接（Adjacency）。OSPF 必须首先发现邻居，形成邻居关系的目的是交换路由信息，不是所有的邻居路由器都可以形成邻接关系。从实际意义上而言，邻接关系控制了路由信息更新的分发，只有形成了邻接关系的路由器之间才会发送并处理更新的路由信息。

（6）OSPF 的三张表（也称数据库）。第一，邻居表。运行 OSPF 路由协议的路由器会维护三张表，邻居表是其中的一张。凡是路由器认为和自己有邻居关系的路由器，都会出现在这个表中。只有形成了邻居表，路由器才可能向其他路由器学习网络拓扑。

第二，拓扑表。当路由器建立了邻居表后，运行 OSPF 路由协议的路由器会互相通告自己所了解的网络拓扑建立拓扑表。在 OSPF 路由域里，所有的路由器应该形成相同的拓扑表。只有建立了拓扑表之后，路由器才能使用 SPF 算法从拓扑表里计算出路由。

第三，路由表。在运行 OSPF 路由协议的路由器中，当完整的拓扑表建立起来之后，路由器就会按照链路带宽的不同，使用 SPF 算法从拓扑表里计算出路由，记入路由表。

（7）OSPF 中的 5 类包。OSPF 路由协议依靠 5 种不同类型的包来标识它们的邻居并更新链路状态路由信息。这 5 种类型的包使得 OSPF 具备了高级和复杂的通信能力，完成邻居建立、数据库同步等功能，表 3-8 列出了 OSPF 常用的包类型。

表 3-8　OSPF 常用的包类型

状态名称	描述
Hello 数据包	建立和维护同邻居路由器的邻居关系
数据库状态描述包（Database Description，DBD）	描述每台 OSPF 路由器的链路状态库的内容
链路状态请求包（Link State Request，LSR）	请求相邻路由器发送链路状态数据库（Link State DataBase，LSDB）中的具体条目
链路状态更新包（Link State Update，LSU）	向相邻路由器发送链路状态通告（Link State Advertisement，LSA）
链路状态确认包（Link State Acknowledgement，LSAck）	确认邻居发过来的 LSA 已经收到

Hello 报文用于发现和维护邻居关系，并保证邻居间的双向通信；DBD 和 LSR 报文用于建立邻接关系；LSU 和 LSAck 报文用于实现 OSPF 可靠的更新机制。

2. OSPF 分层结构

（1）OSPF 协议运行存在的问题。随着网络规模的扩大，当一个大型网络中的路由器都运行 OSPF 时，大量的路由器会对 LSA 报文进行泛洪，降低了带宽的利用率，严重时造成网络拥塞；路由器数量的增多会导致 LSDB 过于庞大，占用大量内存空间，过大的 LSDB 使得在进行 SPF 计算时效率低下；网络规模越大，拓扑结构发生变化的可能性也越大，每次变化都会导致网络中的所有路由器重新计算路由，引起网络的振荡。

（2）OSPF 区域概念。OSPF 协议通过将 AS 划分为不同的区域（Area）来解决上述问题。区域的概念和子网类似，因为区域和子网内的路由都很容易被汇总。换句话说，区域就是连续逻辑网络内路由器划分为不同的组，每个组用区域号（Area ID）来标识。区域的边界是路由器，而不是链路，一个网段（链路）只能是一个区域，或者说每个运行 OSPF 的接口必须指明属于哪一个区域，如图 3-20 所示。

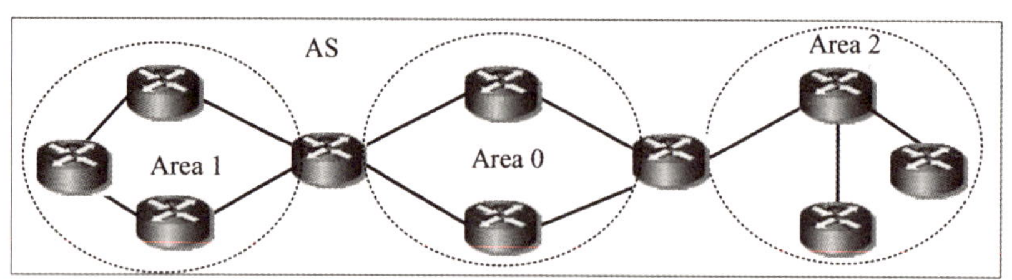

图 3-20　OSPF 以划分区域的方式运行于 AS 中

在 AS 中划分多个区域能够实现在区域边界做路由汇总，减小了路由表规模；控制 LSA 只在区域内洪泛，有效地把拓扑变化控制在区域内，拓扑的变化影响限制在本区域，使得网络更加易于管理并减少路由流量。具备这些好处的原因在于，区域内的拓扑状态对于区域外的路由器都是不可见的，这种设计方式实质上提高了 OSPF 的运行效率。

（3）OSPF 多区域的划分。在 OSPF 网络中，可以划分出多种区域，如图 3-21 所示。对 OSPF 进行多区域划分后，并非所有的区域都是平等的关系。OSPF 把大型网络划分为骨干区域和非骨干区域。骨干区域只有一个，并且被固定地称为区域 0，负责区域之间的路由，非骨干区域之间的路由信息必须通过骨干区域来转发。对此 OSPF 有两个规定：所有骨干区域必须与非骨干区域保持连通、骨干区域自身也必须保持连通。

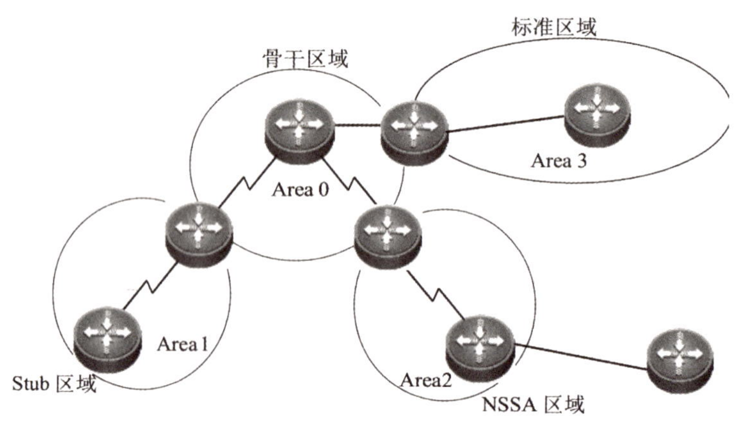

图 3-21　OSPF 多区域的划分

但在实际中，可能存在骨干区域不连续，或者一个区域与骨干区域不连续的情况，此时可以通过设置虚链路来解决这个问题；为了进一步减少路由信息在 AS 之间的传递，如控制一个区域的路由信息或外部路由信息传递至另一个区域，将非骨干区域划分为标准区域和特殊区域，针对不同区域的拓扑特点采用不同的策略，如图 3-21 所示，图中的 Stub 区域（Stub Area）和 NSSA 区域（Not So Stubby Area）为特殊区域。

（4）OSPF 路由器类型。OSPF 使用 4 种不同类型的路由器来构建分层路由结构。在这种分层结构中，每一台路由器都拥有相应的角色和一系列定义的特点。图 3-22 描绘了一个典型的 OSPF 网络，不同区域中包含了不同类型的 OSPF 路由器。

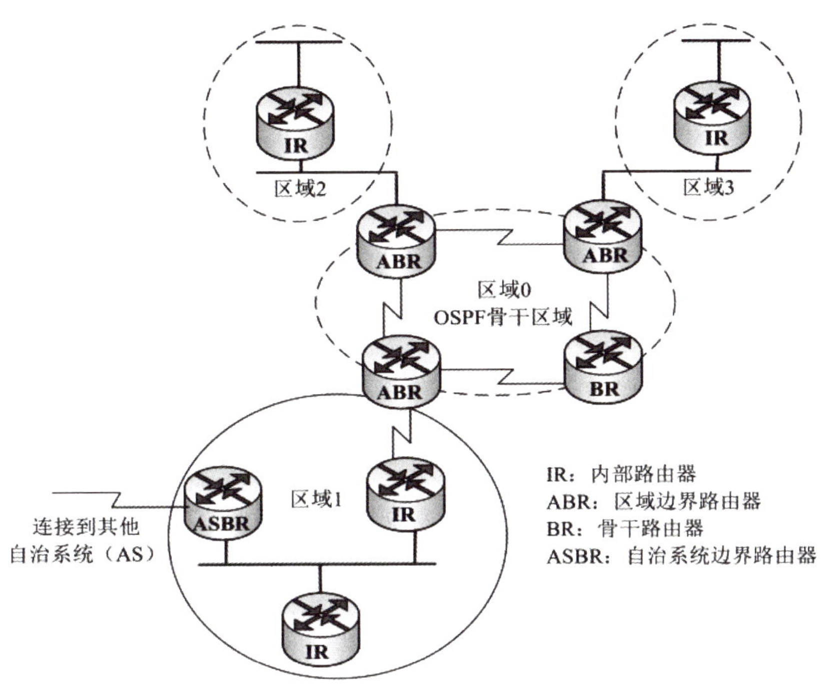

图 3-22　典型 OSPF 网络

1）内部路由器。内部路由器（IR）直连的所有网络都属于相同的 OSPF 区域。这种类型的路由器只有一份链路状态数据库，因为它只属于一个区域。

2）区域边界路由器。区域边界路由器（ABR）连接多个 OSPF 区域，且 OSPF 网络中可以存在多台 ABR。正是由于 ABR 连接了多个区域，因此拥有多份链路状态数据库的实例。ABR 将每个区域的数据库进行汇总，然后转发至骨干区域以便分发到其他区域。

如果路由器位于 OSPF 区域的边界，并负责将这些区域连接到骨干网络，那么这些路由器被称为 ABR。ABR 既属于骨干区域，同时也属于所连接的区域。另外，ABR 需要维护描述骨干区域和其他区域拓扑的多份链路状态数据库。ABR 必须和骨干区域相连，并发送汇总 LSA 给骨干区域。

3）骨干路由器。所有接口都连接在骨干区域内的路由器被称为骨干路由器（BR）。BR 没有连接到其他 OSPF 区域的接口，否则这种路由器应该被称为 ABR。

4）自治系统边界路由器。自治系统边界路由器（ASBR）连接多个 AS，并和其他 AS 内的路由器交换路由信息。ASBR 负责把学到的外部路由信息通告给它所连接的 AS。同一个 AS 内的每一台路由器都知道如何到达所在 AS 的 ASBR。ASBR 可以同时运行 OSPF 和其他路由协议，如 RIP 或 BGP。

（5）OSPF 网络的路由类型。OSPF 网络被划分成多个区域后，路由的计算方法也发生了变化。

1）域内路由。域内路由是指目的地和源在同一个 OSPF 区域内的路由。在 OSPF 协议中，域内路由使用路由器（1 类）和网络（2 类）LSA 来描述。查看 OSPF 路由表可以发现，域内路由使用“O”来标识。

2）域间路由。域间路由是指流量需要穿越两个或更多的 OSPF 区域才能达到目的地的路由，但是目的地和源依然位于相同的 AS 内。网络汇总（3 类）LSA 负责对此类路由进行描述。当数据包需要在两个非骨干区域间路由时，那么该数据包一定会穿越骨干区域。查看 OSPF 路由表可以发现，域间路由使用“O IA”来标识。

3）外部路由。OSPF 可以通过很多方法获知外部路由的信息。最为常用的是将另一个路由协议重分布到 OSPF 内。为使所有的 OSPF 路由器能获知外部路由的信息，外部路由必须穿越整个 OSPF 的 AS。ASBR 负责泛洪外部路由信息到 AS 内，但默认不会对这些信息进行汇总。除了末节区域外，AS 内的所有路由器都可以接收到外部路由信息。

注意：只有当配置了出站分发列表（distribute-list）或 OSPF 汇总命令时，ASBR 才会对外部路由信息进行过滤或汇总。但是默认情况下，Cisco 路由器放行所有的外部路由进入 AS。OSPF 拥有以下两种外部路由类型。

E1 路由：E1 路由的开销是内部和外部 OSPF 路由度量（被重分发进入 OSPF 的初始度量值）的总和。例如，如果数据包需要发往另一个 AS，那么相应 E1 路由的开销等于外部 OSPF 度量加上所有内部 OSPF 的开销。此类外部路由在路由表中使用“E1”标识。

E2 路由：E2 路由是 OSPF 默认使用的外部路由类型。这类路由不计算内部 OSPF 的度量，而仅使用外部 OSPF 度量，且不关注 OSPF 域内路由器的位置。例如，如果数据包需要发往另一个 AS，那么相应 E2 路由的开销仅和路由被重分发进入 AS 时的初始外部度量相关，与 OSPF 内部路由无关。

比较去往相同目的地的不同路由类型，优先级为：域内路由 > 域间路由 >E1>E2。

（6）OSPF 的网络类型。根据路由器接口类型的不同，在建立邻接关系的时候，OSPF 路由器执行的操作也略有不同。因此 OSPF 协议定义了以下四种网络类型，如图 3-23 所示。

1）点到点（Point-to-Point）网络。点到点网络连接单独的一对路由器。在点到点网络上的有效邻居总是可以形成邻接关系。在这些网络上的 OSPF 报文的目的地址也总是保留的 D 类 IP 地址 224.0.0.5。点到点网络一般采用点对点（Point to Point Protocol，PPP）协议、高级数据链路控制（High Level Data Link Control，HDLC）协议等。在 Cisco 路由器上串行接口默认封装的协议是 HDLC，所以将两台路由器的串行接口连接在一起就是一条点到点链路，OSPF 的网络类型就是点到点网络。

2）广播型（Broadcast）网络。广播型网络像以太网等，可以更确切地定义为广播多路访问网络，以便区别于非广播多路访问（Non Broadcast Multiple Access，NBMA）网络。广播型网络是多路访问网络，因而它们可以连接多于两台路由器设备。而且由于它们是广播型的，因而连接在这种网络上的所有设备都可以接收到传送的报文。在广播型网络上的 OSPF 路由器会选举一个指定路由器 DR 和一个备份指定路由器

BDR。Hello 报文像所有始发于 DR 和 BDR 的 OSPF 报文一样，是以组播方式发送到 ALLSPFRouters（目的 IP 地址是 224.0.0.5）的。携带这些报文的数据帧的目的介质访问控制（MAC）地址是 0100.5E00.0005。其他所有的路由器都将以组播方式发送 LSU 报文和 LSAck 报文到保留的 D 类 IP 地址 224.0.0.6，这个组播地址称为 ALLDRouters。携带这些报文的数据帧的目的 MAC 地址是 0100.5E00.0006。

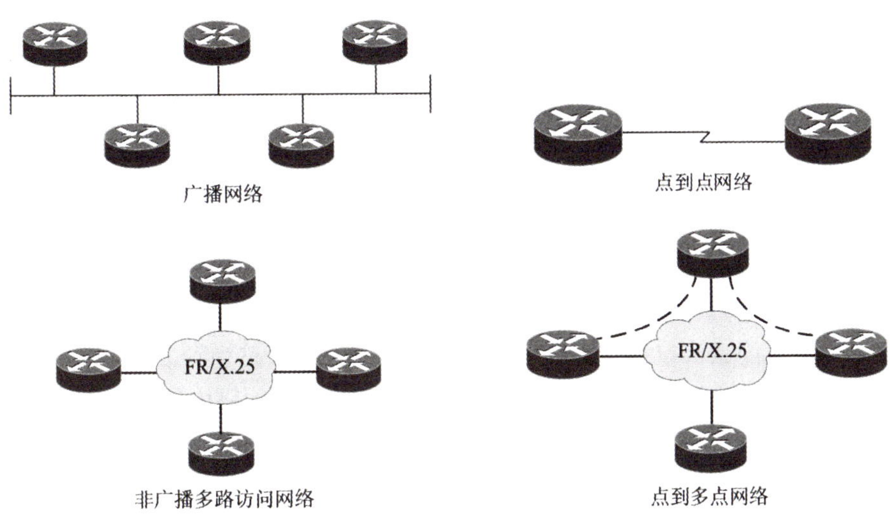

图 3-23 OSPF 的网络类型

3）非广播多路访问（NBMA）网络。NBMA 网络，如 X.25 帧中继和 ATM 等，可以连接两台以上的路由器，但是它们没有广播数据包的能力。一个在 NBMA 网络上的路由器发送的报文将不能被其他与之相连的路由器收到。所以，在这些网络上的路由器有必要增加另外的配置来获得它们的邻居。在 NBMA 网络上的 OSPF 路由器需要选举 DR 和 BDR，并且所有的 OSPF 报文都是单播的。

4）点到多点（Point to Multipoint）网络。点到多点网络是 NBMA 网络的一个特殊配置，可以被看作是一群点到点链路的集合。在这些网络上的 OSPF 路由器不需要选举 DR 和 BDR，因为这些网络可以被看作点到点链路，并且 OSPF 报文是以组播方式发送的。

3. OSPF 中的定时器

OSPF 协议中所涉及的计时器较多，这里介绍常用的 3 个定时器。

（1）HelloTimer。HelloTimer 是计时器。指两个 Hello 报文之间的周期性间隔时间。

（2）RouterDeadInterval。RouterDeadInterval 是路由死亡间隔时间。指在宣告邻居路由器无效之前，本地路由器从与一个接口相连的网络上帧听来自于邻居路由器的一个 Hello 报文所经历的时间。

（3）WaitTimer。WaitTimer 是等待时间。路由器等待邻居路由器的 Hello 报文通告 DR 和 BDR 的时间。

在 OSPF 中，不同网络类型的 Hello、Dead、Wait 时间间隔的默认值不同，见表 3-9。通常，点到多点的网络视为 NBMA 网络的一个特殊配置。

表 3-9　不同网络类型的计时器设置

网络类型	Hello	Dead	Wait	DR/BDR	更新方式	地址	是否定义邻居	所有路由器是否在同一子网
广播多路	10	40	40	YES	组播	224.0.0.5/224.0.0.6	自动	同一子网
非广播多路	30	120	120	YES	单播	单播地址	手动	同一子网
点到点	10	40	40	NO	组播	224.0.0.5	自动	两接口同一子网
点到多点广播	30	120	120	NO	组播	224.0.0.5	自动	同一子网
点到多点非广播	30	120	120	NO	单播	单播地址	手动	多个子网时定义子接口

4. OSPF 路由形成过程

在 OSPF 网络中，路由的计算不是简单地把源地址与目的地址进行关联这么简单，它需要考虑很多因素，以确定一条最佳路径。整个 OSPF 路由计算过程可分为“建立邻居关系→ DR/BDR 选举→ LSDB 同步→产生路由表→维护路由信息”这五大步骤。

（1）建立邻居关系。OSPF 协议通过 Hello 协议建立路由器的邻居关系，邻居关系的建立要经历 3 个状态。

1）Down。Down 是 OSPF 的第一个邻居状态。该状态代表本地路由器尚未从邻居那里接收到任何消息，但是却可以给邻居发送 Hello 包。

2）Attempt。该状态仅在 NBMA 环境下出现，这一状态代表路由器正在给邻居发送 Hello 包（或者已经发送了），但是还未收到任何回复。

3）Init（图 3-24 中的步骤 1）。该状态是指路由器接收到了邻居发送的 Hello 包，但是自己的 Router ID 并不存在于收到的 Hello 包内。如果一台路由器接收到了来自于邻居的 Hello 包，那么路由器应该在它自己所发送的 Hello 包中列出已发送的 Router ID（即邻居），以确认上一个 Hello 包的正确性。

4）2-way（图 3-24 中的步骤 2）。当 OSPF 路由器达成该状态后，那么它们便成为了邻居。该状态表明两台路由器之间已经建立了双向的通信。其中双向通信的含义是指每台路由器都从对方发送的 Hello 包中看到了自己的 Router ID，并且计时器（Hello 和 Dead）都达成了一致。

（2）DR/BDR 选举。两台路由器建立邻居关系后，路由器 A 将决定和谁建立邻接关系，这是根据接口所连接的网络接口类型决定。如果是点对点网络，就与其直连的路由器建立邻接关系。如果是多路访问网络，包括广播或非广播，则进行必要的 DR/BDR 选举，每台路由器只与 DR/BDR 建立邻接关系。

（3）LSDB 同步。LSDB 的同步过程从建立邻接关系开始，在完全邻接关系已建立时结束。完全邻接关系的形成需要经历 4 个状态。

1）Exstart（图 3-24 中的步骤 3）。这是形成邻接关系的第一个状态。两台邻居路由器协商主从角色和数据库描述（Data Base Description，DBD）包的初始序列号，从而保证能够正确确认（Acknowledge Character，ACK）后续交换的信息，避免重复内容的产生。拥有较高 RID 的路由器将成为主角色，只有主路由器才能控制序列号的增加。之后，路由器之间开始交互 DBD 包，并使用协商一致的初始序列号。

2）Exchange（图 3-25 中的步骤 4）。DBD 包持续在两台路由器之间发送并相互确认，直到两台路由器的链路状态数据库完成了目录（content）同步。

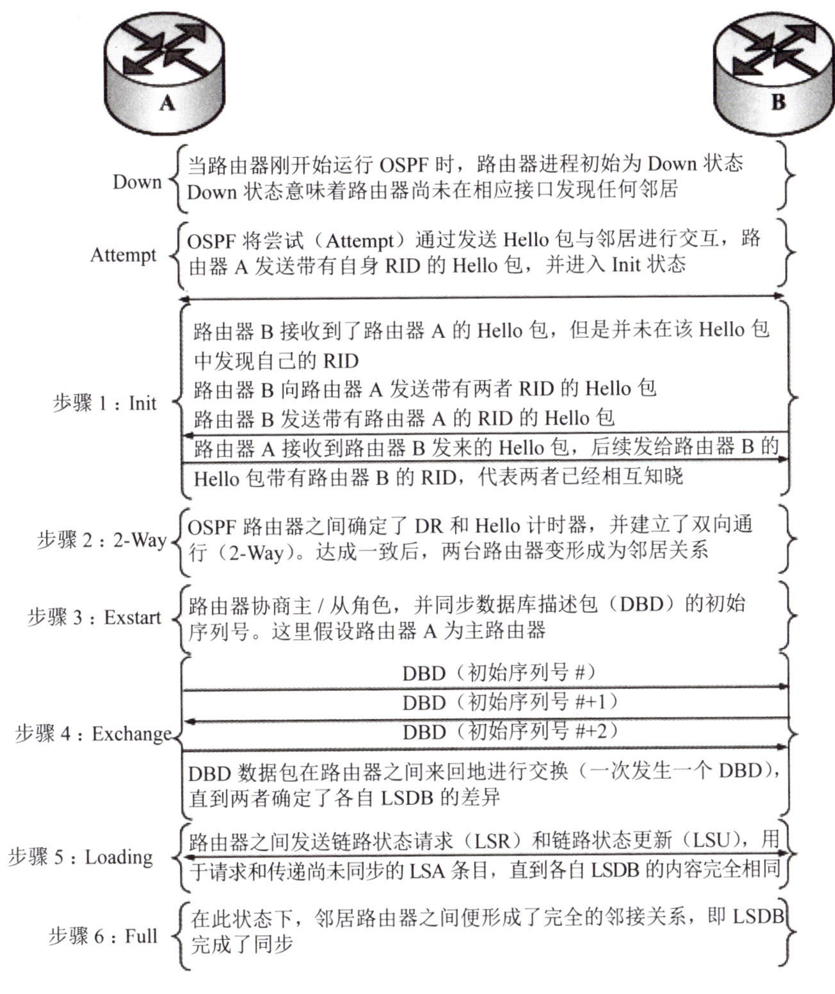

图 3-24　OSPF LSDB 同步过程

3）Loading（图 3-24 中的步骤 5）。在完成了链路状态数据库目录的交互后，路由器开始向邻居发送链路状态请求（LSR），用于获取缺失的链路状态通告（LSA）。此时，路由器将根据某些字段（即 LS 序列号）来确定所有的链路状态信息都是最新的，并且 LSA 是正确无误的。

4）Full（图 3-24 中的步骤 6）。当 OSPF 路由器达成这一状态后，它们便成功建立了邻接关系。此时 OSPF 路由器形成了完全邻接，因为它们的链路状态数据库已经完全同步了。在 DR/BDR 与其他路由器之间，或点到点链路上通常会形成 Full 状态，但是 DRother 路由器之间持续保持 2-Way 状态。

（4）产生路由表。当 LSDB 同步后，同一区域内的所有路由器都具有了相同的拓扑表，通过 SPF 算法计算并生成路由表，OSPF 中使用 SPF 计算路由的过程如图 3-25 所示。

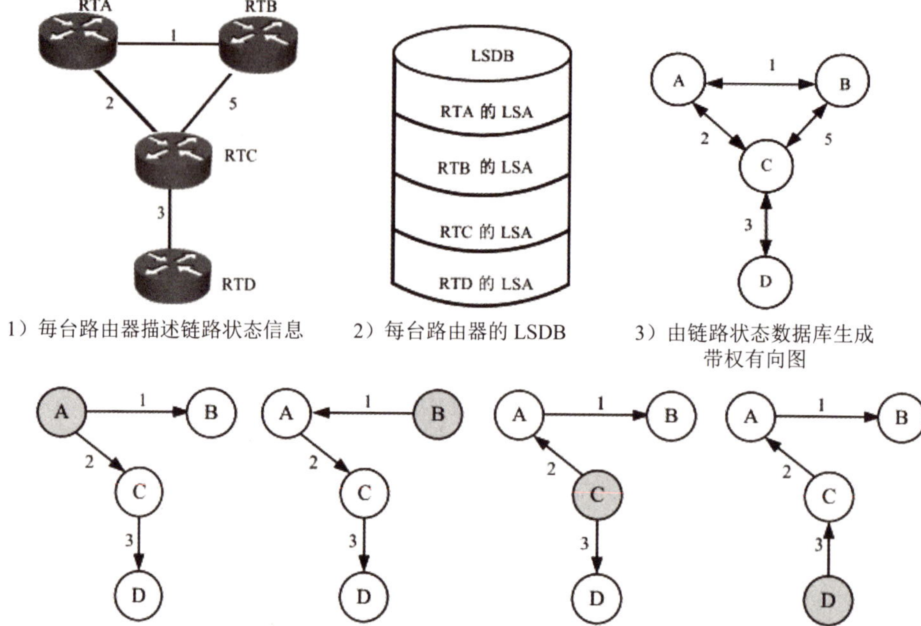

图 3-25　SPF 算法的基本过程

1）每台路由器发送自己的 LSA，其中描述了自己的链路状态信息。

2）每台路由器汇总收到的 LSA，生成 LSDB。

3）每台路由器由链路状态数据库生成带权有向图。

4）每台路由器以自己为根节点计算出最小生成树，依据是链路的代价，路由器按照自己的最小生成树得出路由条目并安装到路由表中。

（5）维护路由信息。运行 OSPF 的路由器要依靠 LSDB 计算得出路由表，所有路由器的 LSDB 必须保持同步。当链路状态发生变化时，路由器通过扩散过程将这一变化通知给网络中的其他路由器。如图 3-26 所示显示了路由器链路更新过程。

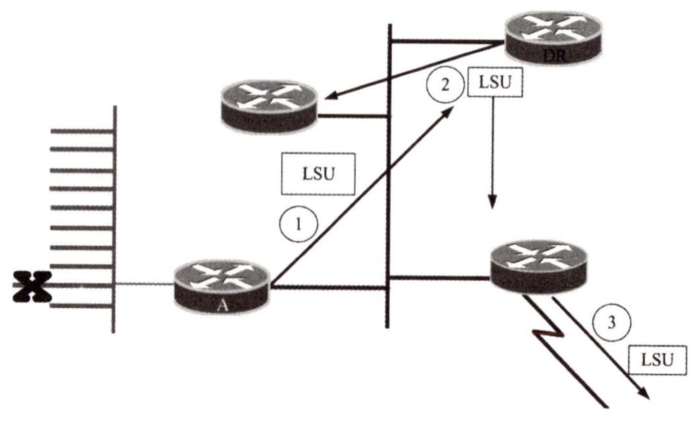

图 3-26　运行 OSPF 的路由器链路更新

1）路由器了解到一个链路状态发生变化时，将含有更新后的 LSA 条目的 LSU，

使用组播地址 224.0.0.6 发送给 DR 和 BDR 路由器。一个 LSU 数据包可能包含多个 LSA。DR 和 BDR 需要使用 LSAck 对收到的 LSU 进行确认。

2）DR 路由器通过组播地址 224.0.0.5，将 LSU 扩散到其他路由器上，其他路由器也需要确认该 LSU。

3）当收到新的 LSA 后，路由器将更新它的 LSDB，然后使用 SPF 算法生成新的路由表。为降低 flapping 带来的影响，每次收到一个 LSU 时，路由器在重新计算路由表之前等待一段时间（默认值是 5s）。

总之，当链路状态发生变化时，LSA 被 LSU 携带立即扩散出去。当链路状态没有发生变化时，每个 LSA 都有一个老化计时器，到期时由产生该 LSA 路由器再发送一个有关网络的 LSU 以证实该链路仍然是活跃的（默认值是 1800s）。

四、能力训练

OSPF 动态路由配置

如果 Internet 网络是大规模网络，若采用静态路由和 RIP 显然不适应网络扩展性需求，因此需要采用诸如 BGP、OSPF、IS-IS 等这样的动态路由协议。如图 3-27 所示，采用 OSPF 动态路由协议，满足大规模网络连通性的需求。在此拓扑结构上要实现以下配置目标。

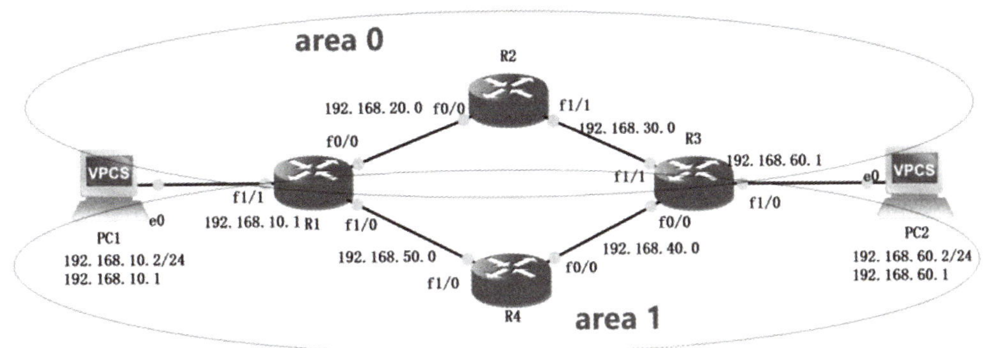

图 3-27 OSPF 配置拓扑

（1）降低路由器的 CPU、内存等资源消耗。

（2）提高网络的稳定性。

（3）实现 Internet 网络的连通性。

（4）采取恰当的措施，对配置结果进行验证。

（5）使用 MyBase 软件对配置脚本进行管理，以便下一次实训和最后网络全网联调设备时使用。

主要的配置步骤如下：

（1）OSPF 区域规划。广域网网络部分划分了 2 个区域，其中，路由器 R1 与 R2、R3 直连区域划分为主干区域（Area0），备份链路区域为区域 1（Area1）。

（2）配置路由器的 IP 地址。在 R1 上配置 IP 地址，命令如下：

```
R1#configure terminal                                    // 进入全局配置模式
Enter configuration commands, one per line.  End with CNTL/Z.
```

```
R1(config)#interface fastEthernet 1/1                    // 进入接口 fastEthernet 1/1
R1(config-if)#ip address 192.168.10.1 255.255.255.0 // 配置接口 IP 地址
R1(config-if)#no shutdown                                // 开启接口
R1(config-if)#exit                                       // 退出当前模式
R1(config)#interface fastEthernet 0/0                    // 进入接口 fastEthernet 0/0
R1(config-if)#ip address 192.168.20.1 255.255.255.0 // 配置接口 IP 地址
R1(config-if)#no shutdown                                // 开启接口
R1(config-if)#exit                                       // 退出当前模式
R1(config)#interface fastEthernet 1/0                    // 进入接口 fastEthernet 1/0
R1(config-if)#ip address 192.168.50.2 255.255.255.0 // 配置接口 IP 地址
R1(config-if)#no shutdown                                // 开启接口
R1(config-if)#end                                        // 退出到特权模式
R1# show ip interface brief                              // 查看接口状态
Interface          IP-Address       OK? Method Status        Protocol
FastEthernet0/0    192.168.20.1     YES manual up            up
FastEthernet1/0    192.168.50.2     YES manual up            up
FastEthernet1/1    192.168.10.1     YES manual up            up
```

在 R2 上配置 IP 地址，命令如下：

```
R2#configure terminal                                    // 进入全局配置模式
Enter configuration commands, one per line.  End with CNTL/Z.
R2(config)#interface fastEthernet 0/0                    // 进入接口 fastEthernet 0/0
R2(config-if)#ip address 192.168.20.2 255.255.255.0 // 配置接口 IP 地址
R2(config-if)#no shutdown                                // 开启接口
R2(config-if)#exit                                       // 退出当前模式
R2(config)#interface fastEthernet 1/1                    // 进入接口 fastEthernet 1/1
R2(config-if)#ip address 192.168.30.1 255.255.255.0 // 配置接口 IP 地址
R2(config-if)#no shutdown                                // 开启接口
R2(config-if)#do show ip interface brief                 // 跨模式查看接口状态
Interface          IP-Address       OK? Method Status        Protocol
FastEthernet0/0    192.168.20.2     YES manual up            up
FastEthernet1/1    192.168.30.1     YES manual up            up
```

在 R3 上配置 IP 地址，命令如下：

```
R3#configure terminal                                    // 进入全局配置模式
Enter configuration commands, one per line.  End with CNTL/Z.
R3(config)#interface fastEthernet 1/1                    // 进入接口 fastEthernet 1/1
R3(config-if)#ip address 192.168.30.2 255.255.255.0 // 配置接口 IP 地址
R3(config-if)#no shutdown                                // 开启接口
R3(config-if)#exit                                       // 退出当前模式
R3(config)#interface fastEthernet 0/0                    // 进入接口 fastEthernet 0/0
R3(config-if)#ip address 192.168.40.1 255.255.255.0 // 配置接口 IP 地址
R3(config-if)#no shutdown                                // 开启接口
R3(config-if)#exit                                       // 退出当前模式
R3(config)#interface fastEthernet 1/0                    // 进入接口 fastEthernet 1/0
R3(config-if)#ip address 192.168.60.1 255.255.255.0 // 配置接口 IP 地址
```

```
R3(config-if)#no shutdown                          // 开启接口
R3(config-if)#do show ip interface brief           // 跨模式查看接口状态
Interface          IP-Address        OK? Method Status       Protocol
FastEthernet1/1    192.168.30.2      YES manual up           up
FastEthernet0/0    192.168.40.1      YES manual up           up
FastEthernet1/0    192.168.60.1      YES manual up           up
```

在 R4 上配置 IP 地址，命令如下：

```
R4#configure terminal                              // 进入全局配置模式
Enter configuration commands, one per line.  End with CNTL/Z.
R4(config)#interface fastEthernet 1/0              // 进入接口 fastEthernet 1/0
R4(config-if)#ip address 192.168.50.1 255.255.255.0 // 配置接口 IP 地址
R4(config-if)#no shutdown                          // 开启接口
R4(config-if)#exit                                 // 退出当前模式
R4(config)#interface fastEthernet 0/0              // 进入接口 fastEthernet 0/0
R4(config-if)#ip address 192.168.40.2 255.255.255.0 // 配置接口 IP 地址
R4(config-if)#no shutdown                          // 开启接口
R4(config-if)#do show ip interface brief           // 跨模式查看接口状态
Interface          IP-Address        OK? Method Status       Protocol
FastEthernet0/0    192.168.40.2      YES manual up           up
FastEthernet1/0    192.168.50.1      YES manual up           up
```

（3）在路由器上面创建虚拟回环接口。在 R1 上配置回环接口，命令如下：

```
R1#configure terminal                              // 进入全局配置模式
Enter configuration commands, one per line.  End with CNTL/Z.
R1(config)#interface loopback 0                    // 创建回环接口 0
R1(config-if)#ip address 1.1.1.1 255.255.255.255   // 配置回环接口的 IP 地址
R1(config-if)#no shutdown                          // 开启接口
R1#show ip interface brief                         // 查看回环接口是否配置成功
Interface          IP-Address        OK? Method Status       Protocol
FastEthernet0/0    192.168.20.1      YES manual up           up
FastEthernet1/0    192.168.50.2      YES manual up           up
FastEthernet1/1    192.168.10.1      YES manual up           up
Loopback0          1.1.1.1           YES manual up           up
```

在 R2 上配置回环接口，命令如下：

```
R2#configure terminal                              // 进入全局配置模式
Enter configuration commands, one per line.  End with CNTL/Z.
R2(config)#interface loopback 0                    // 创建回环接口 0
R2(config-if)#ip address 2.2.2.2 255.255.255.255   // 配置回环接口的 IP 地址
R2(config-if)#no shutdown                          // 开启接口
R2(config-if)#do show ip interface brief           // 跨模式查看回环接口是否配置成功
Interface          IP-Address        OK? Method Status       Protocol
FastEthernet0/0    192.168.20.2      YES manual up           up
FastEthernet1/1    192.168.30.1      YES manual up           up
Loopback0          2.2.2.2           YES manual up           up
```

在 R3 上配置回环接口，命令如下：

```
R3#configure terminal                              // 进入全局配置模式
Enter configuration commands, one per line.  End with CNTL/Z.
```

```
R3(config)#interface loopback 0                    // 创建回环接口 0
R3(config-if)#ip address 3.3.3.3 255.255.255.255   // 配置回环接口的 IP 地址
R3(config-if)#no shutdown                          // 开启接口
R3(config-if)#do show ip interface brief           // 跨模式查看回环接口是否配置成功
Interface          IP-Address      OK? Method Status      Protocol
FastEthernet1/1    192.168.30.2    YES manual up          up
FastEthernet0/0    192.168.40.1    YES manual up          up
FastEthernet1/0    192.168.60.1    YES manual up          up
Loopback0          3.3.3.3         YES manual up          up
```

在 R4 上配置回环接口，命令如下：

```
R4#configure terminal                              // 进入全局配置模式
Enter configuration commands, one per line.  End with CNTL/Z.
R4(config)#interface loopback 0                    // 创建回环接口 0
R4(config-if)#ip address 4.4.4.4 255.255.255.255   // 配置回环接口的 IP 地址
R4(config-if)#no shutdown                          // 开启接口
R4(config-if)#do show ip interface brief           // 跨模式查看回环接口是否配置成功
Interface          IP-Address      OK? Method Status      Protocol
FastEthernet0/0    192.168.40.2    YES manual up          up
FastEthernet1/0    192.168.50.1    YES manual up          up
Loopback0          4.4.4.4         YES manual up          up
```

（4）在路由器上配置 OSPF。在 R1 上配置 OSPF，命令如下：

```
R1#configure terminal
Enter configuration commands, one per line.  End with CNTL/Z.
R1(config)#router ospf 1
R1(config-router)#router-id 1.1.1.1
R1(config-router)#network 192.168.10.0 0.0.0.255 area 0
R1(config-router)#network 192.168.20.0 0.0.0.255 area 0
R1(config-router)#network 192.168.50.0 0.0.0.255 area 1
R1(config-router)#network 1.1.1.1 0.0.0.0 area 0
```

在 R2 上配置 OSPF，命令如下：

```
R2#configure terminal
Enter configuration commands, one per line.  End with CNTL/Z.
R2(config)#router ospf 1
R2(config-router)#router-id 2.2.2.2
R2(config-router)#network 192.168.20.0 0.0.0.255 area 0
R2(config-router)#network 192.168.30.0 0.0.0.255 area 0
R2(config-router)#network 2.2.2.2 0.0.0.0 area 0
```

在 R3 上配置 OSPF，命令如下：

```
R3#configure terminal
Enter configuration commands, one per line.  End with CNTL/Z.
R3(config)#router ospf 1
R3(config-router)#router-id 3.3.3.3
R3(config-router)#network 192.168.30.0 0.0.0.255 area 0
R3(config-router)#network 192.168.40.0 0.0.0.255 area 1
R3(config-router)#network 192.168.60.0 0.0.0.255 area 1
R3(config-router)#network 3.3.3.3 0.0.0.0 area 0
```

在 R4 上配置 OSPF，命令如下：

```
R4#configure terminal
Enter configuration commands, one per line.  End with CNTL/Z.
R4(config)#router ospf 1
R4(config-router)#router-id 4.4.4.4
R4(config-router)#network 192.168.40.0 0.0.0.255 area 1
R4(config-router)#network 192.168.50.0 0.0.0.255 area 1
R4(config-router)#network 4.4.4.4 0.0.0.0 area 1
```

（5）检查路由表。在每台路由器上都配置好 OSPF 之后，在路由器 R1、R2、R3 和 R4 上使用命令 show ip route 命令查看路由表。如图 3-28 所示为在路由器 R1 上运行 OSPF 协议后使用 show ip route 命令的输出结果。可以看到路由器 R1 已经通过 OSPF 协议学习到了所有网段的信息。

```
R1#show ip route
Codes: L - local, C - connected, S - static, R - RIP, M - mobile, B - BGP
       D - EIGRP, EX - EIGRP external, O - OSPF, IA - OSPF inter area
       N1 - OSPF NSSA external type 1, N2 - OSPF NSSA external type 2
       E1 - OSPF external type 1, E2 - OSPF external type 2
       i - IS-IS, su - IS-IS summary, L1 - IS-IS level-1, L2 - IS-IS level-2
       ia - IS-IS inter area, * - candidate default, U - per-user static route
       o - ODR, P - periodic downloaded static route, H - NHRP, l - LISP
       a - application route
       + - replicated route, % - next hop override

Gateway of last resort is not set

      1.0.0.0/32 is subnetted, 1 subnets
C        1.1.1.1 is directly connected, Loopback0
      2.0.0.0/32 is subnetted, 1 subnets
O        2.2.2.2 [110/2] via 192.168.20.2, 00:01:22, FastEthernet0/0
      3.0.0.0/32 is subnetted, 1 subnets
O        3.3.3.3 [110/3] via 192.168.20.2, 00:01:22, FastEthernet0/0
      4.0.0.0/32 is subnetted, 1 subnets
O        4.4.4.4 [110/2] via 192.168.50.1, 00:04:11, FastEthernet1/0
      192.168.10.0/24 is variably subnetted, 2 subnets, 2 masks
C        192.168.10.0/24 is directly connected, FastEthernet1/1
L        192.168.10.1/32 is directly connected, FastEthernet1/1
      192.168.20.0/24 is variably subnetted, 2 subnets, 2 masks
C        192.168.20.0/24 is directly connected, FastEthernet0/0
L        192.168.20.1/32 is directly connected, FastEthernet0/0
O     192.168.30.0/24 [110/2] via 192.168.20.2, 00:01:22, FastEthernet0/0
O     192.168.40.0/24 [110/2] via 192.168.50.1, 00:04:21, FastEthernet1/0
      192.168.50.0/24 is variably subnetted, 2 subnets, 2 masks
C        192.168.50.0/24 is directly connected, FastEthernet1/0
L        192.168.50.2/32 is directly connected, FastEthernet1/0
O IA  192.168.60.0/24 [110/3] via 192.168.20.2, 00:01:22, FastEthernet0/0
```

图 3-28 检查 R1 的路由表

从输出结果可以知道，标记为“O IA”的路由为 OSPF 区域间的路由，为前往区域 1 的路由。

五、任务实战

1. 任务情境

某港口网络拓扑结构如图 3-29 所示，现在需要做适当配置，实现港口网内部主机与港口网外部以及其他主机的相互通信。

2. 任务要求

为了简化网管的管理维护工作，要求采用 OSPF 协议实现互通，完成相关配置并撰写详细的报告。

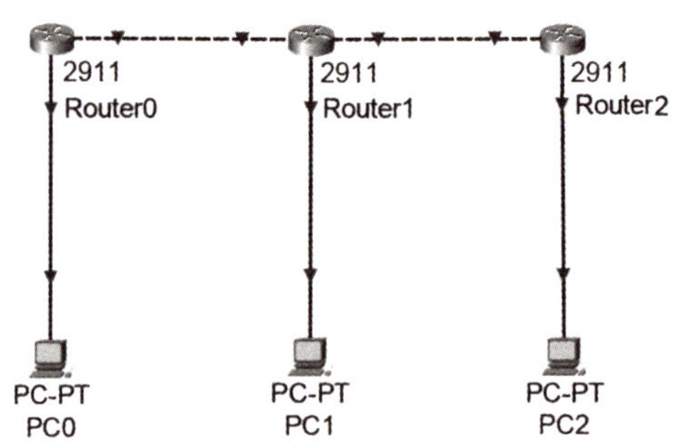

图 3-29　港口网络拓扑结构图

3. 任务实施步骤

（1）网络设备 IP 地址的规划。包括 PC0、PC1、PC2 以及 3 台路由器各端口的地址规划。

（2）配置路由器 Router0，包括两个连接端口的 IP 地址配置和端口开启。

（3）配置路由器 Router1，包括三个连接端口的 IP 地址配置和端口开启。

（4）配置路由器 Router2，包括两个连接端口的 IP 地址配置和端口开启。

（5）配置 OSPF 路由协议，三个路由器上都需做相关配置。

（6）在两台 PC 上验证，看是否能够互相通信。

六、学习结果评价

本任务主要讨论了动态路由协议 OSPF 的基本内容，读者需要阅读相关文献和案例，撰写学习笔记和总结，对课堂内容进行复习和巩固。为了让读者清楚自身学习情况，现将设定学习结果评价表，小组同学之间可以交换评价，进行互相监督，见表 3-10。

表 3-10　学习结果评价表

序号	学习内容	学习标准	学习结果（是 / 否）
1	熟悉路由器端口类型及其端口配置	基本了解	
2	能够规划与部署动态路由协议和掌握 OSPF 动态路由协议的配置方法	熟练掌握	

七、课后作业

1. 填空题

（1）OSPF 的三张表是指（　　）、（　　）和（　　）。

（2）OSPF 有（　　）、（　　）、（　　）、（　　）和（　　）类型的报文。

（3）OSPF 的区域类型分为（　　）和（　　），其中的路由器分为（　　）、（　　）、（　　）和（　　）。

（4）OSPF 的网络类型分为（　　）、（　　）、（　　）和（　　）。

（5）常见的 OSPF LSA 类型有（　　）、（　　）、（　　）、（　　）和（　　）。

2. 选择题

（1）（　　）方式可以用来阻止从某个路由器接口发送路由选择更新信息。

A．重发布　　　　B．路由汇总

C．被动接口　　　　　　　　　　D．最后可用网关

（2）OSPF 路由选择协议的默认管理距离是（　　）。

A．1　　　　B．90　　　　C．110　　　　D．120

（3）两台运行 OSPF 的路由器交换了 Hello 数据包，形成邻接关系，接下来它们将会（　　）。

A．相互交换完整路由表　　　　　　B．发送链路状态数据包

C．协商确定 DR/BDR　　　　　　　D．生成 SPF 树

3．简答题

（1）列举 3 个在大型网络中运行 OSPF 比 RIP 更好的原因。

（2）当路由器接收到 LSU 将执行什么操作？

（3）OSPF 采用分层的体系化设计方式，它解决了什么网络问题？

（4）什么区域类型被连接到骨干区域？在多区域中，骨干区域必须被配置成什么区域？

工作模块 4 控制网络安全访问

模块导引

从古代路引到现代网络访问控制：安全与效率的博弈

从古至今，安全管控一直是维护社会秩序的重要手段。在中国古代，路引制度是一种典型的人员流动管控方式。这种由官方发放的凭证，不仅证明持有者的身份和出行目的，还决定了其能否自由通行。无论是商人、学子，还是普通百姓，离开居住地时都需携带路引，否则可能面临无法通过关卡甚至牢狱之灾的风险。在边境地区或重要军事地点，通行管控更加严格。士兵和官员需要携带令牌或符节等高级凭证才能通行。历史上，路引制度的严格执行影响深远。战国时期的商鞅因缺乏有效凭证而未能逃离秦国，《水浒传》中的刘唐则因无路引被误认为盗贼。到了明清时期，这一制度更是达到顶峰，百姓出行百里之外都需备案开具文引。时至今日，虽然人员流动的管控方式已经发生了巨大变化，但安全管理的核心理念仍在延续。在现代网络管理中，访问控制列表（Access Control List，ACL）就像古代的路引，通过严格的身份验证和权限控制，保护重要网络区域免受非法访问。这种从实体空间到虚拟世界的管控演变，体现了安全管理在不同时代的共通性和延续性。

通过对比古今安全管控措施，我们可以深入探讨信息安全管理的本质，以及如何在保障安全与保持业务连续性之间取得平衡。

工作任务 4-1：网络访问安全控制

任务简介

访问控制列表是网络设备上常用的一种流量控制技术，它通过设置过滤条件来实现网络访问控制。随着 Internet 应用的普及，网络访问控制面临着新的挑战，网络管理员需要在允许合理访问的同时，有效阻止不必要的连接。ACL 可以根据数据包的源地址、目的地址或服务类型等信息进行过滤，包括 IP 标准访问列表和 IP 扩展访问列表两种主要类型。其中，IP 标准 ACL 主要基于源地址进行过滤；而扩展 ACL 则可以同时考虑目的地址和服务类型，提供更精确的控制。此外，基于时间的 ACL 能够根据不同时间段实施不同的控制策略，更好地满足企业网络的动态管理需求。

本工作任务要求网络管理员掌握 ACL 的配置方法，包括标准 ACL 和扩展 ACL 的创建和应用，并能够根据具体的网络控制需求，选择合适的 ACL 类型，制定相应的访问控制策略，确保网络资源的安全可控。

职业能力 4-1-1：能配置标准 ACL

一、核心概念

- 访问控制列表：是一个命令集，用于过滤进入或者离开接口的流量。
- 通配符掩码：与 IP 地址一起使用，用于确定某个网络所包含的 IP。

二、学习目标

- 了解 ACL 过滤数据包的原理、分类、作用。
- 掌握 ACL 的工作过程。
- 掌握标准 ACL 的基本配置和使用。
- 熟悉通配符掩码的运用。

学习思维导图：

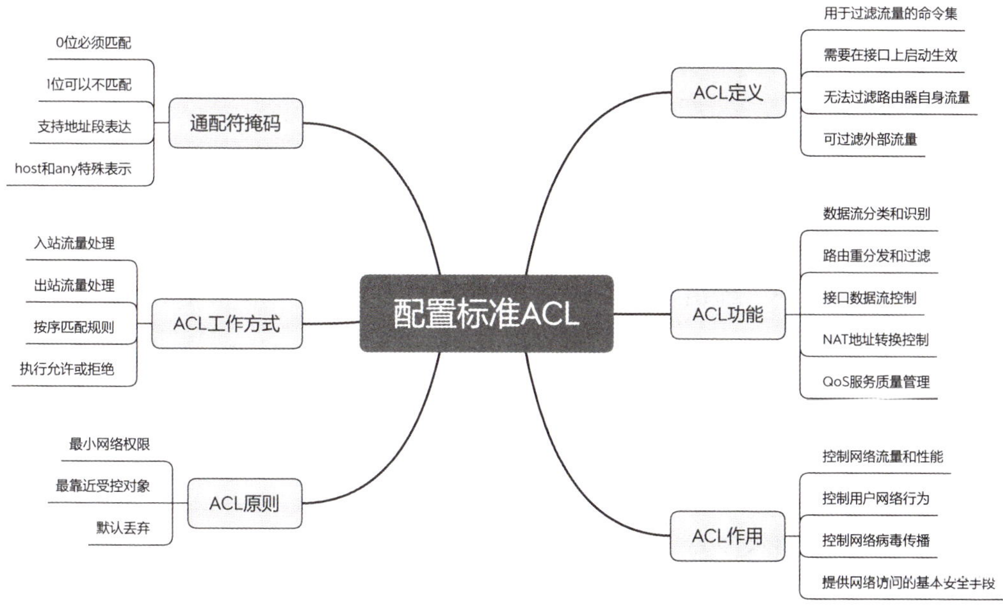

三、基本知识

1. 访问控制列表的定义

访问控制列表是一个命令集，通过编号或名称组织在一起，用来过滤进入或离开接口的流量。ACL 命令明确定义了允许以及拒绝哪些流量。

创建 ACL 语句组后，还需要启动它们。要在接口之间过滤流量，必须在接口模式下启动 ACL。所指的接口可以是物理接口（如 Ethernet0 或 Serial0）或者是逻辑接口（如 Ethernet0.1 或 Serial0.1）。在接口上启动 ACL 时，还需要指明在哪个方向过滤流量。

ACL 的一个局限性是它不能过滤路由器自己生成的流量。例如，从路由器上执行

ping 或 traceroute 命令，或者从路由器上 Telnet 到其他设备时，应用到此路由器接口的 ACL 无法对这些连接的出站流量进行过滤。然而，如果外部设备要 ping、traceroute 或 Telnet 到此路由器，或者通过此路由器转发数据包到达远程接收站，那么路由器会过滤这些分组。

2. ACL 的功能

ACL 是一个控制网络的有力工具，使用 ACL 的两项主要功能：分类和过滤。

（1）分类。在路由器上使用 ACL 来识别特定的数据流并将其分类，指示路由器如何处理这些数据流，例如：

1）识别通过虚拟专用网络（VPN）连接进行传输时需要加密的数据流。

2）识别要将其从一种路由选择协议重分发到另一种路由选择协议中的路由。

3）结合使用路由过滤来确定要将哪些路由包含在路由器之间传输的路由选择更新中。

4）结合使用基于策略的路由选择来确定通过专用链路传输哪些数据流。

5）结合使用网络地址转换（Network Address Translation，NAT）来确定要转换哪些地址。

6）结合使用服务质量（Quality of Service，QoS）来确定发生拥塞时应调度队列中的哪些数据包。

（2）过滤。路由器根据 ACL 中指定的条件来检测通过路由器的每个数据包，从而决定是转发还是丢弃该数据包。ACL 中的条件，既可以是数据包的源地址，也可以是目的地址，还可以是上层协议或其他因素，例如：

1）前往或来自特定路由器接口的数据流。

2）前往或离开路由器虚拟终端（Virtual Teletype Terminal，VTY）端口、用于管理路由器的 Telnet 数据流。

3）用于过滤流入、流出路由器接口的数据包。

3. ACL 的作用

建立 ACL 主要有以下几方面的作用：

（1）控制网络流量、提高网络性能。将 ACL 应用到路由器的接口，对经过接口的数据包进行检查，并根据检查的结果决定数据包是丢弃还是转发，达到控制网络流量、提高网络性能的目的。

（2）控制用户网络行为。在路由器的接口处，决定哪种类型的通信流量被转发、哪种类型的通信流量被阻塞。例如，禁止单位员工看股票、用 QQ 聊天，只靠管理手段是不够的，还必须从技术上进行控制；可以允许 E-mail 通信流量被通行，拒绝所有的 Telnet 通信流量等。可以用两种方法限制用户的行为：第一种使用 ACL 限制用户只能使用常用的因特网服务，其他服务全部过滤掉；第二种是封堵软件的端口或禁止用户登录软件的服务器。

（3）控制网络病毒的传播。这是 ACL 使用最广泛的功能。例如，蠕虫病毒在局域网传播的常用端口为 TCP 135、139 或 445，通过 ACL 过滤掉目的端口为 TCP 135、139 或 445 的数据包，就可控制蠕虫病毒的传播。

（4）提供网络访问的基本安全手段。例如，ACL 允许主机 A 访问人力资源网络，而拒绝主机 B 访问。

4. ACL 实施遵循的原则

（1）最小网络权限原则。只给受控对象完成任务所必须的最小的网络访问权限。

（2）最靠近受控对象原则。所有的网络层访问权限应在最靠近受控对象的设备上做控制。

（3）默认丢弃原则。在 Cisco 路由交换设备中默认在 ACL 最后加入规则：DENY ANY ANY，也就是丢弃所有不符合条件的数据包。

5. ACL 的工作过程

ACL 被应用在接口上才能生效，同时，由于在接口上数据流量有进（In）接口和出（Out）接口两个方向，所以在接口上使用 ACL 也有进（In）接口和出（Out）接口两个方向。进方向的 ACL 负责过滤进入接口的数据流量，出方向上的 ACL 负责过滤从接口发出的数据流量。在路由器的一个接口上，每种路由协议的 ACL 都可以配置两个，一个是进方向，另外一个是出方向。ACL 通过以下两种方式来运行。

（1）进站 ACL 工作过程。图 4-1 显示了进站方向的 ACL 工作过程。当设备接口收到数据包时，首先确定 ACL 是否被应用到该接口，如果没有，则正常地路由数据包。如果有，则处理 ACL，从第一条语句开始，将条件和数据包内容比较。如果没有匹配，则处理 ACL 中的下一条语句，如果匹配，则执行允许或拒绝的操作。如果整个 ACL 中都没有找到匹配的规则，则丢弃该数据包。

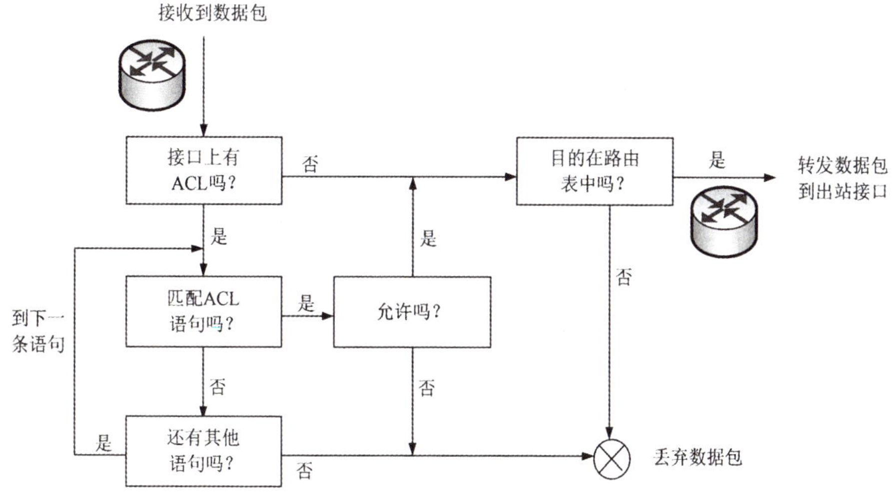

图 4-1　进站方向的 ACL 工作流程

（2）出站 ACL 工作过程。用于出站的 ACL 工作过程与入站 ACL 工作过程类似，当设备接收到数据包时，首先查看路由表，是否可将数据包路由到输出接口，如果不能，则丢弃数据包；如果数据包可以路由，则将数据包路由到输出端口，再检查该端口上是否应该启用 ACL，如果没有，直接将数据包从出站接口输出；如果启用了 ACL，则将根据测试 ACL 中的语句的结果决定是转发还是拒绝数据包，如图 4-2 所示。

入站 ACL 的效率很高，因此数据包因未能通过过滤测试而被丢弃时，将节省查找路由选择表的时间。仅当数据包通过测试后，才对其做路由选择方面的处理。

6. ACL 的分类

（1）根据判断条件。根据判断条件的不同，ACL 分为标准 ACL 和扩展 ACL。标准 ACL 根据 IP 数据包的源 IP 地址定义规则，进行数据包的过滤。扩展 ACL 根据数据包的源 IP 地址、目的 IP 地址、源端口号、目的端口号和协议来定义规则，进行数据包的过滤。ACL 从更详细的方面分类，主要体现在扩展 ACL，因为它可以是基于各种协议的扩展 ACL。

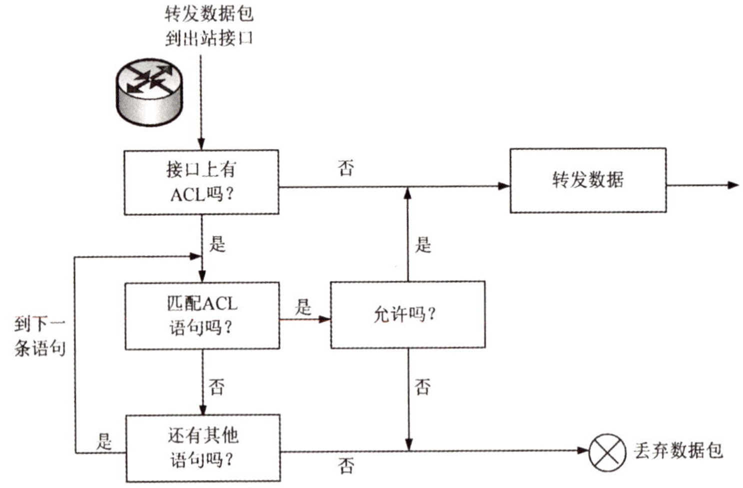

图 4-2　出站方向的 ACL 工作流程

（2）根据标识方法。根据标识方法不同，ACL 可以分为基于编号和命名的 ACL，见表 4-1。

表 4-1　基于编号和命令的 ACL

ACL 类型	代码	扩展代码	检查项目
IP 标准 ACL	1 ～ 99	1300 ～ 1999	源地址
IP 扩展 ACL	100 ～ 199	2000 ～ 2699	源地址、目的地址、协议、端口号及其他
命名标准 ACL	名字		源地址
命名扩展 ACL	名字		源地址、目的地址、协议、端口号及其他

（3）基于时间的 ACL。基于时间的 ACL 是指在特定时间段生效的访问列表。定义基于时间的 ACL 需要先定义时间，然后使用 ACL 调用该时间段。

7. 通配符掩码

（1）通配符掩码的概念。通配符掩码是一个 32 位的比特数，以点分十进制表示，用于告诉路由器数据包 IP 地址的哪些比特需要和 access-list 命令中给定的 IP 地址相匹配。

通配符掩码的作用与子网掩码类似，与 IP 地址一起使用。如果说子网掩码用于确定某个 IP 地址的网络位，得出网络地址，那么通配符掩码则用于确定某个 IP 地址的主机位。通配符掩码的定义如下：

1）通配符掩码位是 0，表示必须匹配地址对应的比特。

2）通配符掩码位是 1，表示不必匹配地址对应的比特。

通配符掩码也是 32bit 的二进制数，与子网掩码相反，它的高位是连续的 0，低位是连续的 1，它也常用点分十进制来表示。IP 地址与通配符掩码的作用规则是：32bit 的 IP 地址与 32bit 的通配符掩码必须逐位进行比较，通配符为 0 的位要求 IP 地址的对应位必须匹配，通配符为 1 的位所对应的 IP 地址的位不必匹配，可为任意值（0 或 1）。

例如：

IP 地址 192.168.1.0	11000000 10101000 00000001 00000000
通配符掩码 0.0.0.255	00000000 00000000 00000000 11111111

该通配符掩码的前 24bit 为 0，对应的 IP 地址位必须匹配，即必须保持原数值不变。该通配符掩码的后 8bit 为 1，对应的 IP 地址位不必匹配，即 IP 地址的最后 8bit 的值可以任取，也就是说，可在 00000000 ～ 11111111 之间取值。换句话说，192.168.1.0 0.0.0.255 代表的 IP 地址有 192.168.1.1 ～ 192.168.1.254 共 254 个。

例如：

IP 地址 128.32.4.16	10000000 00100000 00000100 00010000
通配符掩码 0.0.0.15	00000000 00000000 00000000 00001111

该通配符掩码的前 28bit 为 0，要求匹配，后 4bit 为 1，不必匹配。即是说，对应的 IP 地址前 28bit 的值固定不变，后 4bit 的值可以改变。这样，该 IP 地址的前 24bit 用点分十进制表示仍为 128.32.4，最后 8bit 则为 00010000 ～ 00011111，即 16 ～ 31。也就是说，128.32.4.16 0.0.0.15 代表的 IP 地址有 128.32.4.16 ～ 128.32.4.31 共 16 个。

（2）常用通配符掩码。

1）全 0 通配符掩码。全 0 的通配符掩码要求对应 IP 地址的所有位都必须匹配。如 123.1.2.3 0.0.0.0 表示的就是 IP 地址 123.1.2.3 本身，在访问列表中亦可表示为 host 123.1.2.3。

2）全 1 通配符掩码。全 1 的通配符掩码表示对应的 IP 地址位都不必匹配。也就是说，IP 地址可任意。如 0.0.0.0 255.255.255.255 表示的就是任意主机的 IP 地址，在访问列表中亦可表示为 any。

3）表达一段地址。网络管理员要想使用通配符掩码让路由器检测数据是否来自 172.30.16.0 ~ 172.30.31.0 的子网。从而决定来自这些子网的数据是否允许或拒绝，则表示为 172.30.16.0 0.0.15.255。

4）表达网段中所有偶数 IP 地址。注意偶数 IP 地址的特征为 0，如要表达 192.168.20.0/24 内的所有偶数 IP 地址，则应表示为 192.168.20.0 0.0.0.254。

在配置 ACL 时必须有通配符掩码，而且通配符掩码的正确与否直接决定了 ACL 如何工作，在实际应用中应多加注意。

8. ACL 的使用方法

配置 ACL 分为两步：第一步写出访问控制列表；第二步将 ACL 应用（关联）到接口的进或出方向上。一个没有与任何接口关联的 ACL 是不起任何作用的，同样，接口上关联了一个不存在的 ACL 也是不产生任何效果的。

在配置 ACL 时应注意其配置顺序，先配置的规则在 ACL 语句列表的前面，后配置的规则放在列表后面，ACL 的工作过程是按 ACL 配置的顺序从前往后执行，后面的规则只有在前面的规则没有匹配时，才有机会执行，因此，ACL 语句配置的先后次序是非常重要的。

在 ACL 的配置与使用中需要注意以下事项。

（1）ACL 是自顶向下顺序进行处理，一旦匹配成功，就会进行处理，且不再比对后面的规则。因此应将最严格的规则放在首端，最不严格的规则放在末端。

（2）当所有规则没有匹配成功时，会丢弃分组，这也称为 ACL 隐性拒绝。

（3）每个接口在每个方向上，只能应用一个 ACL。

四、能力训练

1. 配置标准 ACL

（1）标准 ACL 命令格式。标准 ACL 是通过对网络中的源 IP 地址进行过滤，允许或者拒绝流量，使用编号 1 ～ 99 和 1300 ～ 1999。它只使用数据包的源地址信息作为过滤的标准，而不能基于协议或者应用来过滤数据流量，使用规则简单，但粒度不够细致。

标准 ACL 可以控制对来自某个或某一网段的主机的数据包的过滤。在全局配置模式下，标准 IP ACL 的命令格式为：

```
Router(config)#access-list ACL-id deny|permit source wildcard-mask [log]
```

该命令的含义为：定义某编号访问列表，允许（或拒绝）来自由 IP 地址 source 和通配符掩码 wildcard-mask 确定的某个或某网段的主机的数据包通过路由器。其中：

1）ACL-id 为列表编号，在标准 ACL 中取值为 1 ～ 99。Cisco IOS 软件第 12.0.1 版扩大了编号的范围，允许使用 1300 ～ 1999 的编号，从而可以定义最多 799 个标准 ACL。这些附加的编号称为扩充 IP ACL。

2）deny | permit 意为“允许或拒绝”，必选其一，source-ip-address 为源 IP 地址或网络地址。

3）source 和 wildcard-mask 分别代表源 IP 地址和通配符掩码，如果不明确指定，默认为 0.0.0.0。该参数格式可以指定一个子网范围或是单个地址，不过在这里也可以替换使用 host ip-address 命令来表示单个 IP 地址。

4）log 表示日志，这是可选项，一旦选取该关键字，则对匹配条目的数据包生成日志消息。

5）为了增加可读性，对某条访问列表可进行 100 个字符以内的注释，查看访问列表时，注释命令和内容一同显示。注释命令的格式为：

```
Router(config)#access-list ACL-id remark 注释内容
```

（2）在路由器接口上应用 ACL。在接口配置模式下，使用命令与接口关联，并指明方向，命令如下：

```
Router(config-if)#ip access-group ACL-id in|out
```

其中 in|out 指明 ACL 对哪个方向的数据进行检查。

2. 标准 ACL 配置示例

如图 4-3 所示，要求配置标准 ACL 以实现：禁止主机 A 访问主机 C，而允许所有其他的流量访问。

（1）分析在哪个接口应用标准 ACL。

1）应用在进站接口还是出站接口。路由器对进入的数据包，先检查进入访问控制列表，对允许传输的数据包才查询路由表，而对于外出的数据包先查询路由表，确定目标接口后才查看出访问控制列表。因此应该尽量把访问控制列表应用到进站接口，因为它比应用到出站接口效率更高，将要丢弃的数据包在路由器进行路由表查询处理之前就拒绝掉。

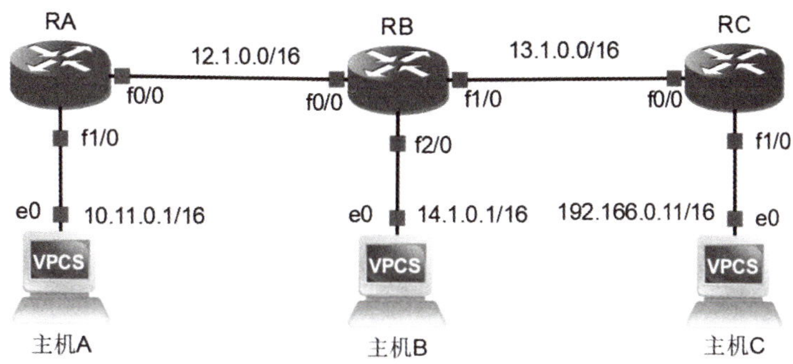

图 4-3　标准 ACL 配置拓扑图

2）应用在哪台路由器上。由于标准 ACL 只能根据源地址过滤数据包，如果应用在路由器 RA 或 RB 的进站接口，那么主机 A 不仅不能访问主机 C，而且不能访问网络 14.1.0.0/16。而应用在路由器 RC 的入站接口，就可以实现要求。也就是说，应该把标准 ACL 配置在离目的地最近的路由器上。

注意：实现网络控制效果的方法不止一种，用户可以结合配置便利性、规则数量、运行效率等多方面做出选择。

（2）配置标准 ACL 并应用到接口上，命令如下：

```
RC(config)#access-list 1 deny host 10.11.0.1
// 拒绝主机 10.11.0.1 流量通过
RC(config)#access-list 1 permit any          // 允许其他任何网段访问目标主机
RC(config)#interface fastethernet 0/0        // 进入接口配置模式
RC(config-if)#ip access-group 1 in
// 将定义的标准 ACL 应用到接口的 In 方向上
```

（3）查看并验证配置。使用 show access-lists 命令查看所有 ACL 配置，命令如下所示：

```
RC#show access-lists              // 显示访问控制列表的配置细节
Standard IP access lists 1        // 标准 IP ACL，表号为 1
10 deny 10.11.0.1                 // 序号为 10 的规则拒绝主机 10.11.0.1 进入路由器
20 permit any                     // 序号为 20 的规则表示允许所有通信
```

如要显示与 IP 协议有关的访问控制列表的配置细节，应使用 show ip access-list 命令；使用 show running-config 可以显示正在生效的所有配置，包括 ACL，检查 IP ACL 是否被应用于接口，可使用命令 show ip interfaces；在配置 ACL 的过程中，可能会删除配置的 ACL，若使用 no access-list ACL-id 命令删除 ACL，会删除该 ACL 中的所有配置参数；若在接口配置模式下使用 no ip access-group ACL-id 命令，则断开 ACL 与接口的关联，使 ACL 暂时失效。

五、任务实战

1. 任务情境

图 4-4 为某港口的部分网络拓扑结构图，左边的 192.168.0.0 网段为内部办公网络，

Server-APP 为门户网站服务器，R1 为港口网络边界路由器，R2 为外部网络路由器。根据对 Server-APP 的安全保护需求，要求只允许 PC1 和 PC2 可以访问 Server-APP，但不允许 Server-APP 通过 R2 访问外网（如 PC-OTHER）。

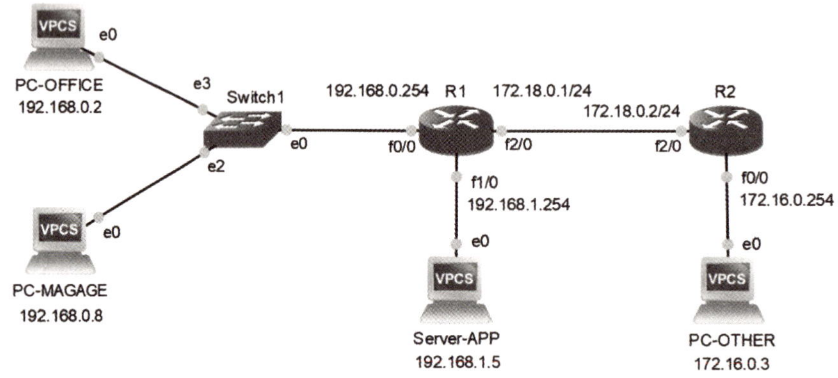

图 4-4　港口配置 ACL 网络拓扑图

2. 任务要求

根据问题情境，完成两个工作任务：

任务 1：配置各个设备的接口 IP 地址，运行动态路由协议，使得网络可以连通。

任务 2：设置 ACL，只允许 192.168.0.0 网段访问 192.168.1.5，防止其他网络访问服务器；不允许 192.168.1.5 网段通过路由器 R2，防止服务器向路由器 R2 连接的外部网络通信。

3. 任务实施步骤

任务 1：基本网络配置，保证网络连通性。

（1）请根据网络拓扑图上的标示配置各个设备的网络地址、掩码、网关，路由器配置 RIPv2 动态路由协议，关闭自动汇总，使得网络可以连通。

（2）各个设备配置完成后，测试是否可以达到全网互通。

例如：使用主机 PC-OFFICE 来 ping 测试主机 PC-OTHER，看是否可以 ping 通，如图 4-5 所示。

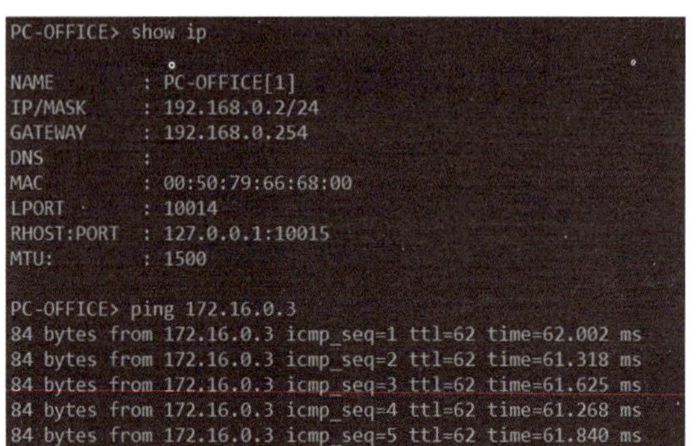

图 4-5　主机 PC-OFFICE 测试主机 PC-OTHER 连通性

任务 2：配置并应用标准 ACL，实现访问控制要求。

ACL 应用规划：根据任务要求，规划两条标准 ACL，第一条 ACL 规定只允许

192.168.0.0 网段访问 192.168.1.5，并应用到路由器 R1 的 f1/0 接口的出口方向上，这样可以过滤掉来自其他网络的访问；第二条 ACL 规定路由器 R2 拒绝 192.168.1.5 主机通过，并应用到路由器 R2 的 f2/0 接口的入口方向上。

（1）只允许 192.168.0.0 网段访问 192.168.1.5，其他网段不可通过，应用到 R1 路由器上，命令如下：

```
R1(config)#access-list 10 permit 192.168.0.0 0.0.0.255
// 允许 192.168.0.0 网段流量通过，在最后有一条隐式拒绝所有流量的规则
R1(config)#interface fastethernet 1/0          // 进入端口 f1/0 配置模式
R1(config-if)#ip access-group 10 out           // 应用 ACL 10 到出方向
```

（2）不允许 192.168.1.5 主机通过路由器 R2，应用到路由器 R2 上，命令如下：

```
R2(config)#access-list 10 deny host 192.168.1.5
// 拒绝 192.168.1.5 主机流量通过，每个设备用自己独立的编号
R2(config)#access-list 10 permit any           // 允许其他所有通信
R2(config)#interface fastethernet 2/0          // 进入端口 f2/0 配置模式
R2(config-if)#ip access-group 10 in            // 应用 ACL 10 到入方向
```

（3）验证 ACL 配置的正确性。

1）在路由器 R1 与 R2 上分别使用 show access-lists 命令查看 ACL 配置的正确性，如图 4-6、图 4-7 所示。

```
R1#show access-lists
Standard IP access list 10
    10 permit 192.168.0.0, wildcard bits 0.0.0.255
```

图 4-6　查看路由器 R1 的 ACL 配置

```
R2#show access-lists
Standard IP access list 10
    10 deny   192.168.1.5
    20 permit any
```

图 4-7　查看路由器 R2 的 ACL 配置

2）测试访问控制效果。如图 4-8 所示，192.168.0.0 网段能够访问 192.168.1.5。

```
PC-OFFICE> ping 192.168.1.5
84 bytes from 192.168.1.5 icmp_seq=1 ttl=63 time=30.711 ms
84 bytes from 192.168.1.5 icmp_seq=2 ttl=63 time=31.084 ms
84 bytes from 192.168.1.5 icmp_seq=3 ttl=63 time=31.769 ms
84 bytes from 192.168.1.5 icmp_seq=4 ttl=63 time=30.925 ms
84 bytes from 192.168.1.5 icmp_seq=5 ttl=63 time=30.912 ms
```

图 4-8　192.168.0.0 网段可以访问 192.168.1.5

如图 4-9 所示，路由器 R2 拒绝 192.168.1.5 主机流量通过。

```
Server-APP> show ip

NAME        : Server-APP[1]
IP/MASK     : 192.168.1.5/24
GATEWAY     : 192.168.1.254
DNS         :
MAC         : 00:50:79:66:68:02
LPORT       : 10022
RHOST:PORT  : 127.0.0.1:10023
MTU:        : 1500

Server-APP> ping 172.16.0.3
172.16.0.3 icmp_seq=1 timeout
172.16.0.3 icmp_seq=2 timeout
172.16.0.3 icmp_seq=3 timeout
172.16.0.3 icmp_seq=4 timeout
172.16.0.3 icmp_seq=5 timeout
```

图 4-9　路由器 R2 拒绝 192.168.1.5 主机流量通过

六、学习结果评价

本任务主要讨论了用来控制路由器或交换机端口数据包的 ACL，标准 ACL 可以用来阻止某一网络的所有通信流量，允许来自某一特定网络的所有通信流量，或者拒绝某一协议族（如 IP）的通信流量。为让读者清楚自身学习情况，现设定学习结果评价表，小组同学之间可以交换评价，进行互相监督，见表 4-2。

表 4-2　学习结果评价表

序号	评价内容	评价标准	评价结果（是 / 否）
1	规划标准 ACL	是否能规划网络需要的 ACL	
2	标准 ACL 的基本配置	能否配置标准 ACL 规则	
3	标准 ACL 的应用	能否将 ACL 正确应用到设备接口	

七、课后作业

1. 填空题

（1）根据判断条件不同，ACL 分为（　　）和（　　）；根据标识方法不同，ACL 分为（　　）和（　　）。

（2）ACL 必须应用在（　　）才能生效，对（　　）方向的数据包，先检查（　　），后检查（　　）。

（3）ACL 中有两种特殊的通配符掩码，如 192.168.1.1 0.0.0.0 通配符掩码可表示为（　　）；0.0.0.0 255.255.255.255 通配符掩码可表示为（　　）。

2. 选择题

（1）标准 ACL 以数据包的（　　）作为判别条件。

A．大小　　B．源地址

C．端口号　　D．目的地址

（2）标准 ACL 应被放置的最佳位置是（　　）。

A．越靠近数据包的源越好　　B．越靠近数据包的目的越好

C．无论放在什么位置都行　　D．入接口方向的任何位置

（3）在访问控制列表中，地址和掩码为 192.168.64.0 0.0.3.255 表示的 IP 地址范围是（　　）。

A．192.168.67.0 ～ 192.168.70.255　　B．192.168.64.0 ～ 192.168.67.255

C．192.168.63.0 ～ 192.168.64.255　　D．192.168.64.255 ～ 192.168.67.255

3. 简答题

（1）将 ACL 用作数据包过滤有何用途？

（2）简述标准 ACL 有什么特点？

职业能力 4-1-2：能配置扩展 ACL

标准 ACL 仅基于源地址来过滤网络流量，通常用于限制特定用户或网络中的特定主机的访问权限。扩展 ACL 则可以基于更多的条件（如目标地址、协议类型、端口号等）来限制网络流量，通常用于限制网络中不同程序之间的通信。

一、核心概念

- 扩展 ACL：配置扩展 ACL 后，可以限制网络流量，允许特定设备访问、指定、转发特定端口数据包等。
- 命名 ACL：以列表名称代替列表编号来定义 ACL，同样包括标准和扩展两种列表。
- 基于时间的 ACL：能够实现分时段上网或者其他分时段的功能，允许根据时间执行访问控制。

二、学习目标

- 掌握扩展 ACL 的基本配置和使用方法。
- 掌握命名 ACL 配置方法。
- 掌握基于时间的 ACL 配置方法。

学习思维导图：

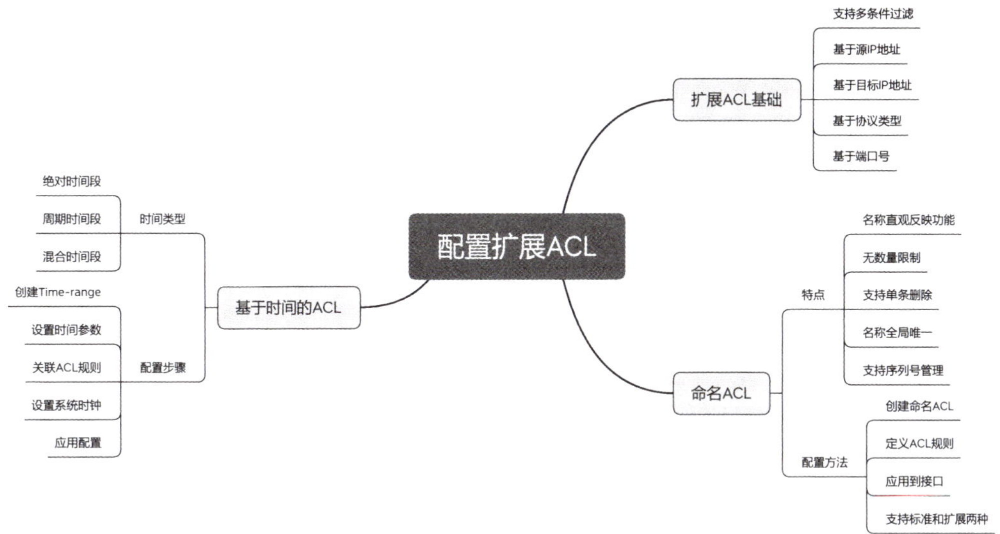

三、基本知识

1. 扩展 ACL 介绍

扩展 ACL 除了能与标准 ACL 一样基于源 IP 地址对数据包进行过滤外，还可以基于目标 IP 地址、协议或者端口号（服务）等对数据包进行控制。使用扩展 ACL 测试数据包可以更加精确地控制流量过滤，提升网络安全性。例如，扩展 ACL 可以允许从某网络到指定目的地的电子邮件流量，同时拒绝文件传输和网页浏览流量。在全局配置模式下，扩展 ACL 的命令格式为：

```
Router(config)#access-list ACL-id deny|permit|remark protocol source source-wildcard-mask [operator port|protocol-name] destination destination-wildcard-mask [operator port|protocol-name] [established]
```

各参数的含义见表 4-3。

表 4-3　扩展 ACL 命令参数介绍

关键字或参数	含义
protocol	协议或协议标识关键字，包括 ip、eigrp、ospf、gre、icmp、igmp、igrp、tcp、udp 等
source	源地址或网络号
source-wildcard-mask	源通配符掩码
destination	目标地址或网络号
destination-wildcard-mask	目标通配符掩码
access-list-number	访问列表号，取值 100 ～ 199；2000 ～ 2699
operator port|protorol-name	operator 操作符，可用的操作符包括 lt（小于）、gt（大于）、eq（等于）、neq（不等于）和 range（范围）等，后跟 port（协议端口号）或是 server-name（服务名）
established	仅用于 TCP 协议，表示已建立的连接

operator port|protocol-name 用于限定使用某种网络协议的数据包的端口或协议名称或关键字，例如：

```
eq 21|ftp
eq 20|ftpdata
// 限定使用 TCP 协议的数据包的端口为 21、20 或协议名称为 FTP 或关键字为 FTPDATA
eq 80|http|www
// 限定使用 TCP 协议的数据包的端口为 80，或协议名称为 HTTP 或关键字为 WWW
```

部分常用的协议及其端口号见表 4-4。

表 4-4　常用的协议及其端口号

常用端口号	协议名称	常用端口号	协议名称
20	FTP（数据）	69	TFTP
21	FTP（程序）	80	HTTP
23	Telnet	53	DNS
25	SMTP	161	SNMP

2. 命名 ACL 介绍

（1）命名 ACL 的特点。不管是标准 ACL 还是扩展 ACL，仅用编号区分的访问控制列表不便于网络管理员对访问控制列表作用的识别。命名 ACL 让人更容易理解其作用，例如，用于拒绝 FTP 的 ACL 可以命名为 NO_FTP。命名 ACL 时，名称区分大小写，并且必须以字母开头。在名称的中间可以包含任何字母数字混合使用的字符，也可以在其中包含 [ ]、{ }、_、—、+、/、\、.&、$、#、@、! 以及 ? 等特殊字符，名称的最大长度为 100 个字符。命名 ACL 具有如下特性：

1）名称能更直观地反映出访问控制列表完成的功能。

2）命名访问控制列表没有数量的限制。

3）命名访问控制列表允许删除个别语句，而编号访问控制列表只能删除整个访问控制列表。把一个新语句加入命名访问控制列表，加入到什么位置取决于是否使用了序列号。ACL 语句序列号能够轻松在命名 ACL 中添加或删除语句以及调整语句的顺序。

4）单个路由器上命名访问控制列表的名称在所有协议和类型的命名访问控制列表中必须是唯一的，而不同路由器上的命名访问控制列表名称可以相同。

5）命名访问控制列表是一个全局命令，它将使用者带入到命名 IP 列表的子模式，在该模式下建立匹配和允许 / 拒绝动作的相关语句。

（2）命名 ACL 的用法。命名 ACL 以列表名称代替列表编号来定义 ACL，同样包括标准和扩展两种，其配置命令格式如下。

命名标准 ACL：

```
Router(config)#ip access-list standard access-list-name
Router(config-std-nacl) [sequence number] permit|deny source source-wildcard-mask
```

命名扩展 ACL：

```
Router(config)#ip access-list extended access-list-name
Router(config-ext-nacl) [sequence number] permit|deny protocol source source-wildcard-mask [operator port|protocol-name] destination destination-wildcard-mask [operator port|protocol-name] [established]
```

第一句命令的含义是声明创建一个标准 / 扩展的命名 ACL，并指定名称。然后进入到命名 ACL 配置模式，在这里可以在指定的位置添加 ACL 表项，sequence number 是可选项，填入数字顺序号，如果不加此参数表示在表后顺序添加，如果加上此数字表示插入到指定位置。

最后，还需将定义的 ACL 应用到接口上，配置方法和编号的 ACL 配置方法是一样的。

3. 基于时间的 ACL 介绍

通过基于时间的 ACL 可以根据一天中的不同时间，根据一星期中的不同日期，或二者相结合来控制网络数据包的转发，先定义时间段，然后使用 ACL 调用该时间段，从而满足用户对网络的灵活需求。这样，网络管理员可以对周末或工作日中的不同时间段定义不同的安全策略。例如，某高校需要对学生宿舍的上网进行控制，要求学生在星期日到星期四的晚上 10:30 至次日的 7:00 不能上网，要想满足这种需求，就必须使用基于时间的访问控制列表才能实现。

（1）时间的类型。基于时间的 ACL 只是在 ACL 规则后使用 time-range 命令为此规则定义一个时间段。时间段分为三种类型。

1）绝对（absoluted）时间段。表示一个时间范围，即从某时刻开始到某时刻结束，该规则在这段时间范围内生效，例如从 2 月 5 日早晨 8 点到 3 月 9 日的早上 8 点。

2）周期（periodic）时间段。表示一个时间周期，以星期为参数来定义时间范围，该规则以一周为周期循环生效。例如每天早上 8 点到 16 点，或者每周一到每周五的 8 点到 18 点，也就是说周期时间段不是一个连续的时间范围，而是特定某天的某个时间段。

3）混合时间段。将绝对时间段与周期时间段结合起来应用，称为混合时间段。例如 1 月 8 日到 3 月 9 日的每周一至周五的 8 点到 18 点。

（2）基于时间的 ACL 用法。基于时间的 ACL 功能使网络管理员可以依据时间来控制用户对网络资源的访问，即根据时间来禁止或允许用户访问网络资源。为了实现基于时间的 ACL 功能，必须首先创建一个 Time-range 端口来指明时间与日期。与其他端口一样，Time-range 端口是通过名称来标识的，然后将 Time-range 端口与对应的 ACL 关联起来。IP 扩展 ACL 允许与 Time-range 端口关联。

（3）基于时间的 ACL 配置。

1）创建 Time-range，命令如下：

```
Router(config)#time-range time-range-name
//time-range-name 为时间范围的名称
```

2）设置 absolute（绝对）时间，命令如下：

```
Router(config-time-range)#absolute start time date [end time date]
//start time date 为规则生效的起始时刻，end time date 为规则生效的终止时刻
```

3）设置 periodic（周期）时间，命令如下：

```
Router(config-time-range)#periodic days-of-the-week1 hh:mm1 to [days-of-the-week2] hh:mm2
// 指明在一周的哪一（几）天和时刻 Periodic 规则开始生效
```

4）ACL 与 Time-range 关联，命令如下：

```
Router(config)#access-list ACL-id deny|permit protocol source src-wildcard destination desti-wildcard
[time-range time-range-name]
```

5）设置路由器当前系统时钟，命令如下：

```
Router#clock set hh:mm:ss date month year
//hh:mm:ss：当前时刻；date：当前日期；month：当前月份；year：当前年份
```

四、能力训练

扩展 ACL 配置示例

扩展 ACL 和标准 ACL 的配置步骤完全相同，配置拓扑图如图 4-10 所示，要求配置一条扩展 ACL，允许主机 A 访问主机 C 的 WWW 服务，而禁止主机 A 访问主机 C 的任何其他服务，允许主机 A 访问 14.1.0.0/16 网络，其他网络访问都禁止。

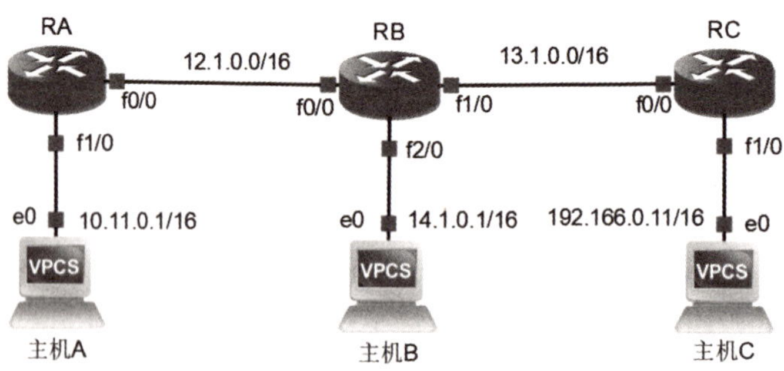

图 4-10 扩展 ACL 配置拓扑图

配置步骤如下：

（1）分析应在哪个接口上应用扩展 ACL。

1）应用在进站接口还是出站接口。与标准 ACL 一样，应该尽量把访问控制列表应用到进站接口。

2）应用在哪台路由器上。由于扩展 ACL 可以根据源 IP 地址、目的 IP 地址、指定

协议、端口等过滤数据包，因此最好应用到路由器 RA 的进站接口。因为上述规则的源地址相同，如果应用在路由器 RB 的进站接口上，会导致所经过的路由器 RA 消耗不必要的资源。也就是说，应该把这个扩展 ACL 应用在离源地址最近的路由器上。

（2）配置扩展 ACL 并应用到接口上。使用扩展 ACL 的命令如下：

```
RA(config)#access-list 101 permit tcp host 10.11.0.1 host 192.166.0.11 eq 80
// 允许主机 A 访问主机 C 的 WWW 服务
RA(config)#access-list 101 permit ip host 10.11.0.1 14.1.0.0 0.0.255.255
// 允许主机 A 访问网络 14.1.0.0/16
RA(config)#interface fastethernet 1/0                    // 进入接口配置模式
RA(config-if)#ip access-group 101 in
// 将定义的标准 ACL 应用到接口的 In 方向上
```

如果换成命名 ACL，则配置命令如下：

```
RA(config)#ip access-list extended ACL01
RA(config-ext-nacl)#permit tcp host 10.11.0.1 host 192.166.0.11 eq 80
RA(config-ext-nacl)#permit ip host 10.11.0.1 14.1.0.0 0.0.255.255
RA(config)#interface fastethernet 1/0                    // 进入接口配置模式
RA(config-if)#ip access-group ACL01 in
```

（3）查看并验证配置。请自行做下列验证操作。

1）在特权模式下使用 show access-lists 命令查看 ACL 配置，看是否显示如下结果：

```
Extended IP access list ACL01
   10 permit tcp host 10.11.0.1 host 192.166.0.11 eq www
   20 permit ip host 10.11.0.1 14.1.0.0 0.0.255.255
```

2）验证配置。主机 A 不能 ping 通主机 C，但可以访问主机 C 的 WWW 服务。要怎么测试虚拟 PC 的 WWW 服务呢？GNS3 的虚拟 PC 提供了一个很好用的功能，可以使用 ping 命令模拟 TCP 协议的流量，方法是加上参数 -3 -p 80，其中 -3 代表采用 TCP 模式，-p 80 代表目标端口号是 80。正常情况下就能收到对端虚拟 PC 的回应了，命令如下所示：

```
主机 A>ping 192.166.0.11 -3 -p 80
Connect   80@192.166.0.11 seq=2 ttl=61 time=107.341 ms
SendData  80@192.166.0.11 seq=2 ttl=61 time=107.201 ms
Close     80@192.166.0.11 seq=2 ttl=61 time=121.391 ms
```

五、任务实战

1. 任务情境

某港口的部分网络拓扑如图 4-11 所示，港口内部网络分为服务器区域和办公区域，R0 为网络边界路由器，R1 为外部路由器。为了加强网络控制，港口作出如下规定：只允许办公区域的电脑访问 WEB 服务器和 OA 服务器的 WWW 服务；Manager PC 可以访问服务器区域的所有主机的运维端口（SSH 和 RDP）；只允许外网主机访问服务器区域的 WEB 主机的 WWW 服务；办公区域的电脑可以 ping 外网以测试网络连通性；为了保障网络资源的合理利用，要求港口用户只能在工作日的上班时间才能访问互联网的 WEB 站点。

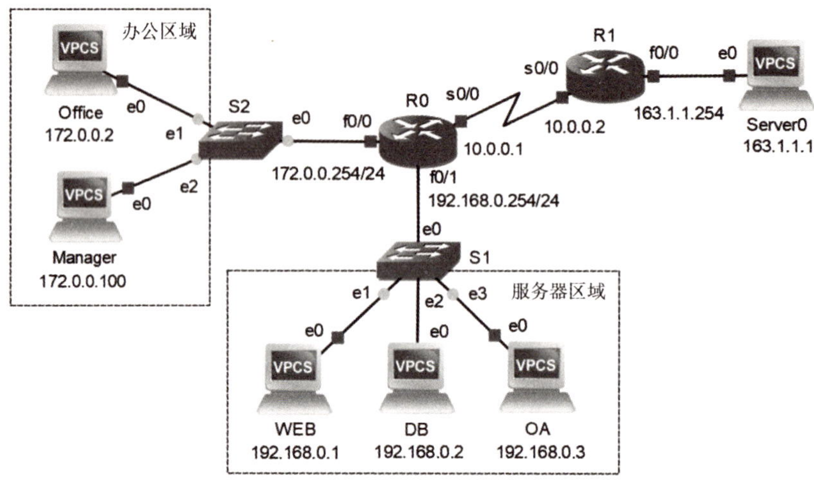

图 4-11　港口部分网络拓扑图

2. 任务要求

根据问题情境，需要完成两个工作任务：

任务 1：配置好各个节点设备的 IP 地址，实现全网互通，可以使用默认路由。

任务 2：在路由器 R0 上配置扩展 ACL 以满足网络控制需求：

（1）外网主机只能访问服务器区域的 192.168.0.1:80 端口。

（2）办公网电脑可以 ping 外网主机，但不允许外网主机 ping 内网。

（3）办公网主机只能在工作日的上班时间（8:30-17:30）访问外网的 80 端口。

（4）办公网只能访问服务器区域的 192.168.0.1:80 和 192.168.0.3:80。

（5）Manager PC 允许访问服务器区域的所有主机的 22 和 3389 端口。

任务 3：验证 ACL 配置。

3. 任务实施步骤

任务 1：基本网络配置，保证网络连通性。

注意：本实验中虚拟主机使用 GNS3 中自带的虚拟专用服务器（Virtual Private Server，VPS），路由器使用 Cisco 7200 系列 IOS。

（1）在配置 ACL 之前，应按照网络拓扑设计进行网络基础建设，配置好 IP 地址和路由，确保各个网络区域的设备能互相访问。路由器可配置使用动态路由或是默认路由。

（2）测试网络连通性，例如使用 DB 服务器访问 Server0 服务器，如图 4-12 所示。

任务 2：规划并配置扩展 ACL。

根据任务要求，可规划 2 条扩展 ACL，第一条 ACL 规定外网可以访问服务器区域的 192.168.0.1:80 端口，可以响应来自办公网的 WWW 请求，可以响应控制报文协议（Internet Control Message Protocol，ICMP）请求，其他默认拒绝，应用到路由器 R0 的 s3/0 接口的进方向上。第二条 ACL 规定办公网络可以向外网发起 ICMP 请求，只能在工作日的上班时间（8:30-17:30）访问外网的 80 端口，只能访问服务器区域的 192.168.0.1:80 和 192.168.0.3:80；Mangager PC 允许访问服务器区域的所有主机的 22 和 3389 端口，其他默认拒绝，应用到路由器 R0 的 f0/0 接口的进方向上。

```
DB> show ip

NAME        : DB[1]
IP/MASK     : 192.168.0.2/24
GATEWAY     : 192.168.0.254
DNS         :
MAC         : 00:50:79:66:68:03
LPORT       : 10026
RHOST:PORT  : 127.0.0.1:10027
MTU:        : 1500

DB> ping 163.1.1.1
84 bytes from 163.1.1.1 icmp_seq=1 ttl=62 time=60.293 ms
84 bytes from 163.1.1.1 icmp_seq=2 ttl=62 time=61.804 ms
84 bytes from 163.1.1.1 icmp_seq=3 ttl=62 time=45.611 ms
84 bytes from 163.1.1.1 icmp_seq=4 ttl=62 time=62.246 ms
84 bytes from 163.1.1.1 icmp_seq=5 ttl=62 time=60.533 ms
```

图 4-12　使用 DB 服务器访问 Server0 服务器

（注：也有其他的 ACL 配置方法，读者可自行设计并验证。）

（1）配置第一条扩展 ACL，此例采用扩展编号 ACL 方式。

1）外网只能访问服务器区域 192.168.0.1:80 端口，其配置命令如下：

```
R0(config)#access-list 100 permit tcp any host 192.168.0.1 eq 80
```

2）允许外部主机响应来自 172.0.0.0 网段的 ICMP 包，其配置命令如下：

```
R0(config)#access-list 100 permit icmp any 172.0.0.0 0.0.0.255 echo-reply
```

3）允许外部主机响应来自 172.0.0.0 网段的 WWW 请求报文，其配置命令如下：

```
R0(config)# access-list 100 permit tcp any eq 80 172.0.0.0 0.0.0.255
```

4）应用到 R0 路由器 s0/0 接口的进方向上，其配置命令如下：

```
R0(config)#interface serial 0/0            // 进入 s0/0 配置模式
R0(config-if)#ip access-group 100 in       // 把 ACL100 应用到 s0/0
```

（2）配置第二条扩展 ACL，此例采用命名 ACL 方式。

1）创建名为“WORK_HOURS”的时间范围，命令如下：

```
R0(config)#time-range WORK_HOURS    // 创建名为“WORK_HOURS”的时间范围
R0(config-time-range)#periodic weekdays 08:30 to 17:30    // 设置时间范围
R0(config-time-range)#exit          // 离开
```

2）办公网只能访问服务器区域的 192.168.0.1:80 端口及 192.168.0.3:80 端口，其配置命令如下：

```
R0(config)#ip access-list extended WORK_TIME
// 创建名为“WORK__TIME”的 ACL
R0(config-ext-nacl)#permit tcp 172.0.0.0 0.0.0.255 host 192.168.0.1 eq 80
R0(config-ext-nacl)#permit tcp 172.0.0.0 0.0.0.255 host 192.168.0.3 eq 80
R0(config-ext-nacl)#deny tcp 172.0.0.0 0.0.0.255 192.168.0.0 0.0.0.255 eq 80
```

3）办公网主机只能在工作日的上班时间访问外网的 80 端口。由于外网目标是不定的，用 any 表示，所以前面要显式配置禁止访问 192.168.0.0 网段的 80 端口，其配置命令如下：

```
R0(config-ext-nacl)#permit tcp 172.0.0.0 0.0.0.255 any eq 80 time-range WORK_HOURS
```

4）允许办公网向外网发起 ICMP 请求，由于外网地址不确定，用 any 表示，所以需要先阻止对内网服务器区域的 ICMP 请求，其配置命令如下：

```
R0(config-ext-nacl)#deny icmp 172.0.0.0 0.0.0.255 192.168.0.0 0.0.0.255
R0(config-ext-nacl)#permit icmp 172.0.0.0 0.0.0.255 any echo
```

5）运维 PC（Manager）允许访问服务器区域的所有主机的 22 和 3389 端口，其配置命令如下：

```
R0(config-ext-nacl)#permit tcp host 172.0.0.100 192.168.0.0 0.0.0.255 eq 22
R0(config-ext-nacl)#permit tcp host 172.0.0.100 192.168.0.0 0.0.0.255 eq 3389
R0(config-ext-nacl)#exit                          // 退出命名 ACL 配置
```

6）应用此 ACL 到路由器 R0 的 f0/0 接口进方向上，其配置命令如下：

```
R0(config)#interface fastEthernet 0/0             // 进入 f0/0 端口配置模式
R0(config-if)#ip access-group WORK_TIME in        // 把 ACL"WORK_TIME"应用到 f0/0
```

任务 3：验证 ACL 配置。

（1）在路由器 R0 上使用 show access-lists 命令查看 ACL 配置的正确性，如图 4-13 所示。

```
R0#show access-lists
Extended IP access list 100
    10 permit tcp any host 192.168.0.1 eq www
    20 permit icmp any 172.0.0.0 0.0.0.255 echo-reply
    30 permit tcp any eq www 172.0.0.0 0.0.0.255
Extended IP access list WORK_TIME
    10 permit tcp 172.0.0.0 0.0.0.255 host 192.168.0.1 eq www
    20 permit tcp 172.0.0.0 0.0.0.255 host 192.168.0.3 eq www
    30 deny tcp 172.0.0.0 0.0.0.255 192.168.0.0 0.0.0.255 eq www
    40 permit tcp 172.0.0.0 0.0.0.255 any eq www time-range WORK_HOURS (active)
    50 deny icmp any 192.168.0.0 0.0.0.255
    60 permit icmp any any
    70 permit tcp host 172.0.0.100 192.168.0.0 0.0.0.255 eq 22
    80 permit tcp host 172.0.0.100 192.168.0.0 0.0.0.255 eq 3389
```

图 4-13　查看 ACL 配置的正确性

（2）测试访问控制效果。分别做以下测试，验证前面的配置是否正确：外网主机 ping 办公网主机；办公网主机 ping 外网主机；办公网主机在工作时间访问外网 WEB 服务；Manager 访问 OA 服务器 22 端口；Office 访问 OA 服务器 22 端口。受篇幅影响，还有关于其他访问控制的相关测试，请读者自行完成。

提示：GNS3 自带的 VPC 不提供虚拟应用服务功能，因此无法访问 VPC 的 WEB 服务，为了方便测试，采用 ping 命令加目标端口参数的方式来测试目标主机端口的响应，以此判断 ACL 规则是否有效。

1）测试外网主机 ping 办公网主机，没有回应，说明被阻止，如图 4-14 所示。

```
Server0> show ip

NAME        : Server0[1]
IP/MASK     : 163.1.1.1/24
GATEWAY     : 163.1.1.254
DNS         :
MAC         : 00:50:79:66:68:04
LPORT       : 10024
RHOST:PORT  : 127.0.0.1:10025
MTU:        : 1500

Server0> ping 172.0.0.100
*10.0.0.1 icmp_seq=1 ttl=254 time=45.639 ms (ICMP type:3, code:13, Communication administratively prohibited)
*10.0.0.1 icmp_seq=2 ttl=254 time=45.962 ms (ICMP type:3, code:13, Communication administratively prohibited)
*10.0.0.1 icmp_seq=3 ttl=254 time=31.364 ms (ICMP type:3, code:13, Communication administratively prohibited)
*10.0.0.1 icmp_seq=4 ttl=254 time=44.779 ms (ICMP type:3, code:13, Communication administratively prohibited)
*10.0.0.1 icmp_seq=5 ttl=254 time=44.037 ms (ICMP type:3, code:13, Communication administratively prohibited)
```

图 4-14　外网主机不能 ping 通办公网主机

2）测试办公网主机 ping 外网，能收到回应，如图 4-15 所示。

3）测试办公网主机在工作时间访问外网 WEB 服务，先显示路由器时间，如图 4-16 所示。

```
OFFICE> show ip

NAME        : OFFICE[1]
IP/MASK     : 172.0.0.2/24
GATEWAY     : 172.0.0.254
DNS         :
MAC         : 00:50:79:66:68:06
LPORT       : 10032
RHOST:PORT  : 127.0.0.1:10033
MTU:        : 1500

OFFICE> ping 163.1.1.1
84 bytes from 163.1.1.1 icmp_seq=1 ttl=62 time=46.398 ms
84 bytes from 163.1.1.1 icmp_seq=2 ttl=62 time=61.180 ms
84 bytes from 163.1.1.1 icmp_seq=3 ttl=62 time=61.121 ms
84 bytes from 163.1.1.1 icmp_seq=4 ttl=62 time=60.110 ms
84 bytes from 163.1.1.1 icmp_seq=5 ttl=62 time=60.929 ms
```

图 4-15　办公网主机可以 ping 通外网

```
R0#show clock
10:00:15.567 beijing Tue Aug 8 2023
```

图 4-16　显示路由器时间

再用办公室主机测试外部服务器，使用 TCP 协议 80 端口，可以看到有连接请求、数据发送、关闭连接等过程，说明端口测试成功，如图 4-17 所示。

4）测试 Manager 终端访问 OA 服务器 22 端口，回显说明测试成功，如图 4-18 所示。

```
OFFICE> show ip

NAME        : OFFICE[1]
IP/MASK     : 172.0.0.2/24
GATEWAY     : 172.0.0.254
DNS         :
MAC         : 00:50:79:66:68:06
LPORT       : 10032
RHOST:PORT  : 127.0.0.1:10033
MTU:        : 1500

OFFICE> ping 163.1.1.1 -P 6 -p 80
Connect     80@163.1.1.1 seq=1 ttl=62 time=79.406 ms
SendData    80@163.1.1.1 seq=1 ttl=62 time=78.057 ms
Close       80@163.1.1.1 seq=1 ttl=62 time=90.620 ms
Connect     80@163.1.1.1 seq=2 ttl=62 time=76.206 ms
SendData    80@163.1.1.1 seq=2 ttl=62 time=76.007 ms
Close       80@163.1.1.1 seq=2 ttl=62 time=90.552 ms
Connect     80@163.1.1.1 seq=3 ttl=62 time=74.746 ms
SendData    80@163.1.1.1 seq=3 ttl=62 time=78.021 ms
Close       80@163.1.1.1 seq=3 ttl=62 time=91.695 ms
Connect     80@163.1.1.1 seq=4 ttl=62 time=74.883 ms
SendData    80@163.1.1.1 seq=4 ttl=62 time=74.969 ms
Close       80@163.1.1.1 seq=4 ttl=62 time=90.545 ms
Connect     80@163.1.1.1 seq=5 ttl=62 time=77.745 ms
SendData    80@163.1.1.1 seq=5 ttl=62 time=75.623 ms
Close       80@163.1.1.1 seq=5 ttl=62 time=91.467 ms
```

图 4-17　办公网主机可以在工作时间访问外网 WEB 服务

```
Manager> show ip

NAME        : Manager[1]
IP/MASK     : 172.0.0.100/24
GATEWAY     : 172.0.0.254
DNS         :
MAC         : 00:50:79:66:68:02
LPORT       : 10016
RHOST:PORT  : 127.0.0.1:10017
MTU:        : 1500

Manager> ping 192.168.0.3 -P 6 -p 22
Connect     22@192.168.0.3 seq=1 ttl=63 time=47.429 ms
SendData    22@192.168.0.3 seq=1 ttl=63 time=45.389 ms
Close       22@192.168.0.3 seq=1 ttl=63 time=61.118 ms
Connect     22@192.168.0.3 seq=2 ttl=63 time=46.677 ms
SendData    22@192.168.0.3 seq=2 ttl=63 time=45.246 ms
Close       22@192.168.0.3 seq=2 ttl=63 time=60.227 ms
Connect     22@192.168.0.3 seq=3 ttl=63 time=44.329 ms
SendData    22@192.168.0.3 seq=3 ttl=63 time=44.968 ms
Close       22@192.168.0.3 seq=3 ttl=63 time=59.164 ms
Connect     22@192.168.0.3 seq=4 ttl=63 time=45.038 ms
SendData    22@192.168.0.3 seq=4 ttl=63 time=45.830 ms
Close       22@192.168.0.3 seq=4 ttl=63 time=61.234 ms
Connect     22@192.168.0.3 seq=5 ttl=63 time=46.762 ms
SendData    22@192.168.0.3 seq=5 ttl=63 time=47.247 ms
Close       22@192.168.0.3 seq=5 ttl=63 time=63.732 ms
```

图 4-18　Manager 终端可以访问 OA 服务器 22 端口

5）测试 Office 终端访问 OA 服务器 22 端口，回显说明无法连通，如图 4-19 所示。

```
OFFICE> show ip

NAME        : OFFICE[1]
IP/MASK     : 172.0.0.2/24
GATEWAY     : 172.0.0.254
DNS         :
MAC         : 00:50:79:66:68:06
LPORT       : 10032
RHOST:PORT  : 127.0.0.1:10033
MTU:        : 1500

OFFICE> ping 192.168.0.3 -P 6 -p 22
*172.0.0.254 tcp_seq=1 ttl=255 time=30.187 ms (ICMP type:3, code:13, Communication administratively prohibited)
*172.0.0.254 tcp_seq=3 ttl=255 time=33.852 ms (ICMP type:3, code:13, Communication administratively prohibited)
*172.0.0.254 tcp_seq=5 ttl=255 time=32.149 ms (ICMP type:3, code:13, Communication administratively prohibited)
```

图 4-19　Office 终端不能访问 OA 服务器 22 端口

六、学习结果评价

本任务主要讨论了控制网络访问的扩展 ACL，扩展 ACL 比标准 ACL 提供了更细致的访问控制，使用更为灵活。为让读者清楚自身学习情况，现设定学习结果评价表，小组同学之间可以交换评价，进行互相监督，见表 4-5。

表 4-5　学习结果评价表

序号	评价内容	评价标准	评价结果（是 / 否）
1	规划扩展 ACL	是否能规划网络需要的 ACL	
2	配置扩展 ACL	能否正确配置扩展 ACL 规则	
3	配置时间 ACL	能否正确配置时间 ACL 并应用	

七、课后作业

1. 填空题

（1）基于时间的 ACL 中需要定义（　　）和（　　）2 种时间。

（2）扩展 ACL 的编号范围是（　　）到（　　）和（　　）到（　　）。

（3）命名 ACL 的命令关键字是（　　）。

2. 选择题

（1）【多选】基于命名的 ACL 相对于基于编号的 ACL 有哪些特点？（　　）

A. 名称能更直观地反映出访问控制列表完成的功能

B. 命名 ACL 都是扩展 ACL

C. 命名访问控制列表没有数目的限制

D. 命名访问控制列表允许删除个别语句，或者在指定的位置插入语句

（2）如果要设置 192.168.0.8 的 WEB 服务器只允许对 172.16.0.0 网段的主机提供 WEB 服务，在靠近 WEB 服务器端的路由器接口上应该配置的 ACL 是（　　）。

A. access-list 88 permit tcp host 192.168.0.8 eq 80 172.16.0.0 0.0.255.255

B. access-list 105 permit tcp host 192.168.0.8 eq 80 172.16.0.0 255.255.0.0

C. access-list 106 permit tcp host 192.168.0.8 eq 80 172.16.0.0 0.0.255.255

D. access-list 107 permit tcp host 192.168.0.8 172.16.0.0 0.0.255.255 eq 80

3. 简答题

（1）标准和扩展 ACL 有什么区别？

（2）简述扩展 ACL 主要解决什么问题和应用环境。

（3）简述基于时间 ACL 的特点及其应用范围。

工作任务 4-2：网络地址转换

任务简介

在当前全球互联网环境下，公网 IPv4 地址资源日益紧张。虽然 IPv6 已经推出并能提供充足的地址空间，但由于大量设备和应用仍然只支持 IPv4，完全过渡到 IPv6 还需要相当长的时间。为了解决这一问题，网络地址转换（Network Address Translation，NAT）技术被广泛应用于各类网络环境中。NAT 技术不仅能够将私网 IP 地址转换为公

网 IP 地址，实现内部网络与 Internet 的连接，还可以有效隐藏内部网络结构，提供额外的安全保护。NAT 具体有三种实现方式：静态转换（用于固定映射特定设备的 IP 地址）、动态转换（提供随机的地址映射）和端口多路复用（允许多个内部主机共享同一个公网 IP 地址）。其中端口多路复用方式最大程度地节约了 IP 地址资源，同时提供了较好的安全防护效果。

本工作任务要求网络管理员深入理解 NAT 的工作原理和应用场景，掌握三种 NAT 实现方式的配置方法，能够根据实际网络环境和安全需求，选择合适的 NAT 策略并完成相应的配置工作，确保内部网络与 Internet 的连接可靠和访问安全。

职业能力 4-2-1：能配置网络地址转换

一、核心概念

- 网络地址转换（NAT）：是用于将一个地址域（如专用 Intranet）映射到另一个地址域（如 Internet）的标准方法。
- 静态地址映射：内部网络的地址、端口绑定与全球性地址、端口绑定之间的映射关系是静态的。

二、学习目标

- 了解 NAT 的作用、分类、各种应用及工作过程。
- 掌握静态 NAT 的基本配置和运用。
- 掌握动态 NAT 的基本配置和运用。

学习思维导图：

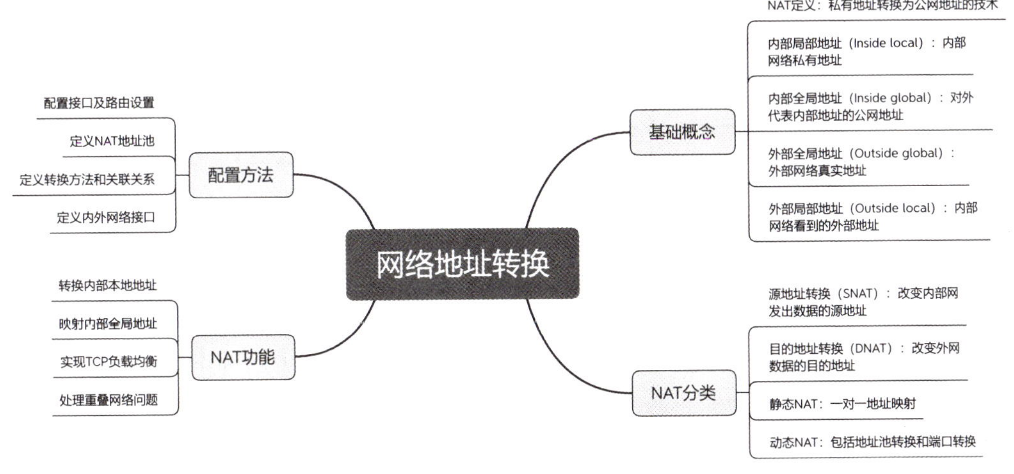

三、基本知识

1. NAT 概念介绍

NAT 是用于在本地网络中使用私有地址，在连接互联网时转而使用全局 IP 地址的技术。NAT 实际上是为解决 IPv4 地址短缺而开发的技术。

NAT 设备可将处于不同地理位置上的主机物理上划分内部（Inside）和外部（Outside），与 NAT 设备 Inside 接口相连的网络称为内部网络，与 NAT 设备 Outside 接口相连的网络称为外部网络。网络数据包中包含了源 IP 地址和目的 IP 地址，网络数据包在传输经过 NAT 设备时，由于网络环境发生变化，IP 地址也会随之变化。为了方便描述，我们把网络数据包中分别表示内外网主机位置的地址分为内部地址和外部地址，另外根据网络数据包所处的网络位置，把在内部网络时的 IP 地址称为局部或本地（Local）地址，把在外部网络时的 IP 地址称为全局（Global）地址，如图 4-20 所示。

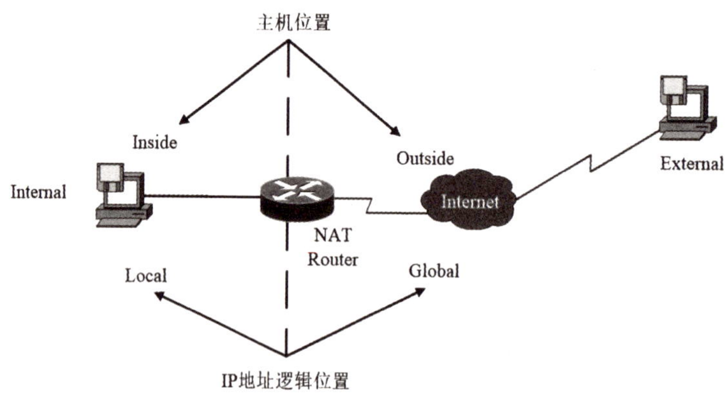

图 4-20　NTA 设备的划分

根据上述情况，我们将 NAT 环境中的 IP 地址归入以下 4 类，如图 4-21 所示。

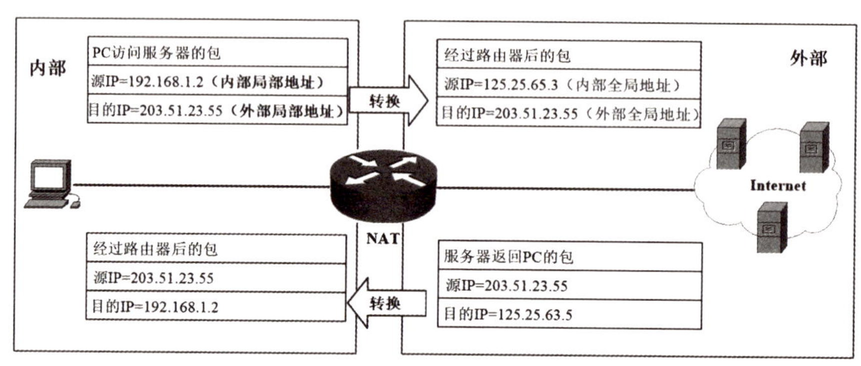

图 4-21　NAT 中的 4 类 IP 地址

（1）内部局部（Inside local）地址。分配给内部网络中主机的地址，通常是私有地址。

（2）内部全局（Inside global）地址。对外代表一个或多个内部本地地址，通常是公有地址。

（3）外部全局（Outside global）地址。外部网络中的主机的真实地址。

（4）外部局部（Outside local）地址。在内部网络中看到的外部主机的地址。

一般情况下，Outside global 地址和 Outside local 地址是同一个外部地址，它们就是内部网络主机访问外部网络上主机时使用的 IP 地址，只有在特殊情况下（如内网地址和外网地址有重叠），这两个地址才不一样。

可以这么理解：有个货物中转站，中转站内的每件货物都有一个内部编号（内部局部地址），用于内部流转；当货物被送出中转站前，会贴上目的地标签（外部局部地址）；当货物被送出中转站时，会贴上新的标签，包括发出地和到达地，发出地地址为中转站编号（内部全局地址），在外看来，该货物是从这个中转站内发出的；如果在出站时目的地描述没有发生变化，则到达地就是原目的地（外部全局地址）。

当内部网络有多台主机访问 Internet 上的多个目的主机时，NAT 设备必须记住内部网络中的哪一台主机访问了 Internet 上的哪一台主机，以防止在 NAT 时将不同的连接混淆，所以 NAT 设备会为 NAT 的众多连接建立一个表，即 NAT 表，如图 4-22 所示。

router#show ip nat translations

Pro	Inside global	Inside local	Outside local	Outside global
TCP	100.1.10.12:6004	192.168.1.10:6004	200.10.20.30:80	200.10.20.30:80
Tcp	61.186.178.5:4010	192.168.1.20:4010	221.238.198.149:80	221.238.198.149:80
Udp	61.186.178.9:1496	192.168.1.50:1496	117.78.198.58:14108	117.78.198.58:14108

图 4-22　NAT 表

由图 4-22 可以看出，NAT 设备在做地址转换时，依靠在 NAT 表中记录的内部本地地址和外部全局地址的映射关系来保存地址转换的依据。当执行 NAT 操作时，NAT 设备在做某一数据连接时只需查询该表，就可以知道应该如何转换。

NAT 表中每一个连接条目都有一个计时器。当有数据在两台主机之间传递时，数据包不断刷新 NAT 表中的相应条目，该条目将处于不断被激活的状态，该条目不会被 NAT 表清除。但是，如果两台主机长时间没有数据交互，则在计时器到零时，NAT 表会把这一条目清除。

NAT 设备所能保留的 NAT 连接数目与 NAT 设备的缓存芯片的空间大小相关，一般情况下，设备越高档，其 NAT 表空间应该越大。当 NAT 表装满后，为了缓存新的连接，就会把 NAT 表中时间最久、最不活跃的那一个条目删除，所以当网络中的一些连接频繁地关闭时（如 QQ 频繁掉线），有可能是 NAT 设备上的 NAT 表缓存已经不够使用的原因。

从 Cisco IOS 12.2 版本开始，可以在全局配置模式下使用 ip nat log translations syslog 命令来记录每次 NAT 转换，保存到日志中。

2. NAT 产生的原因

（1）IPv4 地址空间严重不足。随着计算机网络深入人们生活的各个领域，大型主机、个人计算机、手持终端系统（Public Display of Affection，PDA）、存储设备、路由器和交换机等网络设备都需要连接到 Internet，甚至有些家用电器也开始连入 Internet。到目前为止，注册 IP 地址已基本耗尽，IPv4 地址空间严重不足，而 Internet 的规模仍在持续增长。

解决 IPv4 地址空间不足的方案有多种，如 VLSM、CIDR、动态主机配置协议（Dynamic Host Configuration Protocol，DHCP）、IPv6 等，其中前三种是暂时性的解决方案，在一定程度上提高了 IP 地址资源的利用率，而 IPv6 被认为是解决 IP 地址不足的最终解决方案，但目前的网络基础设施还不足以支持 IPv6 的广泛应用。

（2）私有 IP 地址网络与 Internet 互联。企业内部网络经常采用私有 IP 地址空间（如 10.0.0.0/8、172.16.0.0/12 和 192.168.0.0./24）。但是，私有地址属于非注册地址，专门供组结构内部使用，因此使用私有 IP 地址的数据包是不能直接路由到 Internet 上的。

（3）非注册的公有 IP 地址网络与 Internet 互联。有的企业建网时使用了公网 IP 地址空间，为了避免更改地址带来的风险和成本，仍然保持原有的公有 IP 地址空间。但此公网 IP 地址空间并没有注册，是不能在 Internet 上直接使用的。

基于以上原因，为了解决 IP 地址资源枯竭问题、企业内部网络用户不能访问 Internet 等问题，从而诞生了将一种 IP 地址转换为另外一种 IP 地址的 NAT 技术。

3. NAT 的功能

NAT 可以用来执行以下几个功能：

（1）转换内部本地地址。这个功能建立了内部本地和全局地址间的一个映射。

（2）映射（过载）内部全局地址。将多个私网 IP 地址映射到一个公网 IP 地址的不同端口号下，可以起到节省 IP 地址数量的作用，这是目前使用最广泛的方式之一。这种功能理论上可以支持最多 65536 个内部地址映射到同一个公网地址，但实际上在一台 Cisco NAT 路由器上，每个外部全局地址只能有效支持大约 4000 个会话，很难超越这个数字。

（3）实现 TCP 负载均衡。TCP 负载均衡是指对外提供一个服务地址，该服务地址对应内部多台主机 IP 地址，NAT 通过轮询（type rotary）实现负载均衡。但由于 TCP 连接的多样性和 NAT 的局限性，NAT 不能实现完全的负载均衡。

（4）处理重叠网络。当内网使用的 IP 地址与公网上使用的 IP 地址有重叠时，路由器必须维护一个表：在数据包流向公网时，它能够将内网中的 IP 地址翻译成一个公网 IP 地址；在数据包流向内网时，把公网中的 IP 地址翻译成与内网不重复的 IP 地址。

4. NAT 的分类

（1）按转换 IP 地址类型分类。按转换 IP 地址类型，NAT 分为源地址转换（Source Network Address Translation，SNAT）和目的地址转换（Destination Network Address Translation，DNAT）。

1）SNAT。SNAT 是改变内部网发出数据分组的源地址，对于返回的数据分组则应改变其目的地址，以实现内网主机对 Internet 的访问。

2）DNAT。DNAT 是改变从外网来的数据分组的目的地址，对于返回的数据分组则改变其源地址，以实现对内网主机的访问。

（2）按实现方式分类。NAT 的实现方式有以下两种。

1）静态 NAT。静态 NAT 是指将一个私网地址和一个公网地址做一对一映射，或将特定私网地址及 TCP 或 UDP 端口号和特定公网地址及 TCP 或 UDP 端口号做一对一映射，或定义整个网段的静态转换。静态 NAT 适合于以下几种情况：

- 内部网络中只有一台或少数几台主机需要和 Internet 通信的情况。
- 当要求外部网络能够访问内部设备时，如内部网络有 WEB 服务器、E-mail 服务器或 FTP 服务器等可以为外部用户提供的服务，这些服务器的 IP 地址必须采用静态地址转换（将一个全球的地址映射到一个内部地址，静态映射将一直存在于 NAT 表中，直到被网络管理员取消），以便外部用户可以使用这些服务。
- 只申请到一个公网 IP 地址，内部网络中的一台服务器上同时运行了多个网络服务，外部网络用户能够访问内部网络服务时的情况。

静态 NAT 本质上是一对一的转换方式，对于内网的机器要被外网访问时是非常有用的，但是不能起到节省 IP 地址的作用。静态 NAT 方式实现地址转换工作过程如图 4-23 所示。

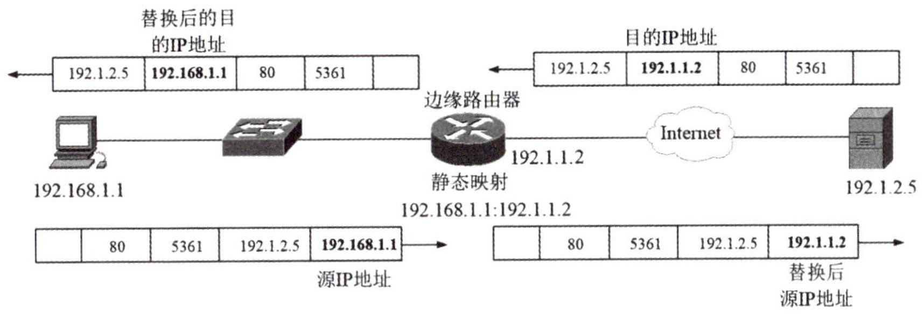

图 4-23 静态 NAT 方式实现地址转换工作过程

2）动态 NAT。动态 NAT 包括动态地址池转换（Pool NAT）和动态端口转换（Port NAT）两种，前者仍然是一对一转换方式，后者是多对一转换方式。

① Pool NAT 转换。Pool NAT 执行本地地址与全局地址的一对一转换，当内部网络中的某台主机需要访问外网时，如果全局地址池中有未分配的地址，NAT 就建立起一对映射关系，实现地址的转换。但全局地址与本地地址的对应关系不是一成不变的，它是从内部全局地址池（Pool）中动态地选择一个未使用的地址对内部本地地址进行转换，如果该映射关系长时间没有被刷新，则会被自动清除掉，释放出全局地址给其他主机使用。采用动态 NAT 意味着可以在内部网络中定义很多的内部用户，通过动态分配的方法，共享很少的几个外部 IP 地址。采用 Pool NAT 建立本地地址与全局地址的映射关系仍然是一对一的地址映射，相比静态 NAT，网络管理员不需要手动去绑定，但此种方式只能起到很有限的节省 IP 地址的作用。动态 NAT 方式实现地址转换工作过程如图 4-24 所示。

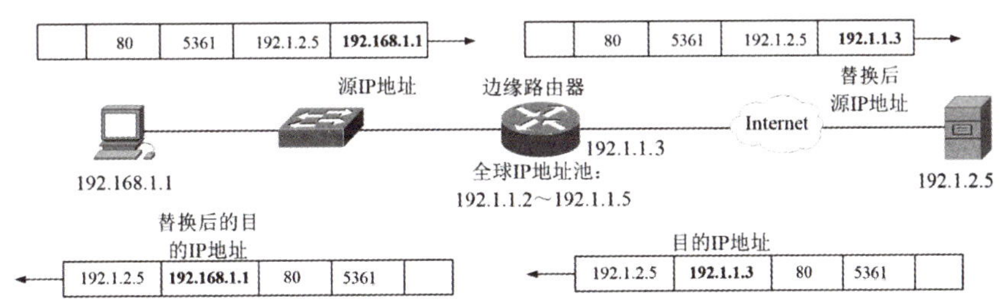

图 4-24 动态 NAT 方式实现地址转换工作过程

② Port NAT 转换。Port NAT 转换又称端口复用动态地址转换或端口重载，是改变外出数据包的源 IP 地址和源端口并进行端口转换。如图 4-25 所示，采用 Port NAT 方式，内部网络的所有主机均可共享一个合法的外部 IP 地址实现互联网的访问，从而可以最大限度地节约 IP 地址资源。同时，又可以隐藏网络内部的所有主机，以有效地避免来自互联网的攻击。因此，端口复用动态地址转换方式是 NAT 技术中应用最为广泛的。

通过 NAT 实现方式可以看出，动态 NAT 只能实现由内部网络终端发起和 Internet 中某个终端建立的单向会话，如果发起建立会话的终端来自于 Internet，NAT 设备无法

获得内部网络中终端的合法公网 IP 地址，因而无法向内部网络中的终端发送 IP 分组。因此要想实现双向会话，应使用静态 NAT 方式。

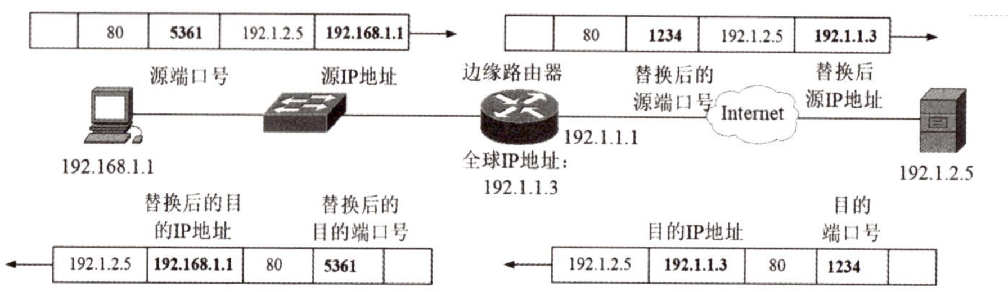

图 4-25　Port NAT 方式实现地址转换工作过程

5. NAT 的优缺点

（1）NAT 技术的主要优点。

1）提供了节省注册 IP 地址的解决方案。

2）隐藏了内部网络的地址，提高了内部网络的安全性。

3）解决了地址重复使用的问题。

（2）NAT 技术的主要缺点：

1）增加了网络延时。由于 NAT 表需要大量的缓存空间，使得设备能够缓存的数据包变少；其次，由于 NAT 操作需要在 NAT 表中查找信息，这种查表操作消耗了设备的 CPU 资源；另外，NAT 操作时需要更改每个数据包的报头，以转换地址，这种操作也十分消耗 NAT 设备的 CPU 资源。

2）与某些应用不兼容。如果一些应用在有载荷中协商下次会话的 IP 地址和端口号，NAT 将无法对内嵌 IP 地址进行地址转换，造成这些应用不能正常运行。

3）失去对端到端的全面支持。部分端到端网络的 Internet 协议与应用无法正常运行，经过 NAT 地址转换后，外部网络中的用户或主机将无法知道内部网络地址，外部用户也无法使用 ping 或 traceroute 命令来测试网络的连通性；在经过了使用 NAT 地址转换的多跳之后，对数据包的路径跟踪将变得十分困难。

虽然 NAT 技术得到了广泛应用，但它是一把双刃剑，在带来节省 IP 地址空间等好处的同时，破坏了 Internet 最基本的“端到端的透明性”设计理念，增加了网络的复杂性，也阻碍了某些业务的应用。长远看来，NAT 仍是一种权宜之计，向 IPv6 迈进才是根本的解决之道，也是大势所趋。

6. NAT 的配置方法

NAT 通常用于内部网络中的主机共享外网出口地址来访问外部网络，在配置 NAT 前，首先要弄清 NAT 设备的内部接口和外部接口，以及应在哪个接口上启用 NAT；其次要明确内部网络需要转换的 IP 地址范围，申请到供给内部网络出口做地址转换使用的合法 IP 地址范围；最后要明确哪些本地地址要转化为合法的外部地址。

（1）NAT 的转换形式。在配置 NAT 前，先要明白有哪些形式的转换，然后再做 NAT 策略和配置，在网络设备上有以下三种转换形式。

1）ip nat inside source（转换内部主机的源 IP）。从 inside 向 outside 发送的数据包，在经过 NAT 设备时，会将内部局部地址（源地址）变更为指定的内部全局地址（外网接口地址），并记录下转换关系，当收到回应数据包时，根据 NAT 表改变目的地址。这种的形式常用于内部主机共享外部网络接口地址和外部网络通信。有静态和动态两种地址转换方式，静态方式需指定内部局部地址及端口和内部全局地址及端口，形成固定的映射关系；动态方式则需要先定义一个内部全局地址的地址池（pool），将在地址表中的内部局部地址与空闲的内部全局地址形成临时的对应关系。

2）ip nat inside destination（转换内部主机的目标 IP）。从 inside 向 outside 发送的数据包，在经过 NAT 设备时，会将外部局部地址（目标地址）变更为外部全局地址（地址池中的空闲地址）。也就是说，不管内部主机想要和谁通信，在 NAT 上都会变更目的地址，类似网络代理，当收到回应数据包时，又会改变源地址。如果把内外网接口反过来用，可以实现内网服务器集群的负载均衡功能。

注意：这种形式只有 TCP 流量才会转换，ICMP 流量不会触发转换。

3）ip nat outside source（转换外部主机的源 IP）。ip nat outside source 一般和 ip nat inside source 一同使用，主要解决地址重叠问题，即双向 NAT。

（2）考量 NAT 转换策略。下面举一个实际工程中的实例来说明。网络拓扑图如图 4-26 所示，路由器 R1 的左边网络地址段 172.16.10.0/24 为内部网络，路由器 R1 右边 s0/0 接口连接的是外部网络。外部网络已配置好 RIP 动态路由协议，能够正常通信，内部网络没有打通和外部网络的路由，因此不能访问外网，希望能通过网络地址转换功能共享路由器 R1 外网接口的地址访问外网，申请到的外网 IP 地址为 202.12.193.1-2/24。另外内网的 Server 服务器设置了私网地址 172.16.10.100，希望能对外提供 WEB 和 FTP 服务。

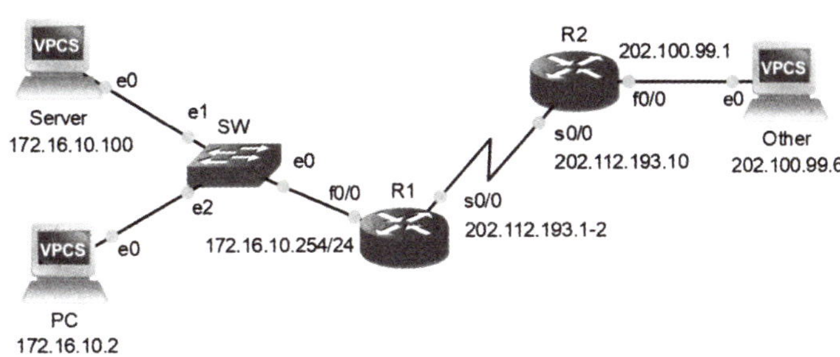

图 4-26　NAT 配置实例网络拓扑图

根据需求，需要在路由器 R1 上实施 NAT，实现内部网络主机能够共享有限的 IP 地址访问外网，其中 f0/0 接口作为 NAT 的内网口，s0/0 接口作为 NAT 的外网口；启用动态 NAT，定义 IP 地址池 202.112.193.1-2，为了使内网用户能够同时访问外网资源，使用 Port NAT 方式工作；启用静态 NAT 端口转换，将内网服务器的 WEB 和 FTP 服务采用静态端口地址转换的方式映射到 202.112.193.1 的对应端口上，供外部用户访问。

（3）NAT 配置的一般步骤。

1）配置接口及路由设置。NAT 在工作过程中，与路由和 ACL 行为紧密相关。路由器一旦接收到源 IP 地址为私网 IP 地址，目标 IP 地址为公网 IP 地址的数据包时，先进行 ACL 的匹配操作，若符合匹配条件，查找路由表，将数据包路由至转发接口，然后进行 NAT 操作，完成数据包的重新封装，再将数据包从这个接口发送出去，接收数据包的操作过程与此正好相反。因此要确保 NAT 正常工作，路由要连通。

在实施本案例时，一般是从 ISP 那里动态获取 IP 地址，此时在路由器 R1 上配置一条默认路由时，其下一跳就只能采用传出接口的方式，而不能采用下一跳接口 IP 地址的方式。路由器 R2 上不应配置指向内部网络的静态路由，因为公网上的路由器不能直接将 IP 数据包路由至采用私网 IP 地址的网络中。

2）定义 NAT 地址池。

3）定义转换方法及关联关系。

4）定义 NAT 设备的内外网络接口。

四、能力训练

1. 静态 NAT 的配置

静态 NAT 在本地 IP 地址（或 IP 地址和传输层端口）与全局 IP 地址（或 IP 地址和传输层端口）之间进行一对一的转换。

（1）配置方法。

1）指定转换的本地地址与全局地址，还可在传输层端口间也进行转换。

内部源地址转换，其配置命令如下：

```
Router(config)#ip nat inside source static [tcp|udp] 内部局部地址 [ 传输层端口 ] 内部全局地址
[ 传输层端口 ]
// 用于内部网络使用地址转换供外部网络访问，如对外发布 WEB 服务等。
```

当内部局部地址 : 端口向外部网络的主机发送信息时，NAT 会转换信息源为指定的内部全局地址 : 端口，这就是外部网络主机所看到的信息源。当外网的主机访问内部全局地址 : 端口时，NAT 又会将信息目的转换为内部局部地址 : 端口，以访问实际的服务。

外部源地址转换，其配置命令如下：

```
Router(config)#ip nat outside source static [tcp|udp] 外部全局地址 [ 传输层端口 ] 外部局部地址
[ 传输层端口 ]
```

这种格式用于外部网络的地址和内部网络的地址有重叠时，如网络管理员给自己的网络设备或计算机所分配的 IP 地址，已经在 Internet 或外部网络上被分配给别的设备或计算机使用；又如两个使用相同内部专用地址的公司，合并后，两个网络即成为重叠网络。

2）指定 NAT 内部网络接口，命令如下：

```
Router(config)#interface 接口类型 接口号          // 选定路由器接口
Router(config-if)#ip address IP 地址 网络掩码     // 配置接口 IP 地址
Router(config-if)#ip nat inside
// 声明该接口是 NAT 转换的内部网络接口
```

3）指定 NAT 外部网络接口，命令如下：

```
Router(config)#interface 接口类型 接口号          // 选定路由器接口
Router(config-if)#ip address IP 地址 网络掩码     // 配置接口 IP 地址
Router(config-if)#ip nat outside
// 声明该接口是 NAT 转换的外部网络接口
```

（2）配置示例。配置示例命令如下：

```
Router(config)#ip nat inside source static tcp 192.168.1.10 80 15.16.0.7 8000
// 静态 NAT 转换，将内部 192.168.1.10 的 80 端口映射到外部网络地址的 8000 端口
```

```
R0(config)#interface fastethernet 0/0        // 进入网络接口配置模式
R0(config-if)#ip nat inside                  // 将接口设置为内网接口
R0(config-if)#exit
R0(config)#interface fastethernet 0/1        // 进入网络接口配置模式
R0(config-if)#ip nat outside                 // 将接口设置为外网接口
R0(config-if)#end
```

2. Pool NAT 的配置

Pool NAT 执行局部地址与全局地址的一对一转换，但全局地址与局部地址的对应关系不是一成不变的，它从全局地址池（Pool）中动态地选择一个全局地址与一个内部局部地址相对应。

（1）配置方法。

1）定义一个分配地址的全局地址池，通常理解为路由器外网接口地址，命令如下：

```
Router(config)#ip nat pool 地址池名称 起始全局 IP 地址 结束全局 IP 地址 netmask 子网掩码
// 定义全局地址池（申请到的合法 IP 地址的范围，若只有一个地址，则既为起始地址又为结束
// 地址），地址池名称可任取
```

2）定义一个标准的 ACL，以允许指定需要转换的地址通过，通常理解为内网地址，命令如下：

```
Router(config)#access-list 列表号 permit 源 IP 地址 通配符掩码
// 配置访问控制列表，指定哪些局部地址被允许进行转换
```

3）定义内部网络局部地址和外部网络全局地址之间的映射，命令如下：

```
Router(config)#ip nat inside source list 列表号 pool 地址池名称
// 在局部地址与全局地址之间建立动态地址转换 Pool NAT
```

4）指定 NAT 内部网络接口，命令如下：

```
Router(config)#interface 接口类型 接口号             // 选定路由器接口
Router(config-if)#ip address IP 地址 网络掩码        // 若已配置可省略
Router(config-if)#ip nat inside
// 声明该接口是 NAT 转换的内部网络接口
```

5）指定 NAT 外部网络接口，命令如下：

```
Router(config)#interface 接口类型 接口号             // 选定路由器接口
Router(config-if)#ip address IP 地址 网络掩码        // 若已配置可省略
Router(config-if)#ip nat outside
// 声明该接口是 NAT 转换的外部网络接口
```

（2）配置示例。配置示例命令如下：

```
Router(config)#ip nat pool mypool 138.1.9.5 138.1.9.6 netmask 255.255.0.0
Router(config)#access-list 7 permit 192.168.1.1 0.0.0.255
Router(config)#ip nat inside source list 7 pool mypool
Router(config)#interface ethernet 0/0        // 选定路由器接口
Router(config-if)#ip nat inside              // 声明 NAT 内部接口
Router(config)#interface serial 1/0          // 选定路由器接口
Router(config-if)#ip nat outside             // 声明 NAT 外部接口
```

3. Port NAT 的配置

Port NAT 把局部地址映射到全局地址的不同端口上，以解决全局地址不够的问题，

使用 Port NAT 会使应用端口发生变化。因一个 IP 地址的端口数有 65535 个，除去保留的端口数，还有 6 万多个端口可用，故从理论上说一个全局地址就可供 6 万多个内部地址应用或者通过 NAT 连接 Internet。

（1）配置方法。配置 Port NAT 的方法与 Pool NAT 类似，只是在定义地址映射的命令有区别，命令如下：

```
Router(config)#ip nat inside source list 列表号 pool 地址池名称 overload
// 注意此处比 Pool NAT 配置多了一个 overload，在局部地址与全局地址之间建立端口 - 地址转换
```

（2）配置示例。配置示例命令如下：

```
Router(config)#ip nat pool mypool 138.1.9.5 138.1.9.5 netmask 255.255.0.0
Router(config)#access-list 7 permit 192.168.1.1 0.0.0.255
Router(config)#ip nat inside source list 7 pool mypool overload
Router(config)#interface ethernet 0/0        // 选定路由器接口
Router(config-if)#ip nat inside              // 声明 NAT 内部接口
Router(config)#interface serial 1/0          // 选定路由器接口
Router(config-if)#ip nat outside             // 声明 NAT 外部接口
```

4. 查看 NAT 配置

（1）显示当前 NAT 转换情况，命令如下：

```
show ip nat translations                     // 查看活动的转换
```

（2）显示 NAT 转换统计信息，命令如下：

```
show ip nat statistics                       // 查看地址转换统计信息
```

（3）从 NAT 转换表中清除所有动态项，命令如下：

```
clear ip nat translation *                   // 清除所有动态地址转换
```

5. NAT 配置案例

现在，基于图 4-26 进行网络的 NAT 功能配置。

（1）基础网络配置。

1）在 PC 上的配置命令如下：

```
PC>ip address 172.16.10.2/24 172.16.10.254          // 配置 IP 地址
PC>save                                             // 保存设置
```

2）在 Server 上的配置命令如下：

```
Server>ip address 172.16.10.100/24 172.16.10.254    // 配置 IP 地址
Server>save                                         // 保存设置
```

3）在 R1 上的配置命令如下：

```
R1#configure terminal                               // 进入全局模式
R1(config)#interface fastethernet 0/0                        // 进入 f0/0 接口配置模式
R1(config-if)#ip address 172.16.10.254 255.255.255.0         // 配置接口 IP 地址
R1(config-if)#no shutdown                                    // 打开接口
R1(config-if)#exit                                           // 离开
R1(config)#interface serial 0/0                              // 进入 s0/0 接口配置模式
R1(config-if)#ip address 202.112.193.1 255.255.255.0         // 配置接口 IP 地址
R1(config-if)#no shutdown                                    // 打开接口
R1(config-if)#exit                                           // 离开
R1(config)#interface serial 0/0.1                            // 进入子接口配置模式
R1(config-if)#ip address 202.112.193.2 255.255.255.0         // 配置接口 IP 地址
```

```
R1(config-if)#no shutdown                          // 打开接口
R1(config-if)#exit                                 // 离开
R1(config)#router rip                              // 配置 RIP 路由
R1(config-router)#no auto-summary
R1(config-router)#version 2
R1(config-router)#network 202.112.193.0            // 声明外网网段
```

4）在 R2 上的配置命令如下：

```
R2#configure terminal                              // 进入全局模式
R2(config)#interface fastethernet 0/0              // 进入 f0/0 接口配置模式
R2(config-if)#ip address 202.100.99.1 255.255.255.0   // 配置接口 IP 地址
R2(config-if)#no shutdown                          // 打开接口
R2(config-if)#exit                                 // 离开
R2(config)#interface serial 0/0                    // 进入 s0/0 接口配置模式
R2(config-if)#ip address 202.112.193.10 255.255.255.0 // 配置接口 IP 地址
R2(config-if)#no shutdown                          // 打开接口
R2(config-if)#exit                                 // 离开
R1(config)#router rip                              // 配置 RIP 路由
R1(config-router)#no auto-summary
R1(config-router)#version 2
R1(config-router)#network 202.112.193.0            // 声明外网网段
R1(config-router)#network 202.100.99.0
```

5）在 Other 上的配置命令如下：

```
Other>ip address 202.100.99.6/24 202.100.99.1      // 配置 ip 地址
Other>save                                         // 保存设置
```

（2）NAT 配置。

1）配置静态 NAT 地址映射，将内部服务器的私网地址 172.16.10.100 的 80 和 21 端口分别映射为公网地址 202.112.193.1 的 80 和 21 端口，命令如下：

```
R1(config)#ip nat inside source static tcp 172.16.10.100 80 202.112.193.1 80
R1(config)#ip nat inside source static tcp 172.16.10.100 21 202.112.193.1 21
```

2）配置动态 NAT，设置地址池、允许转换的内部地址，再配置 Port NAT，命令如下：

```
R1(config)#ip nat pool mypool 202.112.193.1 202.112.193.2 netmask 255.255.255.0
// 设置地址池名字，并设置地址池内的 IP 地址范围
R1(config)#access-list 1 permit 172.16.10.0 0.0.0.255
// 配置访问控制列表，指定 172.16.10.0 网段被允许进行转换
R1(config)#ip nat inside source list 1 pool mypool overload
// 在局部地址与全局地址之间建立 Port NAT 转换
R1(config)#interface serial 0/0            // 进入 s0/0 接口配置模式
R1(config-if)#ip nat outside               // 设置为 NAT 外部接口
R1(config-if)#exit                         // 离开
R1(config)#interface ethernet 2/0          // 进入 e0/0 接口配置模式
R1(config-if)#ip nat inside                // 设置为 NAT 内部接口
R1(config-if)#end                          // 结束
R1#write                                   // 保存设置
```

五、任务实战

1. 任务情境

某港口的网络拓扑如图 4-27 所示，R0 是边界网关路由器，R0 的左边连接港口内部工作网络，使用 192.168.0.0/24 网段，下边连接隔离区（Demilitarized Zone，DMZ），使用 192.168.1.0/24 网段，部署了 WEB 服务器，对外提供 WEB 服务。R0 的右边连接外部网络，申请了 1 个外部地址。现在的网络需求是，在 R0 上开启 NAT，使内部多个主机能够共享 1 个外部地址访问外网，由于港口内部有台服务器需要对外提供 WEB 服务，因此还需要映射 WEB 服务器的地址和端口到外网。

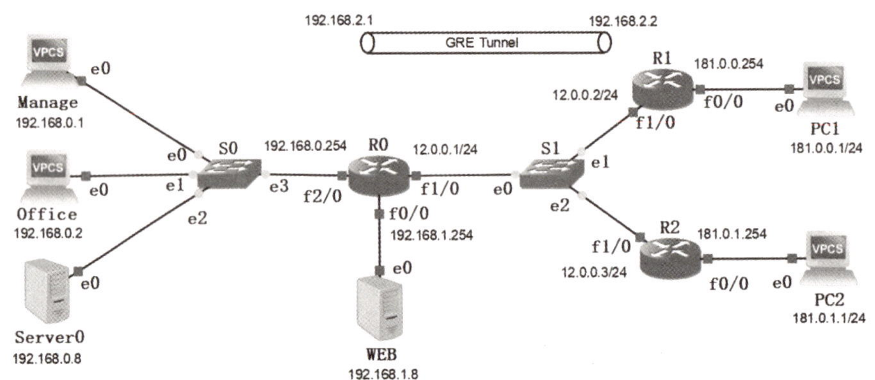

图 4-27　港口网络拓扑图

2. 任务要求

根据问题情境，需要完成以下工作任务：

任务 1：设置好各路由器和主机的 IP 地址，并将三个路由器都启用 RIP 协议，除 192.168.0.0 和 192.168.1.0 网段外，其他网络都加入 RIP，确保外部网络可以连通。

任务 2：设置 NAT 使得内网主机可以访问外网，且将 WEB 服务器的 80 端口映射出去提供外部访问。

任务 3：对配置结果的有效性和正确性进行验证，测试内网主机能否连通外网 PC，外网是否只能访问内网的 WEB 服务。

3. 任务实施步骤

任务 1：设置好各路由器和主机的 IP 地址，并将三个路由器都启用 RIP 协议，除 192.168.0.0 和 192.168.1.0 网段外，其他网络都加入 RIP，确保外部网络可以连通。

根据拓扑图和描述进行配置设置，确保整个网络可以连通。

任务 2：设置 NAT 使得内网主机可以访问外网，且将 WEB 服务器的 80 端口映射出去提供外部访问。

（1）设置 R0 内网 192.168.0.0 网段的 Port NAT，使得内部主机可以访问外网。

（2）在 R0 上做静态地址端口转换，将 WEB 服务器的 80 端口映射到路由器外部接口的 80 端口。

任务 3：对配置结果的有效性和正确性进行验证，测试内网主机能否连通外网 PC，外网是否只能访问内网 WEB 服务。

（1）查看路由器 R0 的 NAT 表，可见静态转换条目，如图 4-28 所示。

```
R0#show ip nat translations
Pro Inside global      Inside local       Outside local      Outside global
tcp 12.0.0.1:80        192.168.1.8:80     ---                ---
```

图 4-28　查看路由器 R0 的 NAT 表

（2）测试用外网 PC ping 内网主机，显示目标主机不可达，如图 4-29 所示。

```
PC1> show ip

NAME        : PC1[1]
IP/MASK     : 181.0.0.1/24
GATEWAY     : 181.0.0.254
DNS         :
MAC         : 00:50:79:66:68:04
LPORT       : 10042
RHOST:PORT  : 127.0.0.1:10043
MTU:        : 1500

PC1> ping 192.168.0.1
*181.0.0.254 icmp_seq=1 ttl=255 time=15.547 ms (ICMP type:3, code:1, Destination host unreachable)
*181.0.0.254 icmp_seq=2 ttl=255 time=15.832 ms (ICMP type:3, code:1, Destination host unreachable)
*181.0.0.254 icmp_seq=3 ttl=255 time=15.996 ms (ICMP type:3, code:1, Destination host unreachable)
*181.0.0.254 icmp_seq=4 ttl=255 time=15.623 ms (ICMP type:3, code:1, Destination host unreachable)
*181.0.0.254 icmp_seq=5 ttl=255 time=15.903 ms (ICMP type:3, code:1, Destination host unreachable)
```

图 4-29　外网 PC 测试连接内网主机

（3）测试内网主机 ping 访问外网 PC，显示测试连通，如图 4-30 所示。

```
Office> show ip

NAME        : Office[1]
IP/MASK     : 192.168.0.2/24
GATEWAY     : 192.168.0.254
DNS         :
MAC         : 00:50:79:66:68:00
LPORT       : 10034
RHOST:PORT  : 127.0.0.1:10035
MTU:        : 1500

Office> ping 181.0.1.1
84 bytes from 181.0.1.1 icmp_seq=1 ttl=254 time=46.714 ms
84 bytes from 181.0.1.1 icmp_seq=2 ttl=254 time=46.858 ms
84 bytes from 181.0.1.1 icmp_seq=3 ttl=254 time=46.379 ms
84 bytes from 181.0.1.1 icmp_seq=4 ttl=254 time=46.208 ms
84 bytes from 181.0.1.1 icmp_seq=5 ttl=254 time=47.338 ms
```

图 4-30　内网主机测试连接外网 PC

（4）测试外网 PC 访问内网主机的 WEB 服务，可以看到收到回应，测试连通（由于做了端口映射，访问 12.0.0.1 的 80 端口就等于是在访问 192.168.1.8 的 80 端口），如图 4-31 所示。

六、学习结果评价

本节主要讨论了 NAT 的作用、实现方式、主要应用和配置方法。NAT 的主要作用是节省 IP 地址，内部网络可以使用私有 IP 和外部网络通信，增强内部网络与公用网络连接时的灵活性。NAT 的实现方式有两种：静态 NAT 和动态 NAT，其中静态 NAT 是将某个私有 IP 地址转化为某个固定的公网 IP 地址；动态 NAT 是将某个私有 IP 地址转化为某个公网 IP 地址，IP 地址对的映射关系是一对一的，但 IP 地址对是不确定的、随机的。静态 NAT 主要用于将内部服务器或网络服务发布到公网的场合，动态 NAT

主要用于多个内部用户访问 Internet 的场合。为让读者清楚自身学习情况，现设定学习结果评价表，小组同学之间可以交换评价，进行互相监督，见表 4-6。

```
PC1> ping 12.0.0.1 -3 -p 80
Connect   80@12.0.0.1 seq=1 ttl=62 time=76.665 ms
SendData  80@12.0.0.1 seq=1 ttl=62 time=74.646 ms
Close     80@12.0.0.1 seq=1 ttl=62 time=90.647 ms
Connect   80@12.0.0.1 seq=2 ttl=62 time=75.424 ms
SendData  80@12.0.0.1 seq=2 ttl=62 time=76.553 ms
Close     80@12.0.0.1 seq=2 ttl=62 time=89.823 ms
Connect   80@12.0.0.1 seq=3 ttl=62 time=76.207 ms
SendData  80@12.0.0.1 seq=3 ttl=62 time=76.437 ms
Close     80@12.0.0.1 seq=3 ttl=62 time=91.444 ms
Connect   80@12.0.0.1 seq=4 ttl=62 time=76.124 ms
SendData  80@12.0.0.1 seq=4 ttl=62 time=60.816 ms
Close     80@12.0.0.1 seq=4 ttl=62 time=75.040 ms
Connect   80@12.0.0.1 seq=5 ttl=62 time=76.026 ms
SendData  80@12.0.0.1 seq=5 ttl=62 time=76.638 ms
Close     80@12.0.0.1 seq=5 ttl=62 time=89.084 ms
```

图 4-31　测试外网 PC 访问内网主机的 WEB 服务

表 4-6　学习结果评价表

序号	评价内容	评价标准	评价结果（是 / 否）
1	规划 NAT	是否能规划网络需要的 NAT 配置	
2	静态 NAT 的配置	能否按需求配置静态 NAT	
3	动态 NAT 的配置	能否按需求配置动态 NAT	

七、课后作业

1. 填空题

（1）NAT 按实现方式进行分类，分为（　　）和（　　）。

（2）Inside Global 地址在 NAT 配置里表示（　　）。

（3）在大型企业网中通常配置（　　）NAT 来提供用户连接 Internet。

（4）将企业内部服务器发布到 Internet，应采用（　　）NAT 方式。

2. 选择题

（1）下面有关 NAT 的叙述正确的是（　　）。

A. NAT 是中文“网络地址转换”的缩写，又称地址翻译

B. NAT 用来实现私有地址与公用网络地址之间的转换

C. 当内部网络的主机访问外部网络时，一定不需要 NAT

D. 地址转换的提出为解决 IP 地址紧张的问题提供了一个有效途径

（2）下面有关 NAT 的说法正确的是（　　）。

A. 虚拟服务器可以将多个服务映射到一个公网 IP 地址

B. 公司内部主机需要外网访问，在网关设备上配置 PAT 即可

C. 静态 NAT 将内部局部地址一对一静态地映射到内部全局地址，动态 NAT 将内部局部地址多对一地映射到内部全局地址

D. 使用 PAT 转换必须配置 NAT 地址池

（3）下面有关于静态 NAT 的说法正确的是（　　）。

A．静态 NAT 转换在默认情况下 24 小时后超时

B．静态 NAT 转换从地址池中分配地址

C．静态 NAT 将内部局部地址一对一静态地映射到内部全局地址

D．路由器默认使用静态 NAT

（4）若内部网络使用 192.168.0.0/24 子网地址编址，获得公共地址 172.32.1.0/24，使用（　　）命令可为 NAT 配置一个名为 global 的地址池。

A．nat pool global 172.32.1.1 172.32.1.254 netmask 255.255.255.0

B．nat global 192.168.1.1 192.168.254.254 netmask 255.255.255.0

C．ip nat pool global 172.32.1.1 172.32.1.254 netmask 255.255.255.0

D．ip nat pool global 192.168.1.1 192.168.254.254 netmask 255.255.255.0

3．简答题

（1）描述 NAT 的作用及工作过程。

（2）比较静态 NAT 和动态 NAT 的优缺点。

（3）描述数据包进入路由器进行 NAT、ACL 和路由操作时，这三者之间的先后关系。

工作模块 5

保护网络通信安全

模块导引

细节决定成败：从世界技能大赛竞技到追求卓越的匠心

在追求卓越的道路上，细节往往决定成败。第 45 届世界技能大赛网络安全项目的一个小插曲，生动地诠释了这一真理，同时也彰显了质疑和严谨的重要性。

在世界技能大赛准备阶段，网络安全项目首席专家发布了“基础设施搭建和安全加固”技术文件的初稿，其中一句看似平常的描述“This should generate interesting traffic and start site-to-site VPN”引发了选手们的困惑。这句话翻译成中文是“这应该会产生有趣的流量并启动站点到站点 VPN”，很明显是针对 VPN 加密配置的考题。但选手对赛题中描述的“interesting traffic”不理解，这到底是什么，对比赛的内容有什么影响，所有的流量中哪些才是这个特定的“有趣流量”。技术专家团队找遍了整个文档也没找到对该名词的解释。经过评估，专家团队决定先不考虑这个问题，正常进行训练。随后在与其他国家沟通交流后发现，大家都对这个描述存在不解和困惑。赛前大家找到首席专家请他解释这个问题，该专家微笑地说：“这次的竞赛活动很刺激很精彩，这难道不是非常有趣的吗？我在流量前面加了个形容词，这就是有趣的流量。”最终，这个“有趣”的误会被澄清，并在正式文档中得到修正。这个小插曲不仅凸显了在国际赛事中准确沟通的重要性，更体现了参赛选手们一丝不苟的工匠精神和追求卓越的决心。

这个故事的启示远远超出了比赛本身。在日常工作和学习中，同样需要保持这种认真细致的态度，对每一个细节都追求完美理解。面对不确定性，我们应该勇于提出疑问，挑战既有观点。只有这样，我们才能在纷繁复杂的现实中发现问题、解决问题，不断创新，实现自我突破。

工作任务 5-1：虚拟专用网络建设

任务简介

随着企业规模扩大和业务发展，现代企业网络面临着多重挑战。企业不仅需要实现内部信息共享，还需要与 Internet 及外部网络进行安全可靠的连接。传统的网络解决方案存在诸多局限性：通过 Internet 或运营商骨干网连接分支机构时，需要统一网络层协议、路由策略和地址空间；而采用专线、电路交换等传统广域网技术则面临着部署成本高、扩展性差、远程接入费用高等问题。在这种背景下，

VPN 技术作为一种兼具安全性和经济性的解决方案应运而生。VPN 可以利用公共通信基础设施（如 Internet、ISP 骨干网络或企业自有 IP 网络），在确保数据传输安全的同时，显著降低网络建设和维护成本。其中，通用路由封装协议（GRE VPN）适用于企业分支机构间的网络层点到点连接，而配合互联网安全协议（Internet Protocol Security，IPSec）技术的使用，则可以通过验证和加密算法有效防止数据篡改和窃听，进一步提升网络安全性。

本工作任务要求网络工程师深入理解 VPN 技术原理，掌握 GRE VPN 和 IPSec 的配置方法，能够根据企业实际需求，设计并实施安全可靠的 VPN 解决方案。具体包括：评估企业网络需求、选择适当的 VPN 技术、规划网络拓扑、配置 VPN 隧道、实施 IPSec 安全策略，确保企业各分支机构之间的安全通信，同时实现网络建设投资的最优化。

职业能力 5-1-1：能配置虚拟专用网络

一、核心概念

- VPN：指在公共网络上虚拟出一条专用线路，以实现两个内部网络的远程通信。
- GRE 隧道：一种非常有用的虚拟专用网络通道，通过 IPv4 或 IPv6 的因特网传输 IP 协议或非 IP 协议，容易实现远程专用连接，不用考虑网络异构的问题。

二、学习目标

- 了解 VPN 的概念和作用。
- 了解 VPN 的工作模式。
- 熟悉 GRE 隧道技术。
- 掌握配置 GRE 隧道的方法。

学习思维导图：

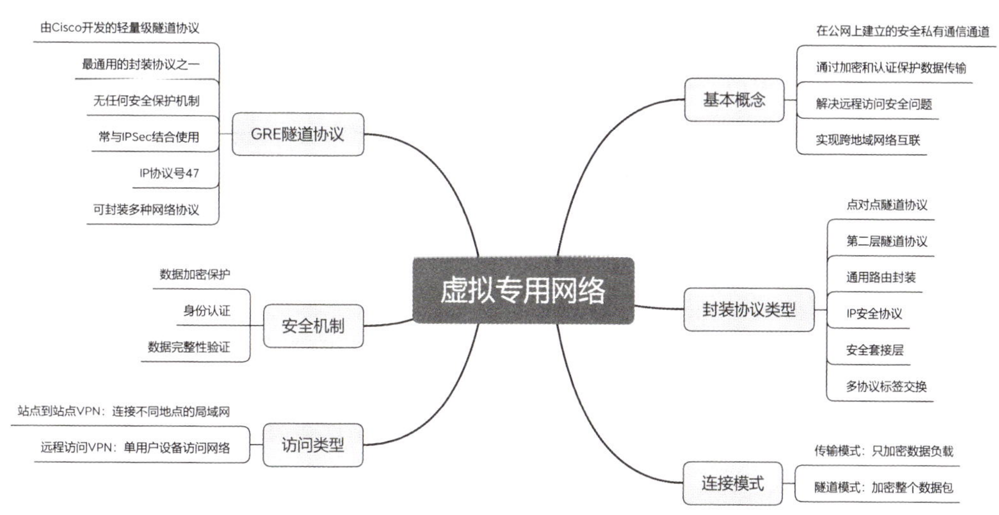

三、基本知识

1. VPN 概述

VPN 技术起初是为了解决明文数据在网络上传输时所带来的安全问题。TCP/IP 协议族中的很多协议都采用明文传输，例如 Telnet、FTP 等。一些黑客可能为了获取非法利益，通过诸如窃听、伪装等攻击方式截获明文数据，使企业或个人蒙受损失。

VPN 技术可以从某种程度上解决该问题，例如，它可以对公网上传输的数据进行加密，即使黑客通过某种窃听工具截获到数据，也无法了解数据信息的含义；也可以实现数据传输双方的身份验证，避免黑客伪装成网络中的合法用户攻击网络资源。

VPN 是在两个网络实体之间建立的一种受保护连接，这两个实体可以通过点到点的链路直接相连，但通常情况下它们会相隔较远的距离。Virtual Private Network 中的 Virtual 一词意为虚拟的，通过隧道（Tunnel）技术使用不同的封装协议对原始数据包进行重新封装来实现；Private 一词意为专用的，通过安全（Security）机制对原始数据包进行加密等来实现；Network 一词意为网络，通常指组织机构所使用的 Remote Access、Intranet、Extranet 等类型的网络。

对于定义中提到的受保护一词，可以从以下几个方面理解：

（1）通过使用加密技术防止数据被窃听。

（2）通过数据完整性验证防止数据被破坏、篡改。

（3）用户通过认证机制实现通信方身份确认，防止通信数据被截获和回放。

此外，VPN 技术还定义了：

（1）何种流量需要被保护。

（2）数据被保护的机制。

（3）数据的封装过程。

实际工作环境中的 VPN 解决方案不一定包含上述所有功能，这要由具体的环境需求和实现方式决定，并且很多企业可能采用不止一种的 VPN 解决方案。

2. 常见的 VPN 封装协议

VPN 的种类和标准非常多，这些种类和标准是在 VPN 的发展过程中产生的。用户为了适应不同的网络环境和安全要求，可以选择适合自己的 VPN，因此，认识常见的 VPN 封装协议类型是非常必要的。

（1）点到点隧道协议（Point to Point Tunneling Protocol，PPTP）是由微软公司开发的。PPTP 包含了 PPP 和 MPPE（Microsoft Point-to-Point Encryption，微软点对点加密）两个协议，其中 PPP 用来封装数据，MPPE 用来加密数据。

（2）第二层隧道协议（Layer 2 Tunneling Protocol，L2TP）是由 Microsoft、Cisco、3COM 等厂商共同制定的，主要是为了解决兼容性的问题。PPTP 只有在纯 Windows 的网络环境中工作时才可以发挥所有的功能。

（3）通用路由封装（Generic Routing Encapsulation，GRE）是由 Cisco 公司开发的。GRE 不是一个完整的 VPN 协议，因为它不能完成数据的加密、身份认证、数据报文完整性校验等功能，在使用 GRE 技术的企业网中，经常会结合 IPSec 使用，以弥补其安全性方面的不足。

（4）互联网安全协议（Internet Protocol Security，IPSec）是现今企业使用最广泛的 VPN 协议，它工作在第三层。IPSec 是一个开放性的协议，各网络产品制造商都会对 IPSec 进行支持。IPSec 可以通过对数据加密，保证数据传输过程中的私密性，并使用多种加密算法实现对数据的加密，常见的加密算法有数据加密标准算法

（Data Encryption Standard，DES）、三重数据加密算法（Triple Data Encryption Standard，3DES）、高级加密标准（Advanced Encryption Standard，AES）等。IPSec 可以保证数据传输过程的完整性，防止数据在传输过程中被篡改，并使用散列函数来实现此功能，常用的散列函数有信息摘要算法（Message Digest Algorithm，MD5）和安全散列算法（Secure Hash Algorithm，SHA）等。IPSec 可以执行对设备和数据包的验证功能，这样可以确定数据包来自某台合法的设备，常见的验证方法有预共享密钥、随机数加密 RSA、CA 等。

（5）安全套接层（Secure Sockets Layer，SSL）是网景公司基于 WEB 应用提出的一种安全通道协议，它具有保护传输数据积极识别通信机器的功能。SSL 主要采用公开密钥体系和 X509 数字证书，在 Internet 上提供服务器认证、客户认证、SSL 链路上的数据的保密性的安全性保证，被广泛用于 WEB 浏览器与服务器之间的身份认证。SSL VPN 工作在应用层，通常使用 WEB 信道传输加密信息，其优点在于利用 WEB 协议传输可以免受防火墙等安全设备的限制，在互联网上工作比较便利。

（6）多协议标签交换（Multi Protocol Label Switching，MPLS）是一种用于快速数据包交换和路由的体系，它为网络数据流量提供了目标、路由、转发和交换等能力。更特殊的是，它具有能够管理各种不同形式通信流的机制。

3. VPN 的连接模式

VPN 技术有两种基本的连接模式：隧道模式和传输模式，这两种模式实际上定义了两台实体设备之间传输数据时所采用的不同的封装过程。

（1）传输模式。如图 5-1 所示，传输模式最显著的特点就是在整个 VPN 的传输过程中，IP 包头并没有被封装进去，这就意味着从源端到目的端数据始终使用原有的 IP 地址进行通信。而传输的实际数据载荷被封装在 VPN 报文中。对于大多数 VPN 传输而言，VPN 的报文封装过程就是数据的加密过程，因此，恶意分子截获数据后无法破解数据内容，但却可以清晰地知道通信双方的地址信息。

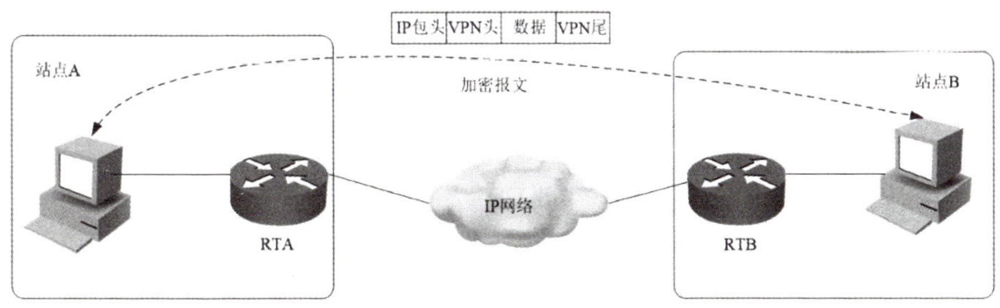

图 5-1　传输模式

由于传输模式封装结构相对简单（每个数据报文较隧道模式封装结构节省 20 个字节），因此传输效率较高，多用于通信双方在同一个局域网内的情况。例如，网络管理员通过网管主机登录公司内网的服务器进行维护管理，就可以选用传输模式 VPN 对其管理流量进行加密。

（2）隧道模式。如图 5-2 所示，隧道模式与传输模式的区别显而易见，VPN 设备将整个三层数据报文封装在 VPN 数据内，再为封装后的数据报文添加新的 IP 包头，由于新 IP 包头中封装的是 VPN 设备的 IP 地址信息，所以当恶意分子截获数据后，不仅无法了解实际载荷数据的内容，还无法知道实际通信双方的地址信息。

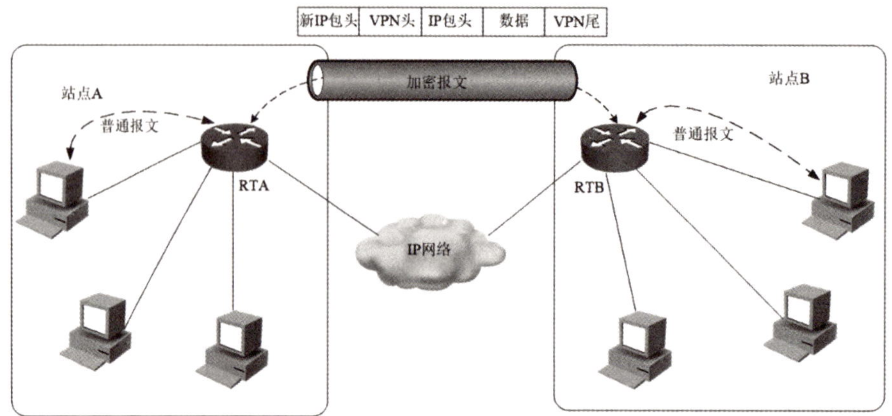

图 5-2　隧道模式

由于隧道模式的 VPN 在安全性和灵活性方面具有很大的优势，在企业环境中应用十分广泛，如总公司和分公司跨广域网的通信，移动用户在公网访问公司内部资源等很多情况，都会应用隧道模式的 VPN 对数据传输进行加密。

4. VPN 的访问类型

通常情况下，VPN 的访问类型可以被分为站点到站点 VPN 和远程访问 VPN。

（1）站点到站点 VPN。站点到站点 VPN 通过隧道模式在 VPN 网关之间保护两个或更多的站点之间的流量，站点间的流量通常是指局域网之间（LAN to LAN，L2L）的通信流量。L2L VPN 多用于总公司与分公司、分公司之间在公网上传输重要业务数据。

如图 5-3 所示，对于两个局域网的终端用户来说，在 VPN 网关中间的网络是透明的，就好像通过一台路由器连接的两个局域网。总公司的终端设备通过 VPN 连接访问分公司的网络资源，数据包封装的 IP 地址都是公司内网地址（一般为私有地址），对数据包进行的再次封装过程，客户端是全然不知的。

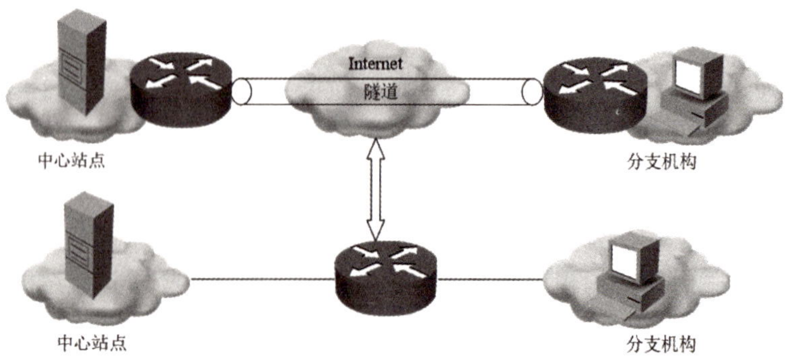

图 5-3　站点到站点 VPN

（2）远程访问 VPN。远程访问 VPN 通常用于单用户设备与 VPN 网关之间的通信链接，单用户设备一般为一台 PC 或小型办公网络等。远程访问 VPN 使用传输模式，很可能成为黑客的攻击对象，所以远程访问 VPN 对安全性要求较高时，应使用隧道模式。

要想实现隧道模式的通信，就需要给远程客户端分配两个 IP 地址：一个是它本身的网络接口卡（Network Interface Card，NIC）地址，另一个是内网地址。也就是说远程客户端在 VPN 建立过程中同时充当 VPN 网关（使用 NIC 地址）和终端用户（使用内网地址）。

如图 5-4 所示，当远端的移动用户与总公司的网络实现远程访问 VPN 连接后，就好像成为总公司局域网中一个普通用户，不仅使用总公司网段内的地址访问公司资源，而且因为其使用隧道模式，真实的 IP 地址被隐藏起来，实际公网通信的链路对于远端移动用户而言就像是透明的。

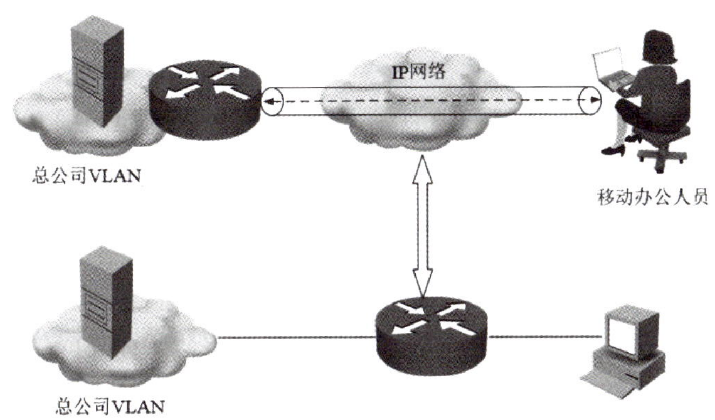

图 5-4　远程访问 VPN

5. GRE 隧道技术概述

GRE 是一种由 Cisco 公司开发的轻量级隧道协议，它能够将各种网络协议（如 IP 协议和非 IP 协议）封装到 IP 隧道内，并通过互联网在网络中的路由器间创建一个虚拟的点对点隧道连接。将 GRE 称为轻量级隧道协议的主要原因是 GRE 协议头部较小，因此用它封装数据效率高，但 GRE 没有任何安全保护机制。

考虑现实的情况，例如有 8 个人想一起玩某款网络对战游戏，该网络游戏支持局域网内多人同时联机，使用的是互联网分组交换协议（Internetwork Packet Exchange，IPX）协议，而这 8 个人位于两个不同的地方（局域网络），无法直接连接在一起玩游戏，但他们都可以连接到互联网（公共网络），这时候，他们可以通过虚拟专用网技术将两个远程的私有网络连接到一起形成一个局域网。

假如选择了 GRE 隧道技术来实现虚拟专用网络连接，则游戏使用的 IPX 协议称为载荷协议，IPX 协议的数据包称为载荷协议包；互联网使用的 IP 协议称为承载协议，IP 包为承载协议包。显然，直接发送 IPX 协议包到互联网络上是不可能的，互联网不能识别 IPX 协议的数据包。此时，需要在两端的虚拟专用网络设备执行以下操作：

（1）网络设备需要将载荷协议包封装在 GRE 包中，也就是添加一个 GRE 头。

（2）其后，将这个 GRE 包封装在承载协议包中。

（3）之后，网络设备便可以将封装后的承载协议包放在承载协议网络上传输。

使用 GRE 的整个协议栈看起来如图 5-5 所示。因为 GRE 头的加入也是一种封装行为，因此可将 GRE 称为封装协议，将经过 GRE 封装的包称为封装协议包。GRE 不是唯一的封装协议，但是最通用的封装协议之一。

在承载协议头之后加入的 GRE 头本身就可以告诉目标设备上层有载荷分组，从而目标设备就可以做出不同于 A 协议标准包的处理。当然，这是不够的，GRE 必须表达一些其他的信息，以便设备继续执行正确的处理。例如，GRE 头必须包含上层协议的类型，以便设备在解除封装之后可以将载荷分组递交到正确的协议栈继续处理。

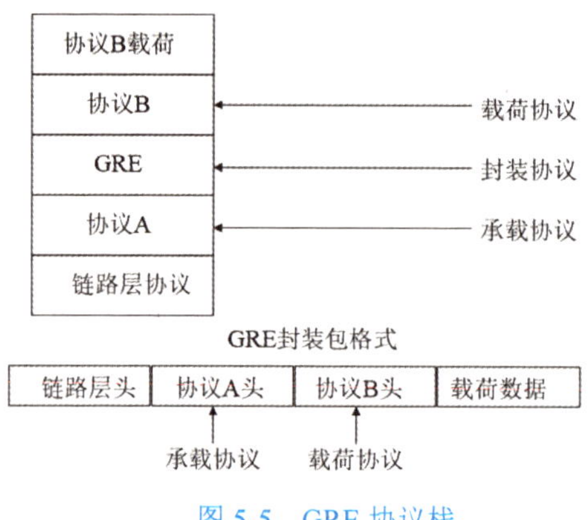

图 5-5　GRE 协议栈

企业通常在分支之间部署 GRE VPN，通过公共网络传送内部网络的 IP 数据，从而实现网络层的点到点 VPN。由于 IP 网络的普遍应用，主要的 GRE VPN 部署多采用 IP 同时作为载荷和承载协议的 GRE 封装，又称为 IP over IP 的 GRE 封装或 IP over IP 模式。理解了 GRE 在 IPv4 环境下如何工作，也就可以理解在其他协议环境下 GRE 如何工作。

（1）以 IP 作为承载协议的 GRE 封装。如图 5-6 所示，IPv4 用 IP 协议号 47 标识 GRE 头，当 IP 头中的 Protocol 字段值为 47 时，说明 IP 包头后面紧跟的是 GRE 头。

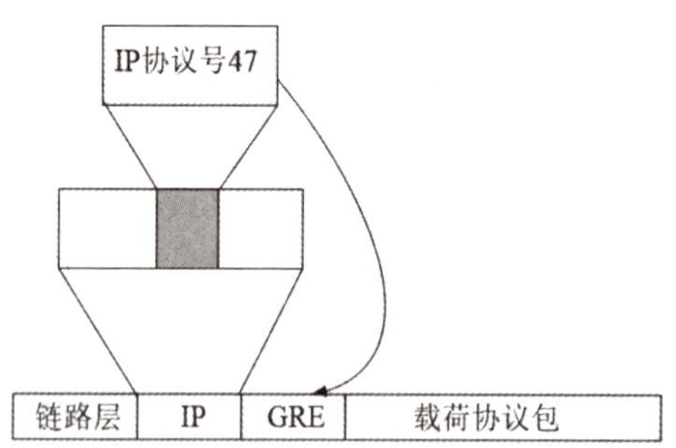

图 5-6　以 IP 作为承载协议的 GRE 封装

（2）以 IPv4 作为载荷协议的 GRE 封装。如图 5-7 所示为以 IP 作为载荷协议的 GRE 封装，可见 IP 的 GRE Protocol type 值为 0x0800。

（3）IP over IP 的 GRE 封装。如图 5-8 所示为以 IPv4 同时作为载荷和承载协议的 GRE 封装，又称 IP over IP 的 GRE 封装，可见 IP 用协议号 47 标识 GRE 头。当 IP 头中的 Protocol 字段值为 47 时，说明 IP 包头后面紧跟的是 GRE 头。GRE 用以太网协议类型 0x0800 时，说明 GRE 头后面紧跟的是 IP 头。这种封装结构在 GRE VPN 应用中最为普遍，在本任务后续讨论中，如无特别说明，所称的 GRE 隧道都是 IP over IP 的 GRE 隧道。

GRE 封装本身已经提供了足够建立 VPN 隧道的工具。GRE VPN 正是基于 GRE 封装，以最简化的手段建立的 VPN。GRE VPN 用 GRE 将一个网络层协议封装在另一个网络层协议里，因此是一种 L3 VPN 技术。

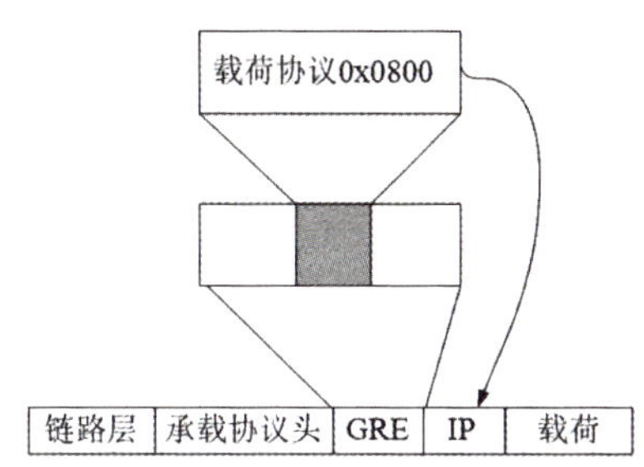

图 5-7　以 IPv4 作为载荷协议的 GRE 封装

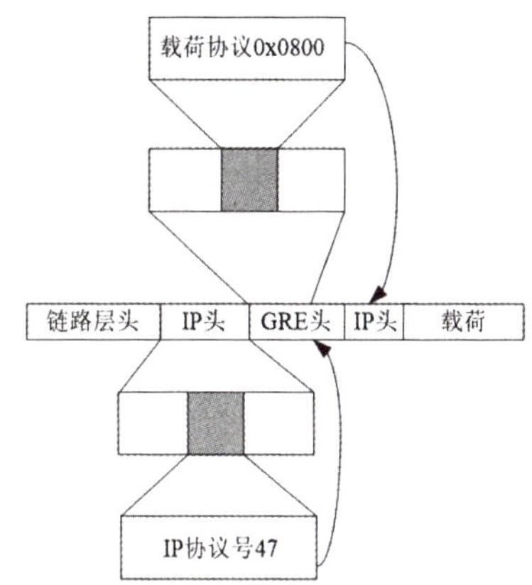

图 5-8　IP over IP 的 GRE 封装

为了使点对点的 GRE 隧道像普通铁路一样工作，路由器引入了一种称为 Tunnel 接口的逻辑接口。在隧道两端的路由器上各自通过物理接口连接公共网络，并依赖物理接口进行实际通信。两个路由器上分别建立一个 Tunnel 接口，两个 Tunnel 接口之间建立点对点的虚连接，就形成了一条跨越公共网络的隧道。物理接口具有承载协议的地址和相关配置，直接服务于承载协议；而 Tunnel 接口则具有载荷协议的地址和相关配置，载荷协议为负载服务，当然实际的载荷协议包需要经过 GRE 封装和承载协议封装，再通过物理接口传送。

大部分组织机构已经使用 IP 构建 Intranet 并使用私有地址空间。私有 IP 地址在公网上是不能路由的，所以 GRE VPN 的主要任务是建立连接组织机构各个站点的隧道，跨越 IP 公网传送内部私网 IP 数据。图 5-9 所示为典型的 IP over IP 的 GRE 隧道的系统构成。站点 A 和站点 B 的路由器 RTA 和 RTB 的 Fa0/0 和 Tunnel0 接口均具有私网 IP 地址，而 S0/0 接口具有公网 IP 地址。此时，要从站点 A 发送私网 IP 数据包到站点 B 的过程如下：

1）路由器 RTA 根据 IP 包的目标地址查找路由表，找到一个出站接口。

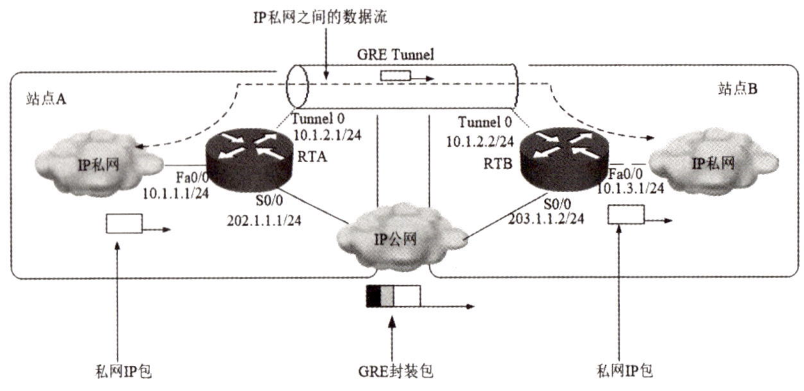

图 5-9　IP over IP 的 GRE 隧道系统

2）如果出站接口是 GRE VPN 的 Tunnel0 接口，路由器 RTA 即根据配置对私网 IP 包进行 GRE 封装，再加以公网 IP 封装，变成一个公网 IP 包，其目的地是路由器 RTB 的公网 IP 地址。

3）路由器 RTA 经物理接口 S0/0 发出此包，此数据包穿越公网，达到路由器 RTB。

4）路由器 RTB 解开数据包，将得到的私网 IP 数据包递交给自己相应的 Tunnel0 接口，再进行下一步的路由表查找，通过 Fa0/0 将私网 IP 数据包送到站点 B 的私网里去。

6. GRE 协议的优缺点

GRE 采用隧道技术实现了虚拟专用网络功能，结构简单，效率高。GRE 协议能够将各种网络协议封装在 IP 协议上传输，而 IP 协议正是互联网使用的通信网络协议，因此 GRE 得到了广泛的运用。下面总结了 GRE 的优点和缺点。

（1）GRE 的优点。

1）GRE 是一个标准协议。

2）支持多种协议和多播。

3）能够用来创建弹性的 VPN。

4）支持多点隧道。

5）能够实施 QoS。

（2）GRE 的缺点。

1）缺乏加密机制。

2）没有标准的控制协议来保持 GRE 隧道。

3）使用隧道会消耗 CPU。

4）出现问题要进行 Debug 比较困难。

5）最大传输单元（Maximum Transmission Unit，MTU）和 IP 分片是一个问题。

四、能力训练

1. GRE 的配置方法

要配置 GRE 隧道，必须首先创建 Tunnel 接口，这是一个虚拟网络接口，用来代表 GRE 隧道，创建接口后才能在 Tunnel 接口上进行其他功能特性的配置。当删除 Tunnel 接口后，该接口上的所有配置也将被删除。

配置虚拟专用网络分为两步，一是创建 GRE 隧道，二是设置路由。隧道两端的节

点均需采用对应的配置。

（1）创建 Tunnel 接口，命令如下：

```
Router(config)#interface tunnel tunnel 接口号
//Tunnel 接口的编号本地有效，不必和对端相同
```

（2）指定 Tunnel 的对应的源端，可以是本地的物理网络接口或者 IP 地址，命令如下：

```
Router(config-if)#tunnel source < 接口类型 接口号 |IP 地址 >
// 配置 Tunnel 的源接口，路由器将以此接口的地址作为源地址重新封装数据包，也可以使用
// 接口的 IP 地址
```

（3）指定 Tunnel 的目的端，命令如下：

```
Router(config-if)#tunnel destination ip 地址
// 配置 Tunnel 的目的 IP 地址，路由器将以此作为目的地址重新封装数据包
```

（4）设置 Tunnel 接口的 IP 地址，命令如下：

```
Router(config-if)#ip address ip 地址 网络掩码
// 配置隧道接口的 IP 地址，创建该隧道后，可以把隧道比作一条专线，网络数据包从此隧道
// 走的时候就会使用这个 IP 地址
```

（5）指定隧道模式，命令如下：

```
Router(config-if)#tunnel mode gre ip
// 配置隧道封装方法，使用 gre ip 命令，表示基于 IP 协议封装的 GRE 隧道
```

（6）配置隧道密钥并启用验证。

```
Router(config-if)#tunnel key key-id
// 可选项，用于连接验证（数字），为隧道提供一定的安全性，两端值要相等
```

（7）查看 GRE 隧道接口的运行情况，命令如下：

```
Router#show interface tunnel tunnel 接口号
```

GRE 隧道是一条虚拟专用线路，用于连接两个站点的外部接口，而两个站点内部的网络要通过 GRE 通信的话，还需要配置路由。可以为虚拟专用线路配置静态路由或动态路由，使用方法和正常的通信线路是一样的。不过，如果到目的网络存在多条路径或协议的话，则可能导致通信数据不会按照期待的方式被传送，甚至发生通信失败的情况，这时候就需要运用策略路由功能，为特定的通信数据指定路由路径或设置路由选项，来达到灵活选择路径的目的。

2. 关于策略路由

策略路由的主要作用是根据用户制定的策略进行路由选择，增强路由选择的灵活性和可控性。策略路由可以依据目的地址、源地址、数据应用、数据包长度、开销、数据包类型等方面制定转发策略，可实现特定路径的网络流量传输、服务于 QoS、或用于负载均衡。

由于篇幅限制，关于策略路由的更多相关知识请参考其他资料，此处对策略路由的运用做简单介绍：

（1）策略路由的优先级比静态路由和动态路由高。

（2）策略路由根据匹配特定的数据包来选择要处理的行为，使用 ACL 表来匹配（标准 ACL 或扩展 ACL 均可）数据包。

（3）使用 route-map 命令配置策略路由，与 ACL 相似，可以配置多条路由策略，每个策略中有多条规则，依次序执行。

（4）一条路由策略规则中包含匹配语句和处理语句，若匹配数据包成功就执行处理语句，若未匹配上，就检查下一条规则，直至检查完所有配置的策略规则。

（5）策略路由配置后不会生效，它检查进方向的流量，所以需要将策略应用到数据流进入的接口后才能生效。

下面给出一个基本的使用策略路由配置路径的方法，更多功能请参考其他相关资料。

（1）首先通过 ACL 指定要做策略的数据包，可以指定标准 ACL 或是扩展 ACL，命令如下：

```
Router(config)#access-list ACL-id permit ip 源网络地址 源通配符掩码 目的网络地址 目的通配符掩码
```

（2）创建一条策略路由，并为要配置的规则指定编号，默认编号从 10 开始，编号也代表了处理的优先级，可以指定编号数字将规则放置到指定顺序位置，命令如下：

```
Router(config)#route-map 策略名称 permit 编号
```

（3）进入策略路由规则配置模式，设置需要匹配的数据流量，可以设定多条匹配规则。如果当前规则匹配，则执行后面的处理，如果不匹配，则检查下一条规则，命令如下：

```
Router(config-route-map)#match ip address ACL-id
```

（4）设置处理行为，比如指定转发路径，可以选择转发接口或是下一跳的地址，命令如下：

```
Router(config-route-map)#set interface 接口类型 接口号                // 指定路由转发接口
```

（5）选择要应用策略的接口，进入到指定接口的接口配置模式，应用策略路由，命令如下：

```
Router(config)#interface 接口类型 接口号
Router(config-if)#ip policy route-map 策略名称
```

3. GRE 配置示例

假设有两个网络分别接到路由器 RA 和 RB 上，RA 和 RB 之间的网段为 13.0.0.0，RA 的内部地址为 192.168.0.1，外部 IP 地址为 13.0.0.1，建立 GRE 隧道地址为 192.168.13.1；路由器 RB 的内部地址为 192.168.1.1，外部 IP 地址为 13.0.0.2，建立隧道地址为 192.168.13.2。

在路由器 RA 上配置 GRE 隧道，命令如下：

```
RA(config)# interface tunnel 1
RA(config-if)#tunnel source 13.0.0.1
RA(config-if)#tunnel destination 13.0.0.2
RA(config-if)#ip address 192.168.13.1 255.255.255.0
RA(config-if)#tunnel mode gre ip
RA(config-if)#tunnel key 6
RA(config-if)#exit
RA(config)#ip route 192.168.1.0 255.255.255.0 tunnel 1          // 添加对端静态路由
```

在路由器 RB 上做相同的配置，只需修改对应的 IP 地址即可，命令如下：

```
RB(config)# interface tunnel 1
RB(config-if)#tunnel source 13.0.0.2
RB(config-if)#tunnel destination 13.0.0.1
RB(config-if)#ip address 192.168.13.2 255.255.255.0
```

```
RB(config-if)#tunnel mode gre ip
RB(config-if)#tunnel key 6
RB(config-if)#exit
RB(config)#ip route 192.168.0.0 255.255.255.0 tunnel 1          // 添加对端静态路由
```

配置完毕后，测试两个内部网络中的主机能否相互通信。

五、任务实战

1. 任务情境

某港口的 GRE 隧通配置网络拓扑图如图 5-10 所示，路由器 R0 左边的是内部办公网，下方的是内部 DMZ 区域，路由器 R1 和 R2 均为外部网络设备，外部网络运行 RIPv2 路由协议，可以互相访问，但不能访问港口内部网络。路由器 R1 连接的 PC1 代表港口的一个远程办公点。路由器 R0 做 NAT，使得办公网的主机可以共享访问外网，同时将 WEB 服务器的 80 端口映射出去。

出于工作需要，远程办公点需要访问港口内部网络的服务器 Server0。要实现上述要求，需要使用 GRE 技术把港口内网和远程办公点进行连接形成 GRE 隧道，使得两地的网络连通，请在路由器 R0 和 R1 上配置 GRE 连接，该隧道及两端网络采用策略路由连通。

2. 任务要求

根据问题情境，需要完成以下任务：

任务 1：配置 GRE 隧道与策略路由。

任务 2：检测 GRE 配置和运行。

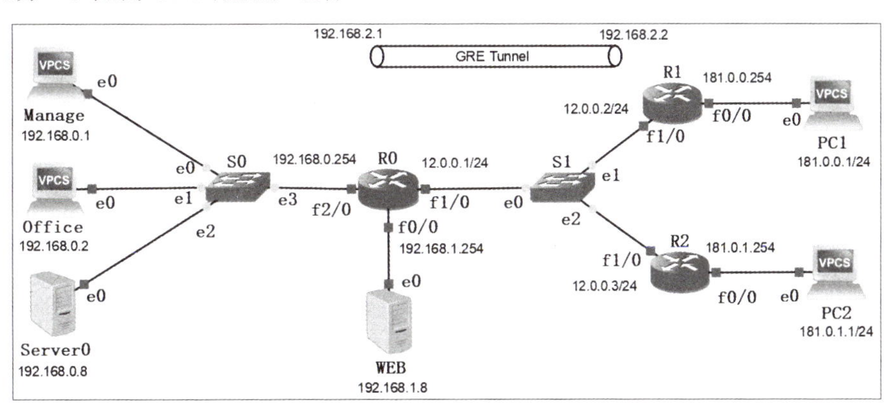

图 5-10　GRE 隧道配置网络拓扑图

3. 任务实施步骤

任务 1：配置 GRE 隧道与策略路由。

（1）根据拓扑图在路由器 R0 和 R1 上搭建 GRE 隧道。

（2）配置策略路由，在路由器 R0 和 R1 上分别设置策略路由，使得 GRE 隧道两端的流量通过隧道传输。

任务 2：检测 GRE 配置和运行。

测试 GRE 隧道的连通性，步骤如下：

（1）查看 R0 的 GRE 隧道状态。如图 5-11 所示显示了转载隧道的接口地址，和隧道的源 / 目的地址，检查是否配置正确。

```
R0#show interfaces tunnel 1
Tunnel1 is up, line protocol is up
  Hardware is Tunnel
  Internet address is 192.168.2.1/24
  MTU 17916 bytes, BW 100 Kbit/sec, DLY 50000 usec,
     reliability 255/255, txload 1/255, rxload 1/255
  Encapsulation TUNNEL, loopback not set
  Keepalive not set
  Tunnel source 12.0.0.1, destination 12.0.0.2
  Tunnel protocol/transport GRE/IP
    Key disabled, sequencing disabled
    Checksumming of packets disabled
  Tunnel TTL 255, Fast tunneling enabled
  Tunnel transport MTU 1476 bytes
  Tunnel transmit bandwidth 8000 (kbps)
  Tunnel receive bandwidth 8000 (kbps)
```

图 5-11　查看路由器 R0 的 GRE 隧道状态

（2）测试隧道是否连通，用 PC1 测试服务器 Server0，发现隧道两端的主机能像本地网络一样连通了，同时抓包观察隧道通信流量。

如图 5-12 所示，在 ping 主机的时候通过 WireShark 工具对隧道通信包进行抓包分析，可以发现该网络包 IP 协议层中的源 IP 地址为 12.0.0.1，目的 IP 地址为 12.0.0.2，是两台路由器的外部接口地址。协议号为 47，代表 GRE 封装，解开后里面又承载了 IP 协议，源 IP 地址为 192.168.0.8，目的地址为 181.0.0.1，是两端主机的接口地址。而配置隧道使用的 192.168.2.X 地址在包中并未出现，那是隧道中间路由器的虚拟接口地址。

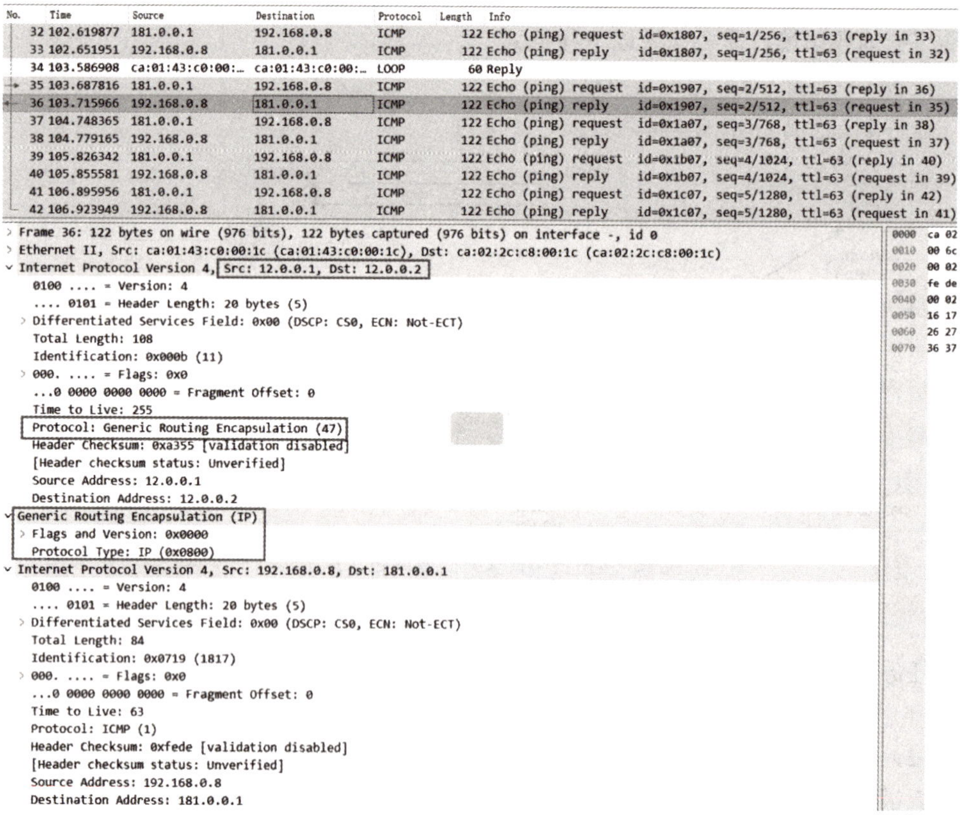

```
No.  Time        Source           Destination      Protocol Length Info
  32 102.619877  181.0.0.1        192.168.0.8      ICMP     122 Echo (ping) request  id=0x1807, seq=1/256, ttl=63 (reply in 33)
  33 102.651951  192.168.0.8      181.0.0.1        ICMP     122 Echo (ping) reply    id=0x1807, seq=1/256, ttl=63 (request in 32)
  34 103.586908  ca:01:43:c0:00:… ca:01:43:c0:00:… LOOP      60 Reply
  35 103.687816  181.0.0.1        192.168.0.8      ICMP     122 Echo (ping) request  id=0x1907, seq=2/512, ttl=63 (reply in 36)
  36 103.715966  192.168.0.8      181.0.0.1        ICMP     122 Echo (ping) reply    id=0x1907, seq=2/512, ttl=63 (request in 35)
  37 104.748365  181.0.0.1        192.168.0.8      ICMP     122 Echo (ping) request  id=0x1a07, seq=3/768, ttl=63 (reply in 38)
  38 104.779165  192.168.0.8      181.0.0.1        ICMP     122 Echo (ping) reply    id=0x1a07, seq=3/768, ttl=63 (request in 37)
  39 105.826342  181.0.0.1        192.168.0.8      ICMP     122 Echo (ping) request  id=0x1b07, seq=4/1024, ttl=63 (reply in 40)
  40 105.855581  192.168.0.8      181.0.0.1        ICMP     122 Echo (ping) reply    id=0x1b07, seq=4/1024, ttl=63 (request in 39)
  41 106.895956  181.0.0.1        192.168.0.8      ICMP     122 Echo (ping) request  id=0x1c07, seq=5/1280, ttl=63 (reply in 42)
  42 106.923949  192.168.0.8      181.0.0.1        ICMP     122 Echo (ping) reply    id=0x1c07, seq=5/1280, ttl=63 (request in 41)

> Frame 36: 122 bytes on wire (976 bits), 122 bytes captured (976 bits) on interface -, id 0
> Ethernet II, Src: ca:01:43:c0:00:1c (ca:01:43:c0:00:1c), Dst: ca:02:2c:c8:00:1c (ca:02:2c:c8:00:1c)
v Internet Protocol Version 4, Src: 12.0.0.1, Dst: 12.0.0.2
    0100 .... = Version: 4
    .... 0101 = Header Length: 20 bytes (5)
  > Differentiated Services Field: 0x00 (DSCP: CS0, ECN: Not-ECT)
    Total Length: 108
    Identification: 0x000b (11)
  > 000. .... = Flags: 0x0
    ...0 0000 0000 0000 = Fragment Offset: 0
    Time to Live: 255
    Protocol: Generic Routing Encapsulation (47)
    Header Checksum: 0xa355 [validation disabled]
    [Header checksum status: Unverified]
    Source Address: 12.0.0.1
    Destination Address: 12.0.0.2
v Generic Routing Encapsulation (IP)
  > Flags and Version: 0x0000
    Protocol Type: IP (0x0800)
v Internet Protocol Version 4, Src: 192.168.0.8, Dst: 181.0.0.1
    0100 .... = Version: 4
    .... 0101 = Header Length: 20 bytes (5)
  > Differentiated Services Field: 0x00 (DSCP: CS0, ECN: Not-ECT)
    Total Length: 84
    Identification: 0x0719 (1817)
  > 000. .... = Flags: 0x0
    ...0 0000 0000 0000 = Fragment Offset: 0
    Time to Live: 63
    Protocol: ICMP (1)
    Header Checksum: 0xfede [validation disabled]
    [Header checksum status: Unverified]
    Source Address: 192.168.0.8
    Destination Address: 181.0.0.1
```

图 5-12　抓取并分析隧道通信包

六、学习结果评价

本节主要讨论了 GRE 协议，该协议是对某些网络层协议的数据报文进行封装，使这些被封装的数据报文能够在另一个网络层协议中传输。GRE 采用了 Tunnel 技术，是 VPN 的第三层隧道协议。Tunnel 是一个虚拟的点对点连接，提供了一条通路使封装的数据报文能够在这个通路上传输，并且在一个 Tunnel 的两端分别对数据报进行封装及解封装。为让读者清楚自身学习情况，现设定学习结果评价表，小组同学之间可以交换评价，进行互相监督，见表 5-1。

表 5-1 学习结果评价表

序号	评价内容	评价标准	评价结果（是/否）
1	规划 GRE	是否能规划网络需要的 GRE	
2	标准 GRE 的基本配置	能否配置标准 GRE 规则	
3	打通 GRE 隧道	能否打通企业网络数据传输的 GRE 隧道	

七、课后作业

1. 填空题

（1）VPN 的连接模式有（　　）和（　　），常见的 VPN 类型分为（　　）和（　　）。

（2）承载网的 IP 头以（　　）标识 GRE 头。

2. 选择题

下列关于 VPN 的说法正确的是（　　）。

A．VPN 指的是用户自己租用线路，和公共物理网络上完全隔离、安全的线路

B．VPN 指的是用户通过公用网络建立的临时的、安全的连接

C．VPN 不能做到信息验证和身份认证

D．VPN 只能提供身份验证，不能提供加密数据的功能

3. 简答题

（1）什么是 VPN？常见的 VPN 封装协议有哪些？

（2）描述 GRE 隧道的建立过程。

职业能力 5-1-2：能配置安全加密隧道

一、核心概念

- IPSec：IPSec 是一种开放标准，给出了应用于 IP 层上网络数据安全的一整套体系结构，可结合 GRE 提供完整的 VPN 安全服务能力。

二、学习目标

- 了解 IPSec 技术的概念和封装模式。
- 了解 IPSec VPN 的建立过程。
- 掌握配置 IPSec VPN 的方法步骤。

学习思维导图：

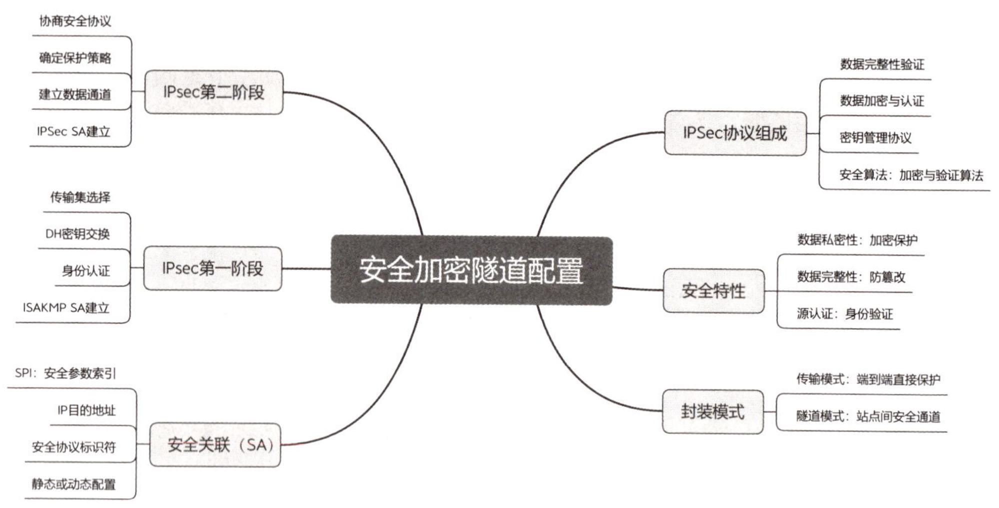

三、基本知识

1. IPSec VPN 技术

IPSec 是一种开放标准，给出了应用于 IP 层上网络数据安全的一整套体系结构，如图 5-13 所示。IPSec 协议是一个协议集而不是一个单个的协议，包括认证头（Authentication Header，AH）协议、封装安全载荷（Encapsulating Security Protocol，ESP）协议、密钥管理协议（Internet Key Exchange，IKE）和用于网络验证及加密的一些算法等，规定了如何在对等层之间选择安全协议、确定安全算法和密钥交换，向上提供了访问控制、数据源验证、数据加密等网络安全服务。

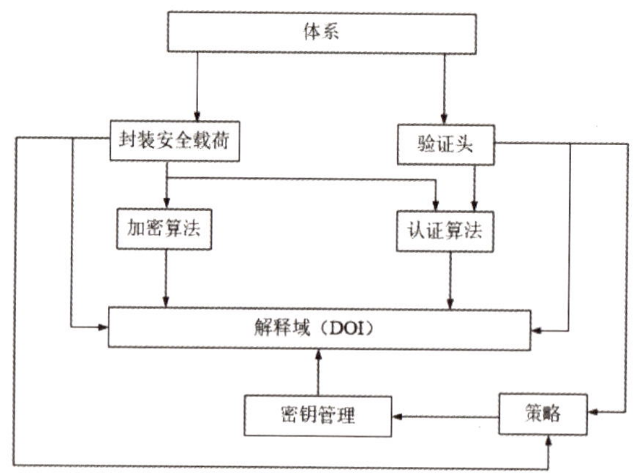

图 5-13　IPSec 协议体系结构

（1）认证头。AH 可以用来验证数据源地址、确保数据包的完整性以及防止相同数据包的不断重播，但是 AH 却不能提供对数据机密性的保护。

（2）封装安全载荷。ESP 不但能提供 AH 的所有功能，而且还可以对数据以及数据流提供有限的机密性保护。AH 和 ESP 在数据安全方面的对比情况见表 5-2。

表 5-2 AH 和 ESP 比较

比较项目	AH	ESP
源认证	√	√
完整性验证	√	√
反重传	√	√
加密		√
流量认证		√

（3）IPSec 的安全特性。与前面所讲的 GRE 相比，IPSec 技术可以提供更多的安全特性，它对 VPN 流量提供如下 3 个方面的保护。

1）数据私密性（Confidentiality）。数据私密性也是对数据进行加密。这样一来，即使第三方能够捕获加密后的数据，也不能将其恢复成明文。

2）数据完整性（Integrity）。完整性确保数据在传输过程中没有被第三方篡改。

3）源认证（Authenticity）。源认证指对发送数据包的源进行认证，确保是合法的源发送了此数据包。

2. IPSec 的封装模式

IPSec 只能工作在 IP 层，要求载荷协议和承载协议都必须是 IP 协议，支持两种封装模式：传输模式和隧道模式。

（1）传输模式。传输模式的目的是直接保护端到端通信，只有在需要保证端到端安全性的时候，才推荐使用此种模式。在传输模式中，所有加密、解密和协商操作均由端系统自行完成，网络设备仅执行正常的路由转发，并不关心此类过程或协议，也不加入任何 IPSec 过程。在传输模式中，两个需要通信的终端计算机之间彼此直接运行 IPSec 协议。AH 和 ESP 直接用于保护上层协议，也就是传输层协议，如图 5-14 所示。

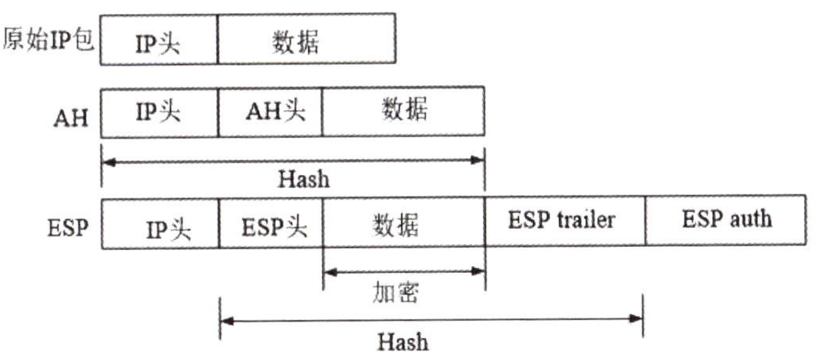

图 5-14 IPSec 传输模式

（2）隧道模式。隧道模式的目的是建立站点到站点的安全隧道，保护站点之间的特定或全部数据。隧道模式对端系统的 IPSec 能力没有任何要求，来自端系统的数据流经过安全网关时，由安全网关对其保护，所有加密、解密和协商操作均由安全网关完成，这些操作对端系统来说是透明的。用户的整个 IP 数据包被用来计算 AH 或 ESP 头，且被加密，AH 或 ESP 头和加密用户数据被封装在一个新的 IP 数据包中，如图 5-15 所示。

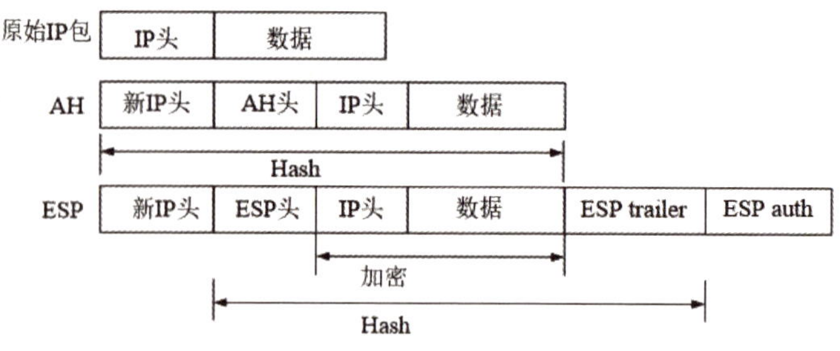

图 5-15 IPSec 隧道模式

隧道技术解决了通过隧道传输无法直接在隧道所经过的公共分组交换网络传输的数据封装格式，但无法解决经过公共分组交换网络传输的数据安全性问题。为了保证隧道格式中内存 IP 分组的机密性和完整性等，必须配置相关安全参数并与隧道绑定在一起，即建立安全关联（Security Association，SA）的过程。SA 仅定义了一个方向上的安全服务，通过以下三个因素来唯一决定 SA 的标识符：

1）安全参数索引（Security Parameter Index，SPI）。安全参数索引是一个 32bit 的数值，在每一个 IPSec 报文中都携带该值。

2）IP 目的地址。IP 目的地址是 IPSec 协议对方的 IP 地址。

3）安全协议标识符。安全协议标识符为 AH 或 ESP。

SA 可静态配置，也可通过 Internet 安全关联和密钥管理协议（Internet Security Association and Key Management Protocol，ISAKMP）动态建立，完成隧道两端身份认证、密钥分配和安全参数协商过程。ISAKMP 将安全关联分为 2 个阶段：第 1 阶段先在对等体间建立一个用来交换管理信息的安全通道 ISAKMP SA；第 2 阶段在第 1 阶段建立的安全通道上交换信息，并最终在对等体间建立真正用于传输业务数据的安全通道 IPSec SA。两个阶段实现的功能是相似的，只是对象不同。

3. IPSec 的建立过程

（1）IPSec 第 1 阶段的建立。使用 IKE 作为标准，完成管理连接的建立、保护，协商保护管理连接时使用的具体协议和算法，并利用这些算法完成设备的验证，如图 5-16 所示。

1）IKE 的传输集。IPSec VPN 双方协商保护管理连接的一套策略称为 IKE 的传输集（transform-set），传输集规定了如下参数：

- 加密算法：VPN 设备上常见的加密算法有 DES、3DES、AES。
- HMAC 类型：MD5、SHA。
- 设备验证方法：预共享密钥、RSA 随机数加密、CA。
- DH Group：Diffie-Hellman 密钥组的类型。
- 生存期：管理连接存活的时间。

2）密钥交换。在 VPN 对端匹配了传输集之后，第二步会使用 DH 算法创建 VPN 两端的密钥。

DH 是由惠特菲尔符 • 迪菲（Whitefiled Diffe）和马丁 • 赫尔曼（Martin Hellman）发明的一种密钥交换方法，这种密钥交换方法的优点是通过双方交换公钥并利用自己的私钥来完成密钥的生成，这样就避免了密钥在网络中传输时可能被黑客窃取的危险。

DH 定义了一系列的密钥组，不同的密钥组对应不同的密钥长度，密钥长度越长加密强度就越大，但是处理的速度也会越慢。

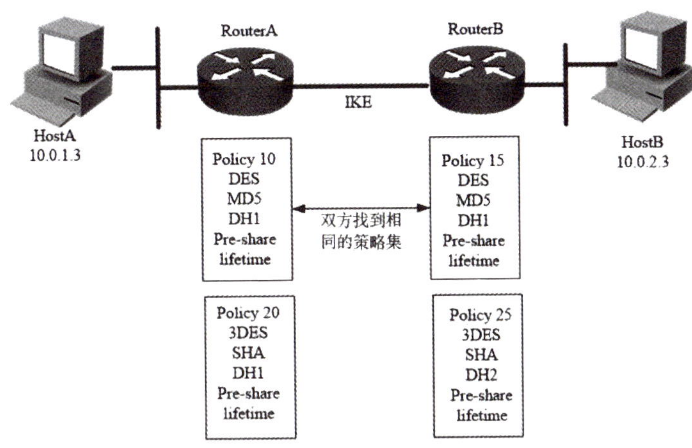

图 5-16　IPSec 第 1 阶段建立过程

3）身份认证。对端设备进行身份验证，IPSec 身份验证使用在第 1 阶段匹配的传输集中的方法，即预共享密钥、RSA 随机数加密、CA 等。对等设备的身份验证通过之后，就会在两端建立一个管理连接。

（2）IPSec 第 2 阶段的建立。IPSec 第 2 阶段的主要目的是建立数据收发方双方之间的数据保护连接，如图 5-17 所示。

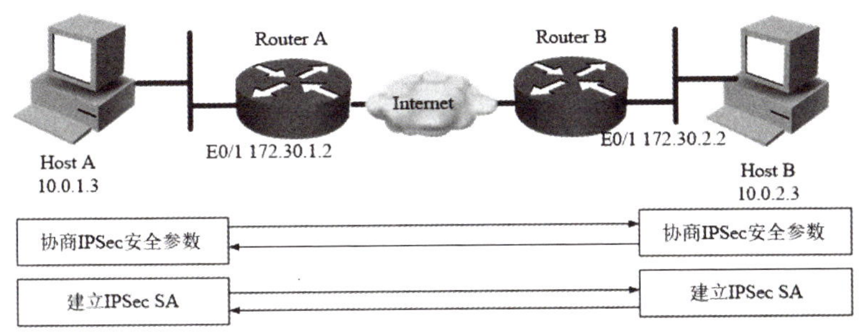

图 5-17　IPSec 第 2 阶段建立过程

建立保护双方数据的连接步骤如下：

1）双方协商确定使用哪种安全协议封装被保护的数据包。IPSec 目前支持两种协议，分别是 AH 和 ESP。

2）确定数据连接工作模式。IPSec 支持两种数据连接模式来保护数据，分别是传输模式和隧道模式。

四、能力训练

1. IPSec 配置步骤

在配置 IPSec VPN 之前，确认网络是连通的；确认 AH 流量（IP 协议号为 50）、ESP 流量（IP 协议号为 51）和 ISAKMP 流量（UDP 的端口 500）不会被 ACL 所阻塞。

IPSec VPN 的配置步骤见表 5-3。

表 5-3　IPSec VPN 配置步骤

序号	操作	相关命令	是否必要
步骤 1	检查网络访问控制，确保 IPSec 报文被允许通过	ip access-list	可选
步骤 2	定义建立 ISAKMP SA 所需的各项参数	crypto isakmp policy 及其子命令 group、authentication、encryption、hash、lifetime	是
步骤 3	定义对等体间预共享密钥	crypto isakmp key	是
步骤 4	定义建立 IPSec SA 所需的各项参数	crypto ipsec transform-set	是
步骤 5	定义受到 VPN 保护的流量	ip access-list 或 access-list	是
步骤 6	定义加密图，将安全策略与要保护的对象绑定在一起；定义 IPSec SA 所需的其他参数	crypto map	是
步骤 7	将加密图应用到正确接口上	接口模式下的 crypto map	是
步骤 8	检查 VPN 配置	show crypto isakmp policy show crypto ipsec transform-set show crypto ipsec sa show crypto map	可选

（1）使用 ACL 命令划分需要保护的流量，命令如下：

```
Router(config)#ip access-list extended ACL-id
// 建立基于名称的扩展访问控制表，也可以使用基于编号的扩展访问控制表
Router(config-ext-nacl)#permit ip 源 IP 地址 通配符掩码 目的 IP 地址 通配符掩码
// 允许通信点之间的流量，如果是对普通流量加密，使用 IP 协议即可；如果是对 GRE 隧道流量
// 加密，则协议参数应设为 GRE，源和目的地址为隧道两端地址。
Router(config-ext-nacl)#exit
```

（2）配置 ISAKMP/IKE 策略（第 1 阶段），命令如下：

```
Router(config)#crypto isakmp policy 保护优先级
// 创建一个 ISAKMP/IKE 策略，并指定保护优先级（数字 1-10000）
Router(config-isakmp)#encryption des|3des|aes
// 配置加密算法，可以选择 DES、3DES、AES 三种
Router(config-isakmp)#hash md5|sha
// 选择数字认证算法，可以选择 SHA 和 MD5 两种
Router(config-isakmp)#authentication rsa-sig|rsa-encr|pre_share
// 选择身份认证方法
Router(config-isakmp)#group 1|2|5
// 选择 DH 组别长度，该值越大代表安全性越高，但同时消耗设备的 CPU 越多
Router(config-isakmp)#lifetime sec-num
// 配置管理连接的生命周期，默认是 86400s
Router(config-isakmp)#exit
Router(config)#crypto isakmp key 预共享密钥 address 对端 IP 地址
```

```
// 预共享密钥的认证（两边的预共享密钥必须一样）
```

（3）配置 IPSec 第 2 阶段参数，命令如下：

```
Router(config)#crypto ipsec transform-set ts 名称 ah_header|esp_header
//crypto ipsec transform-set：新建一个 IPsec 传输集；ts_name：自定义传输集的名字；
//<ah_header|esp_header>：表示在数据保护时使用的封装协议，分别指定 AH 和 ESP 的密码算法
Router(config-crypto-trans)#mode transport|tunnel          // 选择传输模式或隧道模式
Router(config-crypto-trans)#exit
```

（4）配置 IPSec 加密并应用到接口。

1）第一种方式。配置加密图并应用到接口，可以指定需要加密的流量，命令如下：

```
Router(config)#crypto map map 名称 map 序号 ipsec_isakmp
Router(config-cryto-map)#match address ACL-id
Router(config-cryto-map)#set peer 对端 IP 地址 | 对端主机名
Router(config-cryto-map)#set transform-set ts 名称
Router(config-cryto-map)#exit
Router(config)#interface 接口类型 接口号
Router(config-if)#crypto map map 名称
// 将 crypto map 应用到指定的物理接口上
Router(config-if)#exit
```

对命令语法及参数的解释如下。

- crypto map：建立一个新的加密映射，后跟加密映射的名字和加密映射的序号。
- ipsec-isakmp：支持 isakmp，可以实现密钥的自动分发。
- mach address：指定哪些流量需要保护，ACL-id 代表之前建立的定义需要保护流量的 ACL。
- set peer：这里以对端主机名或对端地址的方式指定加密映射的对端。
- set transform-set：配置此加密映射使用的传输集。

2）第二种方式。配置 ipsec profile 并应用到指定接口，会对该接口全流量加密，命令如下：

```
Router(config)#crypto ipsec profile 策略名称
Router(config-profile)#set transform-set ts 名称
Router(config-profile)#exit
Router(config)#interface tunnel tunnel 接口号
// 因为是全流量加密，所以只应用到隧道接口上
Router(config-if)#tunnel protection ipsec profile 策略名称
```

2. IPSec 配置示例

如图 5-18 所示，本案例表示一个普通的网络，PC1 和 PC2 需要跨越网络通信，R1 和 R3 分别是通信两端的网关路由器，网络的基本配置已经搭建完毕，PC1 和 PC2 可以互相访问，希望通信内容在外部网络中保密，下面给出在路由器 R1 上配置 IPSec 的示例，路由器 R3 上除 IP 地址外其他配置均相同。

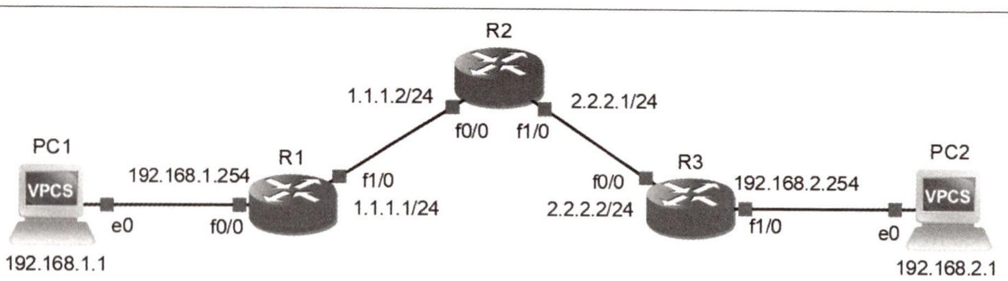

图 5-18　IPSec 配置示例图

配置命令如下：

```
R1(config)#ip access-list extended ACL1
R1(config-ext-nacl)#permit ip 192.168.1.0 0.0.0.255 192.168.2.0 0.0.0.255
// 设置需要保护的流量
R1(config-ext-nacl)#exit
R1(config)#crypto isakmp policy 1
R1(config-isakmp)#encryption 3des
R1(config-isakmp)#hash md5
R1(config-isakmp)#authentication pre-share
R1(config-isakmp)#group 2
R1(config-isakmp)#lifetime 1600
R1(config-isakmp)#exit
R1(config)#crypto isakmp key 123456 address 2.2.2.2
R1(config)#crypto ipsec transform-set TS esp-des esp-sha-hmac
R1(cfg-crypto-trans)#mode tunnel
R1(cfg-crypto-trans)#exit
R1(config)#crypto map CMAP 1 ipsec-isakmp
R1(config-crypto-map)#set transform-set TS
R1(config-crypto-map)#set peer 2.2.2.2
R1(config-crypto-map)#match address ACL1
R1(config)#interface fastEthernet 1/0
R1(config-if)#crypto map CMAP
```

五、任务实战

1. 任务情境

接续前面的 GRE 配置操作，某港口的内部办公网和远程办公点打通了虚拟专用网络连接，使得远程办公主机可以直接访问港口内部的网络资源。但由于内部资料的敏感性，通过公共网络传输存在泄密的风险，所以需要对传输隧道使用 IPSec 加密，以保护 VPN 中传输数据的安全。

2. 任务要求

根据问题情境，需要完成以下 2 个任务：

任务 1：配置 IPSec 保护 GRE 隧道。

任务 2：验证 IPSec VPN 的配置和安全性。

3. 任务实施步骤

任务 1：配置 IPSec 保护 GRE 隧道，网络拓扑图如图 5-19 所示。

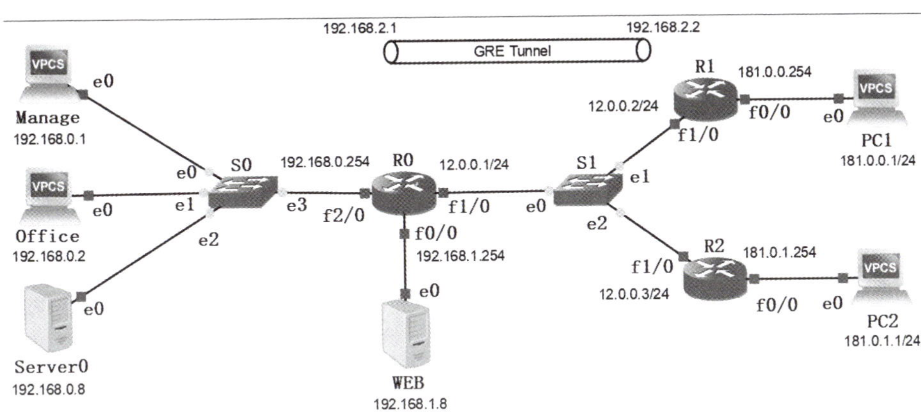

图 5-19　GRE 隧道配置 IPSec 网络拓扑图

本任务在上一个职业能力的问题情景基础上进行。

IKE 策略：指定加密算法 3DES，Hash 算法为 MD5，DH 组标识为预共享密钥为 123456，变换集采用 ESP-3DES、ESP-MD5-HMAC 方式。

（1）在路由器 R0 上配置 IPSec，命令如下：

```
R0(config)#ip access-list extended GRE                 // 定义需要保护的流量
R0(config-ext-nacl)#permit gre host 12.0.0.1 host 12.0.0.2
// 定义网络两端通过的 GRE 流量受保护
R0(config)#exit
R0(config)#crypto isakmp policy 10
// 进入 IKE 策略编辑模式，10 为优先级
R0(config-isakmp)#encryption 3des                      // 加密算法采用 3DES
R0(config-isakmp)#hash md5                             // 定义 Hash 算法
R0(config-isakmp)#authentication pre-share             // 采用预共享认证
R0(config-isakmp)#group 2
// 使用 Diffie-Hellman 组 2 进行密钥交换
R0(config-isakmp)#lifetime 1600
R0(config-isakmp)#exit                                 // 返回全局配置模式
R0(config)#crypto isakmp key 0 123456 address 12.0.0.2
// 定义预共享密钥，密码为 123456
R0(config)#crypto ipsec transform-set TS esp-3des esp-md5-hmac
// 定义 IPSec 的变换集，对数据交换进行加密
R0(cfg-crypto-trans)#mode tunnel                       // 使用隧道模式
R0(cfg-crypto-trans)#exit                              // 返回全局配置模式
R0(config)#crypto map CMAP 1 ipsec-isakmp
R0(config-crypto-map)#set peer 12.0.0.2
R0(config-crypto-map)#set transform-set TS
R0(config-crypto-map)#match address GRE
R0(config-crypto-map)#exit
R0(config)#interface fastEthernet 1/0
R0(config-if)#crypto map CMAP
R0(config-if)#end
```

```
R0#write                                              //保存设置
```

（2）在路由器 R1 上配置 IPSec，命令如下：

```
R1(config)#ip access-list extended GRE
R1(config-ext-nacl)#permit gre host 12.0.0.2 host 12.0.0.1 //配置感兴趣流
R1(config-ext-nacl)#exit
R1(config)#crypto isakmp policy 1
R1(config-isakmp)#encryption 3des
R1(config-isakmp)#hash md5
R1(config-isakmp)#authentication pre-share
R1(config-isakmp)#group 2
R1(config-isakmp)#lifetime 1600
R1(config-isakmp)#exit
R1(config)#crypto isakmp key 123456 address 12.0.0.1
R1(config)#crypto ipsec transform-set TS esp-des esp-sha-hmac
R1(cfg-crypto-trans)#mode tunnel
R1(cfg-crypto-trans)#exit
R1(config)#crypto map CMAP 1 ipsec-isakmp
R1(config-crypto-map)#set transform-set TS
R1(config-crypto-map)#set peer 12.0.0.1
R1(config-crypto-map)#match address GRE
R1(config-crypto-map)#exit
R1(config)#interface fastEthernet 1/0
R1(config-if)#crypto map CMAP
R1(config-if)#end
R1#write
```

任务 2：验证 IPSec VPN 的配置和安全性。

（1）检查 IPSec VPN 的配置状况。在路由器 R0 和 R1 上分别使用 show crypto isakmp sa 和 show crypto ipsec sa 命令检查 IPSec VPN 的配置情况。

1）在路由器 R0 上使用 show crypto isakmp sa 命令的结果如图 5-20 所示。

```
R0#show crypto isakmp sa
IPv4 Crypto ISAKMP SA
dst             src             state          conn-id status
12.0.0.2        12.0.0.1        QM_IDLE           1001 ACTIVE
```

图 5-20　在路由器 R0 上使用 show crypto isakmp sa 命令并查看结果

2）在路由器 R0 上使用 show crypto ipsec sa 命令，能看到两端的 IP 地址，传输加密的密码等信息，如图 5-21 所示。

3）在路由器 R1 上使用 show crypto isakmp sa 和 show crypto ipsec sa 命令，观察显示结果，应该与路由器 R0 相对应。

（2）检验隧道工作状况和安全性。

1）选择内网主机通过 VPN ping 访问远程主机，并在路由器 R0 的 Fa1/0 接口使用 Wireshark 抓包并观察网络数据包的情况。在配置 IPSec 前后远程主机均能正常响应，如图 5-22 所示。

```
R0#show crypto ipsec sa

interface: GigabitEthernet1/0
    Crypto map tag: CMAP, local addr 12.0.0.1

   protected vrf: (none)
   local  ident (addr/mask/prot/port): (12.0.0.1/255.255.255.255/47/0)
   remote ident (addr/mask/prot/port): (12.0.0.2/255.255.255.255/47/0)
   current_peer 12.0.0.2 port 500
     PERMIT, flags={origin_is_acl,}
    #pkts encaps: 9, #pkts encrypt: 9, #pkts digest: 9
    #pkts decaps: 9, #pkts decrypt: 9, #pkts verify: 9
    #pkts compressed: 0, #pkts decompressed: 0
    #pkts not compressed: 0, #pkts compr. failed: 0
    #pkts not decompressed: 0, #pkts decompress failed: 0
    #send errors 0, #recv errors 0

     local crypto endpt.: 12.0.0.1, remote crypto endpt.: 12.0.0.2
     plaintext mtu 1446, path mtu 1500, ip mtu 1500, ip mtu idb GigabitEthernet1/0
     current outbound spi: 0x5D8DB345(1569567557)
     PFS (Y/N): N, DH group: none

     inbound esp sas:
      spi: 0x9290FCF3(2458975475)
        transform: esp-3des esp-md5-hmac ,
        in use settings ={Tunnel, }
        conn id: 1, flow_id: SW:1, sibling_flags 80004040, crypto map: CMAP
        sa timing: remaining key lifetime (k/sec): (4329865/2107)
        IV size: 8 bytes
        replay detection support: Y
        Status: ACTIVE(ACTIVE)

     inbound ah sas:

     inbound pcp sas:

     outbound esp sas:
      spi: 0x5D8DB345(1569567557)
        transform: esp-3des esp-md5-hmac ,
        in use settings ={Tunnel, }
        conn id: 2, flow_id: SW:2, sibling_flags 80004040, crypto map: CMAP
        sa timing: remaining key lifetime (k/sec): (4329865/2107)
        IV size: 8 bytes
        replay detection support: Y
        Status: ACTIVE(ACTIVE)
```

图 5-21　在路由器 R0 上使用 show crypto ipsec sa 命令并查看结果

```
Server0> show ip

NAME        : Server0[1]
IP/MASK     : 192.168.0.8/24
GATEWAY     : 192.168.0.254
DNS         :
MAC         : 00:50:79:66:68:03
LPORT       : 10040
RHOST:PORT  : 127.0.0.1:10041
MTU:        : 1500

Server0> ping 181.0.0.1
84 bytes from 181.0.0.1 icmp_seq=1 ttl=62 time=61.232 ms
84 bytes from 181.0.0.1 icmp_seq=2 ttl=62 time=61.916 ms
84 bytes from 181.0.0.1 icmp_seq=3 ttl=62 time=64.001 ms
84 bytes from 181.0.0.1 icmp_seq=4 ttl=62 time=61.693 ms
84 bytes from 181.0.0.1 icmp_seq=5 ttl=62 time=61.421 ms
```

图 5-22　内网主机通过 VPN ping 远程主机

2）在 R0 和 S1 之间的链路上右击，选择 Start capture（开始捕获）选项，观察通信流量。在配置 IPSec 前先抓取网络数据包，可以看到内容是明文，Wireshark 可以解析里面的内容，列出了隧道两端的内部网络地址和协议，如图 5-23 所示。

2	6.889690	192.168.0.8	181.0.0.1	ICMP	122 Echo (ping) request id=0xc9c7, seq=1/256, ttl=63 (reply in 4)
3	8.918639	192.168.0.8	181.0.0.1	ICMP	122 Echo (ping) request id=0xcbc7, seq=2/512, ttl=63 (reply in 5)
4	9.962746	181.0.0.1	192.168.0.8	ICMP	122 Echo (ping) reply id=0xc9c7, seq=1/256, ttl=63 (request in 2)
5	9.962746	181.0.0.1	192.168.0.8	ICMP	122 Echo (ping) reply id=0xcbc7, seq=2/512, ttl=63 (request in 3)
6	10.946200	192.168.0.8	181.0.0.1	ICMP	122 Echo (ping) request id=0xcdc7, seq=3/768, ttl=63 (reply in 7)
7	10.976200	181.0.0.1	192.168.0.8	ICMP	122 Echo (ping) reply id=0xcdc7, seq=3/768, ttl=63 (request in 6)
8	12.035934	192.168.0.8	181.0.0.1	ICMP	122 Echo (ping) request id=0xcec7, seq=4/1024, ttl=63 (reply in 9)
9	12.066933	181.0.0.1	192.168.0.8	ICMP	122 Echo (ping) reply id=0xcec7, seq=4/1024, ttl=63 (request in 8)
10	13.125604	192.168.0.8	181.0.0.1	ICMP	122 Echo (ping) request id=0xcfc7, seq=5/1280, ttl=63 (reply in 11)
11	13.155549	181.0.0.1	192.168.0.8	ICMP	122 Echo (ping) reply id=0xcfc7, seq=5/1280, ttl=63 (request in 10)

图 5-23　捕获的明文网络数据包

3）在配置 IPSec 后再次抓取网络数据包，可以看到内容是密文，Wireshark 不能解析网络数据包里面的内容，只列出 VPN 隧道两端的外部接口地址，如图 5-24 所示。

```
727 3861.388078   12.0.0.2     12.0.0.1     ESP     174 ESP (SPI=0xd3347c14)
728 3862.448309   12.0.0.1     12.0.0.2     ESP     174 ESP (SPI=0x3a69d11d)
729 3862.448309   12.0.0.1     12.0.0.2     ESP     174 ESP (SPI=0x3a69d11d)
730 3863.403933   12.0.0.2     12.0.0.1     ESP     174 ESP (SPI=0xd3347c14)
731 3863.433984   12.0.0.1     12.0.0.2     ESP     174 ESP (SPI=0x3a69d11d)
732 3864.490085   12.0.0.2     12.0.0.1     ESP     174 ESP (SPI=0xd3347c14)
733 3864.520196   12.0.0.1     12.0.0.2     ESP     174 ESP (SPI=0x3a69d11d)
734 3865.563634   12.0.0.2     12.0.0.1     ESP     174 ESP (SPI=0xd3347c14)
735 3865.594073   12.0.0.1     12.0.0.2     ESP     174 ESP (SPI=0x3a69d11d)
736 3869.607830   12.0.0.2     12.0.0.1     ESP     174 ESP (SPI=0xd3347c14)
737 3869.639142   12.0.0.1     12.0.0.2     ESP     174 ESP (SPI=0x3a69d11d)
```

图 5-24　捕获的加密网络数据包

由此可见，在配置 IPSec VPN 后，GRE 隧道的流量进行了加密处理，起到了保护通信内容的效果。

六、学习结果评价

本节主要讨论了 IPSec VPN 相关理论概念、工作原理及配置过程。由于 IP 的普遍应用，主要的 GRE VPN 部署多采用 IP over IP 的模式，企业分支之间部署 GRE VPN，通过公共 IP 网络传输内部网络数据，从而实现网络层的点对点 VPN。隧道技术解决了通过隧道传输无法直接在隧道所经过的公共分组交换网络传输的数据封装格式，但无法解决经过公共分组交换网络传输的数据安全性问题。因此，在学习完本节内容后，应当掌握 IPSec VPN 的理论知识和工作流程，完成配置网络加密通信的工作任务。为让读者清楚自身学习情况，现设定学习结果评价表，小组同学之间可以交换评价，进行互相监督，见表 5-4。

表 5-4　学习结果评价表

序号	评价内容	评价标准	评价结果（是 / 否）
1	规划 IPSec	是否能规划网络需要的 IPSec	
2	标准 IPSec 的基本配置	能否配置标准 IPSec 规则	
3	实现 GRE+IPSec 加密通信	能否打通企业网络数据传输的 GRE+IPSec 加密隧道	

七、课后作业

1. 填空题

（1）IPSec 是一个协议集，主要包括（　　）协议、（　　）协议和（　　）协议。

（2）IPSec 封装模式包括（　　）模式和（　　）模式。

（3）客户端拨号连接使用（　　）模式，站点到站点加密通信使用（　　）模式。

2. 选择题

（1）【多选】ESP 协议支持的功能包括（　　）。

A．源认证　　B．完整性验证　　C．加密　　D．反重传

（2）IPSec 协议是开放的 VPN 协议，下面对它的描述有误的是（　　）。

A．适应于 IPv6 迁移

B．提供在网络层上的数据加密保护

C．可以适应设备动态 IP 地址的情况

D．支持 TCP/IP 外的其他协议

（3）如果 VPN 网络需要运行动态路由协议并提供私网数据加密，通常采用（　　）技术手段实现。

A．GRE　　B．GRE+IPSec　　C．L2TP　　D．L2TP+IPSec

3．简答题

简述 IPSec 协商安全机制的过程。

工作模块 6

加固网络基础设施

模块导引

从古至今，安全通信与访问控制：战场智慧的现代传承

从古代战场到现代网络，安全的通信手段一直是防范敌人入侵的重要措施。古代军营为了防止敌人混入，常常设置口令来快速鉴别敌我，每晚主帅都会发布新口令，以防旧口令因长时间使用而泄露。然而，古代口令机制简单，也有导致误解酿成大祸的例子。在东汉末年的三国时期，曹操率军南征汉中，战局胶着，逐渐意识到继续征战的困难和风险。某晚，曹操正在帐中喝鸡汤，夏侯惇前来请示夜间口令。曹操看着碗中的鸡肋，随口以“鸡肋”为口令。谋士杨修得知后，揣测曹操意欲撤军，遂开始收拾行装准备归程。曹操发现后，认为杨修自作聪明，扰乱军心，加剧了对他的不满，最终以“乱我军心”之罪处死了杨修。

为了确保命令的真实性和防止假冒，君王在向军队将领下达指示时，常以虎符作为调动军队的凭证。虎符由金属制成，背面刻有铭文，分为两半，一半由朝廷保存，一半由军营将帅保管。朝廷派遣的使者需携带一半虎符，与军营的另一半契合后才能通过身份验证。

一个著名的历史案例是战国时期的“信陵君窃符救赵”。魏国的信陵君魏无忌通过窃取魏王的虎符，成功调动军队，解救了被秦国围困的赵国。这一事件不仅展示了虎符在军事中的重要性，也体现了其在古代身份验证和访问控制中的关键作用。

在现代网络环境中，恶意分子同样企图夺取网络设备的控制权，实施进一步攻击手段或窃取通信内容。因此，采取严格的访问控制措施，保障网络基础设施的安全显得尤为重要。正如古代的口令和虎符在战场上扮演关键角色，现代网络安全也依赖于先进的访问控制技术，确保只有经过验证的用户和设备才能访问敏感信息和资源。

工作任务 6-1：网络设备安全管理

任务简介

访问控制列表（Access Control List，ACL）是网络设备上常用的一种流量控制技术，它通过设置过滤条件来实现网络访问控制。随着 Internet 应用的普及，网络访问控制面临着新的挑战，网络管理员需要在允许合理访问的同时，有效阻止不必要的连接。ACL 可以根据数据包的源地址、目的地址和服务类型等信息进行过滤，包括 IP 标准访问列表和 IP 扩展访问列表两种主要类型。其中，IP 标准 ACL 主要基于源地址进行过滤；而扩展 ACL 则可以同时考虑目的地址和服务类型，提供更精确的控制。此外，基于时间的 ACL 能够根据不同时间段实施不同的控制策略，更好地满足企业网络的动态管理需求。

本工作任务要求读者掌握 ACL 的配置方法，包括标准 ACL 和扩展 ACL 的创建和应用，并能够根据具体的网络控制需求，选择合适的 ACL 类型，制定相应的访问控制策略，确保网络资源的安全可控。在实际配置过程中，需要准确理解各类 ACL 的特点和应用场景，熟练运用 ACL 配置命令，并能够通过测试验证确保配置的有效性。同时，还需要具备 ACL 维护和优化能力，能够根据网络环境的变化及时调整控制策略。

职业能力 6-1-1：能保护设备登录安全

一、核心概念

- 安全外壳协议（Secure Shell，SSH），是专为远程登录会话和其他网络服务提供安全性的协议，可以提供加密通信功能。
- 权限等级：用于控制用户如何管理网络设备，实现人员的安全管理。

二、学习目标

- 熟悉网络设备的安全登录方式。
- 掌握远程安全连接的方法。
- 了解网络设备的用户权限功能。
- 掌握用户权限的控制方法。

学习思维导图：

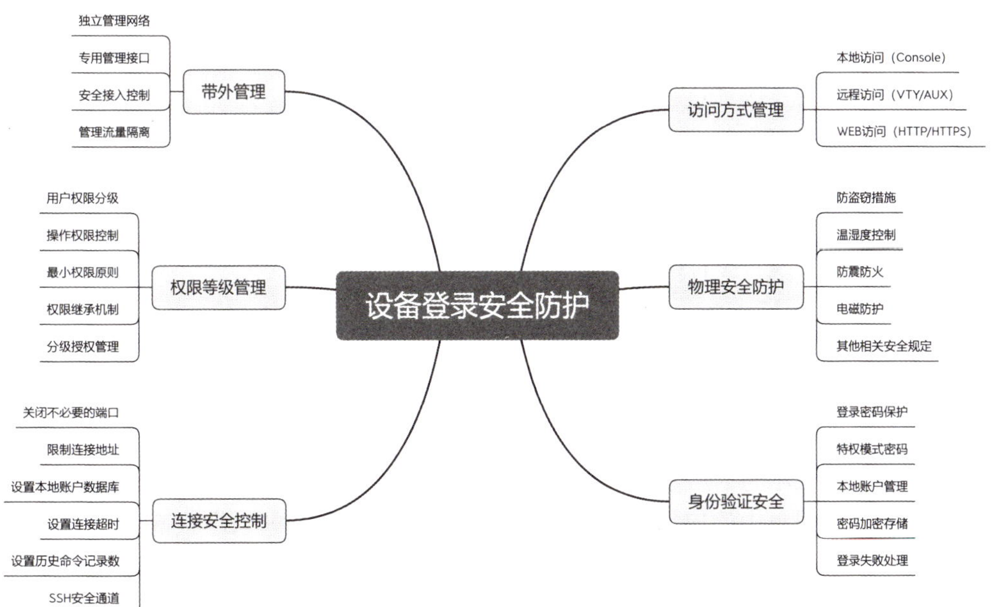

三、基本知识

1. 访问网络设备的方式

交换机或路由器等网络设备的访问方式分为本地访问和远程访问。本地访问是指终端使用反转线（或称 Console 线）连接设备的控制口（或称 Console 口），使用超级终端软件管理连接。由于 Console 线很短，且需要现场插拔线缆，所以本地访问（或称本地管理）。

本地访问需要与设备物理接触，相对较安全，但也很不方便，网络管理员通常会使用远程访问方式，这样便可在办公室轻松管理机房内的多个设备。远程访问包括使用辅助端口（Auxiliary，AUX）连接和虚拟终端（Virtual Teletype Terminal，VTY）连接（需要预先配置管理 IP 地址），目前 VTY 连接是最普遍的连接方式之一，网络管理员通常会使用 Telnet 协议或 SSH 协议远程登录设备的管理 IP 地址，不受地理位置的约束，使用很方便。现在有些设备还支持通过 HTTP 或 HTTPS 协议访问图形用户界面（Graphical User Interface，GUI），相较于传统的命令行界面（Command Line Interface，CLI），图形用户界面操作更简便直观。

不管采用哪种方式管理设备都必须做好安全防护，口令或密码控制是第一道也是最重要的安全防护屏障。如果恶意分子成功登录设备（例如路由器），就可以实施路由器劫持，篡改 DNS 地址，截获 WEB 流量。

2. 防止物理攻击网络设备

如果恶意分子能在物理上接触到网络设备，在不知道密码的情况下，可以通过断电重启，实施密码修复流程，绕过登录密码的限制登录，就可以完全控制网络设备。密码恢复流程会进入路由器的 ROMMON 模式，如果要阻止用户进入 ROMMON 模式，防止恢复密码，就需要输入命令 no service password-recovery。不过，如果禁用了密码恢复功能，那么一旦网络管理员忘记密码也将无法恢复了，因此禁用密码恢复功能时一定要格外慎重。

要防止物理攻击就应保护好环境安全，包括：

（1）网络设备及物理环境的防盗窃和防破坏等措施。

（2）网络设备工作时的适当的温度、湿度等环境条件。

（3）网络设备及物理环境的防震、防火等安全措施。

（4）网络设备的防电磁干扰、防雷、防电源波动等措施。

（5）其他国家及行业标准的相关安全规定。

3. 保护身份验证安全

网络设备有多种连接方式，下面是在网络设备中显示的连接端口名称的各自含义：Console 0 映射为物理控制台（Console）端口；AUX 0 映射为物理辅助（Auxiliary）端口；VTY 0 4 表示进入路由器的 5 个默认逻辑虚拟终端接入端口（Console、AUX、VTY 等接口名称不区分大小写）。控制台端口、辅助端口和虚拟终端端口的连接管理都在 Line 命令中配置，在线路中的使用命令 login 时将启动密码检查，如果没有该命令（或是使用 no login 命令），则不检查已配置的密码（默认不检查密码），或者在激活线路时进行密码检查。一旦某条线路启用了密码检查，则用户从这条线路登录时需要进行身份验证。

登录密码是第一道安全屏障，安全的密码策略可以防止他人仿冒身份登录到网络设备，恶意分子会采用暴力破解和社会工程学等方式来破解密码，为了防止密码被暴力破解，应当配置强壮的密码，密码长度应当大于8个字符，密码复杂度建议包括大小写字母、数字和符号，另外不要使用单词或有某种意义的短语，防止字典攻击和社会工程学攻击。以下命令可以设置密码最小长度：

```
R1(config)#security passwords min-length 10          // 设置密码的最小长度为 10 位
```

除了配置强壮的密码外，还有一些其他的注意事项，包括：

（1）不要给所有的设备和系统都使用同一个密码，防止被“一锅端”。

（2）如果设备支持登录失败处理功能，则应开启5次登录失败锁定账户10分钟以上。

（3）定期更换密码，限制密码被破解后的可用性，从而降低整体损失。

4. 用户登录安全的相关配置

（1）保护密码安全。在用户连接网络设备时，需要输入连接的密码，连接后只有网络设备的访客权限，如果要对设备进行配置管理，还需要进入到特权模式。出于安全起见，应当设置进入特权模式密码，简称 enable 密码。配置 enable 密码时有两种方式，命令如下：

```
R1(config)#enable password cisco      // 密码未加密，使用 show run 命令能查看到。
R1(config)#enable secret cisco        // 密码已使用哈希算法加密，使用 show run 命令不能
                                      // 获得密码的真实内容
```

建议配置加密的密码，防止被偷窥。若同时使用了 enable password 和 enable secret 命令，则后者配置的密码有效，前者配置的密码无效。

在 Cisco 网络设备上还可以使用 service password-encryption 命令将配置文件中当前和将来的所有明文密码加密为密文，主要用于防止未授权用户查看配置文件中的密码。需要注意的是这个命令是不可逆的，将明文转换为密文后，不能转回来。service password-encryption 命令采用了 Cisco 的私有加密方式来加密密码，加密安全性相对于哈希算法较弱，但用来防止偷窥密码也足够。

使用 show running-config 命令可以看到设置的用户名和密码，如果使用 enable password 命令配置明文密码，则可能显示：

```
enable password cisco
```

密码类型为0或者没有，表示密码没有加密，后跟明文。

如果使用 enable secret 命令配置加密密码，则可能显示：

```
enable secret 5 $1$mERr$hx5rVt7rPNoS4wqbXKX7m0
```

密码类型为5，表示采用哈希算法加密密码，后跟密文。

如果使用 service password-encryption 命令对明文密码进行加密，则可能显示：

```
enable password 7 0822455D0A16
```

密码类型为7，表示采用 Cisco 自有算法加密密码，后跟密文。

注意：service password-encryption 命令只加密明文密码，不会加密 enable secret 命令配置的密文密码。

（2）关闭不必要的端口。网络设备一般都会部署在有保护措施的机房环境中，物理安全能够得到一定的保障，只需给 Console 口连接设定好登录密码即可。如果网络设备部署的位置没有很好的安全保障，则需要考虑到恶意连接的情况，建议关闭不用的

端口，例如关闭 AUX 端口，命令如下：

```
R1(config)#line aux 0                    // 进入 AUX 线路终端模式。
R1(config-line)#transport input none     // 拒绝所有输入。
R1(config-line)#no exec                  // 关闭连接。
```

特殊情况下 Console 口也可以关闭，防止非法接入，或是修改连接参数，例如修改波特率，其他人员不知道正确的连接参数也无法连接设备。

（3）限定连接地址。通过网络地址远程管理网络设备是最常用的方式之一，但其他人也可以远程尝试访问，尽管网络设备设置了密码保护登录安全，但还是存在恶意分子长时间暴力破解密码的风险。要防止他人访问网络设备，可以限定连接的客户端地址。例如，网络管理员通过路由器的 VTY 端口访问，连接方式采用 Telnet（网络设备默认采用 Telnet 连接方式，但需要手动开启），则使用以下命令：

```
R1(config)# access-list 10 permit IP 地址 通配符掩码
// 设定标准 ACL 10，指定某个 IP 地址或地址段。
R1(config)#line vty 0 4          // 进入 vty 线路终端模式，配置默认的 5 条 vty 线路。
R1(config-line)# access-class 10 in
// 将上面定义的访问列表应用在虚拟终端 vty 0 ～ vty 4 上，只允许指定地址访问。
```

（4）其他登录相关安全设置。

1）设置本地账户数据库。所有的连接方式（包括串行控制台、Telnet、SSH 等等）都可以设置登录密码来保护设备安全访问，用户在连接设备时提示输入登录密码（或称口令），但登录密码只有一个，多个网络管理员使用同一个密码登录很难分清责任。我们希望区分登录设备的多个用户，并且希望他们以自己的用户名和密码登录设备。此时就需要设置账户数据库了。通常网络设备支持 AAA 认证和本地账户数据库等方式进行用户身份验证，以本地账户数据库为例，在全局配置模式下使用以下命令添加用户账户：

```
username username [password/secret password] [privilege priv_level]
```

username 和 password 关键字是长度为 3 到 64 个字符的字符串，可以任意组合使用 ASCII 可打印字符（字符编号为 32 ～ 126，但是空格和问号除外）。正常情况下需要设置密码，除非使用 SSH 公钥身份认证；privilege 关键字用于设置范围为 0 到 15 的权限级别，这是可选参数，后面会介绍。

创建好用户账户后，还需要将本地账户数据库应用到指定的登录连接才有效，例如我们需要在 Console 端口连接时使用用户名和密码登录，则需要在 line console 0 的配置模式下使用 login local 命令使其生效。

2）设置连接超时。用户登录设备后，有可能因为忙碌其他事情而忘记登出。如果此时用户因事离开了操作终端，其他人就可能仿冒该用户的身份操作设备，这是不安全的。所以应当设置登录连接超时自动退出。

在 line 配置模式下的 exec-timeout 命令用来设置登录连接超时，默认超时时间为 10 分钟。exec-timeout 命令的完整命令格式为 exec-timeout min [sec]，后面跟两个参数分别代表分和秒。可以设置的范围是 0 ～ 35791 分钟，0 ～ 2147483 秒。

如果输入命令 exec-timeout 0 0，则表示控制台的 Exec 会话超时值为零，即不会超时退出，除非手动退出。通常为了安全考虑，建议设置连接超时时间在 3 分钟以内，使用以下命令将连接超时设置为 3 分钟。

```
exec-timeout 3
```

3）设置历史命令记录数。网络管理员在操作设备时，系统会记录下最近的操作命令，以方便查看和再次输入，用户可以按“上 / 下”方向键调出最近使用的命令，给烦琐的 CLI 命令配置带来方便。但有时出于安全考虑，网络管理员不想记录太多的历史命令，防止被恶意窥探，例如只记录最近的 20 条命令记录，则可以在 line 配置模式下使用 history size 20 命令来修改历史命令记录数。

5. 使用安全的远程连接方式

网络设备默认开启的 Telnet 服务供网络管理员远程访问，但这种访问方式是不安全的，Telnet 协议没有对传输信息的内容加密，容易遭受窃听、篡改、伪造等攻击，因此不建议使用。取而代之的是 SSH，它是一种在不安全网络上用于安全远程登录和其他安全网络服务的协议，SSH 最初是 Unix 系统上的一个程序，后来迅速扩展到其他操作平台。

使用 SSH，可以把所有传输的数据进行加密，这样就避免了“中间人”攻击，而且也能够防止 DNS 欺骗和 IP 欺骗。使用 SSH 传输的数据是经过压缩的，所以可以加快传输的速度。

SSH 采用面向连接的 TCP 22 号端口，提供了两种级别的安全验证：

（1）基于口令的安全验证。使用账号和口令登录到远程主机，所有传输的数据都会被加密，这是一种常用的方式，但是不能保证正在连接的服务器就是用户想连接的服务器。也就是说，这种方式仅验证客户端用户的身份，但不会验证服务器的身份，如果不小心登录到仿冒的服务器，就会泄露密码等敏感信息。

（2）基于密钥（数字证书）的安全验证。用户可以创建一对密钥，并把公用密钥放在需要访问的服务器上。如果用户通过 SSH 连接到服务器，客户端软件就会向服务器发出请求，请求用户的密钥进行安全验证，并将自己的公用密钥发送给服务器。服务器收到请求之后，先在户主目录下寻找公用密钥，比较核对客户端的用户身份，核对成功后，服务器就用公用密钥加密“质询”（challenge）并把它发送给客户端。客户端收到“质询”之后，使用用户的私人密钥解密再把它发送给服务器，完成身份验证。用户需要知道自己密钥的口令，但不需要在网络上传送口令，相比第一种方式安全性更高，但会降低速度。

SSH 是由客户端软件和服务端软件组成的，服务端是一个名为 sshd 的守护进程（daemon），它在后台运行并响应来自客户端的连接请求，一般包括公共密钥认证、密钥交换、对称密钥加密和非安全连接，默认使用 TCP 22 号端口。客户端包含 SSH 程序以及像 SCP（远程拷贝）、SLOGIN（远程登录）、SFTP（安全文件传输）等其他的应用程序。

SSH 分为 1.X 和 2.X 两个版本，2.X 服务端兼容 1.X 客户端。目前 1.X 版本已被证实有安全漏洞，所以应选择使用 2.X 版本。OpenBSD 开源社区发布的 OpenSSH 是 100% 完整的 SSH 协议 2.0 的实现，包括 SFTP 客户端和服务器支持，最新的 OpenSSH 版本为 9.X，修复了一些安全问题，并禁用了不安全的密码算法。

在开始配置 SSH 之前可以先看一下设备是否支持 SSH，使用 show ip ssh 命令可以看到 SSH 的状态，命令如下：

```
Router#show ip ssh
SSH Disabled - version 1.99
%Please create RSA keys to enable SSH (and of atleast 768 bits for SSH v2).
Authentication timeout: 120 secs; Authentication retries: 3
Minimum expected Diffie Hellman key size : 1024 bits
IOS Keys in SECSH format(ssh-rsa, base64 encoded): NONE
```

从上面的命令反馈来看，该设备支持 SSH，并提示如果要启用 SSH v2 版本，需要设置模长在 768 位及以上。

在交换机或路由器上启用 SSH 服务需要 4 个步骤：

（1）设定主机名称（hostname），命令如下：

```
Router(config)#hostname 主机名
```

（2）设定 DNS 域名，命令如下：

```
Router(config)#ip domain-name 域名
```

（3）产生非对称密钥（RSA），选择密钥参数，命令如下：

```
Router(config)#crypto key generate rsa
```

上面这是简单指令，省略掉 RSA 后面的参数，会使用默认值。下面是完善点的指令，生成 RSA 常规 Key，密钥长度为 1024 位，命令如下：

```
Router(config)#crypto key generate rsa general-keys modulus 1024
```

也可以生成指定用途的 Key，并设定一个标签，命令如下：

```
Router(config)#crypto key generate rsa usage-keys label key-label modulus 1024
```

（4）针对 VTY 启用 SSH 传输支持，命令如下：

```
Router(config)#line vty 0 4
Router(config-line)#transport input ssh          // 启用 SSH，禁用 Telnet
Router(config-line)#login local                  // 启用本地用户数据库登录
```

另外，为了安全起见，还可以实施 SSH 加固策略，命令如下：

```
Router(config)#ip ssh time-out seconds                        // 设置超时退出（秒）
Router(config)#ip ssh authentication-retries 重试次数          // 设置登录错误次数限制
Router(config)#ip ssh version 版本号                           // 设置 SSH 版本号
```

如果要删除 RSA 密钥对，可使用以下全局配置模式命令，删除 RSA 密钥对之后，SSH 也将被禁用：

```
Router(config)#crypto key zeroize rsa
```

更多的 SSH 知识和配置操作请参考相关书籍资料和互联网信息。

6. 设置操作等级权限

使用用户名密码登录相较于登录口令的好处是可以区分不同的用户，用于鉴别和记录不同的用户身份，在安全管理活动中，我们还需要控制用户的操作权限。而且，在我国的网络安全等级保护要求中，需要划分系统网络管理员、安全管理员、日志管理员等角色，对系统分权管理。例如，系统集成商的运维人员需要对网络设备进行例行检查，而系统管理者并不想给外包运维人员过多的控制权限，这时候就需要为外包运维人员创建用户账户，设定权限等级，控制访问者的操作能力。

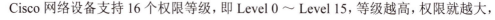

Cisco 网络设备支持 16 个权限等级，即 Level 0 ～ Level 15，等级越高，权限就越大，

从而对这个网络设备的操作权也就越高。Level 0 权限太低，实际并没有使用，仅作为最低权限控制。在默认情况下，网络设备只使用两个权限等级：

（1）用户模式（User Exec Mode）。用户模式设置为 Level 1。

（2）特权模式（Privileged Exec Mode）。特权模式设置为 Level 15。

在一台新设备上登录时，是没有设置用户名和密码或口令的，命令提示符是“>”时，表示是用户模式。此时输入 enable 命令可以直接进入特权模式，命令提示符变为“#”，特权模式下的权限等级默认为 15，用户可以执行所有的管理操作，相当于 Linux 操作系统下的 root 权限，即最高管理权限。但很多时候，我们希望对操作权限进行细分，以达到安全管理的作用，这就需要设备支持权限控制功能。

（1）改变权限等级。出于安全考虑，网络管理员会设置 enable 命令的口令，防止非授权用户管理设备。网络管理员需要在全局配置模式下配置某个权限等级的使能密码，命令格式如下所示：

```
Router(config)#enable password/secret [level 等级 ] < 密码 >
```

如果不指定 Level 参数，则默认为 Level 15 设定使能密码，例如：

```
Router(config)#enable secret password15
```

使用 level 关键字能为指定的权限等级设置使能密码，例如下面的命令可以创建权限等级 5 的使能密码为 pass5：

```
Router(config)#enable secret level 5 pass5
```

用户可以在用户模式下或特权模式下使用 enable x 命令切换当前用户的权限等级（高低均可），x 为想要切换的等级数，如果 enable 命令后面不跟参数，就是默认切换到 Level 15。

从高向低切换权限等级不需要输入 enable 密码，而从低向高切换则需要。如果高权限等级没有设置使能密码，则不能切换到该等级。

用户可以在特权模式下使用 show privilege 命令查看当前的权限等级。

（2）设置用户权限等级。当网络管理员为设备配置了多个用户，并启用连接线路的登录控制（具体内容请参考“4. 用户登录安全的相关配置”）的时候，这些用户可以登录设备，登录后默认权限等级为 1，处于用户模式。在这个模式下，用户只能查看这个设备的基础信息，例如接口的状态、路由表等，可以执行 ping 和 traceroute 命令检查网络连通性，但无法获得更多的信息，无法执行设备管理操作。

用户登录后可以使用 enable x 命令来切换权限等级，以获取更多的管理能力，但这样做并不安全，因为透露出去的权限等级密码很难保证不被滥用。

所以，安全的做法是为每个用户设置其对应的权限等级，在全局配置模式下使用 username 命令可以创建用户账户并设定权限等级，命令格式如下：

```
Router(config)#username 用户名 [privilege 等级数 ] [password/secret 密码 ]
```

例如网络管理员创建了一个名为 peter 的用户账户，密码为 passpeter，同时设定权限等级为 3，命令如下：

```
Router(config)#username peter privilege 3 secret passpeter
```

当用户 peter 登录时会自动获得 3 级权限的能力，即便预先没有设置选项 Level 3 的使能密码。但如果命令参数中不设置权限等级，则默认权限等级为 1。

用户 peter 登录后也可以使用 enable x 命令来改变权限等级，例如：

```
Username: peter
Password:                                 // 输入 peter 的登录密码
Router#show privilege                     // 查看当前的权限等级
Current privilege level is 3
Router#enable 5                           // 切换到 Level 5
Password:                                 // 输入 Level 5 的使能密码
Router#show privilege                     // 查看当前的权限等级
Current privilege level is 5
Router#enable 1                           // 切换到 Level 1，无需输入密码
Router>show privilege                     // 转换到用户模式，查看权限等级
Current privilege level is 1
```

需要注意的是，即使之前创建的用户 peter 属于第 3 级权限，但没有使用 enable 命令创建 Level 3 的使能密码，则用户 peter 在登录时虽然处于 Level 3，但所有用户（包括 peter）不能切换权限到 Level 3。

（3）管理权限等级的操作功能。权限等级 2 ～ 14 默认情况下的操作权限继承于权限等级 1，也就是最少功能，网络管理员需要手动添加执行任务所需的权限功能，类似于白名单形式。较高的权限等级可以继承较低权限等级的操作功能，反之则不行，因此在管理权限等级时建议从低到高逐步增加操作功能。假设给 Level 3 赋予了 config terminal 命令权限，那么 Level 5 的用户也自动获得该命令权限。所以，在设定权限等级的操作功能时，要符合最小权限原则：只赋予任务必需的最低权限功能。

赋予权限功能的命令是 privilege，在全局配置模式下使用该命令可以定义某个权限等级的操作功能，命令格式为：

```
Router(config)# privilege <配置模式> <权限等级> <该模式下具体操作命令>
```

如果不清楚有哪些参数，可以输入“？”获取帮助信息，如下所示：

```
Router(config)#privilege ?
  configure  Global configuration mode      // 全局配置模式
  exec       Exec mode                      // 用户配置模式
  interface  Interface configuration mode   // 接口配置模式
  line       Line configuration mode        // 线路配置模式
  router     Router configuration mode      // 路由配置模式
```

不同的设备支持的命令和功能有差别，所以列出的帮助条目也不同，这里列出了常用主要的 5 类配置模式，网络管理员分别可以对各个配置模式下的命令进行权限分配。

例如，网络管理员配置了 Level 3 的使能密码，用户使用 enable 3 命令切换到权限等级 3，默认情况下操作能力是等同于 Level 1 的，在 Exec 模式下输入“?”会显示可以使用的命令，仔细观察，发现没有 reload（重启）、write（保存 / 写入）、erase（擦除）、copy（复制）等命令。

网络管理员想赋予 Level 3 重启设备的权限，可以在全局配置模式下使用如下命令：

```
Router(config)#privilege exec level 3 reload
```

作用是，赋予在特权模式下 Level 3 的用户执行 reload 命令的权限。

此后当用户权限等级为 3 时就能执行重启设备操作了，当然 Level 5 的账户也会拥有此命令权限。

注意：不建议直接修改 Level 1 的权限功能，让它作为最低有效权限级别即可。

再来举个例子，网络管理员想给 Level 5 赋予修改主机名的功能，由于修改主机名称必须在全局配置模式下完成，于是运行了下面两条命令：

```
Router(config)#privilege exec level 5 config terminal
Router(config)#privilege configure level 5 hostname
```

由以上命令可知，需要给 Level 5 开启进入全局配置模式的命令功能，然后再赋予全局配置模式下的 hostname 命令功能，如果不配置前面一条命令，那用户不能进入到全局配置模式，也就不能改主机名了。如果网络管理员还想赋予 Level 5 管理网络接口的能力，可以继续添加进入接口配置模式的功能，命令如下：

```
Router(config)#privilege configure level 5 interface
```

此时 Level 5 的用户可以使用 interface 命令，可以进入接口配置模式。

进入接口配置模式后还不能做任何操作，这是因为没有对接口配置模式下的命令做权限配置。

注意：在 PackerTracer 模拟器中的功能响应和 GNS3 虚拟仿真设备有区别。

网络管理员可以在接口配置模式下赋予用户指定的命令功能，但命令数太多，单独配置很麻烦，如果没有特殊安全要求也可以让用户使用接口配置模式下的全部功能，例如把上面的命令改为：

```
Router(config)#privilege configure all level 5 interface
```

这里的 all 关键字表示允许使用所有的子功能选项，此时 Level 5 的用户发现可以使用接口配置模式下的所有命令了。

又比如网络管理员如果运行了这条命令：

```
Router(config)#privilege exec all level 5 config terminal
```

Level 5 的用户可以从特权模式进入全局配置模式，可以使用全局配置模式下的所有命令，而且还拥有在 line、interface 等配置模式下的所有能力，只要进入到全局配置模式之后的所有操作都将被允许，因此 all 关键字一定要慎用！

注意：目前的 IOS 不支持对单个指定接口的命令控制，例如只允许某权限等级控制 fastEthernet 接口，而不能控制 gigabitEthernet 接口。权限控制功能只能控制命令和配置模式，而不能控制对象和参数。

如果想移除权限，有两种方式可以选择。

一是在赋权命令前加 no 表示取消或删除该条配置的意思，在做单项修改时推荐使用此方式。二是在赋权命令中使用 reset 关键字，该关键字会在指定的配置模式下重置所有级别的操作命令权限，要慎重使用，例如以下命令语句会重置全局配置模式下的接口配置命令的权限分配：

```
Router(config)#privilege configure reset interface
```

此命令执行后，除 Level 15 外的其他权限等级都不能使用 interface 命令，也就不能进入端口配置模式对任何端口做配置操作。

7. 带外管理

网络管理员在管理网络设备时，通常选择使用 IP 地址远程连接访问。如果远程管理连接和业务信道是在一条线路上，这种方式就称作带内管理。带内管理的好处是方便，不用增加额外的设备和线缆，只要 IP 网络可达就行，但也存在以下问题：

（1）网管数据会占用信道带宽，如果网管数据较多（包括 SNMP、NetFlow、Radius、Syslog 等）或是业务带宽本身比较饱和，就会出现网络拥塞的情况，降低网络性能。

（2）如果业务网络发生故障、配置失误，或是流量过大导致通信不畅，那么对网络设备的管理也无法进行。

（3）网络上的其他用户也可以通过业务信道访问网络设备，存在安全风险。例如，攻击者可以对网络设备使用密码爆破尝试登录，如果密码不是很健壮，则可能很快丢失设备控制权。

（4）有可能面临管理数据被窃听、伪造等安全风险。

所以，如果网络规模较大，或者网络结构比较复杂，网络通信量大，就一定不能使用带内管理方式。与之相反的是带外管理，带外管理是指通过专门的管理信道管理网络设备，将管理数据与业务数据分开，可以提高网络管理的效率与可靠性、安全性。

使用 Console 口连接是典型的带外管理方式，操作者必须物理接触到网络设备才可以连接管理，而物理环境安全措施是受到有效保护的。但本地访问很麻烦，网络管理员通常只有初始化配置设备时才愿意这样做，大多数时候还是需要远程管理。许多网络设备专门设置了网络管理接口，就是为了方便进行带外管理，这些设备可以给网络管理接口设置独立的 IP 地址，并禁止通过业务接口登录设备。也有设备没有独立的网络管理接口，例如一些低端交换机，这时需要对管理地址进行专门的设定，并划分 VLAN 走独立的网络管理信道，如图 6-1 所示。

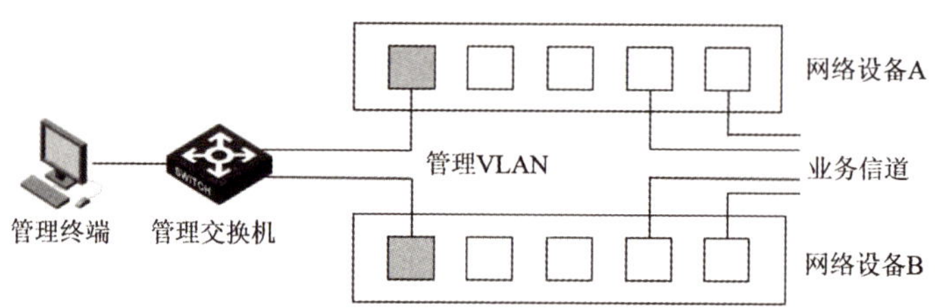

图 6-1　交换机设备带外管理方式

四、能力训练

1．连接 GNS3 与 VMware 虚拟机

GNS3 内建了 VPC，用于模拟终端环境，不过功能很受限，只能模拟 ping 命令测试网络是否连通，如果想要测试路由器的 SSH 连接管理，或是在网络中部署一台服务器，模拟完整的网络服务，内建的 VPC 就不能胜任了。我们可以让 GNS3 连接已安装好的 VMware 虚拟机，虚拟机可以是 Windows 或 Linux 等任意操作系统，虚拟机上运行需要的应用软件，这样就可以仿真出完整功能的网络系统。

下面介绍 VMware 虚拟机与 GNS3 的连接方法。在 GNS3 中新建网络拓扑，放入一个路由器。再准备一个 VMware 虚拟机（例如 Windows XP 系统），确保可以正常工作，然后按照下面的步骤实现 GNS3 连接 VMware 虚拟机。

（1）先安装好 Vmware 虚拟机程序，再安装好虚拟客户机（例如 Windows XP 虚拟机），然后在虚拟客户机的网络适配器设置中选择仅主机模式（VMnet1），如图 6-2 所示。

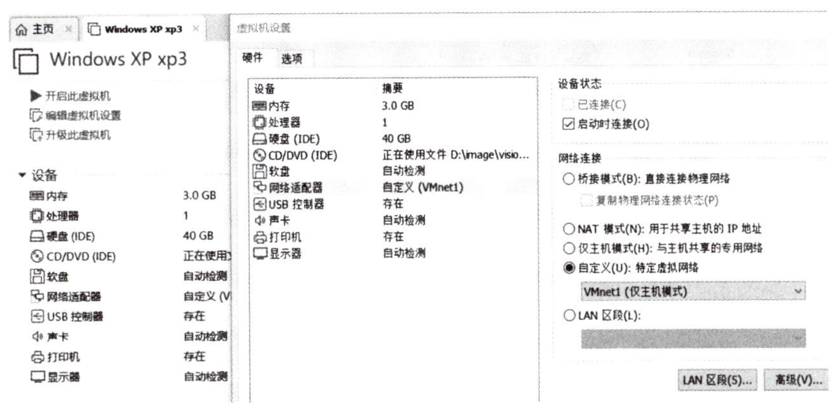

图 6-2 设置虚拟客户机网络连接模式

（2）在 VMware 的“虚拟网络编辑器”设置中，可以看到 VMnet1 网络的相关配置（如果没有可手动添加），此处选择的是“仅主机模式”。另外是否使用本地 DHCP 服务可视情况而定，一般无影响，IP 地址也可以手动设置修改，如果 GNS3 实验环境中设置了 DHCP 服务器给虚拟机分配 IP 地址，则此处建议不使用本地 DHCP 服务，如图 6-3 所示。

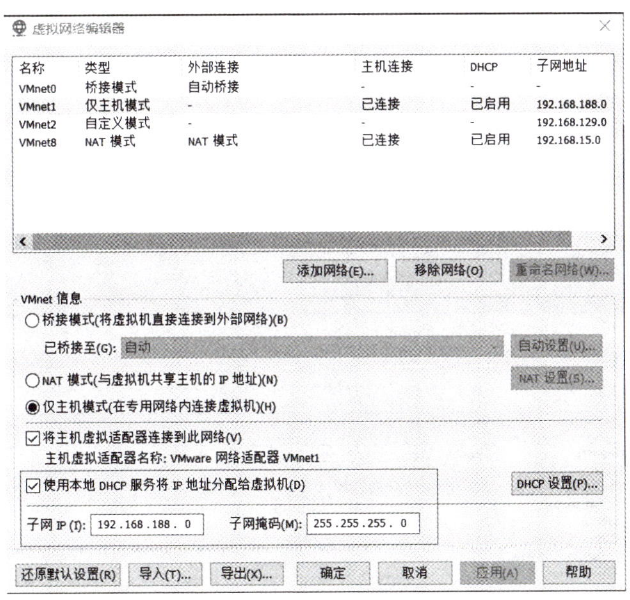

图 6-3 检查仅主机模式的 DHCP 服务

（3）接下来在 GNS3 的“Preferences”菜单中，选择“VMware VMs”选项，在右边的“VMware VM templates”列表应该是空的，单击下方的“New”按钮新建一个 VM 模板，如图 6-4 所示。

（4）选择之前已创建的虚拟机（例如 Windows XP xp3），然后单击“Finish”按钮，如图 6-5 所示。

（5）然后在“VMware VM templates”列表中能看到刚才创建的新模板了，此时可以单击“Edit”按钮对这个模板进行编辑，如图 6-6 所示。

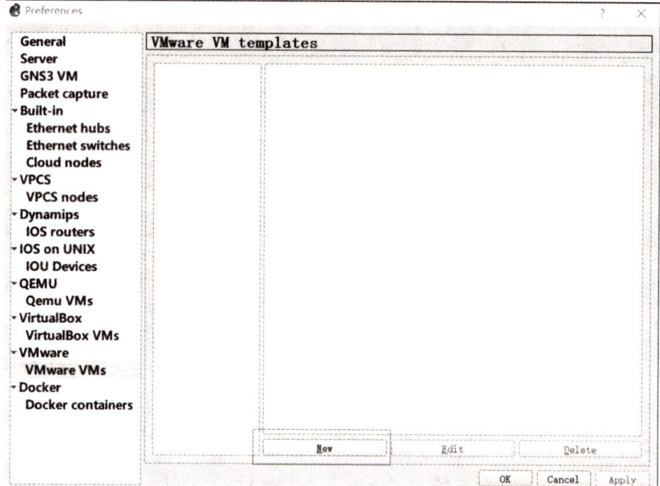

图 6-4　在 GNS3 中添加 VM 虚拟机

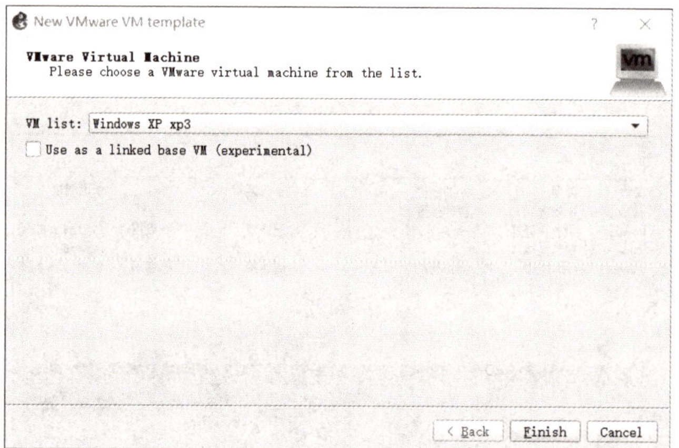

图 6-5　选择已创建的虚拟机

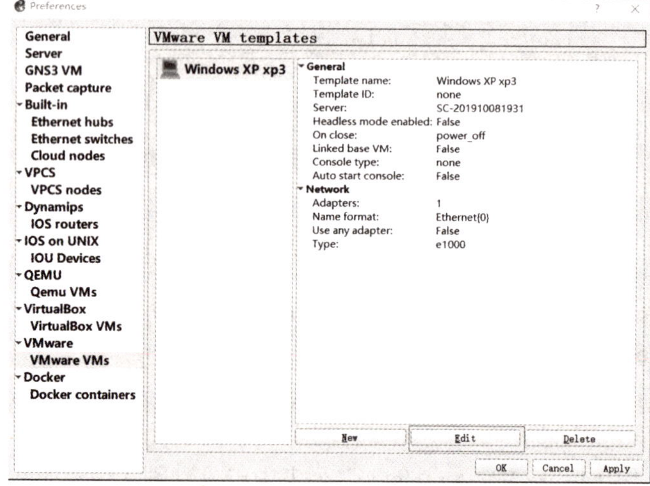

图 6-6　编辑 VMware 虚拟机模板

（6）网络适配器使用默认配置就可以，如果需要添加网卡的话，可以在“Network”标签页中进行修改。默认使用 e1000 网卡。如果虚拟机启动后出现找不到网卡驱动的情况，可以修改网卡类型，例如改为 vmxnet，如图 6-7 所示。

注意：

（1）勾选“Use as a linked base VM”复选框后，在 GNS3 的 project 中增加设备，会自动在虚拟机软件中创建该虚拟机系统的链接克隆。

（2）勾选“Start VM in headless mode”复选框后，启动该虚拟机，虚拟机软件不会弹出一个独立窗口。

（3）勾选“Allow GNS3 to override non custom VMware adapter”复选框后，该虚拟机启动的时候，会允许 GNS3 覆盖非自定义的 VMware 适配器。

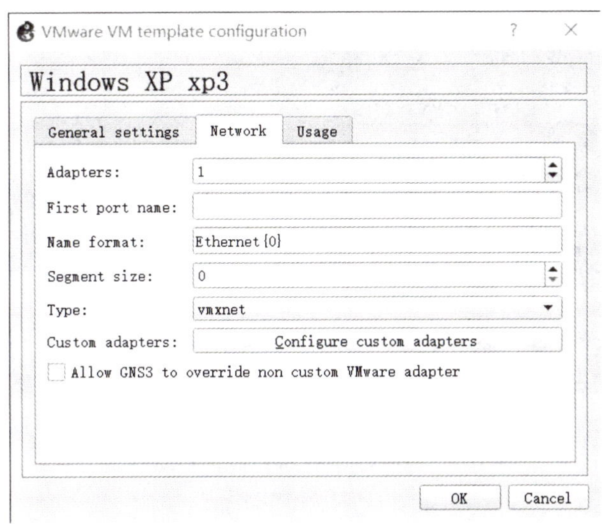

图 6-7 检查网络适配器设置

（7）此时在 GNS3 主界面的终端类型设备中就能看到新建的终端类型图标了，将其拖到拓扑图上，可看到名为“WindowsXPxp3-1”的新设备，如图 6-8 所示。

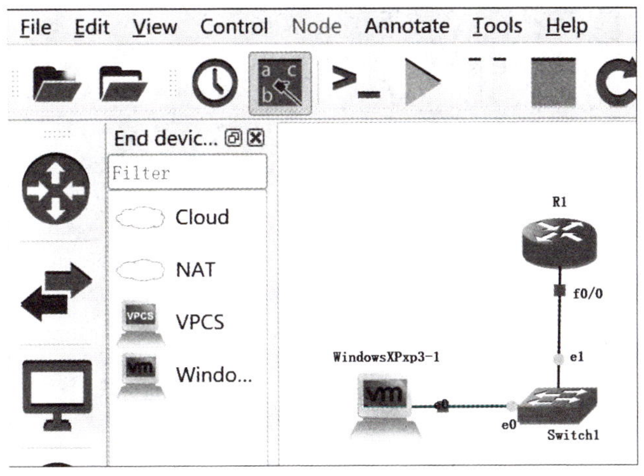

图 6-8 在 GNS3 拓扑图上添加 VMware 虚拟机

（8）将新设备连上网线到交换机后，在该设备上右机，在弹出菜单中单击▶按钮启动该虚拟机，可以看到 GNS3 会自动运行 VMware 启动此虚拟机。设置路由器 R1 的 f0/0 接口 IP 地址为 192.168.1.254，设置 WindowsXPxp3-1 的 IP 地址为 192.168.1.2，如图 6-9 所示。

（9）最后做测试，用 Windows 虚拟机访问路由器 R1 的 f0/0 接口，显示成功，如图 6-10 所示。

（10）GNS3 可以设置捕获网络数据包，将鼠标移动到连接的线缆上，线会变成红色，然后右击，选择“Start Capture”选项，设定好连接类型和保存文件名称，就会自动运行抓包程序 Wireshark 对这条线路上的流量包进行监听，如图 6-11 所示。

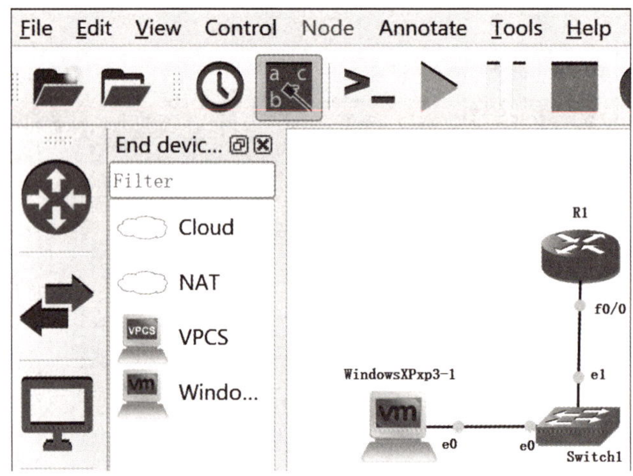

图 6-9　在 GNS3 中启动 VMware 虚拟机

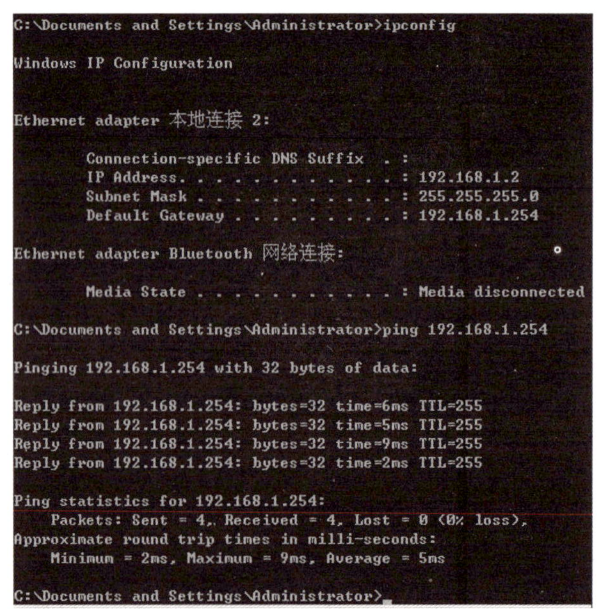

图 6-10　测试 VMware 虚拟机网络连接

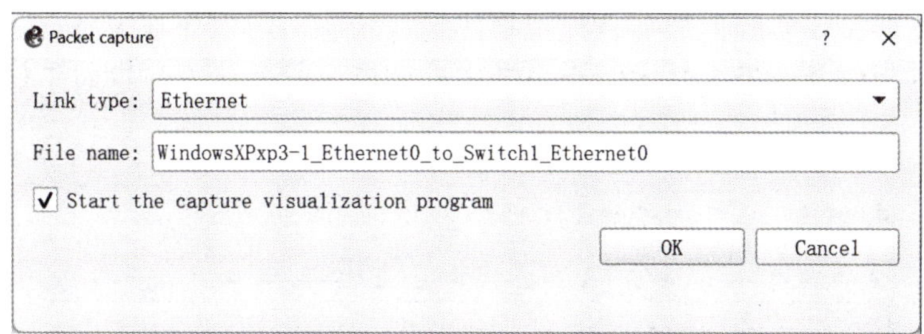

图 6-11 设置抓包功能

（11）如果不能启动抓包程序，说明程序配置可能不正确，可以在“Preferences”→“Packet capture”功能界面中修改正确的命令参数，例如更改正确的 Wireshark 程序位置，如图 6-12 所示。

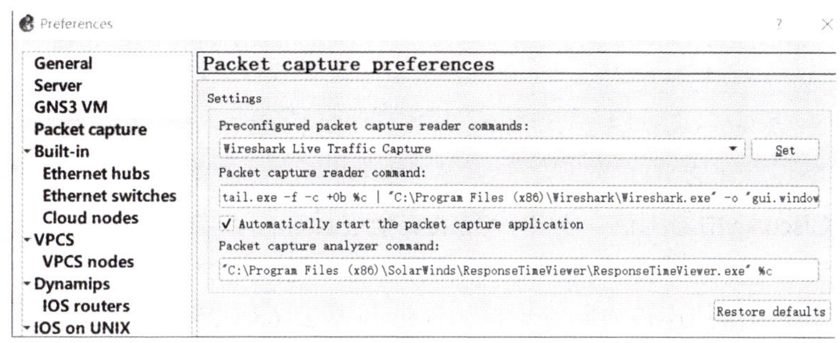

图 6-12 修改抓包连接参数

（12）开启网络监听成功后，被监听的线路上会出现一个放大镜图标，表示正在监听，如图 6-13 所示。

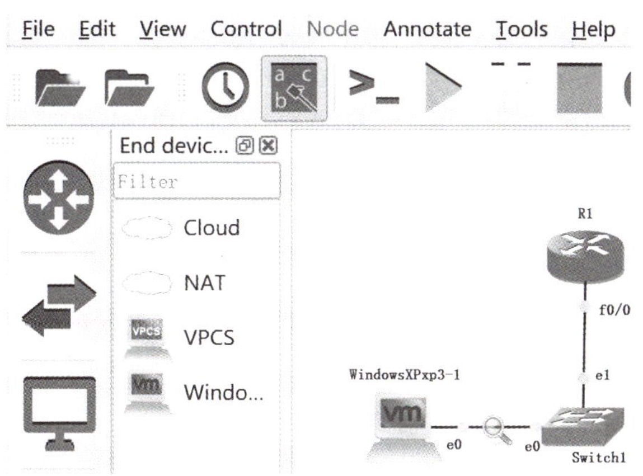

图 6-13 成功开启网络监听

（13）当测试 ping 命令的时候，在 Wireshark 中就能看到捕获到的 ICMP 包了，如图 6-14 所示。

（14）VMware 虚拟机中所做的修改是会保存的，如果想要放弃所做的修改，可以直接在 GNS3 中删除该设备节点，系统会关闭并删除该虚拟机。如果想要关闭实验，在 GNS3 中选择关闭设备，虚拟机会自动关机，下次启动设备节点的时候虚拟机又会启动。如果想要关闭实验但要保持虚拟机的运行状态，可以先在 VMware 中暂停该虚拟机，这样下次启动该设备节点时会自动还原到暂停时的状态，这对于调试网络服务很有帮助。

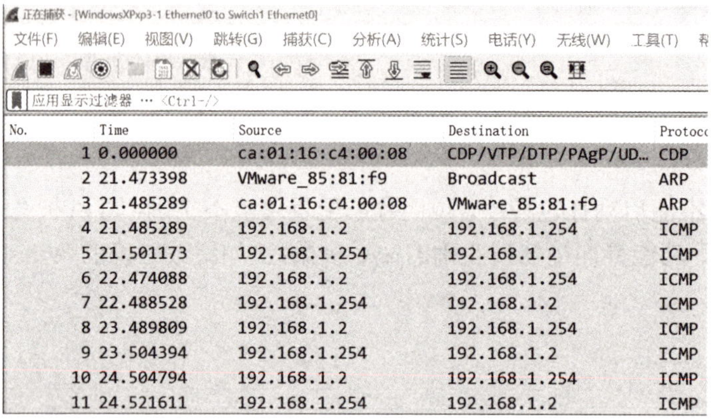

正在捕获 - [WindowsXPxp3-1 Ethernet0 to Switch1 Ethernet0]

文件(F) 编辑(E) 视图(V) 跳转(G) 捕获(C) 分析(A) 统计(S) 电话(Y) 无线(W) 工具(T) 帮

应用显示过滤器 … <Ctrl-/>

No.	Time	Source	Destination	Protoco
1	0.000000	ca:01:16:c4:00:08	CDP/VTP/DTP/PAgP/UD…	CDP
2	21.473398	VMware_85:81:f9	Broadcast	ARP
3	21.485289	ca:01:16:c4:00:08	VMware_85:81:f9	ARP
4	21.485289	192.168.1.2	192.168.1.254	ICMP
5	21.501173	192.168.1.254	192.168.1.2	ICMP
6	22.474088	192.168.1.2	192.168.1.254	ICMP
7	22.488528	192.168.1.254	192.168.1.2	ICMP
8	23.489809	192.168.1.2	192.168.1.254	ICMP
9	23.504394	192.168.1.254	192.168.1.2	ICMP
10	24.504794	192.168.1.2	192.168.1.254	ICMP
11	24.521611	192.168.1.254	192.168.1.2	ICMP

图 6-14　查看已捕获到的网络数据包

2. 安全管理路由器

下面以 Cisco 路由器为例，对用户登录安全进行加固。

（在 GNS3 中使用 Windows 虚拟机连接路由器，连接上面的拓扑）

（1）设置路由器的连接内网管理接口地址为 192.168.1.254，Console 线路连接密码为 con123!@#，enable 密码为 en123!@#（密码类型均为 secret），密码最短长度为 8，命令如下：

```
R1#config terminal
R1(config)#interface fastEthernet 0/0
R1(config-if)#ip address 192.168.1.254 255.255.255.0
R1(config-if)#no shutdown
R1(config-if)#exit
R1(config)#line console 0                // 进入 Console 线路控制模式
R1(config-line)#password con123!@#
R1(config-line)#login                    // 启用密码检查
R1(config-line)#exit
R1(config)#enable secret en123!@#
R1(config)#security passwords min-length 8
```

（2）设置本地用户 user1 密码为 u1123!@#，user2 密码为 u2456!@#，manager 密码为 ma123!@#，命令如下：

```
R1(config)#username user1 secret u1123!@#
R1(config)#username user2 secret u2456!@#
R1(config)#username manager secret ma123!@#
```

（3）设置加密服务，命令如下：

```
R1(config)#service password-encryption
```

（4）设置 VTY 线路为 3 条，使用本地数据库登录，连接超时 1 分钟，指定登录地址为 192.168.1.2，命令如下：

```
R1(config)#access-list 1 permit 192.168.1.2          // 创建 ACL1，允许 192.168.1.2
```

```
R1(config)#line vty 0 2                          // 创建 3 条 VTY
R1(config-line)#exec-timeout 1 0                 // 设置连接超时为 1 分钟
R1(config-line)#login local                      // 使用本地数据库登录验证
R1(config-line)#access-class 1 in                // 指定登录地址为 192.168.1.2
R1(config-line)#exit                             // 离开
```

（5）开启 SSH 登录，设置域名为 mydomain.com，主机名为 R1，产生 1024 位长度的密钥，使用本地数据库登录，使用 2.0 版；设置 SSH 超时 180 秒后退出，限制 5 次无效登录；全局限制 120 秒内 5 次无效登录锁定 180 秒，命令如下：

```
R1(config)#hostname R1                           // 设置主机名
R1(config)#ip domain-name R1.mydomain.com
R1(config)#crypto key generate rsa usage-keys label ssh-key modulus 1024
R1(config)#ip ssh version 2                      // 使用 SSH 2.0 版
R1(config)#ip ssh time-out 120                   // 设置 SSH 超时 120 秒退出
R1(config)#ip ssh authentication-retries 5       // 设置 SSH 限制 5 次无效登录
R1(config)#line vty 0 2
R1(config-line)#transport input ssh
R1(config)#login block-for 180 attempts 5 within 120
// 全局限制在 120 秒内 5 次无效登录锁定 180 秒
R1(config-line)#exit
```

（6）在 VM 虚拟机上使用 Putty（或 SecureCRT 等终端软件）以 SSH 连接方式登录路由器。

首先在 Windows XP 虚拟机中打开 SecureCRT 软件，填入路由器的 IP 地址、端口号、协议等相关信息，然后单击“connect”按钮连接设备，如图 6-15 所示。

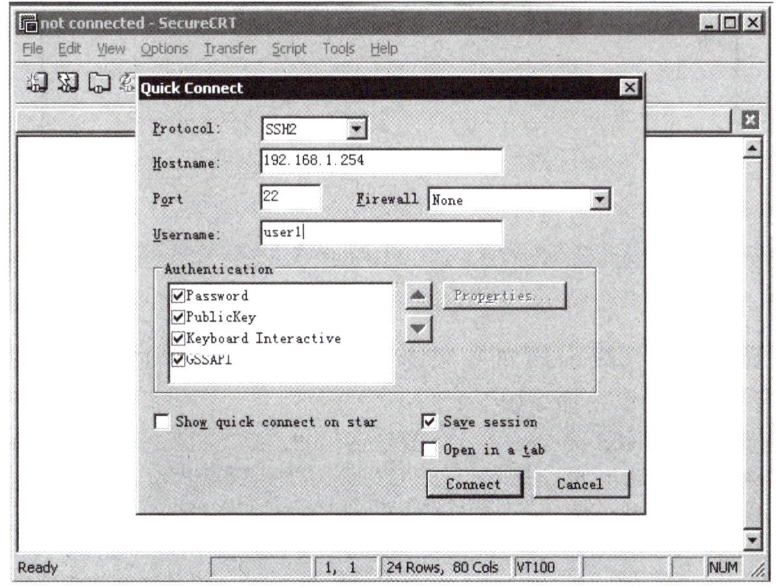

图 6-15　虚拟机连接路由器

连接成功后，输入前面设置的用户名和密码并单击“ok”按钮，即可成功登录，如图 6-16 所示。

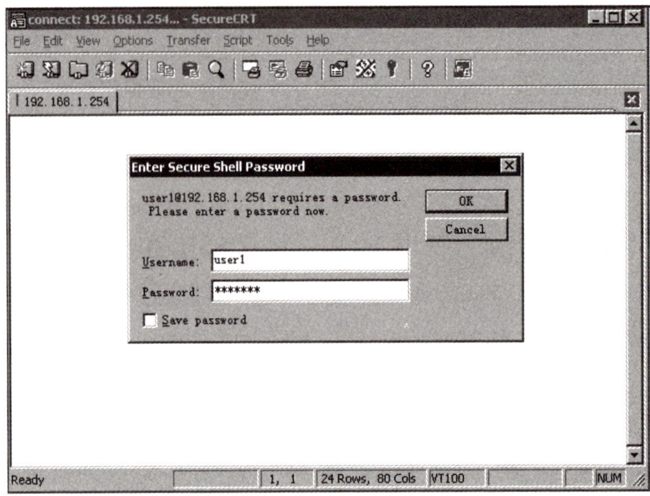

图 6-16　成功登录

（7）显示路由器运行配置文件，观察用户名和密码状况，如图 6-17 所示。

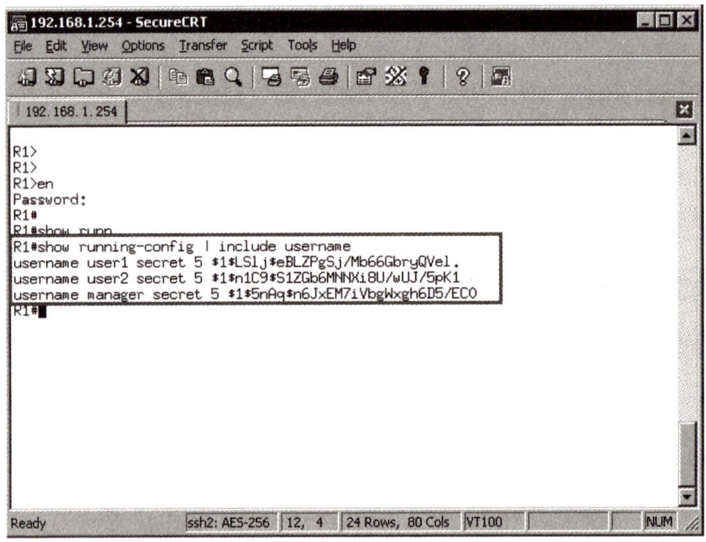

图 6-17　显示路由器运行配置文件

（8）在路由器上修改 user1 的权限等级为 3，修改 user2 的权限等级为 5，修改 magager 的权限等级为 15，命令如下：

```
R1(config)#username user1 privilege 3       // 设置 user1 的权限等级为 3
R1(config)#username user2 privilege 5       // 设置 user2 的权限等级为 5
R1(config)#username manager privilege 15 // 设置 manager 的权限等级为 15
R1(config)#end                               // 结束
R1#write                                     // 保存设置
```

（9）设置权限允许 Level 3 的用户进入全局配置模式，并在全局配置模式下使用 ip route 命令和 router 命令，配置命令如下：

```
R1(config)#privilege exec level 3 configure terminal
// 定义 Level 3 能够在 Exec 模式下使用命令 configure terminal
```

```
R1(config)#privilege configure level 3 ip route
// 定义 Level 3 能够在 configure 模式下使用 ip route 命令
R1(config)#privilege configure level 3 router
// 定义 Level 3 能够在 configure 模式下使用 router 命令
```

（10）设置权限允许 Level 5 的用户使用接口配置命令 interface 以及在接口配置模式下的所有操作，命令如下：

```
R1(config)#privilege configure all level 5 interface
// 定义 Level 5 能够在 configure 模式下使用 interface 命令及 interface 的所有子命令
```

（11）使用 user1 用户登录路由器，进入全局配置模式，观察其配置权限，命令如下：

```
User Access Verification
Username: user1
Password:
R2#show privilege
Current privilege level is 3
R2#conf t
Enter configuration commands, one per line.  End with CNTL/Z.
R2(config)#?
Configure commands:
  beep       Configure BEEP (Blocks Extensible Exchange Protocol)
  call       Configure Call parameters
  default    Set a command to its defaults
  end        Exit from configure mode
  exit       Exit from configure mode
  help       Description of the interactive help system
  ip         Global IP configuration subcommands
  netconf    Configure NETCONF
  no         Negate a command or set its defaults
  pfr        Performance Routing configuration submodes
  route-map  Create route-map or enter route-map command mode
  route-tag  Route Tag
  router     Enable a routing process
  sasl       Configure SASL
  wsma       Configure Web Services Management Agents
```

切换到 user2 用户登录，检查是否能进入接口配置模式，命令如下：

```
User Access Verification
Username: user2
Password:
R2#show privilege
Current privilege level is 5
R2#conf t
Enter configuration commands, one per line.  End with CNTL/Z.
R2(config)#?
Configure commands:
  beep       Configure BEEP (Blocks Extensible Exchange Protocol)
```

```
call       Configure Call parameters
default    Set a command to its defaults
end        Exit from configure mode
exit       Exit from configure mode
help       Description of the interactive help system
interface  Select an interface to configure
ip         Global IP configuration subcommands
netconf    Configure NETCONF
no         Negate a command or set its defaults
pfr        Performance Routing configuration submodes
route-map  Create route-map or enter route-map command mode
route-tag  Route Tag
router     Enable a routing process
sasl       Configure SASL
wsma       Configure Web Services Management Agents
```

可以看到，user2 用户拥有 Level 5 权限，支持接口配置命令 interface。

五、任务实战

1. 任务情境

某港口的网络拓扑如图 6-18 所示，基础网络已经搭建好，能够正常工作，接下来需要对网络系统进行安全加固。网络基础设施的安全防护首先要从网络设备的安全管理做起，主要考虑以下几点：

（1）每位用户使用自己的独立密码登录，禁止共享账户和空密码连接。

（2）密码加密保存，使用强密码策略。

（3）加密管理连接信道，防止被窃听。

（4）限定网络地址登录。

（5）划分好管理权限，避免权限滥用。

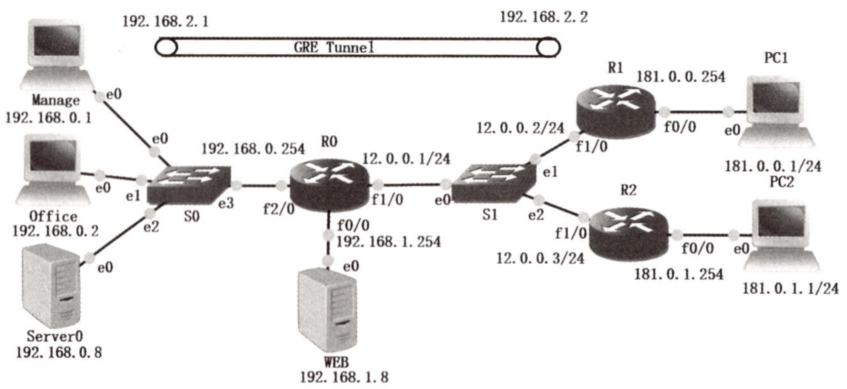

图 6-18　港口网络设备安全加固拓扑图

2. 任务要求

根据问题情境，请读者完成以下 2 个任务：

任务 1：修改 GNS3 中的 Manage 和 Server0 为 VM 虚拟机，其中 Manage 使用

Windows XP（考虑资源占用），Server0 使用 Ubuntu Linux。

任务 2：配置路由器 S0 和 R0 的安全管理策略。

3. 任务实施步骤

任务 1：修改 GNS3 中的 Manage 和 Server0 为 VM 虚拟机。

（以下操作请读者参考本任务能力训练中的内容自行完成。）

（1）在 GNS3 中创建基于 Windows XP 的 VM 虚拟机模板，并勾选“Use as a linked base VM”复选框，使其基于该虚拟机现有状态生成一份克隆，这样在拓扑图上添加设备的时候可以基于一份虚拟机创建出多份不同的克隆独立运行。

（2）然后将 Windows XP 设备拖到拓扑图中替换原 Manage 终端，按要求配置好 IP 地址，安装 Putty 或 SecureCRT，测试能否连通路由器 R0。

（3）安装好 Ubuntu Linux 的 VM 虚拟机，在 GNS3 中创建基于该虚拟机的模板，并勾选“Use as a linked base VM”复选框。

（4）将 Ubuntu Linux 设备拖到拓扑图中替换原 Server0 主机，按要求配置好 IP 地址，测试能否连通路由器 R0。

任务 2：配置路由器 S0 和 R0 的安全管理策略。

（请读者参照本任务能力训练中的配置路由器安全管理操作自行完成，IP 地址以上文拓扑图为准，交换机请使用 IOU 交换机。）

（1）配置 Console 线路连接密码为 con123!@#，enable 密码为 en123!@#（密码类型均为 secret），密码最短长度为 8。

（2）设置本地用户名密码和权限等级：user1，u1123!@#，Level 3；user2，u2456!@#，Level 5；manager，ma123!@#，Level 15。

（3）设置 VTY 线路为 3 条，使用本地数据库登录，连接超时 1 分钟，指定登录地址为 192.168.1.X 网段。

（4）开启 SSH 登录。设置域名为 mydomain.com，主机名为读者的姓名拼音，产生 1024 位长度的密钥，使用本地数据库登录，使用 2.0 版；设置全局超时 180 秒后退出，限制 120 秒内 5 次无效登录。

（5）设置权限允许 Level 3 重启设备，运行擦除和写入 NVRam 命令，和进入全局配置模式；允许 Level 5 使用接口配置命令和线路配置命令，以及在接口配置模式下和线路配置模式下的所有操作功能。

六、学习结果评价

本任务主要讨论了网络设备的安全登录相关配置。网络设备的安全管理非常重要，决定了整个网络基础设施的安全，是网络系统集成中必须执行的任务。网络设备登录是第一道安全防线，也是最重要的一道防线，本任务就用户名密码设置、SSH 配置、其他安全选项等方面进行了练习，为让读者清楚自身学习情况，现将设定学习结果评价表，小组同学之间可以交换评价，进行互相监督，见表 6-1。

表 6-1　学习结果评价表

序号	评价内容	评价标准	评价结果（是 / 否）
1	配置安全管理登录	能对网络设备进行常用登录安全配置	
2	配置 SSH 服务	能否配置 SSH 服务，实现加密连接	
3	连接 VMware 虚拟机	能在 GNS3 中添加 VM 虚拟机并连通	

七、课后作业

1. 填空题

（1）交换网络环境中常见的攻击方式有（　　）、（　　）和（　　）。

（2）交换机或路由器上支持常见的登录验证方式主要有（　　）、（　　）和（　　）。

（3）网络设备上常见的访问方式有（　　）、（　　）。

（4）网络管理员使用了 enable password B2z#nuT7 命令，则当用户登录后输入 enable 密码后，会获得（　　）级权限。

（5）出于安全性考虑，大多数场合下要求使用（　　）来替代 Telnet 登录。

（6）VM 虚拟机的网络适配器应使用（　　）模式。

2. 选择题

（1）初始情况下首先从（　　）开始管理路由器。

A．VTY 登录端口　　B．Console 口

C．根端口　　D．AUX 口

（2）如果字符“cisco”经过 service password-encryption 命令加密后生成的密文为 0822455D0A16，那么将路由器的控制台密码设置为 cisco，使用了下面的配置语句：

```
Router(config)#line console 0
Router(config-line)#password 7 ?
Router(config-line)#login
Router(config-line)#exit
```

则在语句“？”处应输入（　　）。

A．cisco　　B．cisco0822455D0A16

C．0822455D0A16　　D．0822455D0A16cisco

（3）service password-encryption 命令和 enable secret 命令设置的两种加密密文，（　　）更安全。

A．service password-encryption

B．enable secret

C．由于它们都采用 MD5 单向散列算法，所以安全性相同

D．无法比较，因为它们采用的算法不同

（4）网络管理员给路由器配置了登录密码和 enable 密码，并启用 VTY 登录，A 用户在输入登录密码后权限等级为（　　），输入了 enable 密码后权限等级为（　　）。

A．Level 0，Level 1　　B．Level 0，Level 2

C．Level 1，Level 2　　D．Level 1，Level 15

（5）网络管理员给路由器配置了 5 和 10 两个等级权限并配置了 enable 密码，下面说法错误的是（　　）。

A．Level 10 可以运行 Level 5 支持的所有命令功能

B．如果没有显示的赋予权限，Level 5 不能运行 show running-config 命令

C．切换权限等级时，从高到低不需要输入密码，而从低到高需要输入密码

D．Level 10 的权限高，可以运行所有的命令功能

（6）下列关于 SSH 的说法中正确的是（　　）。

A．SSH 是目前路由器和交换机的默认远程连接配置

B．SSH 比 Telnet 安全是因为 Telnet 的加密能力低，存在安全漏洞

C．SSH 可以和 Telnet 共同使用，客户端可以选择需要的服务连接

D．SSH 的端口号为 TCP 22，Telnet 的端口号为 TCP 23

3．简答题

请简述设置设备密码时的注意事项。

工作任务 6-2：网络设备功能加固

任务简介

网络安全威胁呈现出多样化和复杂化的特点，恶意分子不仅通过非法登录尝试获取设备控制权，还会利用系统漏洞实施更深层次的攻击。这些攻击行为包括监听、篡改和伪造等手段，其目标往往是窃取敏感数据或控制业务系统，可能带来严重的安全隐患和经济损失。为应对这些威胁，需要采取全面的安全防护措施，包括端口安全保护、路由协议安全加固、DHCP 服务安全防护等。同时，根据《中华人民共和国网络安全法》规定，系统日志的保存和分析是网络安全管理中不可或缺的环节，要求运营者必须保存系统日志至少半年时间。

本工作任务要求读者掌握网络设备的安全加固方法，能够制定和实施有效的安全防护策略，包括配置端口安全、加强路由协议防护和实施 DHCP 安全措施等。同时，读者需要熟练掌握日志管理和审计技术，确保系统日志得到规范化的存储和分析，以支持安全事件的及时发现和处理。

职业能力 6-2-1：能配置网络设备安全策略

一、核心概念

- 安全加固：指对信息系统中的主机、网络设备、安全设备、业务软件等组件的脆弱性进行分析和修补，提高系统运行的安全性。

二、学习目标

- 了解网络中常见的安全威胁。
- 熟悉 DHCP Snooping 的概念与配置方法。
- 熟悉动态 ARP 监测（Dynamic ARP Inspection，DAI）的概念与配置方法。
- 熟悉端口安全的概念与配置方法。
- 掌握路由协议的安全加固方法。

学习思维导图：

三、基本知识

1. 网络安全威胁概述

现在是互联网飞速发展的时代。有一句经典的话："Internet 的美妙之处在于你和每个人都能相互联接，Internet 的可怕之处在于每个人都能和你相互联接。" Internet 是一个开放性的网络，是跨国界的，这意味着网络攻击不仅来自于本地网络的用户，也可能来自于接入 Internet 的任何一台机器。Internet 是一个虚拟的世界，无法得知联机另一端的信息。虚拟的世界没有国界，因此网络安全面临的是一个国际化的挑战。

互联网的飞速发展极大地催生了各种网络业务应用，网络与信息化已成为科技发展的刚需，网络应用可以提高业务效率，灵活办公，使得企业更富有竞争力，其功能包括宣传与发布、电子交易、办公自动化、供应链管理、客户关系管理、电子学习、娱乐交流以及各类业务功能等。这些新型应用简化并改进了流程，加快了周转时间、降低了成本，提升了用户的满意度。不过，在人们享受信息技术带来的强大功能和便捷的同时，也会将网络资产暴露给外部，增加了安全风险。

网络基础设施承载了网络通信功能，以支撑各类业务应用的运行，因此，网络基础设施的安全稳定就非常重要。恶意分子会通过窃听、伪造、篡改等网络攻击手段破坏网络系统的稳定性，如图 6-19 所示。以前想要实施网络攻击需要很多专业知识，例如要精通操作系统底层知识、TCP/IP 协议、网络攻击原理、各类编程语言等，随着现代信息技术的快速发展，有各种网络安全弱点不断被恶意分子发现并利用，网络安全威胁急剧增多，网络上有许多爱好者分享经验和软件，网络攻击的工具也变得越来越简单易用，网络上充斥着各种利用系统漏洞的工具和教程，有可能一名学生随意下载了某黑客工具就能把他所在的学校信息系统黑掉。并且，网络恶意分子可能来自外部人员，也有可能来自内部员工，例如，有的员工可能因为认为受到不公待遇而采取破坏行为，或是被利益诱惑窃取机密资料，亦或是失误操作和行为过失直接或间接引起安全事件。所以，网络安全威胁是无处不在的，网络安全防范也应当是全面而长期的。

前面已经学习过一些网络安全加固基础策略，例如 ACL 访问控制、VPN 加密通信等，可以起到控制网络访问行为和防止窃听与篡改的作用。但网络安全防御是立体的，需要从多个方面各个角度去审查，禁止可能违反安全策略的活动。

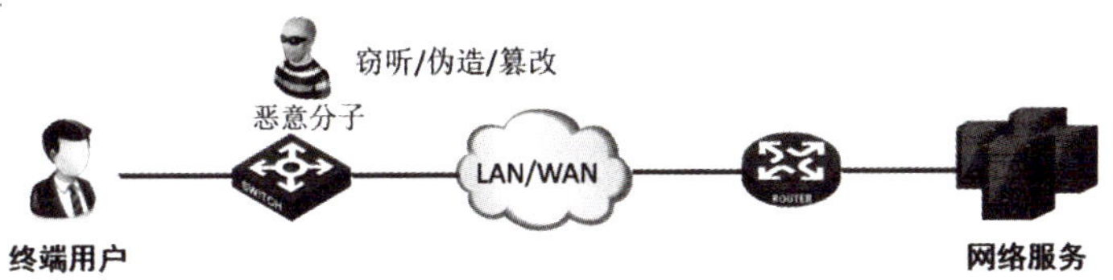

图 6-19　网络系统面临的威胁

2. 接入层安全威胁

在大多数网络环境中，用户终端通过接入层交换机接入局域网，再进一步与互联网和其他业务系统连接。常见的局域网场所包括企业办公室或办公楼、学校计算机机房、网吧、酒店等等。在靠近用户的终端侧，网络安全防护的措施不像信息系统机房那样严格，个人终端上安装的软件五花八门，用户的计算机应用水平普遍较低，存在大量的安全漏洞，同时也是恶意份子经常发起攻击的地方。恶意份子通常会引诱用户下载或打开携带病毒和木马的文件和网页，在用户无察觉的情况下控制终端作为跳板，进一步攻击网络上的其他主机，破坏网络的稳定性，下面来看几种常见的局域网安全威胁。

（1）DHCP 欺骗攻击。IP 地址分配在网络管理中是一项细致的工作，在大多数局域网中，网络管理员不愿意为每个终端设置固定的 IP 地址，因为用户终端数量大，且容易发生变动。所以网络管理员只会对网络服务设置固定的 IP 地址（例如业务服务器、打印服务器、文件服务器、DNS 服务器等），对用户终端则采用自动分配 IP 地址的方式，减轻工作负担。

网络管理员会在靠近用户终端侧的网络中部署一台 DHCP 服务器，或是在网关路由器上开启 DHCP 服务功能，比如现在人们常用的小型 Wi-Fi 路由器就带有 DHCP 功能，用户拿到手以后几乎零配置就可以使用。DHCP 服务的安装请参考其他文献资料，此处简单介绍下 DHCP 服务过程，申请动态 IP 地址分为以下 4 个步骤，如图 6-20 所示。

图 6-20　DHCP 服务申请动态 IP

1）DHCP Discover。客户端通过广播 DHCP Discover 报文来向局域网内的 DHCP 服务器请求服务。

2）DHCP Offer。服务端对 DHCP Discover 报文的响应，将 IP 地址池中选择的 IP 地址、子网掩码、网关等信息发送给客户端。

3）DHCP Request。客户端对 DHCP Offer 报文的响应，通过此报文表示接受相关配置。客户端续延 IP 地址租期时也会发出该报文。

4）DHCP ACK。服务器对客户端的 DHCP Request 报文的响应报文。客户端收到此报文后才真正获得了IP地址和相关的配置信息。

由于DHCP报文缺少认证机制，如果网络中存在非法DHCP服务器，网络管理员将无法保证客户端从网络管理员指定的DHCP服务器获取合法地址，客户端有可能从非法DHCP服务器获得错误的IP地址等配置信息，导致客户端无法正常使用网络。

例如在局域网中恶意分子的主机开启了DHCP服务，当客户端请求DHCP服务时，恶意分子的主机能够快速响应，先于合法DHCP服务器将事先准备好的IP地址和网关信息发给客户端，后面受害客户端会将通信数据发送给虚假网关，虚假网关可以窃听和篡改信息，这就是DHCP欺骗攻击，如图6-21所示。

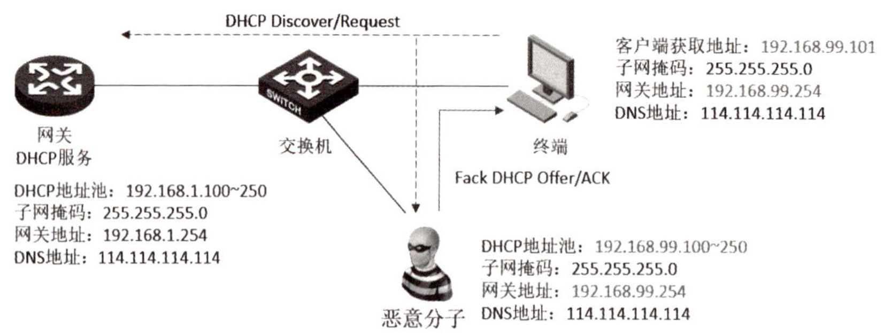

图6-21 DHCP欺骗攻击

除了仿冒DHCP服务器，恶意分子还能仿冒DHCP客户端对DHCP服务器发起攻击。恶意分子可以仿冒MAC地址从而伪造不同的DHCP客户端向DHCP服务器大量发送非法请求报文，使得DHCP服务器的IP地址池被消耗，甚至抢夺网络内合法客户端的IP地址。一旦服务器的IP地址池被非法请求耗空，网络内的其他合法主机将由于无法通过DHCP服务获得IP地址而断网。这种攻击方式被称为伪造DHCP报文攻击，也是一种典型的拒绝服务（Denial of Service，DoS）攻击。

（2）ARP欺骗攻击。ARP欺骗（ARP spoofing），又称ARP病毒、ARP攻击，是针对以太网地址解析协议（Address Resdution Protocol，ARP）的一种攻击技术，通过伪造局域网内的网关的MAC地址，使其他终端错以为恶意分子的MAC地址是网关的MAC，恶意分子可以窃听通信内容，或是篡改后再转送（中间人攻击），还可以让网络上特定计算机或所有计算机无法正常连线。

现在的网络基本上都使用TCP/IP协议通信，正常情况下，网络中的每个网络接口都会设置好IP地址、子网掩码、网关IP地址。在OSI七层协议中，下层协议承担了封装和传输数据的任务，所有的通信数据都会封装成帧（数据链路层）再通过电信号或光信号（物理层）发送出去。所以，终端A想要发送数据给终端B，终端A在网络层填好对方的IP地址，打包成数据包后还要进一步封装成帧再发出去，而这时候需要知道终端B的MAC地址，那么怎么才能知道对方的MAC地址呢？这就需要使用ARP协议了，使用ARP协议可以查询到指定IP地址接口的MAC地址，与之相反的是，反向地址转换协议（Reverse Address Resolution Protocol，RARP）可以根据指定的MAC地址查询对应的IP地址。

ARP协议工作很简单，首先终端A发送一个ARP Request报文，这个报文中如实填写了源 IP 地址、目的 IP 地址、源 MAC 地址，目的 MAC 地址未知，填写为 00-00-00-00-00-00，然后封装成帧，该帧的源 MAC 地址为本机的 MAC 地址，目的 MAC 地址为广播地址 FF-FF-FF-FF-FF-FF，这样，ARP Request 报文会在整个广播域（“网络”这个词也有宏观上整个网络的意思，会存在误解）上传播，所有收到该报文的节点（包括网关）都会处理它，但网关不会转发它到其他网络。终端 B 收到 ARP Request 报文后，发现目的 IP 地址与自己的 IP 地址匹配，于是给出 ARP Reply 报文回应终端 A，报文中填上自己的 MAC 地址，而其他节点由于 IP 地址不匹配则不会回应。于是，终端 A 就获取了终端 B 的 MAC 地址，可以向终端 B 发送数通信据包了，如图 6-22 所示。

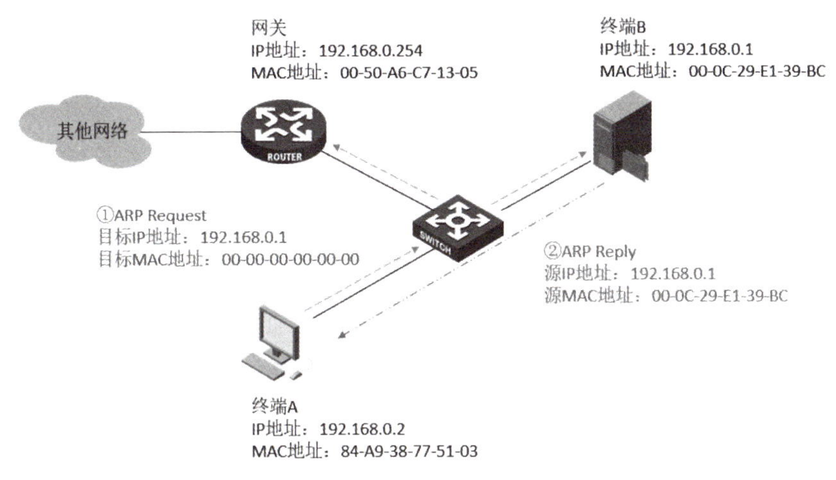

图 6-22　ARP 协议工作原理

终端 A 获取到终端 B 的 MAC 地址后，还会更新本地的 ARP 缓存表，一个主机在访问其他主机前，会先在 ARP 缓存表中查询是否有对应的地址条目，如果有就会直接使用，不会再发送 ARP Request 报文，这样提高了运行效率。ARP 缓存表中记录了 IP 地址 -MAC 地址对和类型，从其他节点获取到的信息属于动态，手动设置属于静态。通常情况下主机会自动更新维护 ARP 表，并删除过期的条目（过期时间默认为 1200 秒），只有少数情况（如防止地址欺骗）才需要手动设置静态 ARP 地址表。在 Windows 的命令提示符界面下运行 arp -a 命令可以查看本机所有网络接口的 ARP 缓存信息，如图 6-23 所示。

```
C:\>arp -a

接口: 192.168.15.1 --- 0x3
  Internet 地址         物理地址              类型
  192.168.15.133        00-0c-29-f4-c6-c0     动态
  192.168.15.254        00-50-56-f6-c7-16     动态
  224.0.0.2             01-00-5e-00-00-02     静态
  224.0.0.22            01-00-5e-00-00-16     静态
  224.0.0.251           01-00-5e-00-00-fb     静态
  224.0.0.252           01-00-5e-00-00-fc     静态
  232.143.44.175        01-00-5e-0f-2c-af     静态
  239.255.255.250       01-00-5e-7f-ff-fa     静态
  255.255.255.255       ff-ff-ff-ff-ff-ff     静态
```

图 6-23　查看 ARP 缓存信息

如果要访问的目标主机不在本网段内，网络数据包会交给网关代为转发，所以网络数据帧的目标MAC地址会填写网关的MAC地址。ARP欺骗攻击通常仿冒网关的身份来实现截获本网络内流量的目的，恶意分子先在网络中探测到合法网关的MAC地址，然后伪造ARP Reply报文，将源IP地址填写网关的IP地址，源MAC地址填自己的MAC地址，主动定期向网络内其他主机发送，其他主机收到伪造的ARP Reply报文后，由于没有鉴别机制，会更新本机的ARP缓存表，于是后面就会误把恶意分子认成网关了。

ARP欺骗攻击在计算机机房、网吧等场所尤为盛行，常见现象是用户会感觉网络速度变慢（因为数据包会被假网关转发一次），访问所有的网站均会被杀毒软件告知网页附带有恶意代码（恶意分子会篡改返回的网页信息，加上恶意代码）等。

（3）地址欺骗攻击。在局域网中另一个常见的攻击手法是地址欺骗攻击，恶意分子通过伪造的IP地址或MAC地址仿冒其他主机身份，其他设备会更新ARP表，并将数据包发给恶意分子，如图6-24所示。在同一个网段内发生了地址冲突，会导致地址冲突的主机网络通信异常。IP欺骗攻击还会用来绕过一些安全策略的限制，例如，某些重要资产或网络设置了只允许指定的IP地址才能访问。

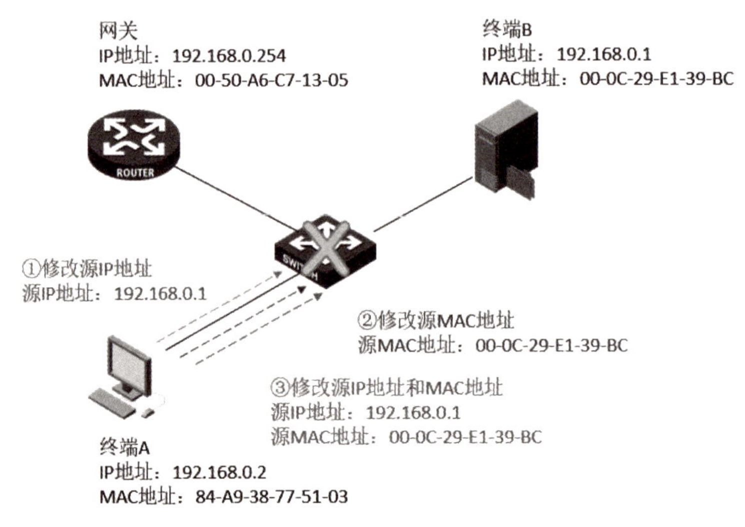

图6-24　地址欺骗行为

对于一些有安全防护的场景，网络中设置了IP地址-MAC地址绑定策略，只修改IP地址起不到作用，恶意分子会同时修改IP地址和MAC地址对。所以，在局域网中，特别是人员管控疏松的区域要采取技术措施防御非法网络接入或是修改地址类的攻击。交换机的端口地址绑定可用于对抗地址欺骗攻击，在接入层将接入端口、客户端IP地址和MAC地址进行绑定，防止非法设备接入和伪造IP或MAC地址，破坏网络可靠性。

地址欺骗攻击和ARP欺骗攻击是不同的。在ARP欺骗攻击中，恶意分子并不改变自己的IP地址和MAC地址，只是向外宣称网关的IP地址对应本机的MAC地址，在发送ARP Reply报文时用的是自己的真实MAC地址。恶意分子在收到受害者的网络数据，再转发给真正网关时，用的也是自己的真实IP地址和MAC地址。

交换机的端口安全（Port security）功能和IP源防护（IP Source Guard，IPSG）功能都可用于抵抗地址欺骗攻击。端口安全功能的作用是绑定交换机端口和设备MAC地址，主要用于防止非法接入、MAC 地址伪造、设备更改接入位置等情况。IP 源防护则可将 IP 地址、MAC 地址、交换机端口号、甚至包括 VLAN 号一起绑定，功能更加强大，并可以实现动态管理。

接入交换机的端口防地址欺骗的方式通常有以下几种：

1）MAC 绑定。端口连接主机符合绑定的源 MAC 地址才允许通信。

2）IP 绑定。端口连接主机符合绑定的源 IP 地址才允许通信。

3）IP+MAC 绑定。端口连接主机符合绑定的源 IP 地址和 MAC 地址才允许通信。

4）IP+MAC+VLAN 绑定。指定 VLAN 中的端口连接主机符合绑定的源 IP 地址和 MAC 地址才允许通信。

绑定地址信息的方式分为静态绑定和动态绑定，在多数普通办公场景下，使用动态绑定对普通网络使用者进行约束，对服务器或特殊安全要求的设备则采取静态绑定方式。

3. 路由协议安全威胁

设备在接入网络后，要想跨越本网络与其他网络的设备通信，就需要路由寻径。路由器中会保存各条网络路径的信息，在规划数据传送路线时，会按照管理距离→开销值的顺序计算出最优路径。静态路由由网络管理员手动配置，它的管理距离最小，这样可以确保手动配置的路径被采纳；其次是动态路由，动态路由有多种，都是根据特定的协议算法，让配置有相同动态路由协议的路由器自动完成信息交互和计算，从而得出统一有效的路径。每种动态路由协议的管理距离不同，网络管理员可以根据情况进行选择。

路由器之间通过交换协议数据单元（Protocol Data Unit，PDU）信息完成信息交互，PDU 中通常包含了路由器的 ID、端口 ID、邻接网络和开销值等信息，路由器靠这些信息计算出到各个目标网络的最优路径（下一跳的地址或端口），形成路由表。通常 PDU 信息是明文传输的。虽然这些交互只在路由器之间产生，对用户来说没有任何感觉，但恶意分子可以伪造 PDU 信息发给路由器，使其进行错误的计算，更改路由路径，这样恶意分子可以截获网络通信和更改通信内容，如图 6-25 所示。

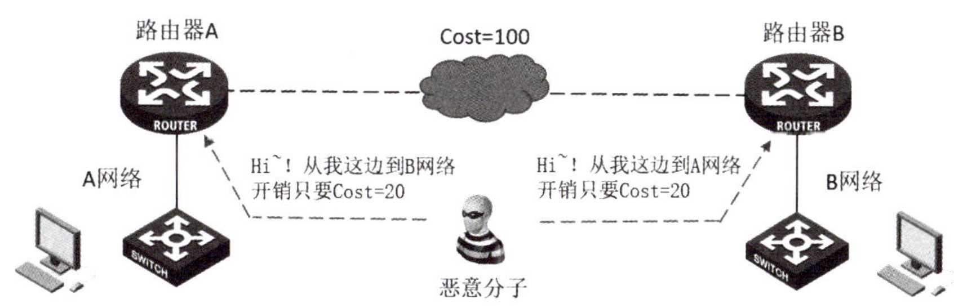

图 6-25 路由协议攻击

这种攻击方式通常发生在大型网络、骨干网络、广域网和互联网。在小型局域网络中路由节点较少，通常采用单路由器或者静态路由的方式组网，不便于实施。因此人们把本地网络安全边界外的区域称为不安全的网络，在不安全的网络上加密传输通信内容是很有必要的。

四、能力训练

1. 防御 DHCP 欺骗攻击

（1）配置 DHCP Snooping 功能。在靠近用户端的接入交换机上配置 DHCP Snooping 功能可以屏蔽接入网络中的非法 DHCP 服务，交换机开启 DHCP Snooping 功能后，默认所有端口都是不信任端口（Untrust），允许将某个物理端口设置为信任端口（Trust）或不信任端口。信任端口可以正常接收并转发 DHCP Offer 报文，而不信任端口会将接收到的 DHCP Offer 报文丢弃，这样就可以完成交换机对假冒 DHCP Server 的屏蔽作用，以确保客户端从合法的 DHCP Server 获取 IP 地址。

此外，DHCP Snooping 还会监听 DHCP 报文，提取其中的关键信息并生成 DHCP 绑定表（DHCP Binding Table），一条记录包括 IP 地址、MAC 地址、租约时间、端口、VLAN、类型等信息。绑定表在运行时自动生成，可用于 DAI（Dynamic ARP Inspection）和 IPSG（IP Source Guard）实现防 ARP 欺骗和防 IP 欺骗功能。对于服务器等需要设置静态 IP 地址的情况，还可以手动添加 DHCP 绑定记录。

下面来看一下 DHCP Snooping 的配置示例，命令如下：

```
Switch(config)#ip dhcp snooping                // 启用 DHCP Snooping
Switch(config)#ip dhcp snooping vlan 10        // 在 VLAN 中启用生效
```

以上命令开启了 DHCP Snooping 功能，因为现在的交换机都是支持 VLAN 的，所有网络接口会划到某个 VLAN 中（默认为 VLAN1），所以需要指定在哪些 VLAN 上开启此项功能。开启此功能后，指定 VLAN 中的所有网络接口默认处于不信任（Untrust）状态，只能发送 DHCP Discover 报文，不能发送 DHCP Offer 报文，也就是说接入的设备只能成为 DHCP 客户端，不能成为服务端。

没有服务端就意味着连接的客户端无法获取到网络地址，所以接下来需要指定信任端口。交换机上联接口、DHCP 服务器接口、使用静态地址的服务器接口都需要配置为信任状态，信任端口可以正常接收并转发 DHCP Offer 报文，但不会记录 IP 和 MAC 地址的绑定信息，下面是配置信任端口的示例，命令如下：

```
Switch(config)#interface gigabitEthernet 0/0
Switch(config-if)#ip dhcp snooping trust
```

关于服务器静态地址需要特别说明，如果服务器的静态 IP 地址处于 DHCP 服务的地址池范围内，则需要在 DHCP 服务中将这个地址排除掉，否则 DHCP 服务器可能将这个地址分配给其他客户端，造成 IP 地址冲突。例如使用下面的命令配置 DHCP 服务排除 IP 地址：

```
Router(config)#ip dhcp excluded-address 192.168.0.2
```

另外，由于服务器所在网络接口设置为信任状态后不记录绑定信息，如果后面利用绑定表实现 DAI 和 IPSG 功能，则会对服务器通信造成影响。可以添加指定网络接口的 IP 地址和 MAC 地址绑定信息，下面是设置静态绑定信息示例，命令如下：

```
Switch#ip dhcp snooping binding 00:50:79:66:68:00 vlan 10 192.168.0.2 interface gigabitEthernet 0/1
expiry 4294967295
```

DHCP 绑定表是动态建立的，随着时间的推移、新设备的上线，绑定信息是持续更新的，不需要特别关心。不过，如果设置了静态绑定信息，当设备掉电后，这张绑定表就消失了，所以建议保存绑定表，可以选择 flash、ftp、tftp 等位置保存。例如下面的命令选择将绑定表保存在 flash 中，注意这是在特权模式下操作的：

```
Switch(config)#ip dhcp snooping database flash:/dhcp.db
```

配置完后，在特权模式下使用 show ip dhcp snooping binding 命令查看绑定表，可看到绑定结果，如图 6-26 所示。

```
Switch#show ip dhcp snooping binding
MacAddress          IpAddress        Lease(sec)  Type           VLAN  Interface
------------------  ---------------  ----------  -------------  ----  --------------------
00:50:79:66:68:00   192.168.0.2      infinite    dhcp-snooping   10    GigabitEthernet0/1
Total number of bindings: 1
```

图 6-26　查看 DHCP 绑定表

以上是关于 DHCP Snooping 的基础配置。出于安全考虑，还可以在指定的端口上开启限速保护，限制端口的 DHCP 请求速率，防止 DHCP 地址资源快速耗尽，命令如下：

```
Switch(config-if)#ip dhcp snooping limit rate 10
```

（2）配置 DHCP option 82 选项。DHCP option 82 是为了增强 DHCP 服务器的安全性，改善 IP 地址配置策略而提出的一种 DHCP 中继代理信息选项（DHCP relay agent information option），选项号是 82。如果 DHCP 服务器和终端不在一个广播域中，通过在网络接入设备上配置 DHCP 中继代理功能，中继代理把从客户端接收到的 DHCP 请求报文添加进 option 82 选项（其中包含了客户端的接入交换机的物理端口和 VLAN 以及中继设备本身的 MAC 地址），然后再把该报文转发给 DHCP 服务器，这样 DHCP 服务器可以更加精确的获取得到客户端的相关信息，从而就可以更加灵活的按照相对应的策略分配 IP 地址以及其他一些参数，例如把某些接入点设置为访客网络，这些接入点的终端设置一个专门的 IP 地址段，只能访问 Internet，不能访问内部业务系统。

下面介绍几个关于 option 82 选项的配置说明。

1）关闭 option 82 选项。交换机开启了 DHCP Snooping 功能后就默认启用了 option 82 选项的支持，会将终端发来的 DHCP 请求报文中插入 option 82 选项的信息内容，DHCP 服务器如果不能识别这些信息，就无法提供正确的 DHCP 服务，此时可以手动取消 option 82 选项的支持，在交换机中运行如下命令：

```
Switch(config)#no ip dhcp snooping information option
```

这样 DHCP 服务就能正常工作，一些版本较老的 DHCP 服务器不支持 option 82 选项，例如 Windows 2003 server 和 Cisco IOS 12.2。

2）DHCP 服务端启用 option 82 选项支持。但有时候我们希望启用 option 82 选项，不愿意在交换机上关闭 DHCP 中继代理功能，如果 DHCP 服务器（以 Cisco 路由器为例）支持，则可以在 DHCP 服务器上运行下面的命令以开启 DHCP Relay 支持：

```
Router(config)#ip dhcp relay information trust-all
```

上面这条命令是全局命令，如果只想对某个接口单独开启 option 82 选项支持，则需要在接口配置模式下运行下面的命令：

```
Router(config-if)#ip dhcp relay information trusted
```

3）交换机启用 DHCP 中继代理。交换机开启了 DHCP Snooping 功能后，当 Untrust 端口上收到来自下级交换机发送的且带有 option 82 选项的 DHCP 报文，则默认的动作是丢弃这些报文。如果想从 Untrust 端口转发这些报文，则需要在全局配置模式下配置如下命令：

```
Switch(config)#ip dhcp snooping information option allow-untrusted
```

2. 防御 ARP 欺骗攻击

防御 ARP 欺骗攻击有两种思路，一种思路是终端防御，就是每台终端主机均设置静态的 ARP 表，这样实现起来较麻烦，比较简便的方式是在主机上安装抗 ARP 攻击的安全软件，软件防护的思路是：如果没有发出 ARP Request 而不停地收到 ARP Reply 信息，则认为发送者在发动 ARP 欺骗攻击，则丢弃掉这些报文。终端防御思路在少数几台主机上实施还行，在大型的网络中就显得烦琐了，对网络管理员而言，另一种网络防御的思路就好得多了。网络防御的方法也有多种，比如通过在交换机的 DHCP Snooping 基础上启用动态 ARP 检测（Dynamic ARP Inspection，DAI），可以快速地加固整个网络，免终端维护。

DAI 的原理是在非信任（Untrust）端口上检测终端的 ARP 信息，将不在绑定表中的 ARP 报文过滤掉，信任（Trust）端口则不做检查，通常将上联网络接口设置为 Trust 端口。当交换机启用 DAI 后，所有接口默认都为 Untrust 端口，可根据需要手动设置 Trust 端口，注意 DAI 的 Trust 端口与 Untrust 端口与 DHCP Snooping 的不相同。

在 Untrust 端口上的所有 ARP 流量均会被检查，检查依据可以是 DHCP 绑定表或是 ARP ACL 绑定表。DHCP Snooping 建立和维护 DHCP 绑定表，表内容是通过 DHCP Request 或 DHCP ACK 包中的内容自动生成和更新，没有从合法 DHCP 服务器获取 IP 地址的主机就不能对外通信。如果不结合 DHCP 绑定表单独使用 DAI，就需要通过手动指定 IP 和 MAC 地址的绑定信息，ARP ACL 是静态表。

下面来说明一下 DAI 功能是如何实施的，假设交换机上的所有端口都加入到 VLAN10，上联接口（连接 DHCP 服务器）为 gigabitEthernet 0/0，由于涉及三层（网络层）地址，某些二层交换机可能不支持，配置命令如下：

```
Switch(config)#ip arp inspection vlan 10              // 启用 DAI 并应用到 VLAN 10
Switch(config)#interface gigabitEthernet 0/0          // 配置上联网络接口配置
Switch(config-if)#ip arp inspection trust             // 设置为 Trust 接口不做检查
```

如果某服务器设置了静态 IP 地址，则不会发送 DHCP 请求，其 IP 和 MAC 地址也就不会添加到 DHCP 绑定表中，该服务器在和其他网络节点通信前先要发出 ARP 请求以获取下一站的 MAC 地址，当它发出 ARP 报文的时候，就会被交换机的 DAI 功能阻断，所以需要手动添加静态的 DHCP 绑定记录，这在前面已做过叙述。

DAI 在工作时需要参照 DHCP 绑定表，如果 DHCP 绑定表为空，例如没有配置 DHCP Snooping，就需要手动配置 ARP ACL 来实现此功能，也就是不结合 DHCP Snooping 单独使用，不过手动配置就失去了自动化的优势，下面是配置命令示例：

```
Switch(config)#arp access-list arp-acl
// 创建 ARP ACL 表
Switch(config-arp-nacl)#permit ip host 192.168.0.2 mac host 00:50:79:66:68:00
// 添加指定主机的 IP 地址和 MAC 地址对
Switch(config)#ip arp inspection filter arp-acl vlan 10
// 启用 DAI 并使用 ARP ACL 表做控制
```

另外，还可以限制端口的每秒发起 ARP 包的数量，防止 ARP 泛洪攻击，命令如下：

```
Switch(config)#interface gigabitEthernet 0/1
Switch(config-if)#ip arp inspection limit rate 5          // 限制每秒发起 5 个 ARP 报文
```

除了 DAI 功能外，还有一个比较好的方法防御 ARP 欺骗攻击，就是做端口保护（或称端口隔离），端口保护可以使得在一个交换机上指定的端口之间不能二层通信，如果要通信只能通过三层路由，而非保护端口则不受影响，这个操作起来比设置 VLAN 隔离要简便得多。例如，某计算机机房需要阻止各个学生机相互访问和干扰网络，可以在交换机上设置连接各个学生机的网络接口做端口保护，这样每个学生机都能访问教师机，但学生机之间二层隔离（相当于物理隔离），也无法实施 ARP 欺骗攻击了，配置命令如下：

```
Switch(config)#interface range fastEthernet 0/1-22
Switch(config-if-range)#switchport protected                // 将 1-22 号端口做端口保护
```

与其他的防护方式不同的是，端口保护会阻隔所有二层通信内容，而 DAI 只阻隔 ARP 报文，DAI 使用的 VLAN 可实现跨交换机管理，至于具体采用哪种方式，网络管理员可根据实际情况选择。

3. 防御地址欺骗攻击

（1）交换机端口安全。交换机的端口安全功能可用于抵抗地址欺骗攻击以及其他违反网络接入安全策略的行为。例如某个终端用户想挪动位置，接到了其他网络接口上，或是某办公室在末端节点处私接交换机扩充接入设备，亦或者有不怀好意的用户修改 MAC 地址上网等等。

单个端口能够允许若干个 MAC 地址流量通过。根据交换机型号的不同，允许的最大 MAC 地址数也不相同，表 6-2 是 Cisco 2960 交换机端口安全默认配置。

表 6-2　Cisco 2960 交换机端口安全默认配置

内容	默认配置
端口安全开关	关闭
最大安全地址过滤项个数（MAC）	128
安全地址过滤项	无
违例处理方式	保护（protect）

配置交换机端口安全先要在端口上启用端口安全功能（默认是关闭的），命令如下所示：

```
Switch(config)#interface fastethernet 0/1          // 进入要设置的端口
Switch(config-if)#switchport mode access           // 设置端口模式
Switch(config-if)#switchport port-security         // 启用端口安全
```

交换机端口安全包括两部分功能，一类是 MAC 地址绑定，防止地址欺骗；另一类是限制连接数，防止非法扩充接入终端。

1）MAC 地址绑定。MAC 地址与交换机端口绑定是交换机端口安全功能的核心，可以配置一个端口只允许一台或者几台确定的设备连接交换机，可以根据 MAC 地址确定哪些设备可以连接交换机。允许连接交换机的设备的 MAC 地址可以手动配置，也可以从交换机自动学习到。当一个未批准的 MAC 地址试图连接安全端口时，交换机采取措施禁止访问。具体绑定 MAC 地址时可以采用以下三种模式。

①静态 MAC 地址绑定。这种模式是在交换机模式下手动配置，这个配置会被保存在交换机 MAC 地址表和运行配置文件中，如果保存配置到启动配置文件，则交换机重启后会自动加载配置，配置命令如下：

```
Switch(config-if)#switchport port-security mac-address mac 地址
```

②动态 MAC 地址绑定。这种模式是交换机默认的方式。交换机动态学习 MAC 地址，但是这个配置只会保存在 MAC 地址表中，不会保存在运行配置文件中，交换机重新启动后，这些 MAC 地址表中的 MAC 地址会自动被清除。

③粘性可靠的 MAC 地址。这种模式是让交换机自动学习来绑定。这个配置会被保存在 MAC 地址表和运行的配置文件中。如果保存配置到启动配置文件，交换机重启动后不用再重新自动学习 MAC 地址，配置命令如下：

```
Switch(config-if)#switchport port-security mac-address sticky
```

注意：在上面这条命令配置完成并且该端口学习到 MAC 地址后，会自动生成一条新命令：

```
Switch(config-if)#switchport port-security mac-address mac 地址
```

2）限制连接数。此配置允许控制一个交换机端口最多通过 MAC 地址的流量，超过限定的数值时，来自新的主机的数据帧将丢失。此配置可以起到保证合法 MAC 地址流量，以及防止出现私搭乱接网络设备的情况。

根据交换机型号的不同，允许的最大 MAC 地址数也不相同。

如果将某个安全端口的最大端口连接数设为 1，并且为该端口配置一个安全地址，则连接到这个端口的合法设备将独享该端口的全部带宽。设置了安全端口上安全地址的最大连接数以后，可以用以下方式加满端口上的安全地址：

①手动配置安全端口的所有安全地址。

②端口自动学习地址，这些自动学习到的地址将变成该端口上的安全地址，直到达到最大值。

例如，给接入交换机的端口指定最多可有 2 个设备连接，命令如下：

```
Switch(config-if)#switchport port-security maximum 2
```

当超过设定 MAC 地址数量的最大值，或访问该端口的设备 MAC 地址不是这个端口绑定的 MAC 地址，或同一个 VLAN 中的一个 MAC 地址被配置在几个端口上时，就会触发端口违禁策略，这个时候采取的措施有以下三种：

① Protect。当安全 MAC 地址数量达到了端口所允许的最大 MAC 地址数时，交换机会继续工作，但将把来自新主机的数据帧丢弃，直到删除足够数量的 MAC 地址使其低于最大值。

② Restrict。交换机继续工作，向网络管理站（SNMP）发出一个 Trap 陷阱通告。

③ Shutdown。交换机将永久性或在特定的时间周期内关闭端口，端口进入 err-disable 状态，并发送 SNMP 的 Trap 陷阱通告。

可以通过下面的命令配置端口违禁策略：

```
Switch(config-if)#switchport port-security violation protect|restrict|shutdown
```

注意：端口进入 err-disable 状态后，要恢复正常必须在全局模式下输入命令 errdisable recovery cause psecure-violation，或者可以手动输入 shutdown 命令关闭端口，再输入 no shutdown 命令开启。

显示端口的安全配置信息，命令如下：

```
Switch#show port-security interface 接口类型 接口号
```

检查 MAC 地址表，命令如下：

```
Switch#show mac address-table
```

（2）IP 源防护。IP 源防护（IP Source Guard，IPSG）是一种基于 IP/MAC 的端口流量过滤技术，它可以防止局域网内的 IP 欺骗攻击，还能防止非授权设备通过自己指定 IP 地址的方式接入网络。IPSG 根据 IP 源绑定表来做流量过滤，IP 源绑定表可以从 DHCP 绑定表动态习得，也可以手动添加静态 IP 源绑定表条目。

一旦在交换机的某个端口启用了 IP 源保护，就会根据 IP 源绑定表来过滤所有流量，IOS 根据 IP 源绑定表里面的内容自动在端口加载 Port ACL，除了 DHCP 报文外，仅在 IP 源绑定表中匹配的条目才予以放行。在与 DHCP Snooping 配合的情况下，IPSG 需要在 Untrust 端口上启用，因为 Untrust 端口才会存在 DHCP 绑定表信息。例如一台设备接入到开启了 DHCP Snooping 的交换机上，所接的端口是 Untrust 端口，当该端口启用 IPSG 后，除非这个设备通过 DHCP 服务器获取到 IP 地址，否则不能访问网络，而且在获取到 IP 地址后，该设备的 IP 地址、MAC 地址和端口号形成绑定关系，修改其中任何一项都会被阻止通行。

IPSG 工作在二层端口，如果在三层交换机上把一个启用了 IPSG 的端口设置为路由口，则该端口的 IPSG 会失效。

IPSG 有两种过滤方式：

1）源 IP 地址过滤。只有当源 IP 地址与 IP 源绑定表条目匹配时，IP 流量才允许通过。

2）源 IP 和源 MAC 地址过滤。只有当源 IP 地址和 MAC 地址都与 IP 源绑定表条目匹配时，IP 流量才允许通过。在这种方式下，为了确保 DHCP 协议能够正常工作，还必须启用 DHCP 的 option 82 选项，保证客户端能从 DHCP 服务器获取到 IP 地址。

源 MAC 地址过滤可使用交换机的端口安全（Port Security）功能实现。

当交换机只使用源 IP 地址过滤时，IP 源防护功能与端口安全功能是相互独立的关系。端口安全是否开启对于 IP 源防护功能来说不是必须的。如果同时开启，两者也只是一种宽松的合作关系，IP 源防护防止 IP 地址欺骗，交换机端口安全防止 MAC 地址欺骗。而当交换机使用源 IP 和源 MAC 地址过滤时，IP 源防护功能与端口安全功能就变成了集成关系，更确切地说是端口安全功能被集成到 IP 源防护功能里。

在源 IP 和源 MAC 地址过滤方式下，端口安全的违规处理（violation）功能将被关闭。对于非法的二层报文，都将只是被丢弃，而不会再执行端口安全的违规处理了。同样，IP 源防护功能涉及三层地址，所以某些二层交换机不支持此功能。另外，IP 源防护功能不能防止客户端 PC 的 ARP 攻击。ARP 攻击问题必须由 DAI 功能来解决。

下面说明一下 IPSG 的运用，假设接入层交换机的快速以太网接口 1-22 为 DHCP Snooping 的 Untrust 端口，使用源 IP 地址过滤工作方式配置方法如下：

```
Switch(config)#interface range fastEthernet 0/1-22
Switch(config-if-range)#ip verify source
```

使用源 IP 和源 MAC 地址过滤方式的配置方法如下，注意这种方式需要先启用 switchport port-security 功能，命令如下：

```
Switch(config)#interface range fastEthernet 0/1-22
Switch(config-if-range)#switchport port-security
Switch(config-if-range)#ip verify source port-security
```

IP 源绑定表的内容是从 DHCP 绑定表动态学习的，网络管理员还可以手动添加 IP 源绑定条目，下面是添加静态表项的示例：

```
Switch(config)#ip source binding 00:50:79:66:68:00 vlan 10 192.168.0.2 interface gigabitEthernet 0/1
```

最后，查看 IP 源绑定表内容的命令如下所示：

```
Switch#show ip source binding
```

4. 加固路由协议功能

为了让路由器正常工作，除了保证设备管理安全外，还需要加固路由协议，保证路由器的信息交互不受干扰，保障网络系统的安全运行。

（1）IP 协议安全。IP 安全配置主要是为网络通信配置安全策略，它适用于任何启用 TCP/IP 的连接。

1）禁用 IP 源路由。在 IP 包结构中包含了目的 IP 地址和源 IP 地址，用来标识收发双方的位置，接收方会认为该数据包是由源地址发出的。在 IP 包中“IP source routing”（IP 源路由）选项可以用来记录数据包经过的路径，并希望数据包从该路径返回。这个选项是为了测试而存在的，它可以被用来欺骗路由器选择非正常的路径，所以存在较高的安全风险。

除非在特别要求的情况下，应禁用 IP 源路由，防止路由欺骗，配置命令如下：

```
Router(Config)#no ip source-route
```

2）禁止 IP 直接广播。广播是一种在网络上一次性给其他主机发送消息的形式，广播分为本地广播和直接广播两种。

在本地网络内的广播叫本地广播。例如网络地址为 192.168.0.0/24 的情况下，广播地址是 192.168.0.255。网络中的主机在发送本地广播时，网关路由器不会把广播包转发到其他网络上。

在不同网络之间的广播叫做直接广播。例如网络地址为 192.168.0.X/24 的主机向 192.168.1.255/24 的目标地址发送 IP 广播包。收到这个包的路由器会将数据转发给 192.168.1.0/24 网络，从而使得所有 192.168.1.0/24 内的主机都能收到这个包，存在安全隐患，应当关闭掉该功能，命令如下：

```
Router(config-if)#no ip directed-broadcast
```

3）禁止超网路由。超网路由（Classless routing）默认是打开的。应该禁止超网路由，而使用默认路由，采用如下命令禁止超网路由：

```
Router(Config)#no ip classless
```

（2）RIPv2 协议认证安全配置。RIP 协议只有 2.x 版本支持协议认证，建议使用 RIPv2。RIPv2 支持明文认证和 MD5 认证两种方式。默认方式为明文认证，在传输过程中使用明文，建议使用 MD5 认证。在 RIPv2 中，MD5 是单向认证，由被认证方发送最低 ID 值的密钥，携带密钥的 ID 值；认证方收到密钥后，在密钥链中查找是否具有相同密钥 ID 值的密钥，如果有且密钥相同就通过认证，否则拒绝通过认证。可以在密钥链上定义多个密钥，路由器在不同时间内使用不同密钥（可选）。RIPv2 协议认证配置步骤如下：

1）启用设置密钥链。在全局配置模式下，定义一个密钥链，一个密钥链可以包含多个密钥，命令如下：

```
Router(Config)#key chain 密钥链名称
```

2）配置密钥编号。配置密钥编号的目的是通过密钥编号找到真正的密钥，命令如下：

```
Router(Config-keychain)#key 密钥编号
```

3）设置密钥字串。定义密钥字串如下：

```
Router(Config-keychain-key)#key-string 密钥字串
```

可以设置多个密钥编号 - 密钥字串，但要保持一致性。

4）声明验证模式。在接口配置模式下，声明协议认证的类型为 text 或 MD5，命令如下：

```
Router(Config-if)#ip rip authentication mode text|md5
```

5）在接口上应用已配置的密钥链。在需要执行路由信息协议验证更新的接口上应用密钥链，命令如下：

```
Router(Config-if)#ip rip authentication key-chain 密钥链名称
```

注意：在配置 RIPv2 协议认证时，首先要确保互联路由器的接口 IP 地址和协议正常工作；两边的 key id 和密钥必须匹配，密钥链名字可以不一样；若在配置明文后，要配置 MD5 验证，必须先删除明文认证配置（使用 no ip rip authentication 命令）。

（3）OSPF 协议认证安全配置。OSPF 定义了三种认证类型：0 表示不进行认证，是默认的类型；1 表示采用简单的口令认证；2 表示采用 MD5 认证。OSPF 协议认证按作用范围分为区域认证和接口认证，如图 6-27 所示。区域认证相当于开启了运行 OSPF 协议的所有接口都要认证，接口认证只是针对某个链路开启认证，OSPF 接口认证要优于区域认证。

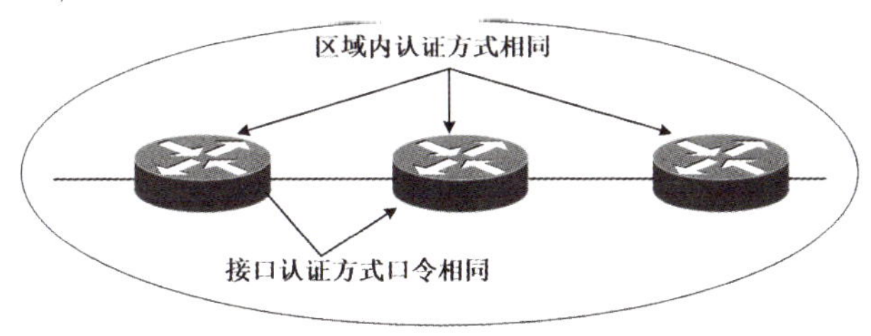

图 6-27　OSPF 协议认证类型

OSPF 协议认证配置步骤如下：

1）区域范围认证配置步骤。

①启用认证方式。在路由模式下，启用区域认证方式：简单口令或 MD5，命令如下：

```
Router(config)#router ospf 进程 ID
Router(config-router)#area 区域号 authentication [message-digest]
    // 带 message-digest 参数表示采用 MD5 认证
```

②设置认证口令。在接口配置模式下配置认证密钥，有两种方式，命令如下：

```
Router(config-if)#ip ospf authentication-key 密钥字串          // 配置简单口令认证密码
Router(config-if)#ip ospf message-digest-key key-id md5 密钥字串
// 配置 MD5 认证密钥，以上两条语句根据情况选择
```

2）接口范围认证配置步骤。

①启用认证方式。在接口配置模式下，启用接口认证方式：简单口令或 MD5，命令如下：

```
Router(config-if)i#ip ospf authentication [message-digest]
```

②设置认证口令。在接口配置模式下配置认证密钥，同前面一样有两种方式，命令如下：

```
Router(config-if)#ip ospf authentication-key 密钥字串          // 配置简单口令认证密码
Router(config-if)#ip ospf message-digest-key key-id md5 密钥字串
// 配置 MD5 认证密钥，以上两条语句根据情况选择
```

（4）协议消声方案。可以禁用一些不需要接收和转发路由信息的端口。建议对于不需要路由的端口，启用 passive-interface 命令。但是，在 RIP 协议中只是禁止转发路由信息，并没有禁止接收。在 OSPF 协议中则禁止转发和接收路由信息。

五、任务实战

1. 任务情境一

某港口为了加强内部终端网络的安全管理，需要对内网交换机 S0 配置安全策略，防止非法网络接入和私自篡改网络地址，拓扑图如图 6-28 所示。

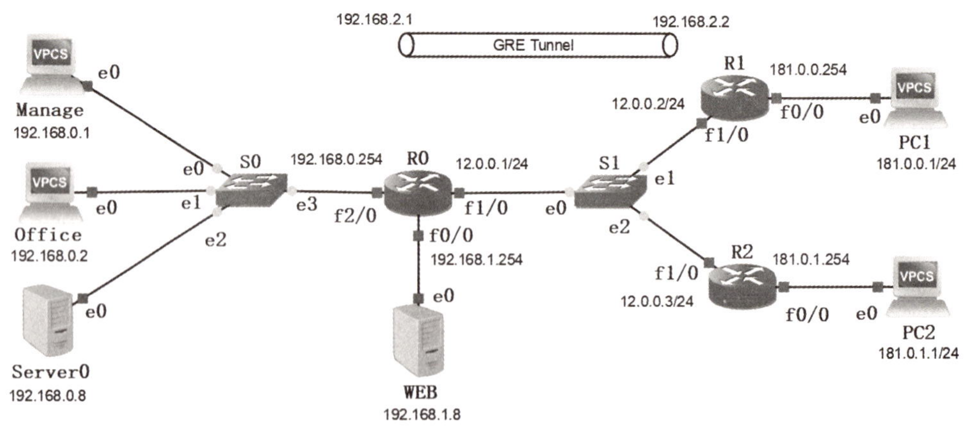

图 6-28　港口配置交换机安全策略拓扑图

2. 任务要求

根据问题情境，需要完成以下任务：

任务 1：在路由器 R0 的内网端口上开启 DHCP 服务，地址段为 192.168.0.100～200，Office 和 Manage 作为 DHCP 客户端使用动态地址，Server0 不变，仍使用静态地址。

任务 2：在交换机 S0 上按拓扑图对各接口配置 DHCP Snooping、DAI、IPSG 等端

口安全策略。然后在 DAI 下将 Office 改为静态 IP 地址，验证安全策略的效果。其他接口配置端口安全策略。

3. 任务实施步骤

任务 1：在路由器 R0 的内网端口上开启 DHCP 服务，修改内网终端地址。

（1）配置路由器 R0 的 DHCP 服务。设置分配地址段为 192.168.0.0 网段，排除掉 1 ～ 99、201 ～ 254 主机地址，命令如下：

```
R0(config)#service dhcp
R0(config)#ip dhcp excluded-address 192.168.0.1 192.168.0.99
R0(config)#ip dhcp excluded-address 192.168.0.201 192.168.0.254
R0(config)#ip dhcp pool DZC
R0(dhcp-config)#network 192.168.0.0 /24
R0(dhcp-config)#default-router 192.168.0.254
R0(dhcp-config)#dns-server 8.8.8.8
R0(dhcp-config)#end
```

（2）修改终端地址。修改 Office 和 Manage 作为 DHCP 客户端使用动态地址，如图 6-29 所示。

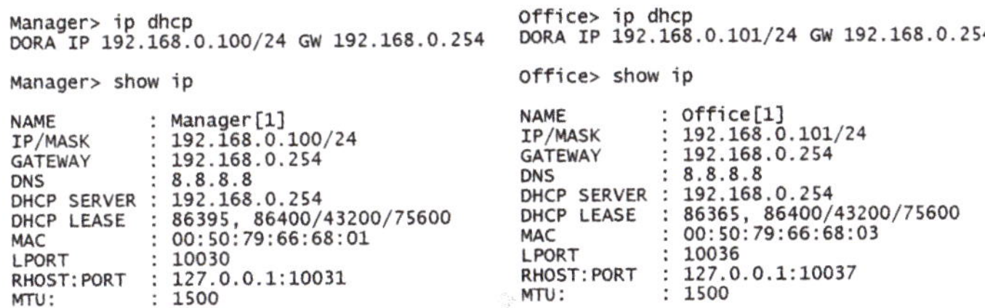
Manager> ip dhcp
DORA IP 192.168.0.100/24 GW 192.168.0.254

Manager> show ip

NAME : Manager[1]
IP/MASK : 192.168.0.100/24
GATEWAY : 192.168.0.254
DNS : 8.8.8.8
DHCP SERVER : 192.168.0.254
DHCP LEASE : 86395, 86400/43200/75600
MAC : 00:50:79:66:68:01
LPORT : 10030
RHOST:PORT : 127.0.0.1:10031
MTU: : 1500

Office> ip dhcp
DORA IP 192.168.0.101/24 GW 192.168.0.254

Office> show ip

NAME : Office[1]
IP/MASK : 192.168.0.101/24
GATEWAY : 192.168.0.254
DNS : 8.8.8.8
DHCP SERVER : 192.168.0.254
DHCP LEASE : 86365, 86400/43200/75600
MAC : 00:50:79:66:68:03
LPORT : 10036
RHOST:PORT : 127.0.0.1:10037
MTU: : 1500

图 6-29 修改终端为自动获取 IP 地址

任务 2：配置交换机 S0 的端口安全策略。

注意：为了完成本实验的交换机安全配置，交换机 S0 需要使用 IOU 交换机，不能使用自带的虚拟交换机。

（1）配置 DHCP Snooping。将交换机 S0 的一组网络接口（如 0 ～ 3）划到 VLAN10 中并开启 DHCP Snooping，其中 3 号接口为上联接口连接路由器，需设置为信任接口。服务器使用静态 IP 地址，所以需要手动添加绑定表记录，命令如下：

```
S0(config)#vlan 10
S0(config-vlan)#exit
S0(config)#interface range gigabitEthernet 0/0-3
S0(config-if-range)#switchport access vlan 10
S0(config-if-range)#exit
S0(config)#ip dhcp snooping
S0(config)#ip dhcp snooping vlan 10
S0(config)#interface gigabitEthernet 0/3
S0(config-if)#ip dhcp snooping trust
S0(config-if)#exit
S0(config)#no ip dhcp snooping information option          // 禁用 option 82 选项
S0(config)#exit
S0#ip dhcp snooping binding 00:50:79:66:68:02 vlan 10 192.168.0.8 interface gigabitEthernet 0/2
```

```
    expiry 4294967295
// 手动添加服务器 Server0 的绑定表记录
```

配置完成后，查看 DHCP 绑定表记录，可以看到有两条客户端获取动态 IP 地址的记录，有一条静态绑定记录，如图 6-30 所示。

```
Switch#show ip dhcp snooping binding
MacAddress          IpAddress         Lease(sec)  Type           VLAN  Interface
------------------  ---------------   ----------  -------------  ----  --------------------
00:50:79:66:68:04   192.168.0.100     86391       dhcp-snooping   10    GigabitEthernet0/0
00:50:79:66:68:02   192.168.0.8       infinite    dhcp-snooping   10    GigabitEthernet0/2
00:50:79:66:68:05   192.168.0.101     86356       dhcp-snooping   10    GigabitEthernet0/1
Total number of bindings: 3
```

图 6-30　查看 DHCP 绑定表记录

（2）配置 DAI。首先在 VLAN10 上配置 DAI，并将连接路由器的接口设置为信任口，命令如下：

```
S0(config)#ip arp inspection vlan 10
S0(config)#interface gigabitEthernet 0/3
S0(config-if-range)#ip arp inspection trust
S0(config-if-range)#exit
S0(config)#end
```

测试网络内几台设备互相访问均可连通。然后做个测试，修改 Office 为静态 IP 地址，模拟违规情况，再进行测试，发现 Office 的网络连接已被阻止，如图 6-31 所示。

```
Office> show ip

NAME        : Office[1]
IP/MASK     : 192.168.0.110/24
GATEWAY     : 192.168.0.254
DNS         :
MAC         : 00:50:79:66:68:05
LPORT       : 10039
RHOST:PORT  : 127.0.0.1:10040
MTU:        : 1500
```

```
Office> ping 192.168.0.254
192.168.0.254 icmp_seq=1 timeout
192.168.0.254 icmp_seq=2 timeout
192.168.0.254 icmp_seq=3 timeout
192.168.0.254 icmp_seq=4 timeout
192.168.0.254 icmp_seq=5 timeout
```

图 6-31　测试修改 IP 地址的结果

在 Office 和交换机 S0 的连线上设置流量监听，在执行 ping 命令时截获数据包，在 Wireshark 中查看抓包信息，如图 7-32 所示。仔细观察可发现如下信息：

1）Office（地址已改为 192.168.0.110）向网关（192.168.0.254）发送了多条 ICMP 请求，从序号可以看出是依次发送，但没有收到回应。

2）每次 ICMP 请求后有两个 ARP 数据包，按道理说在发起 ICMP 请求之前应该先发送 ARP 请求的，然而此处没有发，说明 Office 的缓存表里面还有网关的 ARP 信息。

3）每次 ICMP 请求后的第一个数据包（如 No.5）是 ARP 请求，从信息内容分析，是从网关发出的广播，询问 192.168.0.110 的 MAC 地址。说明从网关发起的 ARP 请求没有被拦截（接口设置为 Trust），而交换机也将该 ARP 请求发给了 Office。

4）每次 ICMP 请求后的第二个数据包（如 No.6）是 ARP 回应，从信息内容分析，是 Office 告诉网关自己的 MAC 地址，然而后面没有响应了，说明交换机拦截了此 ARP 回应，网关也就无法响应 ping 回应了。

```
No. Time       Source             Destination        Protocol Length Info
  4 4.220136   192.168.0.110      192.168.0.254      ICMP     98 Echo (ping) request  id=0xb6b0, seq=1/256, ttl=64 (no response found!)
  5 4.240662   ca:01:56:9c:00:38  Broadcast          ARP      60 Who has 192.168.0.110? Tell 192.168.0.254
  6 4.240921   Private_66:68:05   ca:01:56:9c:00…    ARP      60 192.168.0.110 is at 00:50:79:66:68:05
  7 4.807061   0c:17:43:eb:00:01  Spanning-tree-…    STP      60 Conf. Root = 32768/10/0c:17:43:eb:00:00  Cost = 0  Port = 0x8002
  8 6.224878   192.168.0.110      192.168.0.254      ICMP     98 Echo (ping) request  id=0xb8b0, seq=2/512, ttl=64 (no response found!)
  9 6.257572   ca:01:56:9c:00:38  Broadcast          ARP      60 Who has 192.168.0.110? Tell 192.168.0.254
    6.257668   Private_66:68:05   ca:01:56:9c:00…    ARP      60 192.168.0.110 is at 00:50:79:66:68:05
    7.290080   0c:17:43:eb:00:01  Spanning-tree-…    STP      60 Conf. Root = 32768/10/0c:17:43:eb:00:00  Cost = 0  Port = 0x8002
    8.231226   192.168.0.110      192.168.0.254      ICMP     98 Echo (ping) request  id=0xbab0, seq=3/768, ttl=64 (no response found!)
    8.255546   ca:01:56:9c:00:38  Broadcast          ARP      60 Who has 192.168.0.110? Tell 192.168.0.254
    8.255633   Private_66:68:05   ca:01:56:9c:00…    ARP      60 192.168.0.110 is at 00:50:79:66:68:05
    9.761826   0c:17:43:eb:00:01  Spanning-tree-…    STP      60 Conf. Root = 32768/10/0c:17:43:eb:00:00  Cost = 0  Port = 0x8002
    10.236263  192.168.0.110      192.168.0.254      ICMP     98 Echo (ping) request  id=0xbcb0, seq=4/1024, ttl=64 (no response found!)
    10.267381  ca:01:56:9c:00:38  Broadcast          ARP      60 Who has 192.168.0.110? Tell 192.168.0.254
    10.267598  Private_66:68:05   ca:01:56:9c:00…    ARP      60 192.168.0.110 is at 00:50:79:66:68:05
    12.147841  0c:17:43:eb:00:01  Spanning-tree-…    STP      60 Conf. Root = 32768/10/0c:17:43:eb:00:00  Cost = 0  Port = 0x8002
    12.244868  192.168.0.110      192.168.0.254      ICMP     98 Echo (ping) request  id=0xbeb0, seq=5/1280, ttl=64 (no response found!)
    12.284871  ca:01:56:9c:00:38  Broadcast          ARP      60 Who has 192.168.0.110? Tell 192.168.0.254
    12.285076  Private 66:68:05   ca:01:56:9c:00…    ARP      60 192.168.0.110 is at 00:50:79:66:68:05
```

图 6-32　修改 IP 地址后查看抓包信息

假如 Office 主机清除 ARP 表，或是等待一段时间让 ARP 记录过期，再 ping 网关，就会发现 ping 命令执行后显示“host（192.168.0.254）not reachable”，也就是目标主机不可达。在交换机 S0 上可看到“SW_DAI-4-DHCP_SNOOPING_DENY”类型的警告日志信息。再抓包分析，可看到只有 ARP 请求，收不到 ARP 回应了，如图 6-33 所示。

```
正在捕获 - [Office Ethernet0 to S0 Gi0/1]
文件(F) 编辑(E) 视图(V) 跳转(G) 捕获(C) 分析(A) 统计(S) 电话(Y) 无线(W) 工具(T) 帮助(H)
应用显示过滤器 … <Ctrl-/>
No. Time           Source             Destination        Protocol  Info
 74 158.313272     0c:f1:6b:0a:0…     Spanning-tre…      STP       Conf. Root = 32768/10/0c:f1:6b:0a:00:00  Cost =
 75 160.586033     0c:f1:6b:0a:0…     Spanning-tre…      STP       Conf. Root = 32768/10/0c:f1:6b:0a:00:00  Cost =
 76 161.096445     Private_66:68…     Broadcast          ARP       Who has 192.168.0.254? Tell 192.168.0.110
 77 162.097580     Private_66:68…     Broadcast          ARP       Who has 192.168.0.254? Tell 192.168.0.110
 78 163.102081     Private_66:68…     Broadcast          ARP       Who has 192.168.0.254? Tell 192.168.0.110
```

图 6-33　清除 ARP 表缓存后查看抓包信息

测试完成后，将 Office 改回动态获取地址，又可以正常通信了。

（3）配置 IPSG。有两种方式实现地址绑定，此处以源 IP 和源 MAC 地址过滤方式配置 IPSG，判断依据来源于 DHCP 绑定表，命令如下：

```
S0(config)#interface range gigabitEthernet 0/0-2
S0(config-if-range)#switchport mode access
S0(config-if-range)#switchport port-security
S0(config-if-range)#ip verify source port-security
```

注意上面的 switchport mode access 语句，有的交换机端口默认是动态识别（Dynamic）模式，既可以为 Access，也可以为 Trunk，所以要手动设置为 Access 模式，才可以使用端口安全命令。

配置完后观察 IPSG 绑定表，可发现网内 3 台终端的地址绑定信息，如图 6-34 所示。注意，此处没有将路由器接口纳入检查范围，如果要做路由器接口的地址防护，需要手动添加路由器接口地址的信息。

```
S0#show ip source binding
MacAddress          IpAddress        Lease(sec)  Type           VLAN  Interface
------------------  ---------------  ----------  -------------  ----  --------------------
00:50:79:66:68:04   192.168.0.100    78588       dhcp-snooping  10    GigabitEthernet0/0
00:50:79:66:68:02   192.168.0.8      infinite    dhcp-snooping  10    GigabitEthernet0/2
00:50:79:66:68:05   192.168.0.101    79640       dhcp-snooping  10    GigabitEthernet0/1
Total number of bindings: 3
```

图 6-34　查看 IPSG 绑定表

（4）在其他接口上配置端口安全策略，限制 1 个 MAC 地址，设置违禁处理方式为 Protect，命令如下：

```
S0(config)#interface range gigabitEthernet 0/4-15
S0(config-if-range)#switchport port-security maximum 1
S0(config-if-range)#switchport port-security violation protect
```

4. 任务情境二

某港口为了加强网络传输路径的安全性，防止路由劫持，需要对路由器进行安全加固，采用安全的路由协议，拓扑图如图 6-35 所示。

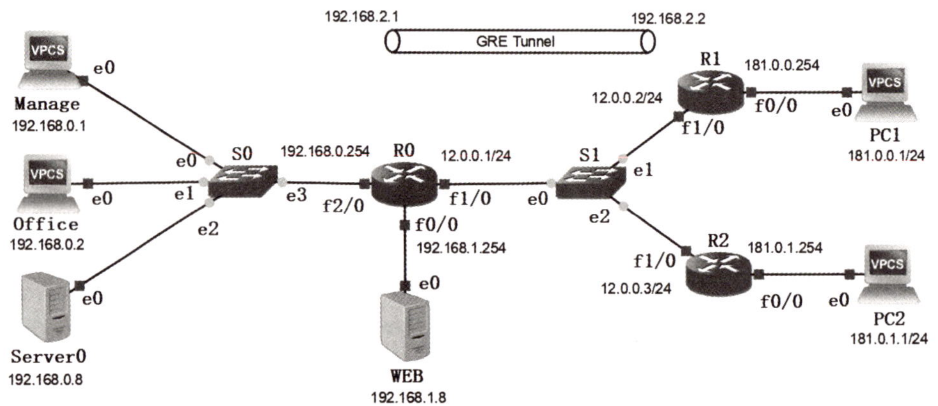

图 6-35　港口配置路由器安全策略拓扑图

5. 任务要求

根据问题情境，需要完成以下任务：在路由器 R0、R1、R2 上做路由协议的加固。

6. 任务实施步骤

任务：在路由器 R0、R1、R2 上做路由协议的加固。

（1）配置路由器的协议认证安全配置。

1）R0 路由器的配置（其他路由器请自行参照配置）。由于本拓扑之前配置了 RIP 路由协议，所以此处使用 RIP 路由协议认证。当然，读者也可以配置 OSPF 路由协议，使用 OSPF 路由协议认证，命令如下：

```
R0(config)#key chain KC                          // 配置一个 key chain
R0(config-keychain)#key 1                        // 设定第 1 个 key
R0(config-keychain-key)#key-string MYKC          // 设定第 1 个 key 的值
R0(config-keychain-key)#exit
R0(config-keychain)#exit
R0(config)#interface fastEthernet 1/0
R0(config-if)#ip rip authentication mode md5     // 使用 MD5 密文认证
R0(config-if)#ip rip authentication key-chain KC // 在指定接口上应用 key chain
```

2）查看配置结果。在路由器 R0 配置好路由协议认证后，等待 3 分钟查看路由表，会发现到达其他网络的路由信息没有了（RIP 协议的超时无效时间为 180 秒）。

等路由器 R1 和 R2 配置好路由协议认证后，等待一小会，就能重新看见对端路由器连接的其他网络了。在路由器 R0 上使用 show ip protocols 命令可以查看路由器的路由协议运行情况，可看到 RIP 协议的 key-chain 认证成功，发现了两个网关，如图 6-36 所示。

```
R0#show ip protocols
*** IP Routing is NSF aware ***

Routing Protocol is "rip"
  Outgoing update filter list for all interfaces is not set
  Incoming update filter list for all interfaces is not set
  Sending updates every 30 seconds, next due in 19 seconds
  Invalid after 180 seconds, hold down 180, flushed after 240
  Redistributing: rip
  Default version control: send version 2, receive version 2
    Interface             Send  Recv  Triggered RIP  Key-chain
    FastEthernet1/0       2     2                    KC
  Automatic network summarization is not in effect
  Maximum path: 4
  Routing for Networks:
    12.0.0.0
  Routing Information Sources:
    Gateway         Distance      Last Update
    12.0.0.2             120      00:00:03
    12.0.0.3             120      00:00:13
  Distance: (default is 120)
```

图 6-36　显示路由协议状态

（2）配置路由器的 IP 协议安全。路由器 R0 配置 IP 协议安全（其他路由器参照配置），命令如下：

```
R0(config)#no ip source-route                 // 禁用源路由
R0(config)#no ip classless                    // 禁用超网路由
R0(config)#interface fastEthernet 1/0
R0(config-if)#no ip directed-broadcast        // 禁止 IP 直接广播
R0(config-if)#exit
```

六、学习结果评价

本节主要讨论了网络系统环境中的常见威胁和可能造成的后果，在局域网接入层面中，非法接入和伪造地址是常见的网络入侵方式，而终端接入区域往往疏于管理，网络管理员可以通过 DHCP Snooping、DAI、IPSG、端口限制策略、路由协议认证等加固手段保障网络基础设施的安全。为让读者清楚自身学习情况，现设定学习结果评价表，小组同学之间可以交换评价，进行互相监督，见表 6-3。

表 6-3　学习结果评价表

序号	评价内容	评价标准	评价结果（是/否）
1	配置 DHCP Snooping	能保护 DHCP 功能安全	
2	配置 DAI	能防止局域网非法接入和 ARP 攻击	
3	配置 IPSG	能防止地址伪造	
4	配置交换机端口限制策略	能配置交换机端口安全策略	
5	配置路由器协议安全	能保护路由器协议安全	

七、课后作业

1. 填空题

（1）在局域网中防止 ARP 攻击的方法有（　　）和（　　）。

（2）交换机端口安全的端口违禁策略有（　　）、（　　）和（　　）。

（3）网络攻击常见的威胁包括（　　）、（　　）和（　　）。

（4）IP 源路由策略可以用来记录数据包经过的路径，并希望数据包从该路径返回，存在较大安全隐患，要禁用 IP 源路由，可以使用（　　）命令。

（5）交换机开启 DHCP Snooping 功能后，默认所有端口都是（　　）端口。

2. 选择题

（1）【多选】下列可以用于防止 ARP 攻击的方法是（　　）。

A. DAI　　　B. IPSG

C. DHCP Snooping　　　D. 交换机端口安全

E. 设置端口保护

（2）【多选】恶意分子通过仿冒 DHCP 服务器身份可以实现的目的有（　　）。

A. 截获客户端流量

B. 使客户端通过其他网络路径与外界通信

C. 篡改网络通信数据

D. 使客户端无法正常访问网络

（3）【多选】IPSG 可以抵御的攻击有（　　）。

A. 假冒 DHCP 服务

B. IP 地址伪造

C. MAC 地址篡改

D. IP 地址和 MAC 地址篡改

E. ARP 攻击

（4）关于端口违禁策略，下列说法正确的是（　　）。

A. Protect：当 MAC 地址数量达到了端口所允许的最大 MAC 地址数时，交换机会继续工作，但将把来自新主机的数据帧丢弃，直到 MAC 地址低于最大值

B. Restrict：当 MAC 地址数量达到了端口所允许的最大 MAC 地址数时，交换机继续工作，将地址表中最老的 MAC 地址删除掉，添加新识别的 MAC 地址

C. Shutdown：交换机将临时或永久性关闭该端口

D. Allow：交换机继续工作，向网络管理站（SNMP）发出一个陷阱 Trap 通告

3. 判断题

（1）交换机的信任端口上不记录 DHCP 绑定表信息。（　　）

（2）启用 IPSG 后，交换机端口违禁策略默认为 Protect。（　　）

（3）路由协议攻击是通过发送伪造的 PDU 信息，修改管理距离值，让路由器做出错误的计算。（　　）

（4）在 VLAN 5 上开启 DAI 功能的命令是 ip arp inspection vlan 5。（　　）

4. 简答题

（1）请简述 DAI 的工作原理。

（2）请简述 DHCP Snooping 的工作原理。

职业能力 6-2-2：能记录分析网络运行状态

一、核心概念

- 日志审计：指记录和分析系统组件产生的运行记录信息的行为活动，也代指日志审计系统，它是一种专门集中采集、存储、分析各种日志信息的信息安全技术设备。

二、学习目标

- 了解日志的概念与作用。
- 熟悉常规日志记录的格式。
- 了解日志审计系统的作用。
- 掌握 Splunk 的安装与使用方法。

学习思维导图：

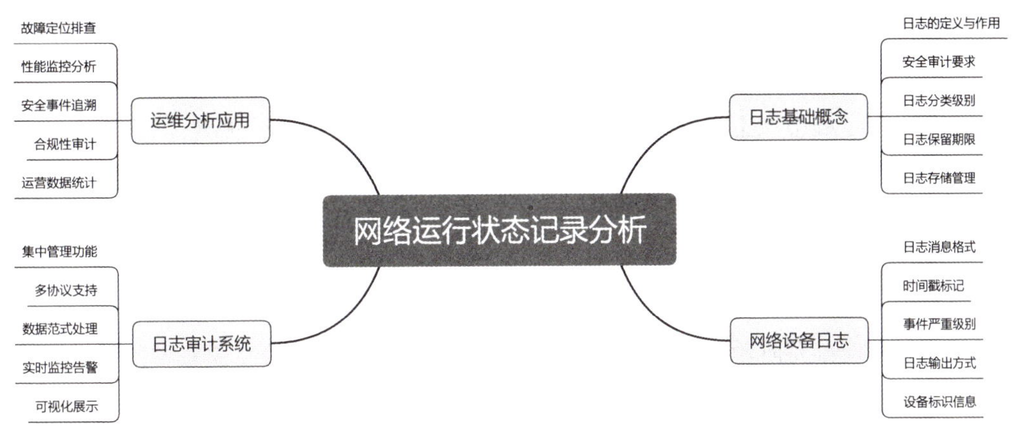

三、基本知识

1. 日志的概念与作用

采取防护措施，加强安全防护能力，目的在于提高入侵的成本，降低安全事件的概率。一旦安全事件发生后，需要快速做出应急响应，控制事件影响，作出事后处置。应急响应是指组织机构为了应对发生各种意外事件所做的准备以及在事件发生后采取的措施，其目的是减少突发事件所造成的损失，如经济损失、名誉损失、社会影响以及健康和生命安全等。我国在网络安全应急响应方面制定了相关标准，包括：《信息技术 安全技术 信息安全事件管理指南》《信息安全技术 信息安全事件分类分级指南》《信息安全技术 信息安全应急响应计划规范》。

网络安全应急响应通常分为下面 6 个阶段：

（1）准备。准备阶段以预防为目的。主要包括识别安全风险、建立安全应急响应小组和应急机制、制定安全管理制度、配置安全策略、创建数据备份和应急响应工具包等操作。

（2）检测。检测阶段的主要任务是发现可疑迹象，或在安全事件发生后进行一系列初步处理工作，分析安全事件的性质和产生的原因。这个阶段的主要工作是确定安全事件等级，启动响应的应急预案。

（3）遏制。遏制阶段的主要任务是限制事件扩散，控制影响范围。比如：关掉受害的系统、断开网络、修改防火墙和路由器的过滤规则、禁用或删除被攻破的登录账号、关闭可被攻击利用的服务功能等。要判断操作风险，控制事件对业务造成的影响。

（4）根除。根除阶段的主要任务是分析安全事件的原因，制定并实施解决方案，彻底解决安全隐患。具体工作包括：系统异常行为分析、日志分析、入侵分析、安全风险评估、安全加固、改进安全策略、清除恶意代码、加强安全隐患排查等。

（5）恢复。恢复阶段的主要任务是把被破坏的信息系统和数据还原到正常状态。可能的操作包括：重新启动服务器或服务程序、从备份介质恢复数据、恢复网络连接、验证恢复系统和事件处置的有效性、解除封锁措施等。

（6）跟踪。跟踪阶段的主要任务是关注系统恢复后的安全状况，对响应效果做出评估，回顾并整合应急响应过程的相关信息，进行事后分析总结、修订安全计划、政策、程序并进行训练以防止再次入侵，必要情况下进入司法程序，打击违法犯罪活动。

在整个网络安全应急响应的处理过程中，最为重要的就是日志分析工作。日志就是系统在运行过程中产生的各种各样的记录信息，包含了系统运行状况、用户操作行为、发生的事件与错误等，在事后溯源和排查安全问题时需要依赖这些信息。我国的《中华人民共和国网络安全法》中明确规定信息系统运营者必须保留安全审计日志达6个月，因此，无论是从保护系统安全角度，还是满足国家法律法规要求，都应当配置合适的审计策略。

在应急响应准备阶段，网络管理员需要配置日志审计策略，设定哪些事件需要记录，日志信息可能划分不同的类别和等级。例如 Windows 操作系统的事件查看器中就能看到有系统日志、应用程序日志、安全日志等类别或来源，以及错误、警告、信息等类型或等级，如图 6-37 所示。由于日志信息需要占用存储空间，同时日志审计活动也会消费处理器资源，所以网络管理员应当综合考虑审计事件重要程度和日志量大小，做出平衡选择。例如，有的业务系统数据变更频繁，所采用的 Oracle 数据库如果开启了全部日志审计功能，可能在一周时间产生几个 GB 的日志数据，系统运行速度也明显变慢，严重影响了业务的正常运行，甚至会因为没有及时清理日志数据导致磁盘空间填满，系统崩溃。

另外，恶意分子在入侵系统后，通常都会删除日志数据和停止日志审计功能，清除入侵痕迹。所以不但要合理配置日志审计策略，还要设置访问权限保护日志审计功能的正常运转和日志记录的安全，定期备份日志信息。

在应急响应根除阶段，网络管理员和安全技术人员需要检查操作系统日志、应用程序日志、中间件和平台日志等各种信息，对网络攻击进行溯源，发现安全弱点。分析日志信息是很辛苦的工作，需要有很强的网络安全技术能力和很好的耐心，技术人员需要熟悉渗透测试安全技术、系统安全知识、数据库系统知识、网络知识等、还要具备一定的编程能力，才能从海量的数据中筛出有用的信息，发现入侵线索。

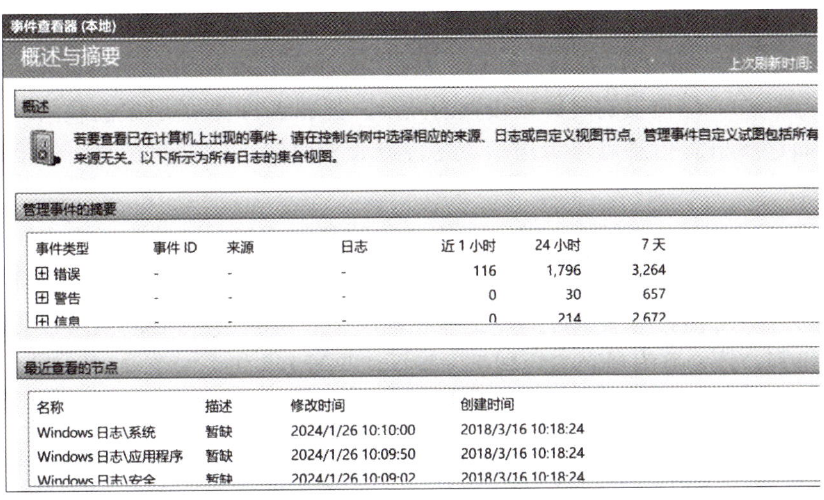

图 6-37　Windows 操作系统中的事件查看器

2. 网络设备日志简介

（1）日志消息格式。通常情况下，日志记录都会保存在本地的日志文件中，数据库系统则会将日志保存在数据库中，用户查看时打开对应的日志文件或数据库即可。例如 Windows 操作系统的重要日志一般都保存在“%SystemRoot%\System32\Winevt\Logs\”目录下，使用事件查看器可以方便的阅读；Apache 中间件产生的 WEB 访问记录保存在 access_log（在 Windows 上是 access.log）文件中，日志文件的路径根据实际安装情况，其位置也是不一样的，一般都是在 Apache 安装目录的 logs 子目录中，用户可以用文本查看工具（如 vim）打开查看。不同的设备或程序的记录日志的格式不一样，本处仅以 Cisco 网络设备为例介绍，其他设备和系统的日志格式解读请查阅其相关资料。

网络设备在运行中同样会产生大量的日志信息，读懂这些信息非常重要，有助于网络管理员排查网络故障，了解网络运行状况。以 Cisco 交换机和路由器为例，我们在命令提示符操作界面上可能随时会跳出类似下面的信息：

```
*Feb 10 03:32:42.232: %LINEPROTO-5-UPDOWN: Line protocol on Interface GigabitEthernet0/1, changed state to up
```

这是网络设备实时把事件信息输出到控制台了，这样的输出方式会影响操作，但能及时提醒操作员发生的状况。上面这条信息的意思是：2 月 10 日 3 点 32 分 42 秒，在接口链路协议发生了第 5 级启停事件，千兆以太网接口 0/1 的链路协议状态为启用，说明该链路可以正常通信了。

网络设备的日志信息格式默认如图 6-38 所示，总体分为 6 个部分。

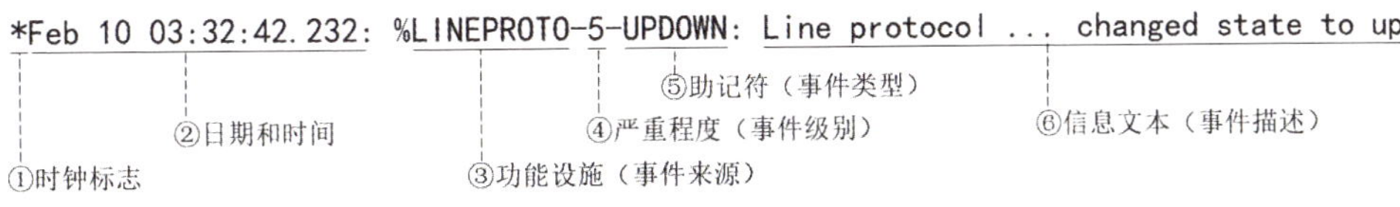

图 6-38　Cisco 网络设备日志格式

每条日志信息都是以时钟标志开头，占一行文本，时钟标志有 3 种，含义如下：

1）空格（ ）。路由器的时钟被手动设置，或者和时间服务器（Network Time

Protocol，NTP）同步。

2）星号（*）。路由器的时钟没有被设置，或者没有和 NTP 服务器同步。

3）句点（.）。路由器的时钟被设置为同步，但和 NTP 服务器失去联系。

从上面这条日志信息可以看出该设备没有设置时钟，可能存在时间记录不正确的问题。

在时间之后，百分号打头的是一组格式化的事件信息，这种表示方式便于网络管理员快速了解问题的概况，也方便整理和筛选信息，最后是事件信息的详细描述。

每条日志信息都表明了事件的严重程度，用字表示级别。Cisco 网络设备的事件共分为 8 个级别，级别 0 为最高，级别 7 为最低，见表 6-4。

表 6-4　Cisco 网络设备事件级别

级别	名称	日志描述	说明
0	emergencies	System is unusable	系统不可用
1	alerts	Immediate action needed	需要立即处理
2	critical	Critical conditions	关键（重要）情况
3	errors	Error conditions	错误情况
4	warnings	Warning conditions	警告情况
5	notifications	Normal but significant conditions	普通但值得注意的情况
6	informational	Informational messages	信息提示消息
7	debugging	Debugging messages	来自调试的消息

以上是默认日志格式，在 IOS 15.2 版本中包含了时间戳，网络管理员还可以选择添加序号和设备 ID 等信息，例如使用 logging origin-id 命令可以添加设备标识信息，支持 IP 地址、hostname、自定义文本，方便网络管理员定位，在集中日志分析处理时很有帮助。

（2）日志输出方式。默认情况下日志消息只发送到控制台，网络管理员通过 Console 接口操作网络设备时会看到事件信息。但仅将日志信息发送到控制台接口不便于存储和分析，Cisco 网络设备支持将日志信息发送到以下 4 种目标：线路、本地缓存、日志服务器、SNMP 管理站。

1）线路。线路又分为 Console（控制台）、AUX（辅助）、VTY（虚拟终端），有两个命令可用于将日志信息发送到指定的线路上：

在全局配置模式下可以使用 logging console 命令将日志记录到控制台和辅助线路。默认记录日志到控制台对所有事件级别都打开（0 ～ 7），但是可以通过改变 logging console 命令中的严重等级参数来修改。

logging monitor 命令则是将日志记录到逻辑的 VTY。将日志记录到 VTY 和 AUX 的功能默认是关闭的，要打开就要执行特权级的命令 terminal monitor（Telnet 登录后在 Exec 模式下使用），将控制台日志消息复制到 VTY，或者配置 logging monitor 命令。

对以上两个命令，都必须在全局配置模式下使用 logging on 命令来打开日志记录，支持日志记录到所有目标。

在配置网络设备时，我们经常会遇到正在输入命令的时候跳出日志信息扰乱视线，这是日志同步输出特性，同步输出使得 Cisco IOS 立即显示消息，然后执行一个等价的 Ctrl+R 命令，这使得路由器可以将已经输入的信息重新显示在命令行上。

为了避免打扰，可以在线路配置模式下输入 logging synchronous 命令控制日志信息的同步输出，指定哪些信息异步显示，参数如下：

```
Router(config)#logging synchronous [level 严重级别 |all] [limit 消息队列数 ]
```

该命令有两个可选参数。

level 关键字后跟事件的严重级别，指定哪个严重级别及以下信息会被异步显示（0 ～ 7），默认的级别是 2，意味着命令后面不跟参数的话，只有级别为 0 和 1 的事件才会同步显示在屏幕上；参数 all 使得所有消息都被异步显示。

limit 关键字用于设置消息队列的数量，默认为 20 条消息。如果到达该阀值，网络设备必须丢弃新产生的消息。

2）本地缓存。日志信息输出到线路上的好处是实时提示，但网络管理员不可能一直登录设备，而且信息滚动出屏幕后就再也看不见了，所以还需要把日志信息记录到其他地方，便于事后查看，例如设备的内部缓存。

根据设备系统平台的不同，该项功能可能是默认打开或关闭的。大多数平台下，默认是打开的，如果没有打开，可以在全局配置模式下使用 logging buffered 命令将日志记录到缓存，配置命令如下：

```
Router(config)#logging buffered [ 严重级别 | 缓冲区大小 ]
```

该命令有两类参数需要二选一：严重级别指出什么级别及以上的信息会被记录，取值范围为 0 ～ 7，默认的严重级别默认是 7，意味着所有的日志信息均会记录；缓冲区大小指定为内部缓存分配多大的内存，以字节为单位，取值范围为 4096 ～ 2147483647。

3）日志服务器。缓存是无法长期保存日志数据的，一是因为网络设备存储容量有限，当记录信息量超过分配的缓存容量时，最早记录的消息会被抹掉，所以无法长时间保存日志，二是一旦设备遭遇断电或重启，数据就会丢失，三是恶意分子攻破设备后可以清除缓存，擦除入侵痕迹，所以最好还是将日志信息保存到其他地方比较安全，例如 Syslog 日志服务器。

Syslog 是类 Unix 系统中经常使用的一种日志记录方式，它能够以多种级别组合记录系统运行过程中各类日志信息，比如内核运行信息日志、程序运行输出的日志等。Syslog 采用格式化文本方式记录数据，系统开销小且容易实现，用任何文本操作工具都可以访问，在类 Unix 系统应用非常广泛，包括著名的 Linux 以及许多嵌入式系统，不过 Windows 系列操作系统原生不支持 Syslog，它有自己的日志记录格式和查看工具。

为了方便网络调试，Syslog 也是在互联网协议（TCP/IP）上传递日志信息的标准，所以它也指实际的 Syslog 协议，目前被广泛应用于网络日志收集和安全管理中。工作时，Syslog 发送端会发送出一个较小的文字消息到 Syslog 接收端，接收端通常名为 syslogd、syslog daemon 或 Syslog 服务器。日志消息可以被以 UDP 协议或 TCP 协议来发送，这些数据以明文方式传送。Syslog 使用的默认端口号是 UDP 514，当使用 Syslog 方式发送日志时，需要指定 Syslog 服务器的 IP 地址和端口号，如果未指定端口号，则使用默认值；如果使用的是 TCP 协议，则需要指定 TCP 的端口号。

在Cisco网络设备上，网络管理员可以使用下面的命令将日志信息备份到日志服务器：

```
Router(config)#logging on                    //允许日志输出到其他目的
Router(config)#logging host 主机名 |IP 地址
Router(config)#logging trap 严重级别
Router(config)#logging source-interface 接口类型 接口号
Router(config)#logging origin-id 主机名 |IP 地址 | 字符串
Router(config)#logging facility facility_type
```

logging host 命令指定日志服务器的主机名［完全合格的域名（Fully Qualified Domain Name，FQDN）］或者 IP 地址。如果不止一次输入该命令，代表指定不同的日志服务器目的地。可以建立网络设备使用的日志服务器列表，如果指定多个日志服务器的地址，设备则会多次发送日志信息到所有的日志服务器。

logging trap 命令指定要发送到日志服务器的日志消息的严重级别，默认为 6。

logging source-interface 命令用于指定发送日志信息的接口，使得网络设备使用指定的源地址发送日志信息，只有网络设备有两个或更多接口可以到达日志服务器时，该命令才是必须的。

logging origin-id 命令用于在日志信息中添加设备 ID 信息，便于查询和分析，该功能默认是关闭的，注意假如设置参数为字符串的话，如果字符串内包含空格，则必须用引号将字符串括起来。

logging facility 命令用来指明这些日志信息是由哪类设备产生的，也代表了日志信息的来源类型，在运行类 Unix 系统的日志服务器上有专门的处理工具来处理不同设备类型的日志。可以这么理解，有许多来自不同设备（或来源）的日志，但不可能将所有日志存放到一个文件中，不便于查阅分析，日志容量也会变得很大，并且可能还需要对不同类型的日志做分别处理，所以需要有一个配置参数来指明产生日志的设备（或来源）。此功能参数需指定一个设备名称（例如 kern）作为标识，在 Syslog 日志服务器上修改配置文件，添加该设备名和对应的保存位置，就可以保存收到的日志信息到指定的位置了，可以使用的关键字参数如下。

- auth：授权系统报告的认证活动信息。
- authpriv：SSH、FTP 等登录验证信息。
- cron：与 cron 和 at 有关的计划任务信息。
- daemon：系统守护程序信息。
- kern：内核信息。
- ftp：FTP 服务产生的日志。
- uucp：两个 Unix 系统间的通信。
- local0-local7：本地自定义消息。
- lpr：打印系统信息。
- mail：邮件系统信息。
- news：网络新闻传输协议 NNTP 产生的信息。
- user：用户进程产生的信息。
- sys9-sys14：系统使用。

- syslog：由 syslog 自己生成的信息。

网络管理员执行了日志输出命令后，当该主机产生日志时，就会将指定的严重级别消息从指定端口发送到指定的日志服务器。日志信息中携带了设备名和严重级别，日志服务器在收到日志信息后，会根据配置文件对日志信息进行处理。

在 Linux 操作系统中，Syslog 服务的守护进程通常为 syslogd，/etc/rsyslog.conf 是 Syslog 服务的总配置文件，主要保存 Syslog 服务的配置信息（也可以保存日志信息处理规则），/etc/rsyslog.d 目录里是单独配置的 rsyslog 配置文件，里面包含有日志信息的处理规则（保存日志到指定位置或是发送出去）。

配置日志处理的格式为 facility.level action，分别表示设备名、严重级别和处理行为，一般所有设备产生的日志都会追加到 /var/log/messages 文件中，也可以给每类设备（日志来源）的日志信息设置不同的处理方式，下面列出一些配置示例加以说明（注：在配置文件中，每行前面的井号代表该行为注释行）：

```
# 将内核产生的所有消息保存到 /var/log/kern.log 文件，“*”号代表所有。
kern.*                                /var/log/kern.log
# 将计划任务有关的 info 级别及以上的消息保存到 /var/log/cron。
cron.info                             /var/log/cron
# 将邮件产生的等级为 warn 及以上级别的消息保存到指定文件，
# 前面加“-”号表示异步传输，日志先保存在内存，空闲时再写入。
mail.=warn                            -/var/log/mail_err.log
# 将 news 产生的 notice 及以上级别的消息输出到设备 tty8，也就是控制台
news.notice                           /dev/tty8
# 将所有来源的 alert 级别消息（仅 alert 级别）通知给所有用户。
*.=alert                              *
# 将所有来源的所有级别消息通知给 root 用户和 admin 用户。
*.*                                   root,admin
# 将 local0 和 local1 的所有级别消息使用 Syslog 协议发送到指定的服务器，
# “@”代表使用 UDP 协议，默认端口号为 514。
local0,local1.*                       @10.10.10.1
# 将 local2 的 info 及以上级别消息，和 local3 的 warn 及以上级别消息使用
#Syslog 协议发送到指定的主机，“@@”代表使用 TCP 协议，后跟端口号。
# 使用 TCP 协议必须跟端口号。
local2.info;local3.warn               @@10.10.10.2:514
# 对 local5 产生的所有消息执行脚本，“^”号后跟可执行脚本或程序的绝对路径
local5.*                              ^/usr/do.sh
```

4）SNMP 管理站。SNMP 是专门设计用于在 IP 网络管理网络节点（服务器、工作站、路由器、交换机等）的一种标准协议，被许多网络管理系统所采用。网络设备要将日志消息发送到 SNMP 管理站，需要执行以下命令：

```
Router(config)#snmp-server enable traps syslog
Router(config)#logging on
Router(config)#logging history 严重级别
Router(config)#logging history size 历史表大小
```

第 1 条命令开启向 SNMP 管理站发送 Syslog 信息；第 2 条命令允许输出日志；第 3 条命令指定哪些严重级别的日志消息应该被发送到 SNMP 管理站，默认级别为 4；第

4 条命令指定历史表大小，默认为 1 条。

3. 日志审计系统

日志服务器可以收集存储来自多个设备的日志信息，能实现日志信息的集中存储和备份，日志服务器采集日志信息时通常使用 Syslog 协议，但是在现代网络管理中却很少使用，这是因为日志服务器虽然能集中存储日志数据，但在日常运维和应急响应时，网络管理员还需要在海量的数据中人工查找关键信息，再做分析比对，效率很低，普通的日志服务器在安全管理中存在以下弱点：

（1）日志服务器缺乏对非 Syslog 协议的支持，有些设备和系统无法与日志服务器对接。

（2）日志服务器缺乏对采集信息的范式化处理，无法实现对日志数据的统一整理和分析。

（3）日志服务器对日志的分析、备份、响应、展示等进一步处理能力很弱或者缺乏。

在实际的网络安全管理中常见的是日志审计系统，日志审计系统是用于全面收集企业 IT 系统中常见的安全设备、网络设备、数据库、服务器、应用系统、主机等设备所产生的日志（包括运行、告警、操作、消息、状态等）并进行存储、监控、审计、分析、报警、响应和报告等操作的系统，可帮助组织实时监控与分析各种事件和行为的日志记录，以便发现潜在的安全威胁、了解系统运行状况、排查故障和安全事件追溯。

日志审计系统通常以硬件盒式的产品形式出现，如图 6-39 所示，或是在服务器上安装专门的日志数据处理软件，日志审计系统的特点包括：能支持多种设备或软件系统的日志信息采集，提供丰富灵活的日志查询和筛选方式，支持多种事件分析规则和灵活的自定义选项，能自动分析信息并报警，提供友好的可视化监控界面（图 6-40）等。

图 6-39　日志审计系统产品外观

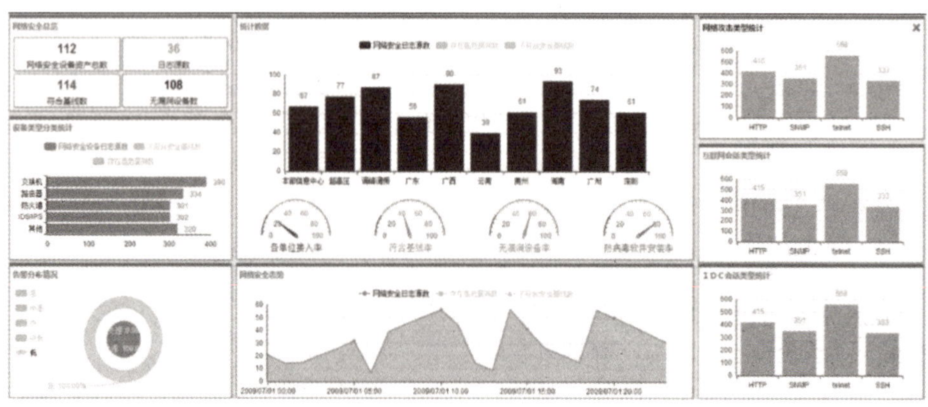

图 6-40　日志审计可视化监控界面

硬件盒式的日志审计系统通常由专业的信息安全公司定制开发，功能强大，界面友好，操作简便，接口配置丰富，但价格也较贵，对于一些中小型的组织机构来说意味着更多的成本，因此，他们更愿意选择在高性能服务器上安装日志数据处理软件的方式搭建日志审计系统。采用软件系统方式也有多种解决方案，有商业软件如 Splunk、EventLog Analyzer、日志易等，也有开源免费软件如 Syslog-ng、ELK、Graylog 等，功能各有不同，体验感差别较大。开源免费类的软件安装配置较为复杂，功能比较局限，且大多为英文版本，如果操作人员缺乏较强的专业知识几乎无法使用。

Splunk 常用于日志分析工作，使用 Splunk 可收集、索引和利用所有应用程序、服务器和设备生成的日志数据。它可以有效的监控网络基础设施情况，获得实时的运营数据分析结果，避免服务性能降低或中断；关联并分析跨越多个系统的复杂事件，识别关键风险，满足网络安全合规性要求。下面以该软件为例，介绍如何开展日志集中的采集和分析工作。

4. Splunk 简介

Splunk 创建于 2003 年，总部位于美国旧金山，2006 年发布第一款产品。Splunk 被评为 2023 年 Gartner 应用程序性能监控和可观测性魔力象限的领导者，合作伙伴包括联想、亚马逊、谷歌、英特尔、家乐福、博世等众多国际一流企业，在国内也被应用到许多项目中。

Splunk 是一款功能完善、强大的机器数据（MachineData）分析平台，涵盖机器数据收集、索引、搜索、监控、分析、可视化、告警等功能。之所以说是平台而不仅仅是工具，是因为 Splunk 经过多年的发展，功能十分强大且灵活，允许用户在其上自定义应用（App），目前其提供的官方和非官方应用多达数百个，且大多数均可以免费下载并使用；同时，Splunk 还提供了强大的 API 集，开发人员可以使用 Python、Java、JavaScript、Ruby、PHP、C# 等编程语言开发应用程序。

从技术上讲，Splunk 是一个时间序列索引器（time-seriesindexer）。在 Splunk 索引数据时，它基于数据的时间戳（Timestamp）将数据拆分为事件（Event）。事件通常也称为记录或者数据行，并且每一个事件都有一个时间戳，它是 Splunk 数据分析的一个关键元素。Splunk 默认使用时间戳细分事件。

现代 IT 数据中心极其复杂，通过层叠并结合多种不同技术和设备来提供业务服务，在虚拟化和云计算环境下特别突出。当出现异常、中断或各种问题的时候，技术人员往往会花费大量时间来查找和分析问题。利用 Splunk 则可以实现统一日志管理和快速运维分析，帮助 IT 管理者节省时间。Splunk 可以支持任何 IT 设备（服务器、网络设备、应用程序、数据库等）所产生的日志，并可以对日志进行高效搜索，通过非常好的图形化的方式展现出来。它可以处理机器生成的任何数据，包括日志、文件配置、性能指标、SNMP trap 和自定义应用程序日志等等，无需使用自定义分析器或适配器，运行界面如图 6-41 所示。

Splunk 包括以下组件：

（1）索引器。索引器是用于为数据创建索引的 Splunk Enterprise 实例。索引器将原始数据转换为事件并将事件存储至索引（Index）中。索引器还搜索索引数据，以响应搜索请求。

（2）搜索头。在分布式搜索环境中，搜索头处理搜索管理功能、指引搜索请求至一组搜索节点，然后将结果合并返回至用户的 Splunk Enterprise 实例。如果该实例仅搜索不索引，则通常被称为专用搜索头。

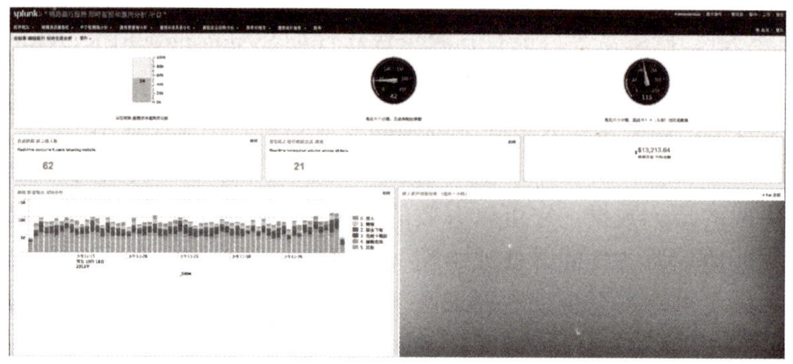

图 6-41　Splunk 运行界面

（3）搜索节点。在分布式搜索环境中，搜索节点是建立索引并完成源自搜索头搜索请求的 Splunk Enterprise 实例。

（4）转发器。转发器是将数据转发至另一个 Splunk Enterprise 实例（索引器或另一个转发器）或至第三方系统的 Splunk Enterprise 实例。

（5）接收器。接收器是经配置从转发器接收数据的 Splunk Enterprise 实例。接收器为索引器或另一个转发器。

（6）应用。应用是配置、知识对象和客户设计的视图和仪表板的集合，扩展 Splunk Enterprise 环境以适应 Unix 或 Windows 系统管理员、网络安全专家、网站经理、业务分析师等组织团队的特定需求。单个 Splunk Enterprise 可以同时运行多个应用。

在 Splunk 的官网上可以下载 Splunk Enterprise 并免费试用 60 天，提供了详尽的中文版使用手册。在试用到期后自动转为 Free 版许可证，Free 版受限的地方主要在于：

（1）每天最多对 500MB 数据建立索引（但不限制累计数量）。

（2）只有一个网络管理员账号，不支持基于角色的访问控制。

（3）不支持分布式搜索、高性能分析存储。

（4）不支持实时监视告警。

（5）不支持 PDF 报表交付。

Free 版对于个人或小型企业来说并没有影响，采集和转发日志、全局索引和搜索、仪表板、社区插件等主要的功能都是可用的，可谓非常友好。

5. Splunk 的安装与基本配置

（1）Splunk 的安装。可以在 Splunk 的官网上选择下载 Splunk Enterprise 安装程序，考虑到 Linux 系统普遍用作服务器操作系统，一般选择 Linux 版本较多。同时下载转发器（Splunkforwarder），转发器相当于数据采集客户端，可以下载多个版本，安装在需要采集数据的主机上，将各主机的数据发送到 Splunk Enterprise 服务器。

另外，如果网络中各个设备的时间不同步，会影响事件分析结果，建议在网络中部署一台时间服务器，统一同步各个设备的时间。

安装过程很简单，将安装包使用 tar 命令解压，例如解压到 /opt 目录下，会自动生成 splunk 子目录，所有的可执行程序都放在 /opt/splunk/bin/ 目录下，使用 ./splunk 程序即可启动 Splunk Enterprise，主要命令参数如下：

```
./splunk start --accept-license     // 启动 Splunk 并自动接收许可，第一次运行使用
./splunk restart                    // 重启 Splunk
./splunk status                     // 查看 Splunk 状态
./splunk version                    // 查看 Splunk 版本
./splunk enable boot-start          // 设置 Splunk 开机自动启动
```

Splunk 程序有很多参数，在使用过程中可以用 help 参数来寻求帮助，命令如下：

```
./splunk help                       // 列出 Splunk 常用命令列表
./splunk help commands              // 列出更多的常用命令
./splunk help index                 // 列出索引的相关命令
./splunk help monitor               // 列出监控相关的命令
./splunk help show                  // 列出信息显示的命令
./splunk help forward-server        // 列出转发服务器的命令
./splunk help set                   // 列出设置相关的命令
```

Splunk Enterprise 安装之后开启 Splunk WEB 端口 8000，管理端口 8090，可以在浏览器中打开 Splunk 主机的 8000 端口进入 WEB 页面，如图 6-42 所示。假如 Splunk 主机的 IP 地址是 192.168.15.142，则输入 192.168.15.142:8000，Splunk 的默认网络管理员用户名为：admin，密码为 changeme，第一次登录会要求修改密码。如果开启了防火墙，记得设置防火墙允许此端口通信。

图 6-42 Splunk 登录界面

（2）Splunk 的卸载。如果不想使用 Splunk，需要将其卸载掉也很简单，使用下面的命令即可：

```
./splunk disable boot-start         // 关闭自动启动
./splunk stop                       // 停止服务
./rm -rf/splunk                     // 移除安装目录
```

（3）安装 Splunkforwarder。Splunkforwarder 是通用转发器，它没有 UI 界面，安装方法与 Splunk 一致。也是先解压后运行，只是目录不同，命令如下：

```
cd /opt/splunkforwarder/bin         // 切换到通用转发器的可执行程序目录
./splunk start --accept-license     // 启动通用转发器
```

通用转发器的管理端口也是 8090，如果将通用转发器和 Splunk Enterprise 安装到一台主机上，通用转发器在运行时会提示端口被占用，选择 y 选项修改端口即可，例如 8091。

通用转发器的默认用户名和密码也是 admin 和 changeme，修改密码可以用下面的命令：

```
./splunk edit user admin -password 'newpassword' -role admin -auth admin:changeme
```

其中 -password 参数后跟新密码，-role 参数指角色，-auth 参数后验证原密码。

（4）其他基础配置。使用浏览器登录进 Splunk Enterprise 的管理页面中，选择“设置”→“服务器设置”→“常规设置”选项，进入 Splunk 常规设置页面，可以看到 Splunk 服务器的安装位置和端口配置信息，如图 6-43 所示。

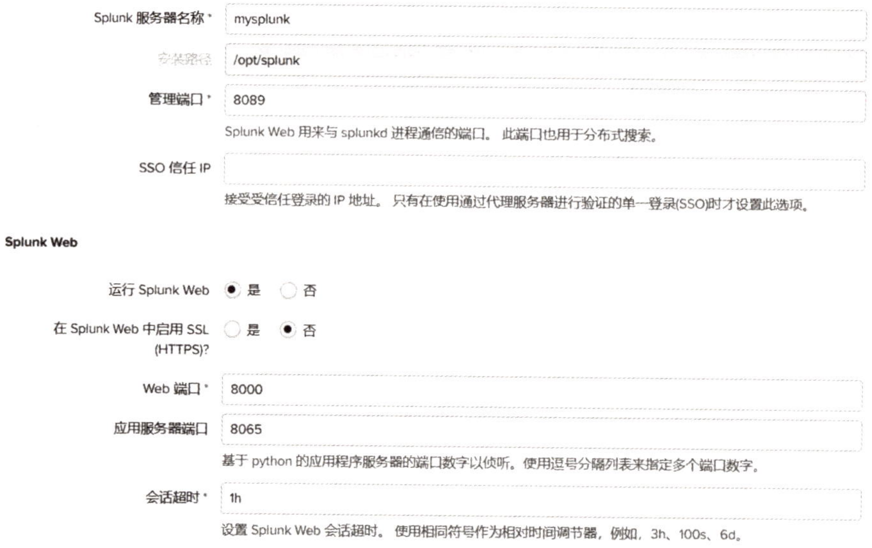

Splunk 服务器名称 * mysplunk
安装路径 /opt/splunk
管理端口 * 8089
Splunk Web 用来与 splunkd 进程通信的端口。此端口也用于分布式搜索。
SSO 信任 IP
接受受信任登录的 IP 地址。只有在使用通过代理服务器进行验证的单一登录(SSO)时才设置此选项。

Splunk Web

运行 Splunk Web ◉ 是 ○ 否
在 Splunk Web 中启用 SSL (HTTPS)? ○ 是 ◉ 否
Web 端口 * 8000
应用服务器端口 8065
基于 python 的应用程序服务器的端口数字以侦听。使用逗号分隔列表来指定多个端口数字。
会话超时 * 1h
设置 Splunk Web 会话超时。使用相同符号作为相对时间调节器，例如，3h、100s、6d。

图 6-43　Splunk 常规设置页面

也可以在 CLI 模式下使用命令进行基础的端口和主机名的配置，命令如下：

```
./splunk show splunkd-port          // 查看管理端口
./splunk set splunkd-port 8091      // 修改 Splunk 的端口为 8091
./splunk set web-port 8001          // 修改 WEB 服务端口为 8001
./splunk set servername             // 修改服务器名称
./splunk set default-hostname       // 设置日志中标记来源主机的名称
```

配置修改后需要重启 Splunk Enterprise 服务生效。

（5）修改索引位置。在常规设置中可以看到索引路径，默认为 /opt/splunk/var/lib/splunk，也可以通过 CLI 命令查看索引目录 ./splunk list index。

如果要修改索引存储位置，请按照下面的步骤执行：

```
mkdir /var/splunk                                  // 创建新索引保存位置的目录
./splunk stop                                      // 停止 Splunk 服务
cp –rp /opt/splunk/var/lib/splunk/*  /var/splunk   // 复制所有文件到新位置
vi /opt/splunk/etc/splunk-launch.conf
// 编辑配置文件加上下面的语句，或者把原有的注释符去掉后修改：
//SPLUNK_DB=/var/splunk                            // 最后保存退出
./splunk start                                     // 重新启动 Splunk
```

（6）配置数据输入。Splunk Enterprise 可以索引任何类型的数据。尤其是任意的 IT 流、计算机和历史数据，例如 Windows 事件日志、WEB 服务器日志、实时应用程序日志、网络源、指标、变更监控、消息队列、归档文件等。数据可以与索引器位于相同的计算机上（本地数据），也可以位于另一台计算机上（远程数据）。

在“设置”→“数据输入”中可以从文件和目录、网络端口和脚本式导入设置数据导入，例如接收来自其他设备的 Syslog 日志信息。默认没有开启 Syslog 接收端口，可以增加 TCP 或 UDP 接口接收 Syslog 日志，Syslog 默认使用 UDP 514 端口，单击“新增”按钮。如图 6-44 所示。

本地输入

类型	输入	操作
文件 & 目录 索引本地文件或监视整个目录。	18	+ 新增
HTTP 事件收集器 通过 HTTP 或 HTTPS 接收数据。	0	+ 新增
TCP 在 TCP 端口上侦听传入数据，例如，syslog。	0	+ 新增
UDP 在 UDP 端口上侦听传入数据，例如，syslog。	0	+ 新增

图 6-44　Splunk 数据输入界面

在添加数据的页面中填写端口（如 UDP 514），单击“下一步”按钮，继续配置输入设置中的来源类型、应用上下文、主机名称、索引等信息，如图 6-45 所示。

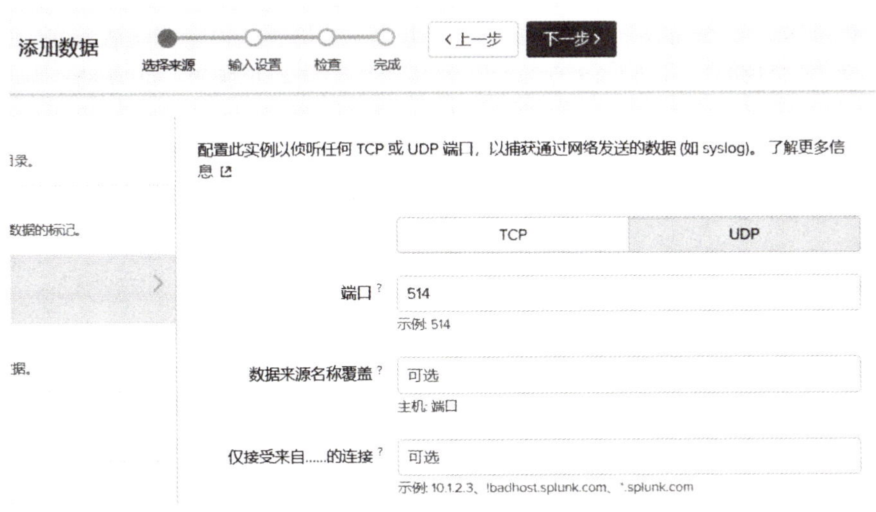

图 6-45　设置侦听 Syslog 端口数据

添加完成后，就可以收到来自其他设备的 Syslog 日志信息了。Splunk Enterprise 会把该输入配置信息添加到 inputs.conf 文件中（通常位于 $SPLUNK_HOME/etc/apps/search/local 目录下），用户可以编辑此文件修改配置值，如图 6-46 所示，例如 index=main 指明将获取的数据放入到 main 索引中，更多参数内容请参考 Splunk

Enterprise 手册文档。

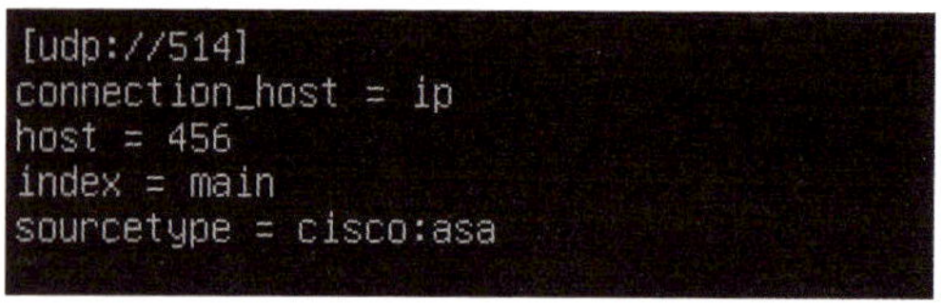

```
[udp://514]
connection_host = ip
host = 456
index = main
sourcetype = cisco:asa
```

图 6-46 编辑 inputs.conf 配置文件

（7）数据转发和接收。Windows 主机本身是不支持 Syslog 日志输出的，如果要采集 Windows 主机的信息，必须要安装转发器（Splunkforwarder），转发器可以采集各种日志、CPU 使用率、内存使用率、磁盘空间、网络状态等信息，转发到指定的 Splunk 实例。

用户可从一个 Splunk Enterprise 实例转发数据到另一个 Splunk Enterprise 实例，甚至转发数据到非 Splunk 系统。从一个或多个转发器接收数据的 Splunk 实例称为接收器。接收器通常为 Splunk 索引器，但也可以是另一个转发器。

转发器能够支持标记元数据（数据来源、来源类型和主机）、可配置的缓冲、数据压缩、提供 SSL 安全性、使用任何可用的网络端口，还支持负载均衡将数据发送到多个索引器。

目前有两种类型的转发器：通用转发器和重型转发器。通用转发器仅包含转发数据所必要的组件；重型转发器是完整的 Splunk Enterprise 实例，能够索引、搜索和更改数据，同时也可以转发数据。为减少系统资源使用情况，系统禁用了重型转发器的一些功能。本书中所指的转发器为通用转发器。

Windows 系统下转发器的安装方式很简单，安装好后设置 Splunk 接收端的 IP 地址和端口即可。Splunk Enterprise 作为接收端，需要配置接收端口才能接收数据，在“设置”→“转发和接收”→“接收数据”→“新增”页面中单击“配置接收”按钮，默认接收端口号为 9997，保存后就可以接收发到此端口的转发数据了，如图 6-47 所示。

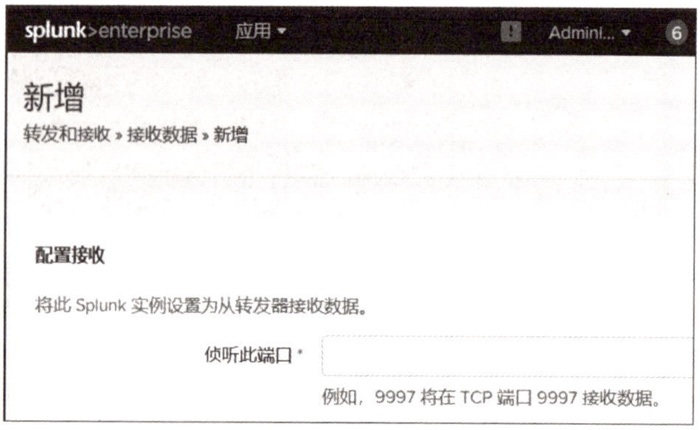

splunk>enterprise 应用 Admini... 6

新增

转发和接收 » 接收数据 » 新增

配置接收

将此 Splunk 实例设置为从转发器接收数据。

侦听此端口 *

例如，9997 将在 TCP 端口 9997 接收数据。

图 6-47 添加数据接收端口

在 CLI 下添加数据接收端口的命令如下：

```
./splunk enable listen 9997
```

可以添加多个接收端口。

Splunk 实例之间也可以配置转发，Splunk Enterprise 本身也包含了转发器功能，在“设置”→“转发和接收”→“转发数据”→“新增”页面中单击“新转发主机”按钮，然后填写新增转发主机的 IP 地址和端口，如图 6-48 所示。

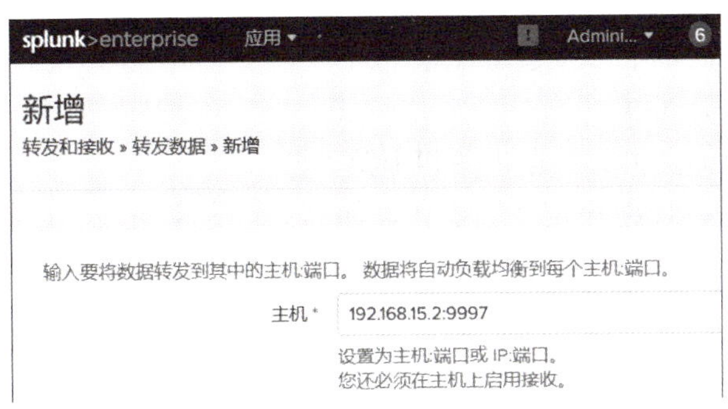

图 6-48 添加数据转发目标

也可以使用 CLI 命令添加转发，命令如下：

```
./splunk add forward-server 192.168.15.143:9997
```

转发器将自动新建或编辑 outputs.conf 配置文件，配置文件的位置取决于转发器类型或其他因素，通常位于 $SPLUNK_HOME/etc/system/local 目录下，如图 6-49 所示。

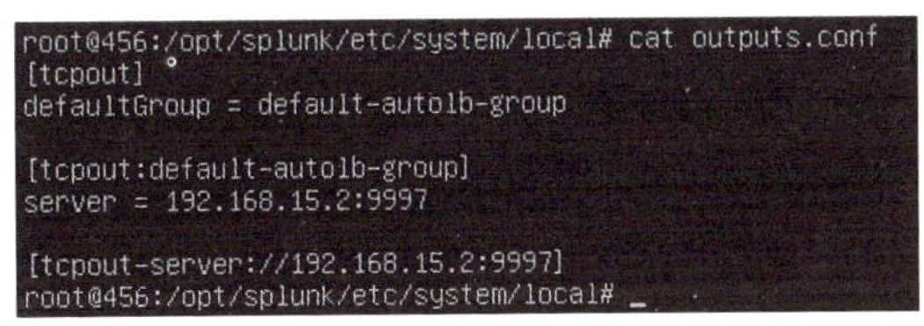

图 6-49 编辑 outputs.conf 配置文件

在 [tcpout] 段落中，defaultGroup 参数定义了默认目标组名称，在下方的目标组段落中列出了服务器 : 端口号对，更多详细信息请参阅 Splunk Enterprise 手册文档。

（8）配置索引。索引是 Splunk Enterprise 数据的存储库。Splunk Enterprise 将传入数据转换为事件，然后将其存储在索引中。索引器用于为数据创建索引的 Splunk Enterprise 实例。对于较小的部署形式，单个实例可能还会执行其他 Splunk Enterprise 功能，如数据导入和搜索管理。但在大型、分布式部署中，数据导入和搜索管理功能可能会分配给其他 Splunk Entcrprisc 实例。

Splunk Enterprise 将其处理的数据存储在索引中。索引由子目录的集合组成，被称为数据桶。数据桶主要由两种类型的文件组成：元数据文件和索引文件。

当 Splunk Enterprise 处理传入数据时，会将数据添加到索引。在 Splunk Enterprise 的“设置”→“索引”页面中可以看到列出的索引，带下划线的是系统内部索引，用户不能使用，Splunk Enterprise 有预置索引供用户使用，默认情况下，用户提供给索引器的数据会存储在 main 索引中，用户也可以根据需要添加其他索引。例如，要对某个网络系统进行监测和数据分析，可以新建一个单独的索引，将该网络系统的所有数据采集放到这个索引中。

Splunk Enterprise 对其索引进行管理，使搜索更灵活，数据检索更快速，最后按照用户可配置计划对索引归档。Splunk Enterprise 以平面文件形式处理所有内容；不依赖于任何第三方数据库软件。

Splunk Enterprise 会处理传入数据，以启用快速搜索和分析，从而以事件形式将结果存储在索引中。创建索引时，Splunk Enterprise 将以各种不同方式增强数据，包括：

1）将数据流分为单个可搜索事件。

2）创建或标识时间戳。

3）提取字段，如主机、数据来源和来源类型。

4）对传入数据执行用户定义的操作，如标识自定义字段、以掩码显示敏感数据、编写新键或修改键、对多行事件应用换行规则、筛选出不需要的事件以及将事件路由到指定索引或服务器。

Splunk Enterprise 支持两种索引类型：

1）事件索引。事件索引设定的是最小结构，可以容纳各类数据，包括指标数据。事件索引是默认的索引类型。

2）指标索引。指标索引使用高度结构化的格式以处理更大的指标数据量，并满足低延迟需求。指标数据实际上只是一种高度结构化的事件数据。

用户可使用 Splunk Web 页面、CLI 命令或编辑 indexes.conf 配置文件添加索引。建议使用 WEB 方式管理索引，比较方便和直观。在“设置”→“索引”页面中单击“新建索引”按钮，可以设置新索引名称及各项参数，如图 6-50 所示。

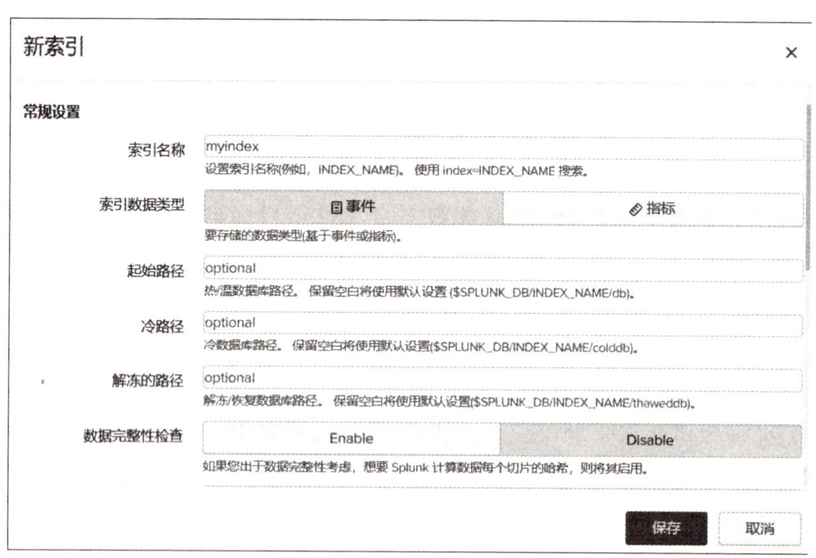

图 6-50　添加新索引

除索引名外，其他参数可使用默认值。索引名不能重名，不能以下划线或连字符开始，不能包含单词 kvstore。更多的参数配置请查阅 Splunk Enterprise 手册文档。

在 CLI 模式下可使用下面的命令管理索引：

```
./splunk list index                     // 列出索引
./splunk add index index-name           // 添加新索引
./splunk remove index index-name        // 删除索引
./splunk enable index index-name        // 启用索引
```

```
./splunk disable index index-name          // 禁用索引
./splunk reload index                      // 重新加载索引配置
```

添加索引后面可以跟参数，但不方便操作，一般建议先添加索引，然后编辑索引配置文件 indexes.conf（位于 $SPLUNK_HOME/etc/apps/search/local 目录下），如图 6-51 所示。

```
[myindex]
coldPath = $SPLUNK_DB/myindex/colddb
homePath = $SPLUNK_DB/myindex/db
maxTotalDataSizeMB = 512000
thawedPath = $SPLUNK_DB/myindex/thaweddb
```

图 6-51　编辑索引配置文件

详细的索引设置信息请参阅 Splunk Enterprise 手册文档，编辑完 indexes.conf 文件后必须重新启动索引器生效。

四、能力训练

1. 安装 Splunk

下面实现在 GNS3 中部署 Splunk Enterprise 服务。

（1）先准备好一个 VM 虚拟机，例如 Linux Ubuntu 20.04，配置好 IP 地址，使其可以上互联网，编辑 /etc/netplan/00-installer-config.yaml 网络配置文件，命令如下：

```
vi /etc/netplan/00-installer-config.yaml
```

注意：如果提示没有权限，请在命令前加上 sudo 关键字以网络管理员身份执行。

参照图 6-52 所示的网络配置文件内容修改好 IP 地址和网关地址，注意这里的 IP 地址和网关地址请根据实际的 VMWare 虚拟网络配置来设置，在本例中虚拟机的网络适配器使用 NAT 模式，网络地址是 192.168.15.0。配置完成后运行 sudo netplan apply 命令应用网络配置使其生效。

```
toor@456:/etc/netplan$ cat 00-installer-config.yaml
# This is the network config written by 'subiquity'
network:
  renderer: networkd
  ethernets:
    ens33:
      addresses: [192.168.15.8/24]
      gateway4: 192.168.15.2
      dhcp4: no
      nameservers:
              addresses: [8.8.8.8]
  version: 2
toor@456:/etc/netplan$ sudo netplan apply
```

图 6-52　修改网络地址

（2）在 Splunk 官网上进入 Splunk Enterprise 软件的免费试用和下载页面，由于软件版本在不断更新，此处以 9.2.0.1 版为例介绍如何下载并安装。在下载前需要先注册，通过后才可进入 Splunk 下载页面，如图 6-53 所示。

（3）登录后，用户可根据需要选择下载应用于不同平台的软件包，包括 Windows、Linux、Mac OS。下面以 Linux 平台的软件包下载为例来介绍如何安装 Splunk，Linux 平台下有三种类型的软件包可供选择，如图 6-54 所示。

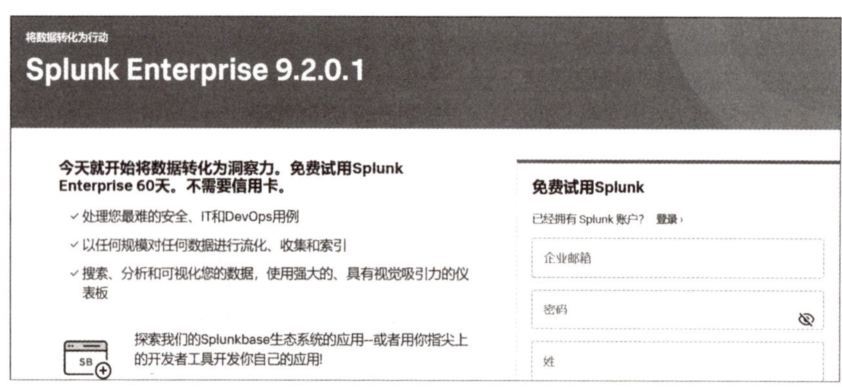

图 6-53 Splunk 下载页面

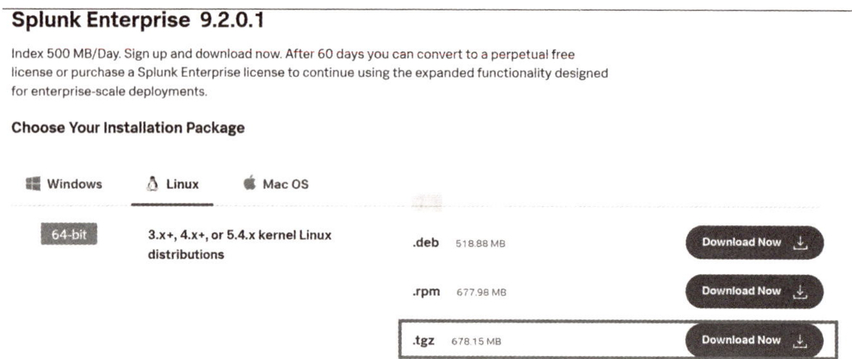

图 6-54 下载 Linux 版本的软件包

（4）用户可以选择软件包类型下载并安装。除了直接下载外，还可以在线下载安装。当软件包开始下载时，选择暂停并取消，并单击 Command Line(wget) 按钮，可获取到 wget 下载命令，如图 6-55 所示。

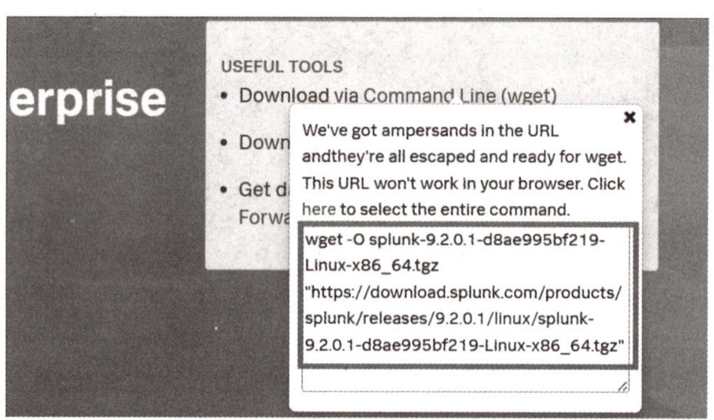

图 6-55 在线下载 Linux 命令

（5）在虚拟机 Ubuntu 中切换至超级用户（或使用 sudo 命令），在 /tmp 目录下创建 splunkinstall 目录，用于保存 Splunk Enterprise 安装包，随后在该目录中执行如下 wget 命令，如图 6-56 所示。

```
wget -O splunk-9.2.0.1-d8ae995bf219-Linux-x86_64.tgz “https://download.splunk.com/products/
```

```
splunk/releases/9.2.0.1/linux/splunk-9.2.0.1-d8ae995bf219-Linux-x86_64.tgz"
```

```
root@456:/tmp/splunkinstall# wget -O splunk-9.2.0.1-d8ae995bf219-Linux-x86_64.tgz "https://download.splunk.com/products/splunk/releases/9.2.0.1/linux/splunk-9.2.0.1-d8ae995bf219-Linux-x86_64.tgz"
--2024-02-19 14:56:52--  https://download.splunk.com/products/splunk/releases/9.2.0.1/linux/splunk-9.2.0.1-d8ae995bf219-Linux-x86_64.tgz
Resolving download.splunk.com (download.splunk.com)... 18.154.132.26, 18.154.132.15, 18.154.132.7, ...
Connecting to download.splunk.com (download.splunk.com)|18.154.132.26|:443... connected.
HTTP request sent, awaiting response... 200 OK
Length: 711091878 (678M) [binary/octet-stream]
Saving to: 'splunk-9.2.0.1-d8ae995bf219-Linux-x86_64.tgz'

     splunk-9.2.0.1-d8ae  79%[==========================>         ] 537.32M  1.18MB/s    eta 2m 10s
```

图 6-56 运行 wget 下载命令

（6）下载完成后，解压此压缩包至 /opt 目录下，如图 6-57 所示，命令如下：

```
tar xvzf splunk-9.2.0.1-d8ae995bf219-Linux-x86_64.tgz -C /opt
```

```
root@456:/tmp/splunkinstall#
root@456:/tmp/splunkinstall#
root@456:/tmp/splunkinstall# ls
splunk-9.2.0.1-d8ae995bf219-Linux-x86_64.tgz
root@456:/tmp/splunkinstall#
root@456:/tmp/splunkinstall#
root@456:/tmp/splunkinstall# tar xvzf splunk-9.2.0.1-d8ae995bf219-Linux-x86_64.tgz -C /opt
```

图 6-57 解压压缩包

文件会解压在 /opt/splunk 目录下，进入该目录检查文件是否解压完全，如图 6-58 所示。

```
root@456:/tmp/splunkinstall# cd /opt/
root@456:/opt# ls

root@456:/opt# cd /opt/splunk/
root@456:/opt/splunk# ls
                                   README-splunk.txt
               license-eula.txt
copyright.txt                      splunk-9.2.0.1-d8ae995bf219-linux-2.6-x86_64-manifest

root@456:/opt/splunk#
```

图 6-58 检查 Splunk 文件和目录

（7）解压完成后就可以直接使用了，不过在这里需要多做一个步骤，把安装好 Splunk Enterprise 的 Ubuntu 虚拟机放到 GNS3 的网络拓扑里面去。为了方便练习，可配置如图 6-59 所示中的网络拓扑，Splunk Enterprise 虚拟机作为 Server1，另外部署一个 VM 虚拟机作为 PC1。因为 GNS3 的网络拓扑需要虚拟机使用仅主机模式，所以在搭建好网络拓扑后，要修改 Ubuntu 虚拟机的网络适配器为仅主机模式，还需要修改 IP 地址为 10.10.10.3/24。

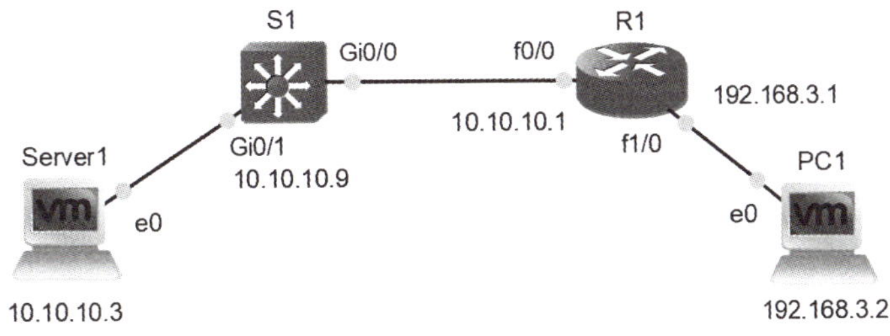

图 6-59 GNS3 网络拓扑图

注意：本例中使用了两个 VM 虚拟机，在 GNS3 的网络拓扑中处于不同的网络，通过路由器连接。但 VMWare 本身也是有内置交换的，如果两个 VM 虚拟机的网络适配器使用了同一个 VMnet，则这两个 VM 虚拟机也可以直接连通，并且可能会产生网络冲突。要实现正确的网络功能，应当将不同网络的 VM 虚拟机设置为不同的 VMnet。另外，宿主机可以通过 VMnet 虚拟网卡直接连接所有 VM 虚拟机。

（8）进入 /opt/splunk/bin 子目录，执行 ./splunk start --accept-license 命令，启动 splunk 程序（如果权限不够会提示文件读取错误，需要在前面加 sudo 指令并输入密码）。第一次启动会要求设置网络管理员用户名和密码，等待启动成功后，会显示 Splunk Enterprise 的 WEB 界面访问地址，如图 6-60 所示。

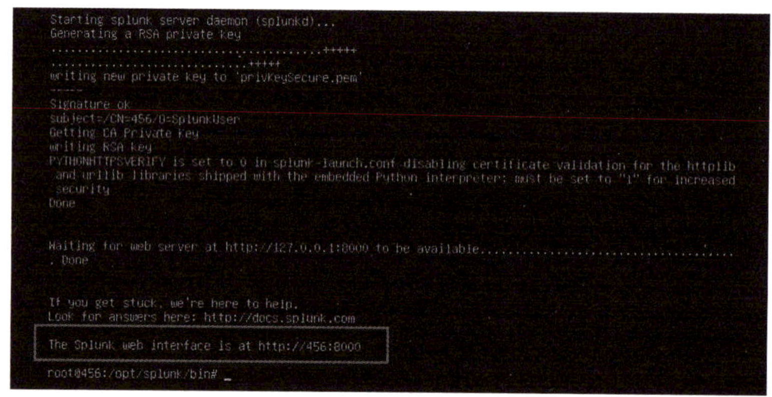

图 6-60　启动成功 Splunk

（9）在 Ubuntu 下使用 ip a 命令可以看到所有的网络适配器的地址，使用哪个地址都能够访问 Splunk Enterprise。此处准备使用宿主机来访问 Splunk Enterprise 的 WEB 页面，由于宿主机的 IP 地址和 Ubuntu 不是同一个网段，所以需要做出修改。在宿主机的 VMnet 网卡添加或修改 IP 地址，打开网络连接，在网络适配器 VMnet1 上右击打开快捷菜单，单击“属性”→“Internet 协议版本 4（TCP/IPv4）”→“属性”→“高级”按钮，打开“高级 TCP/IP 设置”选项卡，然后添加一个 IP 地址，与 Ubuntu 同网段即可，如图 6-61 所示。

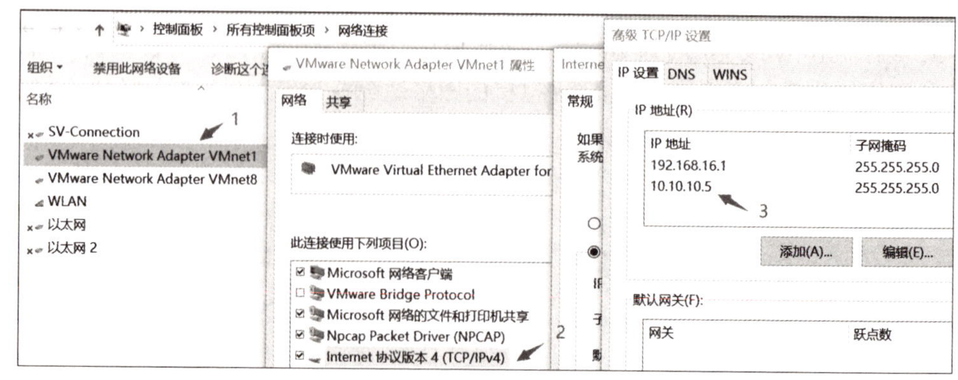

图 6-61　宿主机添加 IP 地址

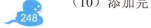

（10）添加完 IP 地址后，宿主机就可以直接访问 Ubuntu 了。打开浏览器，输入

http://10.10.10.3:8000/，出现 Splunk Enterprise 的运行页面。第一次登录使用默认用户名和密码，系统会提示修改密码，修改后使用新密码进入，如图 6-62 所示。

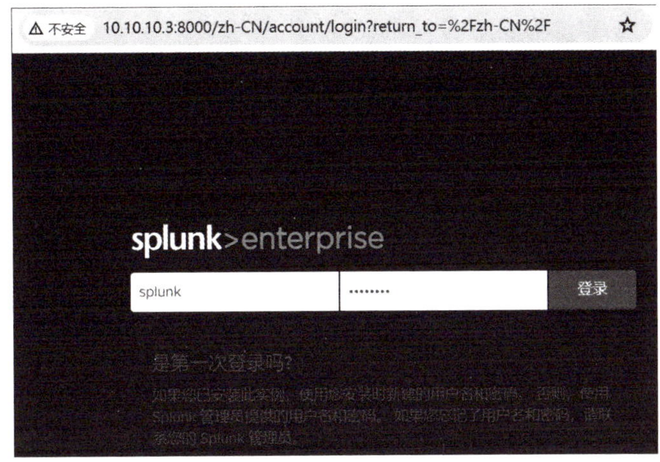

图 6-62　登录 Splunk

（11）登录成功后，就进入 Splunk Enterprise 的运行主界面，如图 6-63 所示。

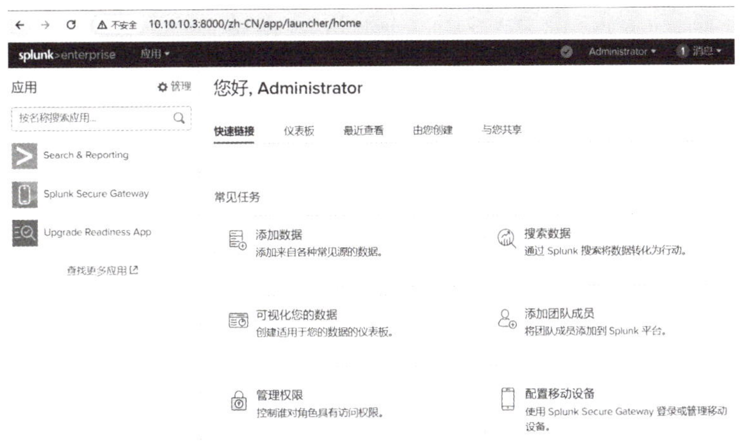

图 6-63　Splunk 运行主界面

2. 采集设备日志

（1）Splunk Enterprise 在开始运行后，首先要添加数据来源，采集到数据才能集中分析和展示。在主界面的常见任务中选择“添加数据”选项，然后选择“监视”选项，配置数据采集源，如图 6-64 所示。

图 6-64　选择添加监视数据

（2）在添加数据页面左边的列表中选择“TCP/UDP”选项，然后在右边的页面中选择“UDP”选项，端口填写 514（这是默认的 Syslog 服务端口），然后单击“下一步”按钮，如图 6-65 所示。

注意：来源信息不能重复。

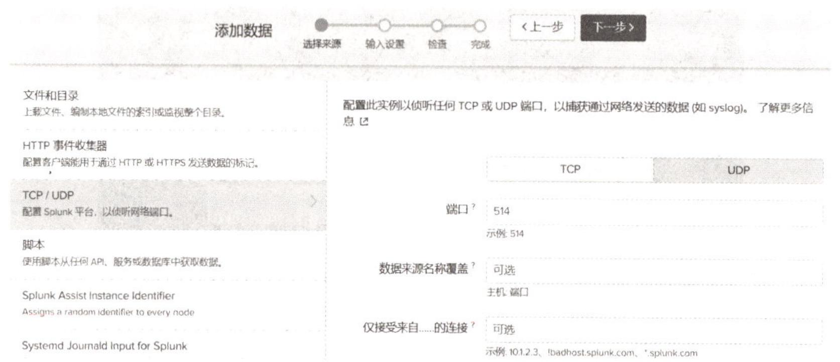

图 6-65　选择 UDP 514 端口

（3）在输入设置页面中的来源类型部分新建来源类型，来源类型用于分类搜索。来源类型可以在列表中选择，也可以新建。此处新建一个来源类型，名称填写“GNS3”，来源类型类别选择“网络和安全”选项，如图 6-66 所示。

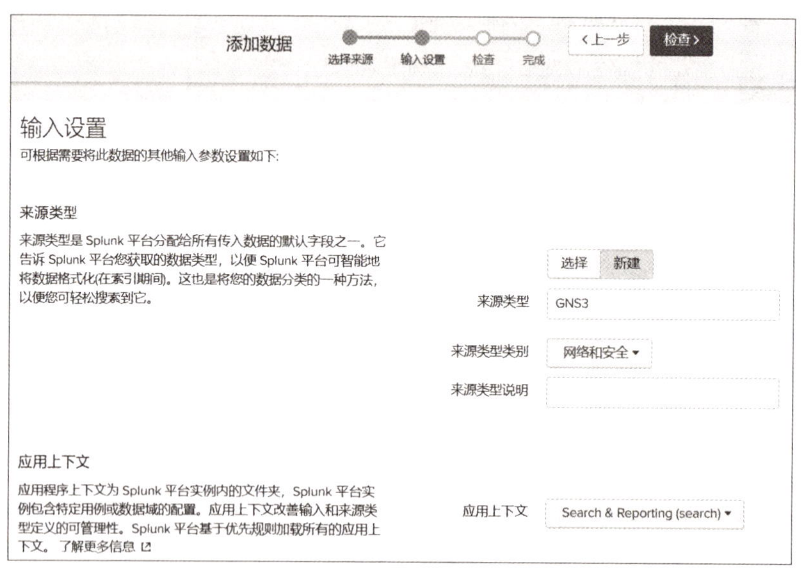

图 6-66　选择数据输入来源类型

（4）然后单击“检查”按钮，出现下面的检查结果，确认无误后单击“提交”按钮。就创建好了一个接收数据的服务端口，如图 6-67 所示。

（5）添加数据完成后，可以搜索指定的数据信息，不过现在还没有数据传入，找不到任何结果。注意搜索栏中的搜索语句指明了数据来源是 UDP 协议的 514 端口接收的，数据源类型是 GNS3，如图 6-68 所示。

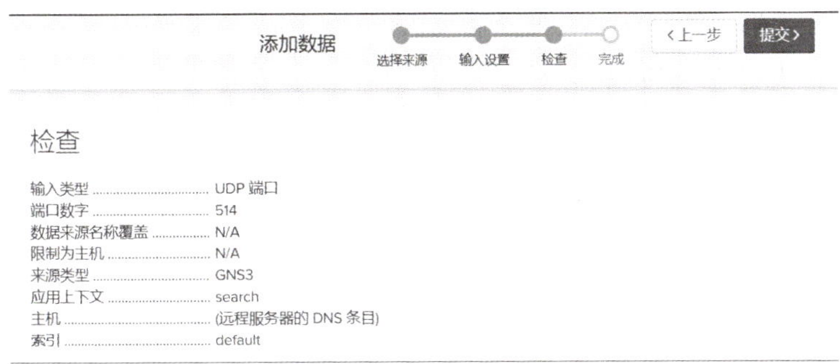

图 6-67　检查配置情况

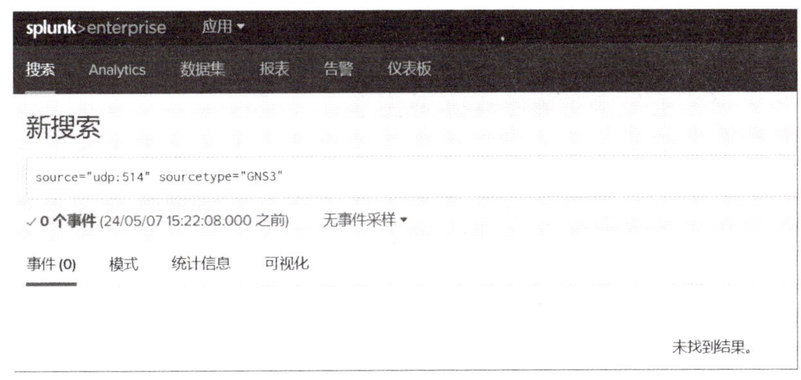

图 6-68　搜索指定数据信息

（6）接下来在路由器 R1 上配置 Syslog 相关设置，使其将日志信息发送到 Splunk Enterprise 上。

```
R1(config)#logging on                       // 允许发送日志到有效的目的地
R1(config)#logging host 10.10.10.3          // 设置日志发送目标地址
R1(config)#logging trap informational       // 指定日志消息的严重级别
R1(config)#logging facility local7          // 日志服务器上使用的记录设施
```

配置完成后，再做一个测试，使用 shutdown 命令关掉路由器的 f1/0 端口。

（7）然后在 Splunk Enterprise 页面中单击搜索栏中的搜索按钮，发现路由器的告警数据已经传入了，此时已搜索出关于路由器端口关闭等消息，如图 6-69 所示。（此时默认的搜索条件为 source= “udp:514” sourcetype= “GNS3”）

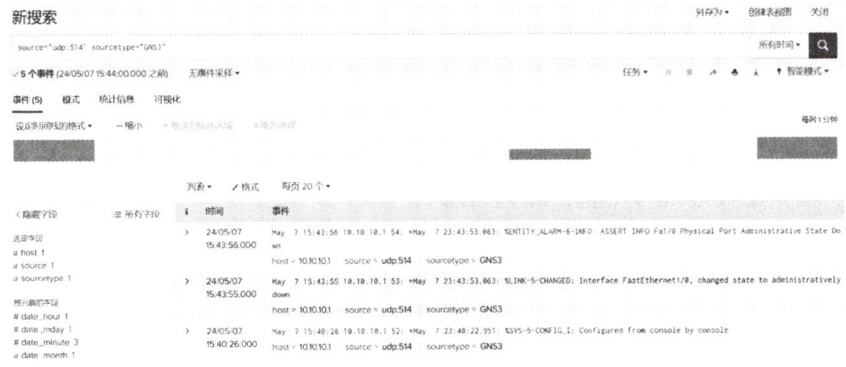

图 6-69　搜索获取的日志数据

如果想观察实时传入的消息，可以在搜索按钮旁的下拉菜单中选择“所有时间（实时）”选项，Splunk Enterprise 就会实时更新接收到的指定消息了。

Splunk Enterprise 的功能非常强大，且提供了丰富的使用帮助，包括如何使用搜索、分析、告警、仪表板等等，读者可以参阅相关帮助文档或示例资料进行学习。

五、任务实战

1. 任务情境

为了满足网络安全合规性要求，加强网络设备的安全管理，提高安全应急处置能力，某港口的网络中需要部署日志审计系统，将网络设备和重要服务器的日志进行集中采集、备份和分析，在日志审计系统上配置仪表板，监控网络运行状况，网络拓扑图如图 6-70 所示。

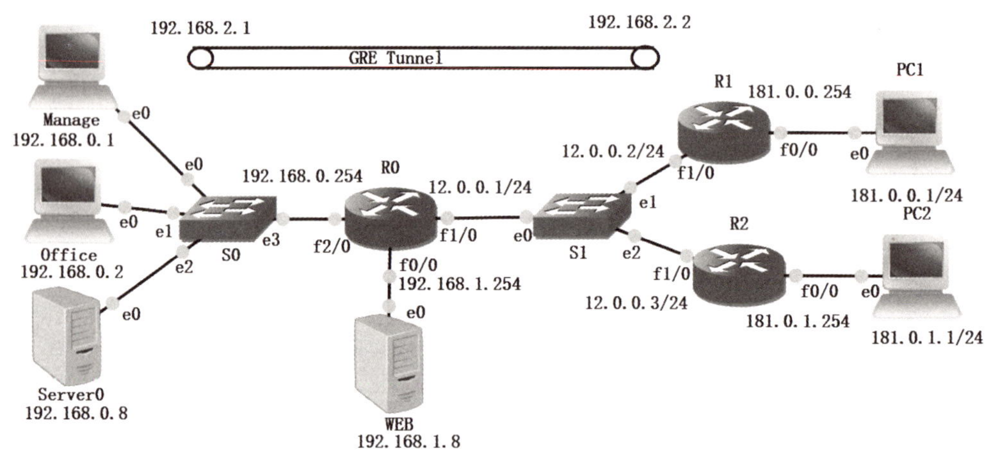

图 6-70 部署日志审计系统网络拓扑图

2. 任务要求

根据问题情境，请读者完成以下 3 个任务：

任务 1：在 Server0 上安装 Splunk Enterprise。

任务 2：配置路由器和交换机，将严重等级在 6 级及以上的事件发送到日志审计系统。

任务 3：将 WEB 服务器的日志信息发送到 Splunk Enterprise 日志审计系统。

3. 任务实施步骤

任务 1：在 Server0 上安装 Splunk Enterprise。

（请参考能力训练安装与配置 Splunk Enterprise）

（1）准备好一个 Ubuntu 操作系统的 VMware 虚拟机，安装 Splunk Enterprise。

（2）将安装好的 Splunk Enterprise 主机修改网络地址，加入到 GNS3 网络拓扑中，替换掉原有的 Server0 虚拟主机，作为日志服务器。

（3）通过宿主机或另一台 VM 虚拟机完成 Splunk Enterprise 的基础配置。

任务 2：配置路由器和交换机，将严重等级在 6 级及以上的事件发送到 Splunk Enterprise。

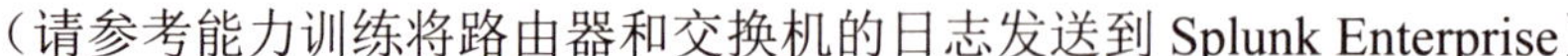

（请参考能力训练将路由器和交换机的日志发送到 Splunk Enterprise）

配置路由器 R0 和交换机 S0，将严重等级在 6 级及以上级别的消息发送到日志服务器。

任务 3：将 WEB 服务器的日志信息发送到 Splunk Enterprise 日志审计系统。

本例中使用 Linux VM 虚拟机来担任 WEB 服务器，请安装好 Linux 虚拟机（如 Ubuntu）并加入到 GNS3 网络拓扑中的 WEB 服务器位置。

（1）在服务器上检查 Rsyslogd 服务是否安装，命令如下：

```
sudo apt list |grep rsyslog                 // 检查是否安装了 rsyslog
```

如果显示有安装，则跳过安装步骤（2）。

（2）安装 Rsyslog，注意要连接外网，需修改虚拟机的网络连接模式为 NAT，安装完后再改回来，配置命令如下：

```
sudo apt install rsyslog                    // 安装 Rsyslog
sudo systemctl start rsyslog                // 启动 Rsyslog
sudo systemctl enable rsyslog               // 设置开机自动启动
```

（3）修改配置文件 /etc/rsyslog.conf，使日志发送到日志服务器，命令如下：

```
*.* @192.168.0.8:514
```

这里的“*.*”表示所有设备类型和日志级别，也可以针对特定服务或日志级别制定转发规则，详见“2. 网络设备日志简介”。“@”符号表示使用 UDP 协议，若希望使用 TCP 传输（更可靠但略慢），则使用“@@”符号。后面的 192.168.0.8:514 代表日志服务器的 IP 地址和端口号。

（4）最后重启 Rsyslog 服务，在 WEB 服务器上做一些操作，例如创建账户、修改权限等，在 Splunk Enterprise 中观察是否有收到数据。

六、学习结果评价

本任务主要讨论了日志的概念和日志审计系统的作用。日志审计是非常重要的网络安全技术措施，一是便于监控网络运行状况，二是在安全事件发生后依赖其进行攻击溯源。为让读者清楚自身学习情况，现将设定学习结果评价表，小组同学之间可以交换评价，进行互相监督，见表 6-5。

表 6-5 学习结果评价表

序号	评价内容	评价标准	评价结果（是 / 否）
1	配置网络设备日志功能	能对重要事件进行记录，并发送到日志服务器	
2	配置日志审计系统	能安装配置日志审计系统 Splunk	
3	监控网络设备状况	能配置 Splunk 监控网络设备状况	

七、课后作业

1. 填空题

（1）网络安全事件的严重程度一般分为（　　）个级别，其中（　　）级别最高，（　　）级别最低。

（2）Splunk Enterprise 将其处理的数据存储在（　　）中。

（3）（　　）是用于为数据创建索引的 Splunk Enterprise 实例。

（4）（　　）是配置、知识对象和客户设计的视图和仪表板的集合。

（5）facility 指设备（或日志来源），其中 kern 表示（　　），local 表示（　　）。

2. 选择题

（1）网络安全应急响应分为（　　）6 个阶段。

A. 准备、监控、阻断、根除、修复、跟踪

B. 准备、检测、阻断、修复、恢复、检查

C. 准备、检测、遏制、根除、恢复、跟踪

D. 准备、检测、遏制、清除、修复、跟踪

（2）【多选】下列关于日志审计说法正确的是（　　）。

A.《中华人民共和国网络安全法》中明确规定信息系统运营者必须保留安全审计日志达 6 个月。

B. 在应急响应准备阶段，网络管理员需要配置日志审计策略，设定哪些事件需要记录。

C. 在信息安全事件发生后溯源和排查安全问题时需要依赖日志信息。

D. 网络管理员要设置访问权限保护日志审计功能和日志记录的安全。

（3）【多选】下列关于 Splunk Enterprise 说法正确的是（　　）。

A. 可以支持多种数据源，包括各类操作系统、数据库、网络设备等

B. 支持范式化不同设备发来的日志格式

C. 支持日志记录的实时分析和告警

D. 免费版支持基于角色的访问控制和分布式搜索

（4）【多选】日志输出的有方式有（　　）。

A. 线路　　　　B. 缓存

C. 日志服务器　　　　D. SNMP 管理站

工作模块 7
防御网络攻击

模块导引

穿越时空的城墙：从古代攻防战看现代网络安全

亘古至今，防御始终是人类文明的重要课题。古代城池，不仅是经济枢纽和人口中心，更是抵御外敌的坚固堡垒。为了争夺城池的控制权，攻守双方斗智斗勇，上演了一幕幕惊心动魄的战争史诗。

古时的攻城手段可谓五花八门，从直接的器械攻击，如攻城车、云梯、投石机，到巧妙的战术运用，如火攻、水攻、挖地道，无不体现着攻城者的智慧和决心。秦将白起水淹鄢城，袁绍挖地道破易京，以及吕蒙巧施计谋夺取荆州，这些经典战例展现了古代战争中灵活多变的攻击策略，也预示着现代网络攻击手段的多样性和复杂性。

为了抵御强敌，古人同样展现出非凡的防御智慧。城墙高筑、护城河环绕、瓮城层层设防、内外城墙互为犄角，这些立体而纵深的防御体系，与现代网络安全中的防火墙、入侵检测系统、多因素认证等防御措施有着异曲同工之妙。而南宋钓鱼城 36 年抗击蒙古大军的壮举，更彰显了“天时、地利、人和”在防御体系中的重要性，也为现代网络安全防御提供了宝贵的借鉴意义。

如今，网络空间已成为人类社会发展的新战场。网络的开放性带来了前所未有的机遇，同时也伴随着巨大的安全挑战。层出不穷的网络攻击手段，如同古代的攻城利器，时刻威胁着网络的安全。如何构建坚不可摧的网络安全防线，成为摆在人们面前的时代课题。

回望历史，可以从古代攻防战中汲取宝贵经验，以史为鉴，构建起与时俱进的网络安全防御体系，筑牢维护网络安全的坚固城墙。

工作任务 7-1：网络边界安全防护

任务简介

防火墙作为网络安全防护的核心设施，通过在网络边界建立访问控制机制，有效隔离内外网络环境，防止非法连接和恶意入侵。防火墙的实现形式多样，包括独立的硬件设备、网络设备集成模块以及主机软件等。其中，硬件防火墙虽然性能优越但价格较高，而 Cisco 的 ASAv 防火墙虚拟化版本则为学习和测试提供了经济实用的选择，它可以在云平台上部署或用于构建仿真环境，使得防火墙技术的学习和实践更加便捷可行。

本工作任务要求掌握防火墙的基本配置方法和部署技巧，重点包括防火墙安全策略的制定、访问控制规则的配置以及虚拟化环境下 ASAv 防火墙的部署和管理。通过实践操作，需要能够根据网络安全需求，合理规划和实施防火墙解决方案，确保内网与外部网络之间的安全通信。

职业能力 7-1-1：能配置防火墙保护边界安全

一、核心概念

- ASAv：Cisco 自适应安全虚拟设备（ASAv）可为虚拟环境提供完整的防火墙功能，从而确保数据中心流量和多租户环境的安全。
- security-level：标示每个网络接口（区域）的安全等级，用于保护重要网络，限制网络间的访问活动。

二、学习目标

- 了解 ASAv 防火墙相关概念。
- 熟悉防火墙的基本管理。
- 熟悉防火墙的网络基本功能配置。
- 掌握防火墙的 VPN 配置连接。

学习思维导图：

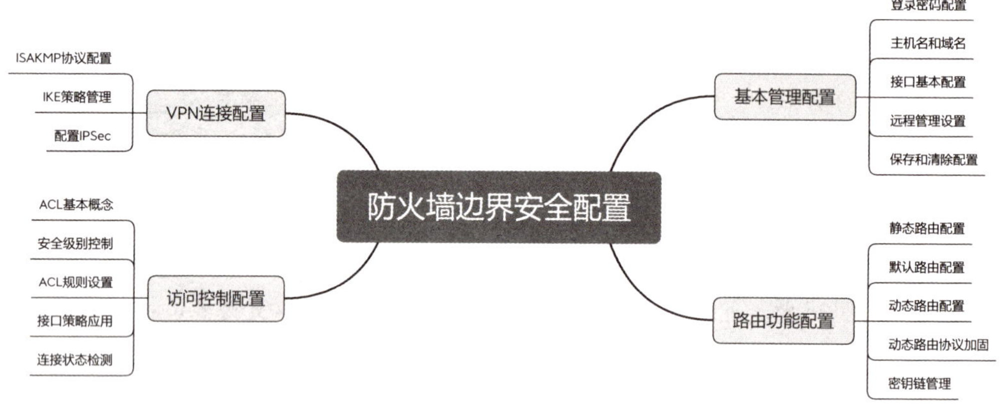

三、基本知识

1. 网络防火墙简介

网络防火墙是一种用来加强网络之间访问控制的特殊网络互联控制设备，防火墙对流经它的网络通信进行安全检查，阻止不符合安全策略的流量通过，它可以抵御来自网络层的流量攻击，强化安全策略，控制病毒传播，限制内网资产的暴露点。

防火墙自 20 世纪 80 年代末期开始发展，至今已有 30 多年的历史，在这段时间内，防火墙的发展大致可分为三个重要阶段。

阶段 1：1989—1994 年。1989 年，第一款基于 ACL 的防火墙诞生，它被称为第一代防火墙，俗称包过滤防火墙，它通过检查流量包中的地址、端口、协议等关键信息，来阻止不符合安全策略的流量包通过。ACL 技术现在已经普遍应用到交换机、路由器等网络设备中了，在 PC 上也有防火墙软件。

后来，又出现了应用层网关（Application Layer Gateway，ALG）防火墙，也称第二代防火墙，它在第一代防火墙的基础上，增加了应用层代理功能。防火墙会拦截和记录内网客户端发给外网服务端的请求报文，由防火墙代理访问服务器，再将服务器返回的信息发送给客户端，如图 7-1 所示。它的安全性较高，可以隐藏内网用户，但处理速度较慢。在以前网络还不发达的时代，多个内网终端通过代理软件共享上网是很常见的情况。

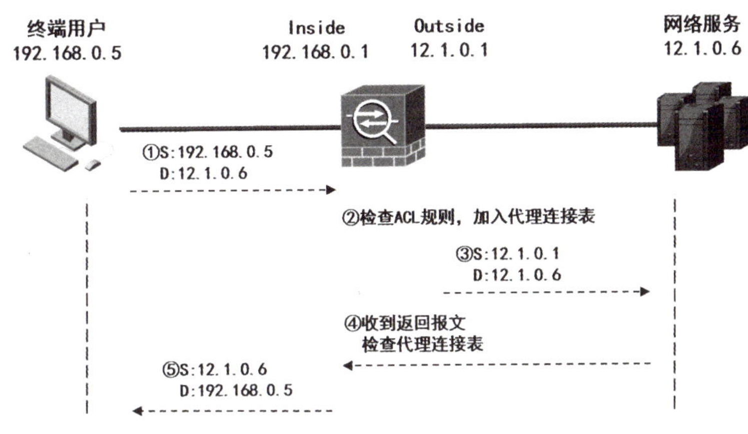

图 7-1 应用层网关防火墙工作过程

1994 年出现了状态检测防火墙，也就是第三代防火墙，支持通过分析会话的状态来执行拦截操作。传统的 ACL 已不能满足繁多的网络应用和用户需求，防火墙每增加一个允许的应用就需要在 ACL 表中添加相应的条目，这使得网络管理员不堪重负，且冗长的 ACL 表会大幅降低防火墙的工作效率。

状态检测防火墙的工作思想是将通信双方的一整个会话流来做整体控制。当会话流的第一个报文经过时，防火墙先检查 ACL，若允许通过，则放行该报文，并记录到连接状态表中；当对面返回报文时，在连接状态表中查询是否存在该会话，如果有则放行，不再检查 ACL 表。状态检测防火墙的工作过程如图 7-2 所示。

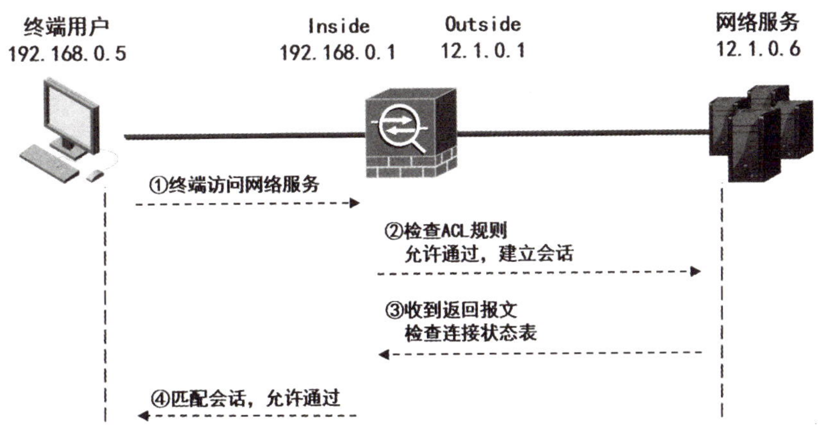

图 7-2 状态检测防火墙工作过程

大多数应用都会使用 TCP 协议，这是一种面向连接的传输层协议，被广泛用于 WEB、FTP 等重要数据传输。当内网客户端发起一个连接请求时，会携带 TCP 报文的 SYN 标志位，防火墙检查 ACL 允许通行后，会记录下该连接状态（不是当前状态，而是后续状态），服务端返回 TCP 报文时会携带 SYN 和 ACK 标志，防火墙会在连接状态表中检查是否匹配，如果匹配则放行，不再检查 ACL 表，如果不匹配则认为这是个异常报文丢弃掉。

使用状态检测防火墙能极大减少策略规则的设定，网络管理员只需要设置关键的访问控制规则即可。

阶段 2：1995—2004 年。在这一时期，防火墙的功能和性能大幅提升，增加了 NAT、VPN 等功能，流量攻击防护能力得到增强，在小型网络下还可以替代路由器使用。这时期，还出现了专门用于 WEB 应用层防护的 WEB 应用防火墙（Web Application Firewall，WAF）设备。

阶段 3：2005 至今。随着互联网的迅速发展，网络安全的种类和数量威胁急剧增多，在网络中需要部署多套安全设备抵御各种网络攻击，这使得投资成本增大，管理复杂，故障点增多。于是出现了统一威胁管理（Unified Threat Management，UTM）防火墙，它将传统防火墙、入侵检测、防病毒、统一资源定义系统（Uniform Resource Locator，URL）过滤、应用程序控制、邮件过滤等功能融合到一台防火墙上，实现单台设备集成多功能安全防护，并提供了应用层防护措施。

UTM 防火墙将多项安全功能集成到一台设备中，但大多数设备在内部处理流量的时候采用串行处理方式，严重降低了网络吞吐效率，很快被下一代防火墙取代。

2009 年，著名咨询机构高德纳（Gartner）提出应对当前与未来网络安全威胁的下一代防火墙概念。由于 WEB 2.0 应用的全面普及，极大丰富了基于 WEB 的功能应用，大部分的业务都采用 B/S 模式，网络通信大多采用少数几个端口和协议运行，使得传统的基于端口 / 协议类安全策略的防护效率越来越低，入侵防御系统（Intrusion Prevention System，IPS）可根据已知操作系统漏洞库检查数据包中的攻击代码，但却不能有效识别与阻止应用程序的滥用以及应用流量中隐藏的恶意代码。

下一代防火墙（Next Generation Firewall，NGFW）是一款可以全面应对应用层威胁的高性能防火墙，能够为用户提供有效的应用层一体化安全防护，帮助用户安全地开展业务并简化网络安全架构。下一代防火墙具有如下特征：

（1）具有传统防火墙的功能，例如网络包过滤、流量攻击防护、状态检测、NAT、VPN 等。

（2）具有集成式 IPS，并支持防病毒（Antivirus，AV）、URL 过滤、应用程序控制、邮件过滤等功能，有的还支持 WAF、业务内容识别、网络行为管理等功能。

（3）智能化可升级的知识库和策略库。

（4）高性能并行处理引擎。

（5）可视化管理，报表输出。

随着云计算、虚拟化技术、安全大数据技术的发展，下一代防火墙也在不断的衍变和发展。比如在云环境下需要为客户系统提供安全防护，使用虚拟化防火墙（H3C Secpath vFW-E-Colud，vFW）可以结合软件定义网络（Software Defined Network，SDN）

更好地满足按需分配资源的服务模式。

2. ASAv 网络防火墙简介

Cisco 自适应安全设备（ASA）软件是为 Cisco ASA 系列产品提供强大功能的核心操作系统。它拥有多种外观，为 ASA 设备提供企业级防火墙功能，包括独立式设备、刀片式设备和虚拟设备。

其中，虚拟设备 ASAv 防火墙具备以下特点和功能：

（1）虚拟化部署。ASAv 防火墙可以在虚拟化平台上部署，如 VMware、KVM 等，从而节省硬件成本和提高灵活性。

（2）统一管理。ASAv 防火墙可以与其他 Cisco 硬件防火墙集成，通过 Cisco 的集中式管理平台（如 Cisco 安全管理器）实现统一的安全策略管理和监控。

（3）高级威胁防御。ASAv 防火墙支持威胁情报集成和高级威胁防御功能，如入侵防御系统和恶意软件防护等。

（4）VPN 支持。ASAv 防火墙提供了强大的 VPN 功能，包括站点到站点 VPN 和远程访问 VPN，以保护远程用户和分支机构的安全连接。

（5）安全性能。ASAv 防火墙具备高性能的数据包处理能力和多种安全功能，以应对复杂的网络安全威胁和攻击。

ASAv 防火墙支持在 VMware、KVM、AWS、Azure、Hyper-V、Oracle 云基础设施、Google 云基础设施、OpenStack 等环境中部署，囊括了现在主流的云平台和虚拟化环境。

ASAv 防火墙最低内存要求为 2GB，最低支持 1 个 vCPU，最大 8GB 虚拟磁盘，在添加防火墙时记得调整虚拟机的内存大小。若要正常使用 ASAv 防火墙，必须安装智能许可证（License）。如果没有安装许可证，吞吐量限制为 100 kbps，以便执行初步连接测试。更多准则和限制请参考 Cisco 官方网站介绍。

3. ASAv 防火墙基本管理

ASAv 防火墙的基本管理操作命令与路由器比较类似，不过专门对安全配置方面做了优化和增强，下面只简要介绍部分基本功能配置，详细的操作命令介绍请参考 Cisco 官网的产品手册文档。

（1）基本安装与配置。Cisco 公司提供了 ASAv 防火墙的开源模拟处理器（Quick EMUlator，QEMU）格式虚拟化版本，要在 GNS3 中支持 ASAv 防火墙，需要先开启 GNS3 VM。对于 Windows 操作系统，建议使用 VMware Workstation/Player，并安装好 GNS3 VM.ova，准备好基础环境。然后再下载防火墙镜像 asav-9-x.qcow2，添加到 GNS3 的 Qemu VM Templates 中去就可以使用了。建议使用 9.X 虚拟防火墙镜像，本例使用的版本为 9.18，读者可以根据需要在网络上下载。

（2）登录密码配置。第一次启动 Telnet 连接 ASAv 防火墙，会提示需要设定 enable 密码，出于安全考虑，防火墙的密码长度为 8 ～ 127 个字符，且不允许使用 3 个重复或连续的 ASCII 字符。密码默认采用 pbkdf2 算法（一种加盐哈希算法，常用于生成加密的密码）加密，在执行 show running-config 命令时，能看到密码显示为星号，后面跟有 pbkdf2 的字样，使用 password-policy 命令可以设置关于密码强度的选项。

（3）主机名和域名。ASAv 防火墙默认的主机名为 ciscoasa，可以在全局配置模式下使用 hostname 命令修改，名称最多可包含 63 个字符。主机名必须以字母或数字开头和结尾，并且只能包含字母、数字或连字符。

可以使用 domain-name 命令设定域名，防火墙会将域名作为后缀追加到不受限定的名称。如果将域名设置为 example.com 并通过不受限定的名称 jupiter 来指定系统日志服务器，则防火墙会将名称限定为 jupiter.example.com。

（4）接口基本配置。ASAv 防火墙具备多种接口，除了 Console 口和数据接口外，ASAv 防火墙提供有专门的管理接口（Management），专用于带外管理，不可用于通信，也就是说不转发数据包。也可以将数据接口管理专用接口，只需将该接口配置为用于管理流量（在接口配置模式下使用 management-only 命令）。

和路由器一样，ASAv 防火墙使用 interface 命令进入指定接口的配置界面，设定接口 IP 地址。

ASAv 防火墙支持路由模式和透明模式，如图 7-3 所示。路由模式指设备像路由器一样工作，连接不同的网络，在网络中添加路由器会修改原网络拓扑，或是替换掉原路由器，做相应的路由设置和安全配置；透明模式是指设备接在线路的中间，不改变原网络拓扑，不修改网络配置，防火墙对流经的数据流量做检测过滤，两端节点感觉不到防火墙的存在。

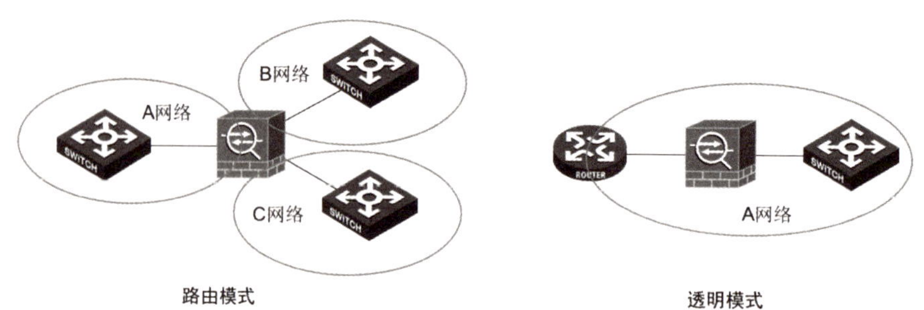

图 7-3　路由模式和透明模式示意图

ASAv 防火墙可以配置两种类型的接口：路由接口和桥接接口。桥接接口属于桥接组，且所有接口都在同一网络上，桥接组由在网桥网络上有 IP 地址的桥接虚拟接口（Bridge Virtanl Interface，BVI）表示，透明模式仅支持桥接组和 BVI 接口。路由模式支持路由接口和桥接接口，可以在路由接口和 BVI 之间路由。

每个接口都必须配置一个接口名称和安全等级才能生效，接口名称代表了安全区域，防火墙连接了各个安全区域，控制通信流量。接口名称用于大多数安全配置，例如 ACL 和 NAT 功能，在接口配置模式下使用 nameif 命令指定接口名称。

每个接口都必须有一个安全等级，从 0（最低）到 100（最高），包括网桥组成员接口。例如，应将最安全的网络（如内部生产网络）分配至等级 100，而连接到互联网的外部网络可分配至等级 0。其他网络（例如 DMZ）可指定为介于中间的等级。在透明模式下，BVI 接口没有安全等级，因为它没有参与接口之间的路由。在接口配置模式下使用 security-level 命令为接口配置安全等级。

接口配置的基本规则如下：

```
ciscoasa(config)#interface 接口类型 接口号                    // 进入接口配置模式
ciscoasa(config-if)#ip address IP 地址 网络掩码               // 设置 IP 地址和掩码
```

```
ciscoasa(config-if)#nameif 接口名称                    // 设置接口名称
ciscoasa(config-if)#security-level 安全等级            // 设置接口安全等级
ciscoasa(config-if)#no shutdown                        // 启用该接口
```

默认情况下，较高安全等级接口上的主机可以访问较低安全等级接口上的任何主机，反之则不行，相同安全等级的接口之间不能互相访问，若想开启相同安全等级的不同接口之间的网络通信，需要使用same-security-traffic permit inter-interface命令。另外，还可以通过配置 ACL 来控制网络访问。

注意：如果将接口名称设置为 inside，其接口默认安全等级为 100，如果将接口名称设置为 outside，则默认安全等级为 0。

（5）远程管理设置。可以使用 Telnet 和 SSH 方式远程管理防火墙，ASAv 防火墙默认已开启这两项服务。

Telnet 服务只支持来自安全等级最高的接口连接，可以指定一个 IP 地址或网段允许登录 Telnet 服务，命令格式如下：

```
ciscoasa(config)#telnet IP 地址 网络掩码 接口名称
```

如果不想使用 Telnet 管理防火墙，不设定允许登录地址即可。

ASAv 防火墙可以使用 passwd 命令用来设定 Telnet 登录密码，也可以设置本地账户数据库，配置方法与路由器相同。

建议使用更安全的 SSH 连接防火墙，ASAv 防火墙采用 SSH 2.0 版本，SSH 支持任意接口的连接，配置方法与路由器类似，下面是配置 SSH 服务过程示例以及说明：

1）首先修改主机名称，也可以根据情况而定，此处设定主机名称为 FW1，命令如下：

```
ciscoasa(config)#hostname FW1
```

2）然后设定域名称，此处设定域名称为 mydomain.com，命令如下：

```
FW1(config)#domain-name mydomain.com
```

3）生成 RSA 密钥，命令如下：

```
FW1(config)#crypto key generate rsa modulus 2048
```

在本例防火墙上密钥参数只有 2048、3072、4096 几个选择，同时此命令不是必须的，防火墙会提示“You have a RSA keypair already defined named <Default-RSA-Key>”，也就是说防火墙已经预先定义了一套默认的 RSA key，用户可以选择是否替换。

4）定义允许 SSH 登录的接口，限定登录 IP 地址，命令如下：

```
FW1(config)#ssh 0 0 inside
// 设置内网（inside 接口）所有地址都可登录
FW1(config)#ssh 10.10.10.0 255.255.255.0 outside
// 设置外网（outside 接口）只允许 10.10.10.0 网段才能登录
```

5）设置 SSH 登录超时等待时间为 3 分钟（可选设置），命令如下：

```
FW1(config)#ssh timeout 3
```

最后配置登录用户名和密码，ASAv 防火墙默认使用 AAA 认证方式，如果使用 username 命令配置的本地用户账户不能直接登录，要开启本地账户登录的话需要添加命令如下：

```
FW1(config)#aaa authentication ssh console LOCAL
```

配置完成后就可以在终端上使用 SSH 客户端登录 ASAv 防火墙了，常用的远程客户端软件有 Putty、SecureCRT 等，如果在连接的时候出现如图 7-4 所示的提示，则说明需要更新客户端软件，以支持高安全级别的密钥算法。

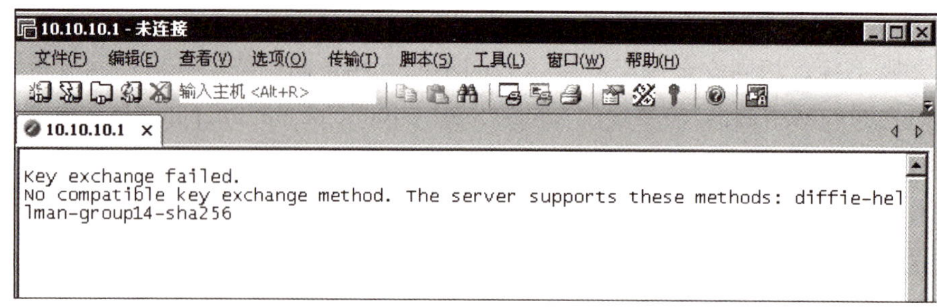

图 7-4　SecureCRT 客户端登录失败提示

第一次 SSH 登录成功后防火墙会提示修改密码，这是防火墙的安全机制。

要查看 SSH 的相关信息，可以使用 show ssh 命令，能看到 SSH 版本、使用的算法、允许哪些主机连接等信息。

（6）保存和清除配置。防火墙在关闭电源后会丢失内存中的配置信息，如果要保存配置，可以使用 write memory 命令或 write 命令，将运行配置信息保存到 startup-config 配置文件，也可以使用 copy running-config startup-config 命令复制配置文件。

如果要清除 startup-config 配置文件的内容，可以在全局配置模式下使用 clear configur all 命令，这样设备下次启动时就没有任何配置了，不过这个操作不会清除 cnable 密码。另外还可以使用 write erase 命令删除 startup-config 配置文件，这种方式会清除 enable 密码。

4. 配置路由

防火墙控制了各个网络区域之间的流量，因此也可以作路由器使用，路由器也具备一定的安全功能，在小型的、要求不高的网络中两者可以互相替换。不过，两者的侧重点不同，在大型复杂网络中，核心网络数据交换还是会让路由器和交换机承担，防火墙大多以透明方式部署到网络边界和重要网络区域入口。

ASAv 防火墙支持静态路由和动态路由，支持负载均衡和故障切换，其中动态路由支持 RIP、OSPF、EIGRP、BGP、IS-IS 等协议。路由相关的概念和工作方式可参考路由器部分的相关知识，此处仅简要介绍防火墙的路由配置命令。

（1）静态路由配置方法。路由配置均在全局配置模式下进行，添加一条静态路由，命令如下：

```
route 接口名称 目标 IP 地址 网络掩码 网关 IP 地址 [distance]
```

其中，“接口名称”参数是要用于发送特定流量的接口名称。如果要丢弃不必要的流量，请输入“null0”（这是个特定的名称，代表空接口，用于丢弃指定的流量）。如果防火墙为透明模式，需指定网桥组成员接口名称。对于具有网桥组的路由模式，需指定 BVI 名称；“网关 IP 地址”参数是下一跳路由器的接口地址；“distance”参数是路由的管理距离，该值为 1 ～ 254，如果未指定值，则默认值为 1。管理距离是用于比较不同路由协议之间路由的参数，如果静态路由与动态路由的管理距离相同，则静态路由优先。

以下示例显示 3 个通向同一网关的网络和另一个通向不同网关的网络的静态路由：

```
route outside 10.10.10.0 255.255.255.0 192.168.1.1
route outside 10.10.20.0 255.255.255.0 192.168.1.1
route outside 10.10.30.0 255.255.255.0 192.168.1.1
route inside 10.10.40.0 255.255.255.0 10.1.1.1
```

对于 IPv6 网络，配置静态路由，命令如下：

```
ipv6 route 接口名称 dest_ipv6_prefix/prefix_length 网关 IP [distance]
```

IPv6 静态路由配置示例如下：

```
ipv6 route outside 2001:DB8:1::0/32 2001:DB8:0:CC00::1
```

（2）默认路由配置方法。配置 IPv4 默认路由，命令如下：

```
route 接口名称 0.0.0.0 0.0.0.0 网关 IP [distance] [tunneled]
```

或使用命令：

```
route 接口名称 0 0 网关 IP [distance] [tunneled]
```

配置 IPv6 默认路由，命令如下：

```
ipv6 route 接口名称 ::/0 网关 IP [distance] [tunneled]
```

如果希望 VPN 流量使用与非 VPN 流量不同的默认路由，可以使用 tunneled 关键字定义单独的 VPN 流量。

（3）动态路由配置方法。ASAv 防火墙支持多种动态路由协议，下面以常见的 OSPF 协议为例介绍动态路由的配置方法，有关 OSPF 的概念请参考相关资料。

创建 OSPF 进程，命令如下：

```
router ospf process_id
```

process_id 参数是此路由进程的内部使用的标识符，可以是任何正整数。此 ID 不必与任何其他设备上的 ID 匹配，它仅供内部使用，最多可以使用两个进程。

接下来添加需要运行 OSPF 的网络地址和区域 ID，命令如下：

```
network IP 地址 网络掩码 area 区域 id
```

这里的“网络掩码”参数是子网掩码，用来计算网络地址，不是 wildcard bits，与路由器配置不同。

配置示例如下：

```
ciscoasa(config)#router ospf 1
ciscoasa(config-rtr)#network 10.0.0.0 255.0.0.0 area 0
```

（4）动态路由协议加固。为了保护路由器之间的数据通信，可以为 OSPF 对等体身份开启验证。ASAv 防火墙支持 OSPF 区域认证和接口认证，认证方式支持简单口令认证和 MD5 验证，配置方法也与路由器类似，下面以 OSPF 区域 MD5 认证为例介绍配置步骤，示例如下：

```
ciscoasa(config)#router ospf process_id
// 进入 OSPF 进程
ciscoasa(config-router)#area 区域 id authentication message-digest
// 指定 OSPF 区域采用 MD5 认证
ciscoasa(config)#interface 接口类型 接口号
// 进入需要开启认证的接口
ciscoasa(config-if)#ospf message-digest-key 密钥 id  MD5 密钥字串
```

```
// 在接口上配置 MD5 key，每个 key 由一个密钥 id 编号和密钥组成，可以设定多个 key，设备
// 可以轮换使用密钥，但同一网段上的不同设备相邻接口必须采用相同的密钥组才能通过
// 验证形成邻居关系。
```

对于路由接口少且密钥少的情况以上配置方式比较简便。配置动态路由认证的方式有多种，如果路由接口多或者密钥数量多，觉得每个网络接口都要重复操作定义 key 很麻烦，也可以使用密钥链方式。配置密钥链对象后，可以将其用于定义接口和虚拟链路的 OSPFv2 身份验证。注意要为对等体使用相同的身份验证类型（MD5 或密钥链）和密钥 ID，以建立成功的邻居关系。下面以 OSPF 接口认证为例介绍使用密钥链配置步骤，示例如下：

```
ciscoasa(config)#key chain key-chain-name
// 设置密钥链名称，每个设备可以有自己的名称。
ciscoasa(config-keychain)#key 密钥 id
// 密钥 ID 值可介于 0 到 255 之间。仅在表明无效密钥时使用值 0，可以设置多个。
ciscoasa(config-keychain-key)#key-string [0|8] 密钥字串
// 配置密钥链的密钥或密码，0 表示未加密的密码，8 表示要遵循的加密密钥。
// 密钥的最大长度可为 80 个字符，密钥不能为单个数字或以数字加空格开头。
ciscoasa(config-keychain-key)#cryptographic-algorithm md5
// 使用密钥算法为 MD5。
```

可以使用 show key chain 命令查看设备上的启动密钥链配置：

```
ciscoasa#show key chain
```

密钥链定义好后，可以应用配置的密钥链来定义接口的 OSPFv2 身份验证，命令如下：

```
ciscoasa(config)#interface 接口类型 接口号
// 进入接口配置模式
ciscoasa(config-if)#ospf authentication key-chain key-chain-name
// 指定接口的身份验证类型，提供配置的密钥链名称。
```

5. 配置 ACL

ACL 是防火墙的一项重要功能，用于控制网络访问。前面讲过防火墙的每个接口都安全级别，防火墙自身有一套安全机制，对安全级别较高的网络有一定的保护措施，安全级别高的网络可以访问安全级别低的网络，反之则不行，相同安全级别的网络之间默认不能相互访问。这里说的访问通常指使用 TCP 协议的应用，因为 TCP 协议是面向连接的协议，有连接握手的过程（相关知识请参考其他资料），明确了客户端和服务端，有数据传输的差错控制，会维护连接状态，状态检测功能正是以此为基础。

ASAv 防火墙在控制网络通信时执行了以下三项安全操作：

（1）访问控制列表。基于特定的网络，主机和服务（TCP/UDP 端口号）控制网络访问。

（2）连接表。维护每个连接的状态信息，安全算法使用此信息在已建立的连接中有效转发流量。

（3）检测引擎。执行状态检测和应用层检测，检测规则集是预先定义的，来验证应用是否遵从每个请求协议（Request for Comments，RFC）和其他标准。

当一个数据报文到达 ASAv 防火墙时的处理过程如图 7-5 所示。

下面看一个简单的例子。如图 7-6 所示，PC2 处于防火墙 FW1 内部，连接 FW1 的

inside 接口，Server1 连接 FW1 的 outside 接口。防火墙和主机的 IP 地址已配置好，确保网络已连通，PC2 想要访问 Server1 的 WEB 服务，由于 PC2 是 GNS3 内置的 VPC，没有高级应用功能，只能使用自带的 ping 命令加 -p 参数测试目标地址的 TCP 协议 80 端口，命令如下：

```
ping 10.10.10.1 -3 -p 80
```

或使用命令：

```
ping 10.10.10.1 -P 17 -p 80
```

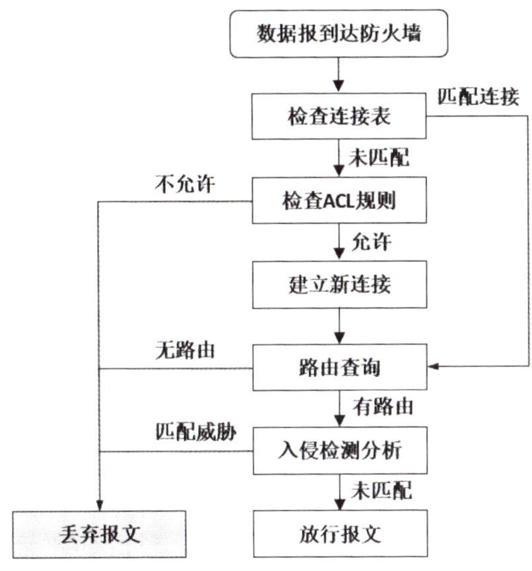

图 7-5 防火墙处理数据报文的过程

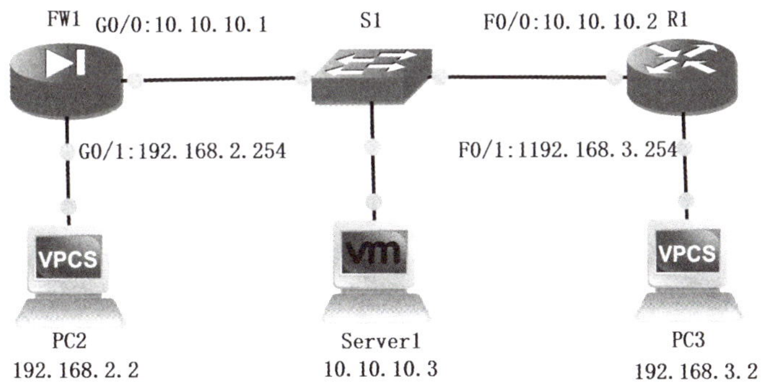

图 7-6 防火墙连接测试拓扑

通过返回信息可以发现 TCP 请求能够到达 Server1 并获取到回应，如图 7-7 所示，说明内部网络可以访问外部网络。ASAv 防火墙在收到内部网络发起的连接请求报文时予以放行，并记录下状态，在外部网络回应的时候，将返回的报文与状态记录比对，匹配成功的话则放行。但是，当内部主机以普通方式 ping 外部主机的时候，却发现没有回应。

这是因为 ICMP 是面向无连接的协议，没有连接状态，ICMP 报文使用类型字段来标识这是请求报文还是回应报文，防火墙无法记录状态，所以阻止了外部网络向内部网络的 ICMP 回应报文。

另外，UDP 也是面向无连接的协议，所以它并不像 TCP 那样有一个正式的会话建立和终止过程。不过 ASAv 防火墙可以记录并跟踪 UDP 通信的状态，它使用所谓的“UDP 伪会话”来跟踪 UDP 流量。ASAv 防火墙会为 UDP 流创建一个会话条目，并且根据超时和空闲时间参数来管理这些会话。

```
PC2> ping 10.10.10.3 -3 -p 80
Connect   80@10.10.10.3 seq=1 ttl=128 time=10.459 ms
SendData  80@10.10.10.3 seq=1 ttl=128 time=176.947 ms
Close     80@10.10.10.3 seq=1 ttl=128 time=5.439 ms
Connect   80@10.10.10.3 seq=2 ttl=128 time=3.909 ms
SendData  80@10.10.10.3 seq=2 ttl=128 time=186.301 ms
Close     80@10.10.10.3 seq=2 ttl=128 time=4.976 ms
Connect   80@10.10.10.3 seq=3 ttl=128 time=4.423 ms
SendData  80@10.10.10.3 seq=3 ttl=128 time=187.115 ms
Close     80@10.10.10.3 seq=3 ttl=128 time=6.458 ms
Connect   80@10.10.10.3 seq=4 ttl=128 time=3.499 ms
SendData  80@10.10.10.3 seq=4 ttl=128 time=189.795 ms
Close     80@10.10.10.3 seq=4 ttl=128 time=6.491 ms
Connect   80@10.10.10.3 seq=5 ttl=128 time=3.945 ms
SendData  80@10.10.10.3 seq=5 ttl=128 time=187.098 ms
Close     80@10.10.10.3 seq=5 ttl=128 time=5.080 ms

PC2> ping 10.10.10.3
10.10.10.3 icmp_seq=1 timeout
10.10.10.3 icmp_seq=2 timeout
10.10.10.3 icmp_seq=3 timeout
10.10.10.3 icmp_seq=4 timeout
10.10.10.3 icmp_seq=5 timeout
```

图 7-7　内部网络通过防火墙访问外部网络的回应

可以使用 show conn 命令来查看当前的连接表，包括 UDP 连接：

```
ciscoasa(config)#show conn protocol udp
```

这将会显示所有当前的 UDP 连接。

如果想要 ASAv 防火墙开放 ping 功能，或者允许外部网络访问内部网络主机的指定服务，就需要设置 ACL 策略，允许指定的报文通过。

ASAv 防火墙的 ACL 控制语句与路由器设置类似，先要设置 ACL 列表，然后应用到某个接口上，设置 ACL 的基本语法如下：

```
access-list ACL-id permit|deny 协议 源地址 网络掩码 目标地址 网络掩码 [ 操作符 端口号 ]
```

ACL-id 可以是数字编号，也可以是名称。一个 ACL 表可以有多条规则，默认最后一条规则是拒绝所有连接，所以如果想允许某个网段的访问，同时想禁止指定的连接的话，需要将 deny 规则插入到 permit 规则之前，例如 10.10.10.3 服务器允许 192.168.2.0 网络的客户端访问，但要阻止远程桌面连接管理，可做如下配置：

```
ciscoasa(config)#access-list 101 deny tcp 192.168.2.0 255.255.255.0 host 10.10.10.3 eq 3389
ciscoasa(config)#access-list 101 permit ip 192.168.2.0 255.255.255.0 host 10.10.10.3
```

ACL 表配置好后，还需要应用到接口才能生效，其命令语法如下：

```
access-group ACL-id in|out interface 接口名称
```

在本例中，要允许防火墙放行在外部网络的 ICMP 回应报文，可以做如下设置：

```
ciscoasa(config)#access-list pping permit icmp any any echo-reply
// 在 pping 的 ACL 表中添加规则，允许任意地址到任意地址的 ICMP 回应报文
ciscoasa(config)#access-group pping in interface outside
```

// 将 pping 规则应用到 outside 接口的 in 方向上，允许其通行

设置完后再在内网 PC2 上测试 ping 连接 Server1，发现可以连通了，如图 7-8 所示。

```
PC2> ping 10.10.10.3
84 bytes from 10.10.10.3 icmp_seq=1 ttl=128 time=4.480 ms
84 bytes from 10.10.10.3 icmp_seq=2 ttl=128 time=2.084 ms
84 bytes from 10.10.10.3 icmp_seq=3 ttl=128 time=3.678 ms
84 bytes from 10.10.10.3 icmp_seq=4 ttl=128 time=2.058 ms
84 bytes from 10.10.10.3 icmp_seq=5 ttl=128 time=1.966 ms
```

图 7-8　验证内网 ping 通外网

如果网络管理员想便于网络检查排错，在防火墙上放开全局 ping 功能，也就是说允许任意方向的 ICMP 数据包通过防火墙，那么可以使用下面的命令使得 ICMP 报文不受限制：

ciscoasa(config)#access-list pping permit icmp any any

// 在 pping 的 ACL 表中添加规则，允许任意地址到任意地址的 ICMP 报文

ciscoasa(config)#access-group pping global

// 在全局（所有接口所有方向）应用 pping 规则

如果要删除某条或全部 ACL 表，可以使用 clear configur access-list 命令。

以上是以 ICMP 协议通信为例介绍 ACL 的用法，更多的 ACL 配置方法和参数可参看防火墙帮助或是相关资料。

6. 配置 VPN 连接

（1）VPN 相关概念。VPN 是一个跨 TCP/IP 网络（例如互联网）的安全连接，显示为私有连接。这种安全连接被称为隧道。ASAv 防火墙使用隧道传输协议协商安全参数，创建和管理隧道，封装数据包，通过隧道收发数据包，然后再对它们解除封装。ASAv 防火墙相当于一个双向隧道终端，它可以接收普通数据包，封装它们，再将它们发送到隧道的另一端，在那里系统将对数据包解除封装并将其发送到最终目标。它也可以接收已封装的数据包，解除数据包封装，然后将它们发送到最终目标。有关 VPN 的相关知识可参考前文。

通常所说的 VPN 实际上包含了两个部分：GRE 隧道（创建专用网络，也可以用其他方式建立隧道，用于连接两个远程网络形成内网）和 IPSec VPN（不创建网络，只加密端到端的流量，IPSec 加密技术通常用于保护站点到站点的通信，根据情况也可以选择其他加密技术）。这两个部分是可以独立运行的，也就是说既可以选择创建 GRE 隧道而不加密通信内容，也可以只使用 IPSec 技术加密两个站点之间的流量（可以选择全流量加密或指定流量加密），运用方式很灵活。

此处所指的 VPN 实际为 IPSec VPN，只讨论站点到站点之间的连接加密，不涉及创建专用网络的情况。所以，此处的隧道实际指的是加密通信的通道，在建立隧道的过程中，两个对等体（建立隧道连接的两端）会协商管理身份验证、加密、封装和密钥管理的安全关联（SA）。这些协商包括两个阶段：第一个阶段建立隧道（IKE SA），目的是建立管理连接；第二个阶段管理该隧道内的流量（IPSec SA），目的是建立数据保护连接。

LAN 间 VPN 可连接不同地理位置的网络。在 IPsec LAN 间连接中，ASAv 防火墙

可用作发起方或响应方。在 IPSec 客户端到 LAN 连接中，ASAv 防火墙只能用作响应方。发起方会提议 SA，响应方会接受、拒绝或提出相反提议，所有这一切都根据配置的 SA 参数进行。要建立连接，两个实体都必须同意 SA。SA 是单向的，但是通常成对建立（进站和出站）。

（2）ISAKMP 与 IKE。ISAKMP 是使两台主机商定如何构建 IPsec 安全关联（SA）的协商协议。它提供用于商定 SA 属性格式的通用框架。此安全关联包括与对等体协商 SA 以及修改或删除 SA。ISAKMP 将协商分为两个阶段：阶段 1 和阶段 2。阶段 1 创建第一条隧道，用于保护随后的 ISAKMP 协商消息。阶段 2 创建保护数据的加密隧道。

IKE 使用 ISAKMP 为要使用的 IPsec 设置 SA。IKE 创建用于对对等体进行身份验证的加密密钥。ASAv 防火墙支持为旧版 Cisco VPN 客户端连接使用 IKEv1，还支持为 AnyConnect VPN 客户端使用 IKEv2。

要设置 ISAKMP 协商的条款，首先要创建 IKE 策略，IKEv1 和 IKEv2 最多分别支持 20 个 IKE 策略，每个都有不同的值集。每个策略都需要分别分配一个唯一的优先级，优先级数值越低，优先级就越高。

在 IKE 协商开始时，发起协商的对等体将其所有策略发送至远程对等体，然后远程对等体将尝试找到一个匹配项。远程对等体将按照优先级顺序（优先级最高的优先），将该对等体的所有策略与自身配置的各个策略进行比对，直到发现一个匹配项。如果不存在可接受的匹配项，IKE 将拒绝协商，不会建立 SA。

下面以 IKEv1 为例介绍配置 IKE SA，首先创建策略，命令如下：

```
ciscoasa(config)#crypto ikev1 policy policy-priority
```

其中 policy-priority 参数为优先级，用数字表示。

然后配置各项参数：

1）IKEv1 对等体必需的身份验证类型。使用证书的 RSA 签名或预共享密钥（Pre Shared Key，PSK），默认值为预共享密钥（pre-share），配置命令如下：

```
ciscoasa(config-ikev1-policy)#authentication pre-share|rsa-sig
```

2）加密方法，用于保护数据并确保隐私，默认值是 aes（aes128），配置命令如下：

```
ciscoasa(config-ikev1-policy)#encryption aes|aes-192|aes-256
```

3）散列消息认证码（HMAC）方法，用于确保发送方的身份，以及确保消息在传输过程中未发生修改，目前不再支持不安全的 MD5 算法，默认值是 sha-1，，配置命令如下：

```
ciscoasa(config-ikev1-policy)#hash sha
```

4）Diffie-Hellman 群组，用于确定 encryption-key-determination 算法的强度。ASAv 使用此算法派生加密密钥和散列密钥，默认值是 14，，配置命令如下：

```
ciscoasa(config-ikev1-policy)#group 5|14
```

5）在更换加密密钥前，ASA 可使用该加密密钥的时间限制，默认值是 86400 秒，配置命令如下：

```
ciscoasa(config-ikev1-policy)#lifetime seconds
```

注意以上参数都要和对端保持一致。

6）配置完成后需要在外部或公共接口上启用 IKE，命令如下：

```
ciscoasa(config)#crypto ikev1 enable 接口名称
```

7）IKEv1 的参数配置完成后，还需设置隧道模式和预共享密钥，命令如下：

```
ciscoasa(config)#tunnel-group tg-name type ipsec-l2l
```

该命令创建加密隧道组，tg-name 参数指名称，可以是 IP 地址，也可以是字符串。ipsec-l2l 参数代表隧道组类型是站点到站点，如果选择 ipsec-l2l 会使用隧道模式，将原始数据包全部封装并添加站点的 IP 包头，此处另外还可以选择 remote-access 远程连接类型，这种方式将只封装数据包内容而不改变包头。

注意，当 L2L 隧道组的名称是字符串时仅用于隧道身份验证方法是数字证书或对端配置使用积极模式（Aggressive Mode）。积极模式只需在对等体之间进行两次消息交换，速度更快，配置命令如下：

```
ciscoasa(config)#tunnel-group tg-name ipsec-attributes
```

该命令设置隧道组的 IPSec 属性，主要是设置预共享密钥，配置命令如下所示：

```
ciscoasa(config-tunnel-ipsec)#ikev1 pre-shared-key key-string
```

（3）配置 IPSec。配置阶段 2 也包含两个部分，首先定义如何保护 IPSec IKEv1 流量的转换集，命令如下：

```
ciscoasa(config)#crypto ipsec ikev1 transform-set ts-name encryption [authentication]
```

encryption 指定了使用哪个加密方法保护 IPsec 数据流的保密性：

1）esp-aes。使用带 128 位密钥的 AES。

2）esp-aes-192。使用带 192 位密钥的 AES。

3）esp-aes-256。使用带 256 位密钥的 AES。

4）esp-null。不加密。

authentication 指定使用哪个加密方法做 IPsec 数据流的身份验证：

1）esp-sha-hmac。使用 SHA/HMAC-160 作为散列算法。

2）esp-none。不进行 HMAC 身份验证。

例如，可以设置下面的命令参数保护通信内容：

```
ciscoasa(config)#crypto ipsec ikev1 transform-set myset esp-aes esp-sha-hmac
```

接下来配置加密映射集，加密映射定义在 IPsec SA 中协商的 IPSec 策略，包括以下内容：

1）确定 IPSec 连接允许和保护的数据包的 ACL。

2）设置对等体标识。

3）将加密映射应用于网络接口。

使用 ACL 定义需要保护的流量，定义方法参考前文的配置 ACL 相关内容。

一个加密映射集包括一个或多个具有相同映射名称的加密映射。在创建第一个加密映射时，就要创建加密映射集，命令如下：

```
ciscoasa(config)#crypto map map-name seq-num match address ACL-id
```

map-name 为创建的加密映射集的名称；seq-num 为加密集中的加密映射序号，序号越小，优先级就越高；ACL-id 表示哪些地址需要映射。在将加密映射集分配给接口之后，ASAv 防火墙将按照此映射集中的加密映射评估通过该接口的所有 IP 流量，从序号最小的加密映射开始。

指定可以向其转发受 IPSec 保护的流量的对等体，也就是 VPN 对端连接地址，最多可设置 10 个对等体，命令如下：

```
ciscoasa(config)#crypto map map_name seq-num peer ip_address1 [ip_address2]
```

指定此加密映射允许哪些 IKEv1 转换集，在加密映射中最多可指定 11 个转换集或提议，命令如下：

```
ciscoasa(config)#crypto map map-name seq-num set ikev1 transform-set ts-name
```

最后，将加密映射集应用于外部或公共接口，命令如下：

```
ciscoasa(config)#crypto map map-name interface 接口名称
```

四、能力训练

1. 在 GNS3 中添加 ASAv 防火墙

（1）首先，请准备好 ASAv 防火墙软件（如 asav-9-18-1.qcow2），且已安装好 GNS3 VM，由于 ASAv 防火墙占用内存较大，建议将 GNS3 VM 的内存设置为 4GB。设置完成后启动 GNS3，会自动连带启动 GNS3 VM 虚拟机。启动完成后，在 GNS3 运行界面右边的“Servers Summary”中看到两个服务器都变绿了，说明准备好了。

（2）在 GNS3 界面左边的图标列表中单击“安全设备”按钮如图 7-9 所示，会展开安全设备列表，然后单击下方出现的“+New template”按钮，创建新模板向导，如图 7-10 所示。

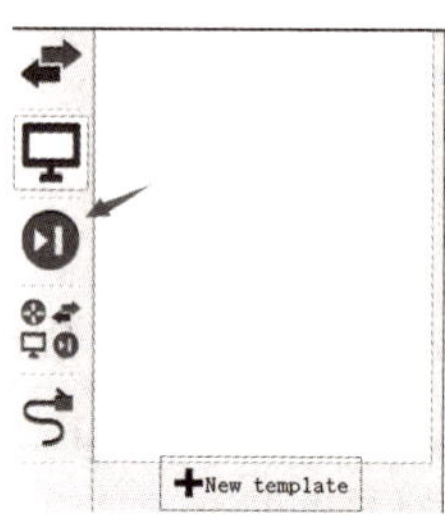

图 7-9　打开安全设备列表

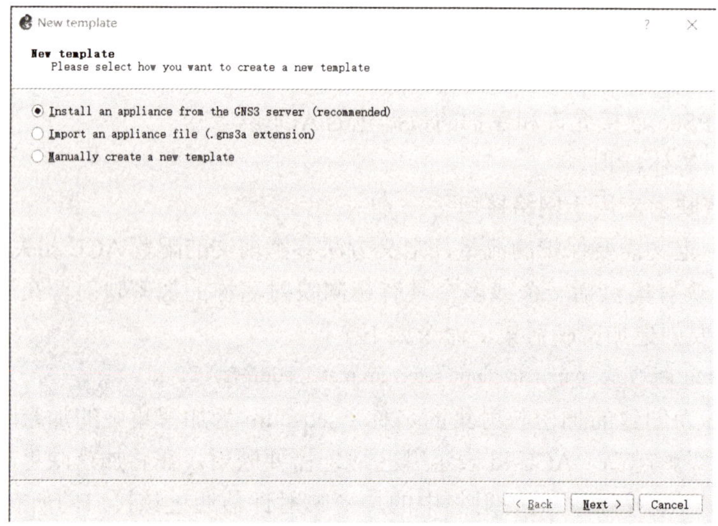

图 7-10　创建新模板向导

（3）选择默认建议项，单击“下一步”按钮。出现设备选型列表，如图 7-11 所示，选择“Firewalls->Cisco ASAv”选项，单击“Install”按钮进行安装。在后面的对话框（分别是安装设备到 GNS3 VM 和 QEMU 设置）按默认值单击“下一步”按钮即可。

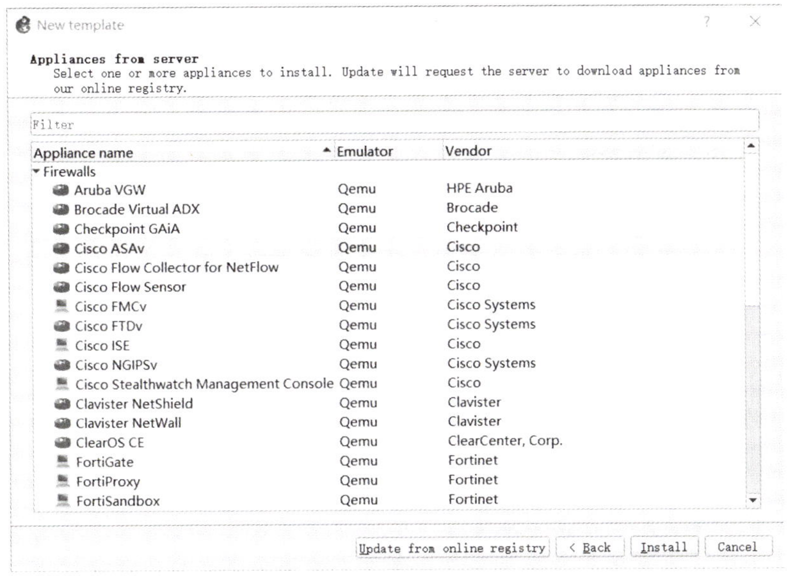

图 7-11 设备选型列表

（4）选择 ASAv 版本导入界面，此处列举了一些官方版本列表，如图 7-12 所示。每个版本下面都至少有一个对应的 qcow2 文件，这里的状态都显示为 Missing files，新安装的 GNS3 里面没有这些设备的镜像文件。此处列表中没有准备好的镜像文件版本，所以先单击“Create a new version”按钮创建一个新版本，设置一个版本名称，例如 ASAv 9.18.1。

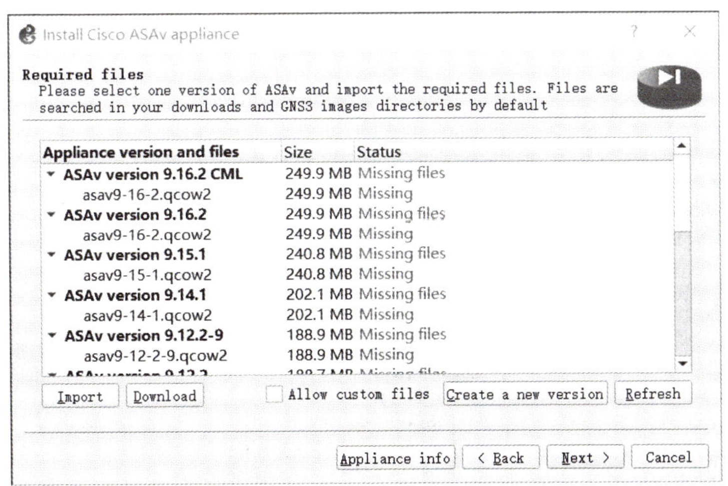

图 7-12 ASAv 官方版本列表

（5）版本创建但还没有导入文件。选择刚新建的版本，单击左下角的“Import”按钮导入设备镜像文件，如图 7-13 所示。

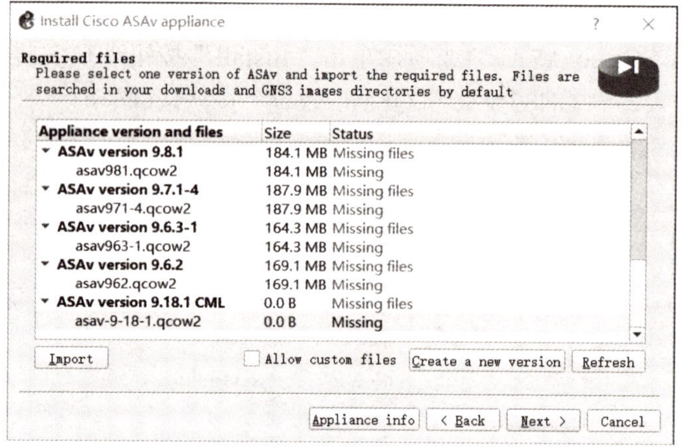

图 7-13　导入设备镜像文件

（6）在弹出的对话框中定位到我们准备好的镜像文件，将其导入到 GNS3 VM 中，如果验证正确，则文件状态会显示为 Ready to install，如图 7-14 所示，最后单击“下一步”按钮完成安装。

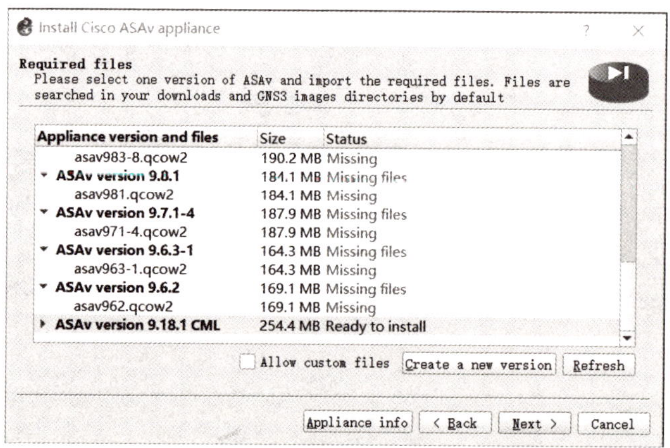

图 7-14　导入设备镜像文件

（7）如果安装无问题，就能够在 GNS3 的安全设备列表中看到导入的 ASAv 防火墙设备模板了，然后就可以像其他设备一样在拓扑图中创建实例使用，用户可以修改设备模板或者实例的名称，如图 7-15 所示。

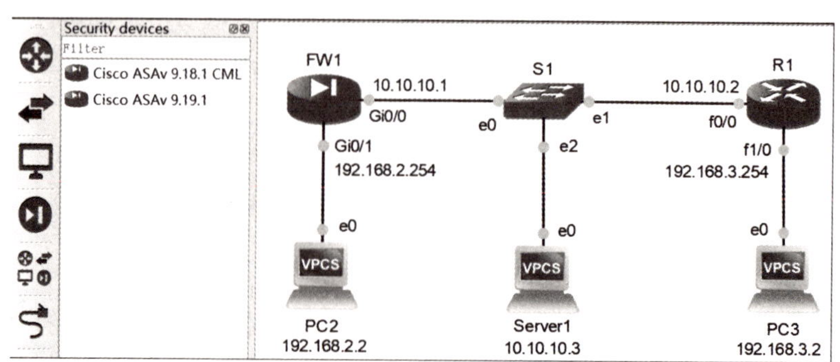

图 7-15　在拓扑图添加防火墙

（8）最后还需要做一个配置，在模板或实例上右击，在弹出菜单中选择“configure”（配置）选项，下方的“console type”（控制类型）选项默认为 VNC，使用这种方式连接后会打开防火墙底层虚拟机系统运行界面，但没有用户接口，如果要正常连接管理防火墙，需要将此处选项改为“telnet”，如图 7-16 所示。

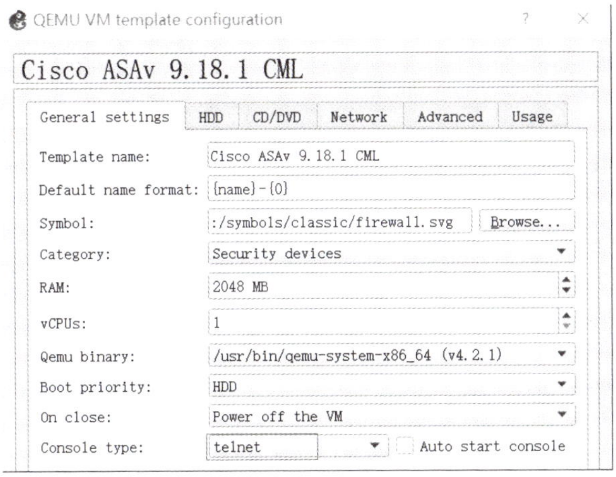

QEMU VM template configuration

Cisco ASAv 9.18.1 CML

General settings | HDD | CD/DVD | Network | Advanced | Usage

Template name: Cisco ASAv 9.18.1 CML
Default name format: {name}-{0}
Symbol: :/symbols/classic/firewall.svg Browse...
Category: Security devices
RAM: 2048 MB
vCPUs: 1
Qemu binary: /usr/bin/qemu-system-x86_64 (v4.2.1)
Boot priority: HDD
On close: Power off the VM
Console type: telnet Auto start console

图 7-16　更改置控制方式为 telnet

注意：在实例上修改配置仅对当前实例生效，在模板上修改配置会对新生成的实例生效。

（9）启动 ASAv 防火墙实例，双击防火墙实例图标打开控制台，可以看到防火墙正在运行，如图 7-17 所示。

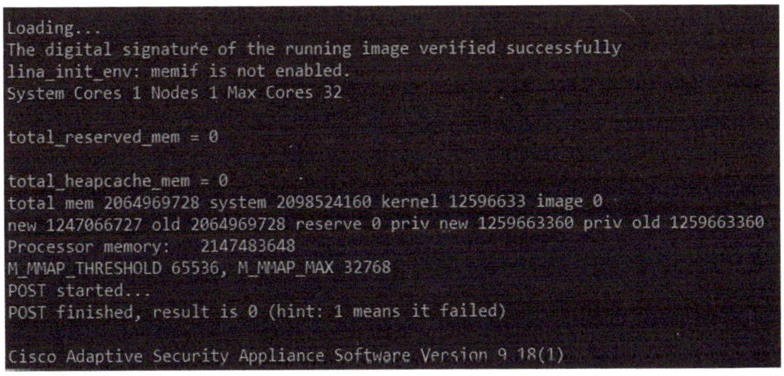

```
Loading...
The digital signature of the running image verified successfully
lina_init_env: memif is not enabled.
System Cores 1 Nodes 1 Max Cores 32

total_reserved_mem = 0

total_heapcache_mem = 0
total mem 2064969728 system 2098524160 kernel 12596633 image 0
new 1247066727 old 2064969728 reserve 0 priv new 1259663360 priv old 1259663360
Processor memory:   2147483648
M_MMAP_THRESHOLD 65536, M_MMAP_MAX 32768
POST started...
POST finished, result is 0 (hint: 1 means it failed)

Cisco Adaptive Security Appliance Software Version 9.18(1)
```

图 7-17　启动 ASAv 防火墙实例

等待启动完毕，防火墙会提示用户设置新密码，密码要求至少 8 位，有 2 种字符域，且不能有连续和相同字符等情况，设置新密码后（例如：cisco147）就可以使用防火墙了。

2. 配置防火墙

参照图 7-15 的网络拓扑图对 ASAv 防火墙进行基本的安全配置。

（1）设定防火墙和路由器的接口地址和安全级别。

1）配置防火墙 FW，命令如下：

```
ciscoasa(config)#interface gigabitEthernet 0/1
ciscoasa(config-if)#nameif inside
```

```
ciscoasa(config-if)#ip address 192.168.2.254 255.255.255.0
ciscoasa(config-if)#no shutdown
ciscoasa(config-if)#exit
ciscoasa(config)#interface gigabitEthernet 0/0
ciscoasa(config-if)#ip address 10.10.10.1 255.255.255.0
ciscoasa(config-if)#no shutdown
ciscoasa(config-if)#nameif outside
ciscoasa(config-if)#exit
```

2）配置路由器 R1，命令如下：

```
R1(config)#interface fastEthernet 0/0
R1(config-if)#ip address 10.10.10.2 255.255.255.0
R1(config-if)#no shutdown
R1(config-if)#exit
R1(config)#interface fastEthernet 1/0
R1(config-if)#ip address 192.168.3.254 255.255.255.0
R1(config-if)#no shutdown
R1(config-if)#exit
```

（2）设定防火墙的 ACL，允许 ICMP 包穿过防火墙，命令如下：

```
ciscoasa(config)#access-list pping permit icmp any any
ciscoasa(config)#access-group pping global
```

（3）配置 OSPF 路由和协议认证（MD5），并验证网络通信。

按照工作流程和排错思路，建议先配置路由，检测路由通过了再配置路由协议认证。

1）配置防火墙 FW，命令如下：

```
ciscoasa(config)#router ospf 100
ciscoasa(config-router)#network 192.168.2.0 255.255.255.0 area 0
ciscoasa(config-router)#network 10.10.10.0 255.255.255.0 area 0
ciscoasa(config-router)#area 0 authentication message-digest    //area 0 启用 OSPF 协议认证
ciscoasa(config-router)#exit
ciscoasa(config)#interface gigabitEthernet 0/0                  // 进入外网接口
ciscoasa(config-if)#ospf authentication message-digest          // 接口开启 OSPF 的 MD5 认证
ciscoasa(config-if)#ospf message-digest-key 1 md5 123456
// 设置 OSPF 协议的密钥 ID 1 使用 MD5 算法，密码为 123456
```

2）配置路由器 R1，命令如下：

```
R1(config)#router ospf 100
R1(config-router)#network 10.10.10.0 0.0.0.255 area 0          // 使用 wild 掩码
R1(config-router)#network 192.168.3.0 0.0.0.255 area 0
R1(config-router)#area 0 authentication message-digest
R1(config-router)#exit
R1(config)#interface fastEthernet 0/0
R1(config-if)#ip ospf authentication message-digest
R1(config-if)#ip ospf message-digest-key 1 md5 123456          // 两端配置相同
```

3）观察一下防火墙的接口配置信息，输入 show ospf interface 命令检查是否启用了 MD5 认证。在 outside 接口信息最后两行提示采用了认证，如图 7-18 所示。

```
outside is up, line protocol is up
  Internet Address 10.10.10.1 mask 255.255.255.0, Area 0
  Process ID 100, Router ID 192.168.2.254, Network Type BROADCAST, Cost: 10
  Transmit Delay is 1 sec, State BDR, Priority 1
  Designated Router (ID) 192.168.3.254, Interface address 10.10.10.2
  Backup Designated router (ID) 192.168.2.254, Interface address 10.10.10.1
  Flush timer for old DR LSA due in 0:02:28
  Timer intervals configured, Hello 10, Dead 40, Wait 40, Retransmit 5
    oob-resync timeout 40
    Hello due in 0:00:06
  Supports Link-local Signaling (LLS)
  Cisco NSF helper support enabled
  IETF NSF helper support enabled
  Index 2/2, flood queue length 0
  Next 0x0(0)/0x0(0)
  Last flood scan length is 1, maximum is 1
  Last flood scan time is 0 msec, maximum is 0 msec
  Neighbor Count is 1, Adjacent neighbor count is 1
    Adjacent with neighbor 192.168.3.254  (Designated Router)
  Suppress hello for 0 neighbor(s)
  Cryptographic authentication enabled
    Youngest key id is 1
```

图 7-18　检查防火墙认证配置

路由器检查方法类似，使用 show ip ospf interface 命令检查认证。

配置完成后，在 PC3 上 ping 测试 PC2，观察是否能 ping 通，如果不能 ping 通请检查前面的配置是否正确。

再观察一下网络数据包交换的情况。在防火墙 FW1 和交换机 S1 之间的连线上右击，设置 start capture（抓包程序），线路上出现了放大镜图标，同时会启动抓包程序 Wireshark，捕获并分析该线路上的网络流量。

经观察，捕获的 OSPF 协议 Hello 数据包的后面多了一个 Crypto Authentication TLV 部分，里面包含了一串认证数据，如图 7-19 所示。

No.	Time	Source	Destination	Protocol	Length	Info
1	0.000000	10.10.10.2	224.0.0.5	OSPF	134	Hello Packet
2	1.142413	10.10.10.1	224.0.0.5	OSPF	134	Hello Packet

```
> Frame 1: 134 bytes on wire (1072 bits), 134 bytes captured (1072 bits) on interface -, id 0
> Ethernet II, Src: c4:01:08:70:00:00 (c4:01:08:70:00:00), Dst: IPv4mcast_05 (01:00:5e:00:00:05)
> Internet Protocol Version 4, Src: 10.10.10.2, Dst: 224.0.0.5
v Open Shortest Path First
  > OSPF Header
  v OSPF Hello Packet
      Network Mask: 255.255.255.0
      Hello Interval [sec]: 10
    > Options: 0x12, (L) LLS Data block, (E) External Routing
      Router Priority: 1
      Router Dead Interval [sec]: 40
      Designated Router: 10.10.10.2
      Backup Designated Router: 10.10.10.1
      Active Neighbor: 192.168.2.254
  v OSPF LLS Data Block
      Checksum: 0x0000
      LLS Data Length: 36 bytes
    v Extended options TLV
        TLV Type: 1
        TLV Length: 4
      > Options: 0x00000001, (LR) LSDB Resynchronization
    v Crypto Authentication TLV
        TLV Type: 2
        TLV Length: 20
        Sequence number: 0x3c7ef727
        Auth Data: 5619917e8996be01e5cc5e5efc62de6f
```

图 7-19　观察 OSPF 协议数据包

（4）防火墙允许内网和外网 10.10.10.0/24 网段使用 SSH 连接管理，命令如下：

```
ciscoasa(config)#domain-name mydomain.com
```

```
ciscoasa(config)#crypto key generate rsa modulus 2048
ciscoasa(config)#ssh 0 0 inside                                   // 允许内网登录
ciscoasa(config)#ssh 10.10.10.0 255.255.255.0 outside             // 允许外网指定地址登录
ciscoasa(config)#ssh timeout 3                                    // 设置登录超时 3 分钟
ciscoasa(config)#username user1 password cisco132
ciscoasa(config)#aaa authentication ssh console LOCAL             // 使用本地用户数据库
```

（5）在路由器和防火墙之间配置 IPSec VPN，保护 192.168.2.0 网络到 192.168.3.0 网络的流量。为了简便，认证模式采用预共享密钥方式，注意保持 VPN 对等体的配置兼容。

1）防火墙配置。

阶段 1：配置 IKE SA，命令如下：

```
ciscoasa(config)#crypto ikev1 policy 10                           // 创建策略，优先级为 10
ciscoasa(config-ikev1-policy)#authentication pre-share
ciscoasa(config-ikev1-policy)#encryption aes
ciscoasa(config-ikev1-policy)#hash sha
ciscoasa(config-ikev1-policy)#group 14
ciscoasa(config-ikev1-policy)#lifetime 86400
ciscoasa(config-ikev1-policy)#exit
ciscoasa(config)#crypto ikev1 enable outside                      // 应用 IKEv1 到外网接口
ciscoasa(config)#tunnel-group 10.10.10.2 type ipsec-l2l
// 用对端接口 IP 地址作隧道组名称，Lan to Lan 方式
ciscoasa(config)#tunnel-group 10.10.10.2 ipsec-attributes
ciscoasa(config-tunnel-ipsec)#ikev1 pre-shared-key 123456
ciscoasa(config-tunnel-ipsec)#exit
```

阶段 2：配置 IPSec SA，命令如下：

```
ciscoasa(config)#crypto ipsec ikev1 transform-set myset esp-aes esp-sha-hmac
// 定义转换集和加密方法，名称可以不同，但加密参数要保持一致
ciscoasa(config)#access-list 101 permit ip 192.168.2.0 255.255.255.0 192.168.3.0 255.255.255.0
// 定义要保护的流量，此处设置为所有 IP 流量，包括了 ICMP、TCP、UDP 等协议。
ciscoasa(config)#crypto map mymap 5 match address 101
// 对等体的加密映射集名称可以不同
ciscoasa(config)#crypto map mymap 5 set peer 10.10.10.2
ciscoasa(config)#crypto map mymap 5 set ikev1 transform-set myset
ciscoasa(config)#crypto map mymap interface outside               // 应用加密映射到外网接口
```

2）路由器配置。

阶段 1：配置 IKE SA，命令如下：

```
R1(config)#crypto isakmp policy 10
R1(config-isakmp)#encryption aes
R1(config-isakmp)#hash sha
R1(config-isakmp)#authentication pre-share
R1(config-isakmp)#group 14
R1(config-isakmp)#lifetime 86400
R1(config-isakmp)#exit
R1(config)#crypto isakmp key 123456 address 10.10.10.1
```

阶段 2：配置 IPSec SA，命令如下：

```
R1(config)#crypto ipsec transform-set myset esp-aes esp-sha-hmac
R1(cfg-crypto-trans)#mode tunnel
```

```
R1(cfg-crypto-trans)#exit
R1(config)#access-list 101 permit ip 192.168.3.0 0.0.0.255 192.168.2.0 0.0.0.255
R1(config)#crypto map mymap 5 ipsec-isakmp
R1(config-crypto-map)#set transform-set myset
R1(config-crypto-map)#set peer 10.10.10.1
R1(config-crypto-map)#match address 101
R1(config-crypto-map)#exit
R1(config)#interface fastEthernet 0/0
R1(config-if)#crypto map mymap
R1(config-if)#exit
```

3）验证测试。以上配置完成后，在防火墙和交换机之间设置 start capture（抓包程序），然后用 PC2 分别用 ping 命令测试 Server1 和 PC3，观察网络回应。

经测试，发现 PC2 可以连通 Server1 和 PC3，通过抓包分析，发现测试 Server1（10.10.10.3）的流量包是明文传输，而测试 PC3（通过 10.10.10.2）的流量包已加密，无法解析，达到了安全防护效果，如图 7-20 所示。

10 2024-03-07 02:58:26.132183	192.168.2.2	10.10.10.3	ICMP	98 Echo (ping) request	id=0x522d,
11 2024-03-07 02:58:26.132683	10.10.10.3	192.168.2.2	ICMP	98 Echo (ping) reply	id=0x522d,
12 2024-03-07 02:58:27.136510	192.168.2.2	10.10.10.3	ICMP	98 Echo (ping) request	id=0x532d,
13 2024-03-07 02:58:27.136510	10.10.10.3	192.168.2.2	ICMP	98 Echo (ping) reply	id=0x532d,
14 2024-03-07 02:58:28.141020	192.168.2.2	10.10.10.3	ICMP	98 Echo (ping) request	id=0x542d,
15 2024-03-07 02:58:28.142020	10.10.10.3	192.168.2.2	ICMP	98 Echo (ping) reply	id=0x542d,
16 2024-03-07 02:58:29.144530	192.168.2.2	10.10.10.3	ICMP	98 Echo (ping) request	id=0x552d,
17 2024-03-07 02:58:29.145024	10.10.10.3	192.168.2.2	ICMP	98 Echo (ping) reply	id=0x552d,
18 2024-03-07 02:58:30.148768	192.168.2.2	10.10.10.3	ICMP	98 Echo (ping) request	id=0x562d,
19 2024-03-07 02:58:30.148768	10.10.10.3	192.168.2.2	ICMP	98 Echo (ping) reply	id=0x562d,
20 2024-03-07 02:58:31.544361	10.10.10.1	224.0.0.5	OSPF	94 Hello Packet	
21 2024-03-07 02:58:33.837382	10.10.10.1	10.10.10.2	ESP	166 ESP (SPI=0x973a7357)	
22 2024-03-07 02:58:33.850387	10.10.10.2	10.10.10.1	ESP	166 ESP (SPI=0x06278b4a)	
23 2024-03-07 02:58:34.125390	10.10.10.2	224.0.0.5	OSPF	94 Hello Packet	
24 2024-03-07 02:58:34.853392	10.10.10.1	10.10.10.2	ESP	166 ESP (SPI=0x973a7357)	
25 2024-03-07 02:58:34.873894	10.10.10.2	10.10.10.1	ESP	166 ESP (SPI=0x06278b4a)	

图 7-20　分析流量保护情况

五、任务实战

1. 任务情境

某港口的远程办公点（路由器 R1 所接网络）缺乏安全防护，需要将路由器 R1 更换为安全性更高的 ASAv 防火墙，保持原网络结构和配置不变，但要配置防火墙的安全隔离功能，保护内部网络，并开启连接主站的 VPN，网络拓扑图如图 7-21 所示。

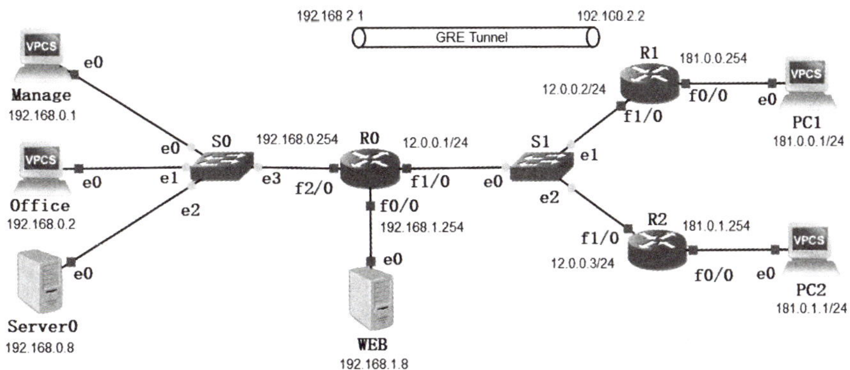

图 7-21　港口网络拓扑图

2. 任务要求

根据问题情境，请读者完成以下 2 个任务：

任务 1：修改网络拓扑图中的路由器 R1，替换为 ASAv 防火墙，配置防火墙的基础设置和 ACL。

任务 2：配置防火墙到路由器 R0 的 VPN 连接。

3. 任务实施步骤

任务 1：修改路由器 R1 替换为 ASAv 防火墙。

（请参照能力训练中的内容完成此任务步骤）

（1）导入 ASAv 防火墙并添加到 GNS3 中替换原路由器 R1，标记为防火墙 FW。

（2）设置防火墙主机名为自己的姓名拼音，参照网络拓扑图设置好网络地址和动态路由协议 RIP，使得 PC1、PC2 可以访问 Server0 及其他内网主机，整个网络连通。

（3）设置防火墙域名为 local.net，添加本地用户为 Stephen，密码为 zhou9527，开启 SSH 登录功能，本地账户验证模式。

任务 2：配置防火墙和路由器 R0 的 VPN 连接。

（请参照能力训练中的实验内容完成此任务步骤）

（4）配置防火墙到路由器 R0 的 IPSec VPN 连接采用 L2L 模式。

六、学习结果评价

本节主要讨论了 Cisco ASAv 防火墙的运用和相关配置。防火墙是网络边界的第一道防线，也是最重要的一道防线，正确使用防火墙可以起到很好的网络区域隔离防护作用。为让读者清楚自身学习情况，现将设定学习结果评价表，小组同学之间可以交换评价，进行互相监督，见表 7-1。

表 7-1　学习结果评价表

序号	评价内容	评价标准	评价结果（是 / 否）
1	安装使用 ASAv 防火墙	能正常使用 ASAv 防火墙	
2	实现防火墙基础配置	能配置接口、SSH 和 ACL 策略	
3	连接 VPN	能使用防火墙建立 VPN 连接	

七、课后作业

1. 填空题

（1）状态检测防火墙工作时会先检查会话流的连接状态，再检查（　　）。

（2）ASAv 防火墙支持状态检测的协议有（　　）和（　　）。

（3）安装 ASAv 防火墙时，建议将 GNS3 VM 的虚拟内存设置为（　　）GB。

（4）ASAv 防火墙的每个接口都需要指定安全级别，接口名为 inside 的默认安全级别为（　　），接口名为 outside 的默认安全级别为（　　）。

（5）ASAv 防火墙支持两种部署模式，分别是（　　）模式和（　　）模式。

（6）假设防火墙 A 的内网接口名为 int0，外网接口名为 int1，192.168.10.8 为内网服务器，若要允许外网主机能够 ping 内网服务器，则防火墙 A 的配置命令为（　　）。

2. 选择题

（1）【多选】下列关于 ASAv 防火墙说法正确的是（　　）。

A. ASAv 防火墙是 Cisco 公司的虚拟化防火墙产品

B. ASAv 防火墙具有状态检测功能

C. ASAv 防火墙具备入侵防御功能

D. ASAv 防火墙支持云环境部署

（2）当 TCP 报文中携带（　　）标志，需要在连接状态表中检查是否匹配。

A. SYN　　B. SYN、ACK

C. SYN、FIN　　D. SYN、RST、ACK

（3）（　　）类型的防火墙具备威胁检测能力和恶意代码过滤能力。

A. 包过滤、状态检测、应用级网关

B. 应用级网关、状态检测、下一代

C. UTM、下一代

D. 以上都是

（4）【多选】保存防火墙配置信息的方法有（　　）。

A. 使用 write 命令

B. 使用 write memory 命令

C. 使用 copy running-config startup-config 命令

D. 以上都可以

（5）假设要再防火墙的 outside 接口配置默认路由的正确方法是（　　）。

A. route outside any any 10.10.10.2 2

B. route 0 any outside 10.10.10.2

C. route 0 0 outside 10.10.10.2 1

D. route outside 0 0 10.10.10.2

3. 简答题

防火墙的发展经历了几个阶段，分别有哪些类型？

工作任务 7-2：应用系统安全防护

任务简介

服务器作为网络系统的核心基础设施，承担着关键的数据处理和存储功能。虽然服务器通常部署在多重安全防护的内网环境中，但仍面临着来自内部网络攻击和应用层漏洞利用的威胁。尤其是通过开放的业务应用接口，恶意分子可能绕过传统的网络防护，直接对服务器发起攻击。因此，除了基本的系统加固和漏洞修补外，还需要实施更深层次的安全防护措施。

本工作任务要求掌握服务器高级安全防护技术，重点包括主机入侵检测系统（Host Intrusion Detection System，HIDS）的部署和配置，以及应用层防火墙的实施方案。需要能够根据服务器的业务特点，制定合适的检测规则和防护策略，建立多层次的安全防护体系，及时发现和阻止各类入侵行为，确保服务器系统的安全稳定运行。

职业能力 7-2-1：能运用 Snort 3 检测网络入侵

一、核心概念

- 入侵检测：通过监测网络活动和用户行为，判断是否有违反安全策略的情况和遭受入侵攻击的迹象，入侵检测按部署的形态分为 NIDS 和 HIDS。

二、学习目标

- 了解 IDS/IPS 的相关概念。
- 了解 Snort 3 的特点与工作方式。
- 掌握 Snort 3 的安装与运用。
- 熟悉 Snort 3 规则配置。

学习思维导图：

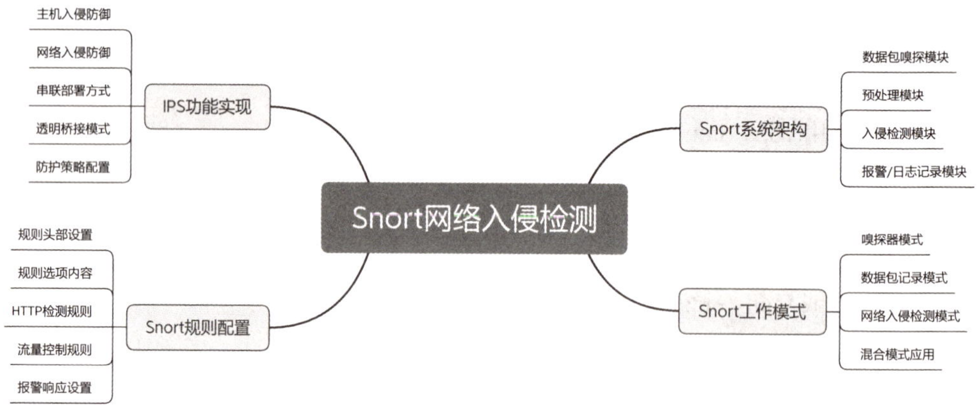

三、基本知识

1. IDS 的基本概念

当前网络入侵事件层出不穷，有许多攻击来自于网络内部，也就是说，“堡垒”是从内部被攻破的，另外，在一部分的网络攻击中，黑客都能绕过防火墙的控制而攻击内部服务器。可见，网络安全控制仅凭防火墙是不够的，防火墙作为网络边界重要防线，只能识别网络数据包的包头和标志等重要参数，控制 OSI 网络层次模型中第 2 至第 4 层的通信，但不能检测分析通信内容。如果在符合防火墙安全策略的数据包中存在病毒等恶意代码，或者进行网络嗅探、暴力拆解、系统漏洞攻击等活动，防火墙是无能为力的。这就需要其他的安全技术措施来对通信流量做专门的检查，比如入侵检测技术。

打个比方，一栋大楼好比是一个内部网络系统，里面有各个通道和房间，防火墙好比大楼入口的保安人员和道闸，对进出的人员与货物进行检查，发现不符合安全规定的阻止其通行，但防火墙不能监控到内部网络行为。比如一个恶意份子伪装成普通员工，通过安保措施进入到大楼，在内部实施盗窃或破坏，守在门口的保安是不知道的。不过，在大楼内的重要区域和通道通常会设置监控摄像头，对大楼内部的活动进行监控，及时发现可疑行为，甚至能采取行动阻断恶意活动，这就是入侵检测的作用。

入侵检测系统（Intrusion Detection System，IDS）可以被定义为对计算机和网络资源的恶意使用行为进行识别和相应处理的系统，包括系统外部的入侵和内部用户的非授权行为，是一种用于检测计算机网络中违反安全策略行为的技术。

Internet 工程任务组（Internet Engineering Task Force，IETF）将一般的入侵检测系统分为四个组件：

（1）事件产生器（Event generators）。它的目的是从整个计算环境中获得事件，并向系统的其他部分提供此事件。

（2）事件分析器（Event analyzers）。它经过分析得到数据，并产生分析结果。

（3）响应单元（Response units）。它是对分析结果作出反应的功能单元，它可以作出切断连接、改变文件属性等强烈反应，也可以只是简单的报警。

（4）事件数据库（Event databases）。它是存放各种中间和最终数据的地方的统称，它可以是复杂的数据库，也可以是简单的文本文件。

IDS 能够用于发现违规行为，但需要靠其他安全组件或设备采取进一步措施（如与防火墙联动切断网络连接），也有将检测和阻断整合到一起的产品，称为入侵防御系统（Intrusion Prevention System，IPS）。

IDS 工作过程分为三部分：信息收集、检测分析和结果处理，如图 7-22 所示。

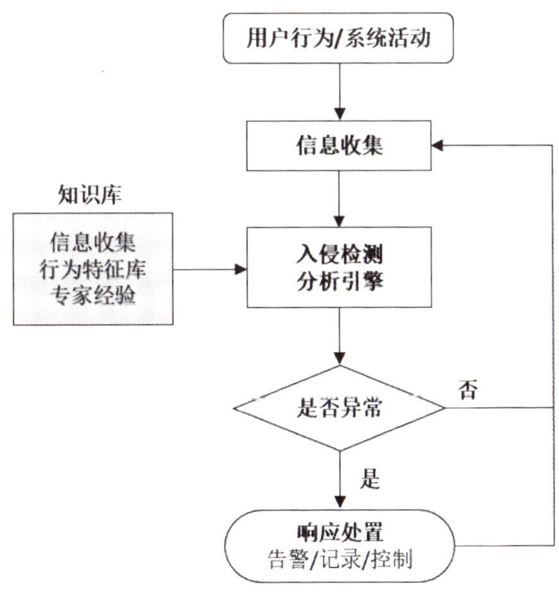

图 7-22　IDS 工作过程

（1）信息收集。入侵检测的第一步是信息收集，信息收集内容包括系统、网络、数据及用户活动的状态和行为。由放置在不同网段的传感器或不同主机的代理来收集信息，包括系统和网络日志文件、网络流量、非正常的目录和文件改变、非正常的程序执行。

（2）检测分析。收集到的有关系统、网络、数据及用户活动的状态和行为等信息被送到检测引擎，检测引擎驻留在传感器中，一般通过三种技术手段进行分析，分别为模式匹配、统计分析和完整性分析。当检测到某种异常时，产生一个告警并发送给控制台。

（3）结果处理。控制台按照告警产生预先定义的响应采取相应措施，可以是重新配置路由器或防火墙、终止进程、切断连接、改变文件属性，也可以只是简单的告警。

2. IDS 分类

IDS 按部署形态可分为基于网络的入侵检测系统（NIDS）和基于主机的入侵检测系统（HIDS），另外也有集成式的入侵检测系统，讨论一般以 NIDS 和 HIDS 为主。

入侵检测产品形态和旁路方式部署如图 7-23 所示，NIDS 通常为盒式硬件产品，采集交换机发送的指定信道的镜像流量，不影响原网络的配置与通信，其主要任务是检测指定网络流量中的潜在威胁，例如网络攻击数据包、蠕虫以及其他恶意代码。NIDS 能够覆盖到需要监测的网络节点，部署简单，但不能监测主机上的活动。

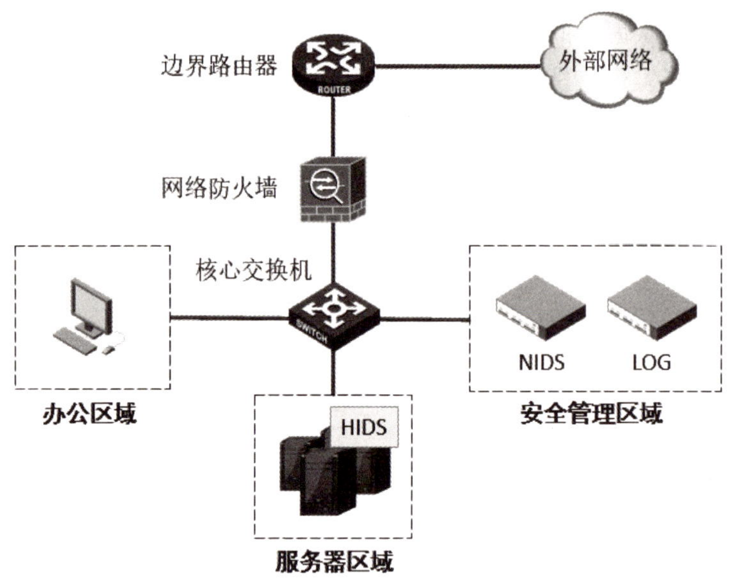

图 7-23　入侵检测产品形态和旁路部署方式

HIDS 是安装在主机上的软件，用于监控主机系统上的重要活动，如文件系统、注册表、进程、网络连接等，优点是能够监测主机情况，缺点是需要在主机上单独安装，消耗主机处理器资源。如果把 NIDS 比作是监控通道，那么 HIDS 就是监控室内了，在网络安全要求比较高的环境中，防火墙、NIDS、HIDS 一起配合使用是比较常见的情况。

IDS 从技术原理上大致分为两类：异常检测模型和误用检测模型。

（1）异常检测模型（Anomaly Detection）。检测与可接受行为之间的偏差。如果可以定义每项可接受的行为，那么每项不可接受的行为就是入侵。首先总结正常操作应该具有的特征（用户轮廓），如 CPU 利用率、内存利用率、文件校验和等（这类数据可以人为定义，也可以通过观察系统、并用统计的办法得出），当发现用户活动与正常行为有重大偏离时即被认为是入侵。这种检测模型漏报率低，误报率高。因为不需要对每种入侵行为进行定义，所以能有效检测未知的入侵。

（2）误用检测模型（MisuseDetection）。检测与已知的不可接受行为之间的匹配程度。首先要定义违背安全策略的事件的特征，组成特征识别库，当监测到用户或系统行为与库中的记录相匹配时，就认为这种行为是入侵，类似于一般的杀毒软件的工作方式。这种检测模型误报率低、漏报率高。对于已知的攻击，它可以详细、准确地报告出攻击类型，但是对未知攻击的检测效果有限，所以特征库必须不断更新。

两种检测技术所得出的结论是有差别的，所以应用也有倾向性。

HIDS 采用异常检测模型，因为在主机上容易获得正常的进程行为特征，而恶意代码则会有利用系统漏洞、注入其他合法进程、修改系统配置和重要文件、拦截系统调用等行为活动，这些都是异常行为，当有异常行为发生时 HIDS 会报警提醒用户决策。

NIDS 采用误用检测模型，因为在网络环境中通信数据内容复杂，仅对通信流量分析很难确定正常的网络通信内容哪些是合法的哪些是恶意的，如果误报可能会对整个网络通信造成影响，所以需要依赖已知的恶意行为特征库对通信内容进行检测分析，发现与已知的恶意行为相匹配的流量进行记录和告警。网络攻击形式是多种多样的，且不断有新的形式和方法出现，要及时发现新的网络安全威胁，就要及时更新特征库，对于新型未知的网络攻击还可以使用 APT 等其他安全技术措施。

3. IPS 简介

入侵防御系统（Intrusion Prevention System，IPS）是在 IDS 的基础上增加了内部阻断功能，对那些被明确判断为攻击行为积极防御，防止恶意代码和攻击行为对网络系统和主机造成侵害，是一种侧重于风险控制的安全产品。

IPS 也分为主机入侵防御系统（HIPS）和网络入侵防御系统（NIPS）。

HIPS 同样部署在需要保护的主机上，监控进程、注册表和重要系统文件，虽然不是防病毒软件，但其功效可能比防病毒软件更好，因为恶意代码不断在更新，而病毒特征库和恶意代码检测机制总有不足，HIPS 会将不安全的行为拦截掉，这样不管恶意代码如何变化都不能破坏其他进程和修改系统文件了，也就失去了作用。所以有些防病毒软件和终端安全管理软件会融入 HIPS 的功能，起到更好的系统防护效果。

NIPS 如果要实现网络防御的效果，就要串联在网络通信链路中，例如接在核心交换机和服务器区域之间，或是核心交换机和边界防火墙之间，这种部署模式也称为透明桥接模式。在安全性要求高的场合下会使用透明桥接部署 IPS 工作模式，可以及时发现并阻断危险的网络行为。

如果担心因入侵检测误判而导致阻断合法通信，也可以单独关闭阻断功能，当做 IDS 使用，网络管理员通过监视网络活动状态手动决定哪些流量需要阻断，一般用于保障高可用性的场合，在这种情况下，NIPS 会像 NIDS 一样部署。

IPS 产品通常包含有网络攻击防御、AV、系统漏洞防护等主要功能和部分应用层攻击检测防护功能，但应用层安全防护能力是比较基础的，对于复杂的应用层服务（如 WEB 服务）防护能力较薄弱，应用层安全防护仍推荐使用专门的技术措施如应用层防火墙做控制。

4. Snort 简介

Snort 是一款非常有名的开放源代码的入侵检测防御系统，它遵循 GPL，可以免费获取。Snort 由马丁 • 罗赛尔（Martin Roesch）于 1998 年用 C 语言开发，现在已发展成为一个支持多平台（Linux、Windows 和 Unix）、实时流量分析、网络 IP 数据包记录等特性的强大的网络入侵检测防御系统。Snort 能够实时分析网络流量，检测网络攻击，如 DoS 攻击、端口扫描、网络嗅探和数据泄露等，并及时发出报警。

Snort 的核心功能模块包括网络数据包嗅探、预处理、入侵检测、报警 / 日志记录等，如图 7-24 所示。各模块都是用插件的方式和 Snort 相结合，功能扩展方便，用户可以自主选择使用哪些功能，并支持热插拔。

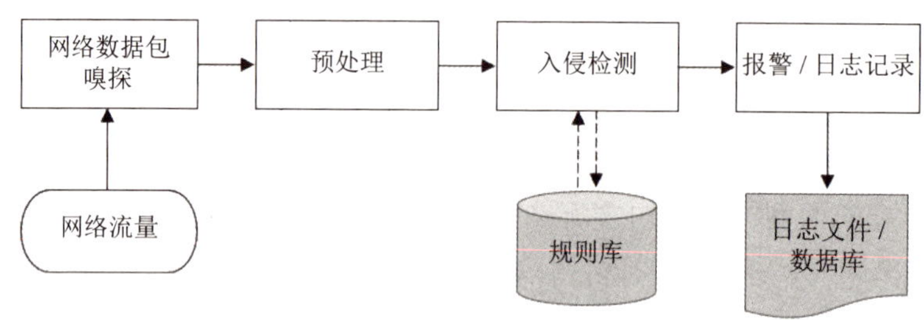

图 7-24　Snort 的核心功能模块

网络数据包嗅探模块负责监听网络数据包，并对网络进行分析。Snort 通过 TCP/IP 协议 5 层模型的数据链路层抓取网络数据包，抓包时需将网卡设置为混杂模式，根据操作系统的不同采用 libpcap 或 winpcap 函数从网络中捕获数据包，然后将捕获的数据包送到包解码器进行解码。网络中的数据包有可能是以太网包、令牌环包、TCP/IP 包、802.11 包等格式。这一过程包解码器将其解码成 Snort 认识的统一的格式。

预处理模块进行数据包检查，完成 TCP 碎片重组，HTTP 解码，Telnet 解码等工作，然后进行预处理，例如 Stream4 预处理器用来使 Snort 状态化，端口扫描预处理器能检测端口扫描的能力等，预处理后将数据传给检测模块。

入侵检测模块使用误用检测引擎对通信内容进行检测，如果发现与定义规则相匹配的数据包，则进行相应处理并通知报警模块。例如规则 alert tcp any any -> 202.12.1.0/24 80（msg:“misc large tcp packet”;dsize:>3000；）的意思是当任意网络位置访问 202.12.1.0 这个网段的 TCP 80 端口的包长度超过 3000B 时就发出警报。规则语法涉及协议的类型、内容、长度、报头等各种要素。入侵检测的处理能力根据规则的数量、运行 Snort 机器的性能、网络负载等因素共同决定，性能约在 100Mbps，集成 Hyperscan 功能后性能可达到 500Mbps。

报警 / 日志记录模块负责输出报警信息和存储日志记录，输出形式可以是日志文件，写入 SQL 数据库，或传递给第三方插件实现分析或阻断功能，用户可以按需定制。

Snort 有三种工作模式：嗅探器模式、数据包记录器模式和网络入侵检测模式。嗅探器模式仅显示网络数据包流，而数据包记录器模式能够将捕获的数据包记录到硬盘上。网络入侵检测模式能对数据包进行分析、按规则进行检测、做出响应，是最复杂的，而且是可配置的，需要载入规则库才能工作，通常使用这种模式。

Snort 有开源免费、多平台等优点，但也存在不足：

（1）Snort 是轻量级入侵检测系统，性能有限，不适用于吞吐量较大的网络环境。

（2）Snort 可以选装各种插件，但安装复杂，要考虑不同插件的兼容性问题。

（3）Snort 与其他安全产品的联动还不够好。

（4）Snort 采用误用检测模型，需要时常配置更新网络攻击特征库。

5. Snort 安装与运行

（1）安装 Snort。Snort 的安装包和用户手册都可以在官网上下载，分为 2 和 3 两个系列版本，本书以 3 系列版本为目标进行学习。Snort 3 增强了性能，有更快的处理速度，并提供了 200 多个插件，因此用户可以为他们的网络创建自定义设置，它可以和 Vmware ESXi 结合实现虚拟化 IPS 应用，还可以和 IPTables 或者 Cisco 防火墙联动实现防御功能。

1）安装依赖包。由于 Linux 平台资源占用少，安全性和稳定性好，更适合长期不间断运行，所以建议在 Linux 平台下使用 Snort。Snort 3 只提供了源码下载，用户需要在 Linux 主机上完成编译安装（本书使用 Ubuntu 20.X 版本操作系统）。Snort 3 在安装前需要先安装一些依赖包程序，以下是官方提供的 Snort 3 使用参考网址：

https://docs.snort.org/

https://github.com/snort3/snort3/blob/master/doc/user/tutorial.txt

Snort 3 给出了依赖包用途说明和安装建议，见表 7-2。

表 7-2 Snort 3 依赖包列表

依赖包名称	是否必须	用途和说明
cmake	必须	构建应用程序
libdaq	必须	数据包 I/O 接口
dnet	必须	网络工具函数
编译器	必须	g++ >= 5 或者其他 C++14 编译器
flex	必须	JavaScript 语法解析，需要安装 2.6 及以上的版本
hwloc	必须	CPU 关联管理
LuaJIT	必须	配置和脚本处理
OpenSSL	必须	SHA 和 MD5 文件签名，protected_content 规则选项，SSL 服务检测
pcap	必须	tcpdump 类型记录
pcre	必须	正则表达式模式匹配
pkgconfig	必须	查找构建依赖项
zlib	必须	数据压缩与解压缩
hyperscan	可选	构建新正则表达式、sd_pattern 规则选项和超扫描搜索引擎，可大幅提升检测效率，需要安装 4.4.0 及以上的版本。虽然是可选包，但强烈建议安装

依赖包可以分别单独安装，也可以使用 apt 指令依次进行，命令如下：

```
$ apt install -y build-essential autotools-dev libdumbnet-dev \
libluajit-5.1-dev libpcap-dev zlib1g-dev pkg-config libhwloc-dev \
libssl-dev libnghttp2-dev libpcre3-dev liblzma-dev libhyperscan-dev \
bison flex cmake
```

注意：反斜杠“\”用于命令太长而分行输入；如果提示没有 root 权限，则需要在命令前面加上 sudo 关键字，并根据提示输入密码；如果找不到安装包则需要先使用 apt update 命令更新源之后再尝试。

2）安装 LibDAQ。完成依赖包的安装后，接下来需要安装 Snort 3 LibDAQ，它为与数据源（如网络接口）通信提供了一个抽象层。首先从 GitHub 克隆 LibDAQ 存储库，命令如下：

```
$ git clone https://github.com/snort3/libdaq.git
```

如果系统中已经为 Snort 2 安装了 LibDAQ，并希望为 Snort 3 安装单独的一个 DAQ，或者希望在自定义位置安装 LibDAQ，则可以在配置时使用 --prefix 选项更改 DAQ 安装位置为 ./configure --prefix=/usr/local/lib/daq_s3，然后，运行以下命令生成 configure 脚本，配置指定前缀，构建，完成安装：

```
$ cd libdaq
$ ./bootstrap                                   // 生成 configue 脚本
$ ./configure --prefix=/usr/local/lib/daq_s3   // 配置编译，指定 LibDAQ 安装目录
$ make                                          // 编译
$ make install                                  // 安装 LibDAQ
```

安装 LibDAQ 之后，必须运行 ldconfig 来配置系统的动态链接器运行时绑定。但是，如果将 DAQ 安装在非标准位置，则首先需要告诉系统在哪里可以找到新的共享库。一个常见的解决方案是在 /etc/ld.so.conf 中创建 libdaq3.conf 文件，指向这些库所在的目录，命令如下：

```
$ cat /etc/ld.so.conf.d/libdaq3.conf
/usr/local/lib/daq_s3/lib/
```

使用 ldconfig 命令来配置运行时绑定，命令如下：

```
$ sudo ldconfig
```

3）安装 Snort 3。最后安装 Snort 3 程序，首先从 Snort 的官方 GitHub 仓库克隆源代码（也可以下载安装包后在本地解压），命令如下：

```
$ git clone https://github.com/snort3/snort3.git
```

用户可以使用系统默认的安装路径，默认安装在 /usr/local 目录下，其中：

/usr/local/bin 存放 Snort 3 二进制程序。

/usr/local/etc/snort 存放 Snort 3 配置文件。

/usr/local/lib 存放 libdaq 和 libtcmalloc 等库文件。

/usr/local/snort/rules 存放 Snort 3 规则文件。

在安装时也可以使用 --prefix=<path> 参数指定其他安装目录，下面的命令用于指定安装到 /path/to/snorty。

```
$ export my_path=/path/to/snorty               // 设定 my_path 环境变量
$ mkdir -p $my_path                             // 创建指定目录及父目录
$ cd snort3                                     // 进入 Snort 3 源码目录
$ ./configure_cmake.sh --prefix=$my_path       // 配置 Snort 3，指定安装目录
$ cd build                                      // 进入 build 目录
$ make -j $(nproc)
// 这是可选命令，用于提升编译速度。-j 参数后跟数字指定内核线程数，环境变量 nproc 返回
```

```
// 数字是机器的线程数
$ make install                    // 安装 Snort 3
```

安装完后需要更新共享库，以便系统能找到新安装的 Snort 3 库，命令如下：

```
$ sudo ldconfig
```

最后，可以运行以下命令来验证安装：

```
$ snort -V
```

整套安装过程比较烦琐，用户可以参考相关文献进行安装，也可以使用已安装好的虚拟机镜像。

（2）运行 Snort 3。

1）检查数据采集（Data Acquisition，DAQ）。在开始工作之前，很重要的是要确保 Snort 3 知道在哪里可以找到之前安装的依赖包 LibDAQ。LibDAQ 是数据采集库，它是在高层次上用来与硬件和软件网络数据源通信的模块化的抽象层。默认情况下安装的 DAQ 模块是 pcap 模块，它是围绕 libpcap 库构建的，用于监听网络接口或从 .pcap 文件中读取数据。

如果用户没有将 LibDAQ 安装在默认目录，则用户必须显式地设置 --daq-dir 选项，以告诉 Snort 3 在哪里可以找到适当的模块。

例如，如果 Snort 3 LibDAQ 安装在 /usr/local/lib/daq_s3/ 目录下，则需要使用下面的命令指明 LibDAQ 目录：

```
$ snort --daq-dir /usr/local/lib/daq_s3/lib/daq
```

用户可以使用 snort --daq-list 命令查看有哪些可用的 DAQ 模块。

2）使用帮助。准备就绪就可以运行 Snort 了，Snort 的命令行有许多参数，为了方便用户查阅使用方法，准备了丰富的命令行帮助，下面给出一些常用的帮助命令：

```
$ snort -?                        // 列出选项列表，查看可用的命令参数
$ snort --help                    // 帮助摘要
$ snort --help-commands           // 显示可用的指令
$ snort --help-config             // 显示配置情况
$ snort --help-options            // 显示可用的命令行选项
$ snort --help-counts             // 显示挂钩计数和情况
$ snort --help-modules            // 列出所有可用的模块
$ snort --help-module <module>    // 显示指定的模块详情
```

3）读取流量。Snort 3 可以直接从数据包捕获文件中读取流量，也可以被动地在网络接口上运行以嗅探流量。

从数据包读取流量的命令如下：

```
$ snort -r <pcap_file>
```

如果成功，Snort 3 将打印出关于刚刚读取的 pcap 文件的基本信息，包括数据包数量和检测到的协议等详细信息。

用户还可以使用 --pcap-dir 命令在指定的目录中读取 pcap 文件，如果该目录包含其他文件，还可以使用 --pcap-filter 命令告诉 Snort 3 要处理哪些文件。例如：

```
$ snort --pcap-dir <pcap_dir> --pcap-filter ‘*.pcap’
```

从指定的网络接口监听流量的命令如下：

```
$ snort -i <interface>
```

通常情况下，Snort 3 只检测流量而不阻断，实现 IDS 功能。不过 Snort 3 能够利用某些 DAQ 模块实现两种不同的操作模式：被动模式（passive）和内联模式（inline）。被动模式使 Snort 3 能够观察和检测网络接口上的流量，但不会阻塞流量。内联模式则使得 Snort 3 能够在检查到诱发事件的特定数据包时阻塞通信流量，即可以实现 IPS 功能。

支持内联模式的一个 DAQ 模块是 afpacket，该模块使 Snort 3 能够访问 Linux 网络设备上接收到的数据包。使用 afpacket 模块的内联功能需要使用参数 -Q 开启内联模式，然后选择 --daq 选项指出 DAQ 模块名称，另外在 -i 命令行选项后指定一对网络接口，用引号包围，里面分别是两个接口名称，中间用冒号分隔，命令如下所示：

```
$ snort -Q --daq afpacket -i "<interface1:interface2>"
```

这样 Snort 3 就可以根据规则在两个接口之间阻止不安全的通信。不过，此命令虽然可以运行但不完整，因为这里只指定了需要加载的模块，并没有告诉 Snort 3 该如何工作。

4）工作模式。前面介绍了 Snort 3 有三种工作模式，下面看一下如何配置 Snort 的工作模式。

注意：这三种工作模式并非互相排斥，其命令行参数是可以同时使用的。

嗅探器模式用于 Snort 3 从网络上或指定的数据包文件中读取流量信息，然后显示在控制台上，例如使用下面的命令参数：

```
$ snort -v -d -e -i <interface>
```

其中参数 -v 表示输出 IP 和 TCP、UDP、ICMP 的包头信息；参数 -d 表示转出应用层信息；参数 -e 表示输出数据链路层的信息。这几个参数可以独立使用，也可以结合使用。

数据包记录器模式用于把所有的包记录到硬盘上，相当于抓包器使用。默认记录在当前目录下，使用参数 -l 可以设定数据包文件的记录位置，用户可以指定目录位置，但该目录位置必须存在，否则会报错，命令如下：

```
$ snort -l /var/log/snort/ -L pcap -i <interface>
```

上面的命令会记录指定网络接口的数据包到 /var/log/snort/ 目录下，-L 参数设置记录格式，此处表示保存为 pcap 格式。

网络入侵检测模式是最常用的模式，这种模式下需要配合 Snort 3 配置文件和检测规则使用。在一般情况下，使用参数 -c 指定运行时的配置文件，参数 -R 指定规则文件，例如使用下面的命令分别指定 snort.lua 配置文件和 sample.rules 规则文件，这样 Snort 3 就知道如何检查网络流量了。

注意：$my_path 变量代表安装 Snort 时的指定位置。

```
$ snort -c $my_path/etc/snort/snort.lua -R $my_path/etc/snort/sample.rules
```

上面这条命令没有给出流量的来源，所以 Snort 3 只是验证配置文件和规则文件是否正确。下面这条命令指明从网络接口获取流量，开启入侵检测模式：

```
$ snort -c $my_path/etc/snort/snort.lua -R $my_path/etc/snort/sample.rules \
    -q -i ens33 -A alert_fast -n 100000
```

这条命令会持续检查指定接口的流量，进行入侵规则的模式匹配，其中 -q 参数代表安静模式，抑制普通信息输出；-A 参数指明当匹配到入侵行为时的报警模式，报警模式为 alert_fast，默认保存在当前目录下；-n 参数则指明在捕获到 100000 个数据包后停止工作，用于捕获特定的一段流量。

Snort 3 除了有入侵检测功能外，还能做到入侵防御。例如 afpacket 和 dump 等 DAQ 模块可以起到阻断流量的作用。

例如，指定 -Q 选项以启用内联模式，然后将 --daq 设置为 dump，该模块会“转储”通过的流量，模拟真正的内联操作。默认情况下，生成的流量将被转储到名为 inline-out.pcap 的文件中，下面这个示例是从 get.pcap 文件中读取流量执行检查，将合法流量转储，命令如下：

```
$ snort -Q --daq dump -q -r get.pcap -R local.rules
```

通过以上命令，用户可以检查 get.pcap 数据包文件中有哪些不安全的流量被阻断了。

如果要退出 Snort 3，可以按下 Ctrl+C 或 Ctrl+Z 组合键。

Snort 3 也可以以守护程序方式后台运行，在命令行指令中加参数 -D 就可以，在这种情况下如果要关闭 Snort 3 进程就需要使用 kill pid 命令。

5）报警输出与日志。当 Snort 3 检测到与规则匹配的流量时会产生事件信息（可定义的报警内容）。默认情况下，Snort 3 会将信息输出到屏幕上，用户希望能将报警信息保存下来以供日后分析，这就需要记录事件日志。

Snort 3 提供了几个不同的报警模式选项，可以在命令行的 -A 参数后设置这些选项以调整报警的显示方式。这些模式包括 cmg（它与警报数据包的十六进制转储一起显示警报），以及如下所示的几种不同的 alert_* 模式：

```
$ snort --help-modules | grep alert
alert_csv (logger): 输出 CSV 格式的事件信息
alert_fast (logger): 输出简明文本格式事件信息
alert_full (logger): 输出带有数据包的包头数据的事件信息
alert_json (logger): 输出 JSON 格式的事件信息
alert_syslog (logger): 输出事件到 syslog 服务
alert_talos (logger): 输出 TALOS 报警格式的事件
alert_unixsock (logger): 通过 Unix 套接字输出事件
```

在 snort.lua 配置文件中可以配置事件日志输出选项，默认情况下这些报警模式被注释（每行前面用“--”表示注释），表示采用默认配置，如图 7-25 所示。

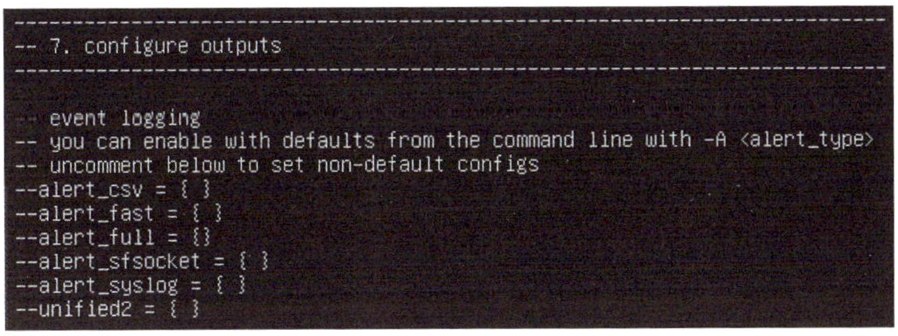

```
---------------------------------------------------------------------------
-- 7. configure outputs
---------------------------------------------------------------------------

-- event logging
-- you can enable with defaults from the command line with -A <alert_type>
-- uncomment below to set non-default configs
--alert_csv = { }
--alert_fast = { }
--alert_full = {}
--alert_sfsocket = { }
--alert_syslog = { }
--unified2 = { }
```

图 7-25　snort.lua 配置文件中的事件日志默认配置

可以使用 snort --help-module <module-name> 命令查看指定的报警模块的默认配置。从输出结果可以看到 alert_fast.file = false 表示 alert_fast 报警模式不会将事件信息输出到文件。所以，即便是在 Snort 3 命令行中使用了 -A alert_fast 参数，也不会保存事件日志，如图 7-26 所示。

```
root@skill:/usr/local/etc/snort# snort --help-module alert_fast

alert_fast

Help: output event with brief text format

Type: logger

Usage: global

Configuration:

bool alert_fast.file = false: output to alert_fast.txt instead of stdout
bool alert_fast.packet = false: output packet dump with alert
int alert_fast.limit = 0: set maximum size in MB before rollover (0 is unlimited) { 0:maxSZ }
```

图 7-26　Snort 默认报警模块配置

要保存事件日志，就要修改配置文件，例如设置使用 alert_fast 模式记录事件日志，就要将 alert_fast 配置的注释取消掉，然后编辑参数 file=true，如图 7-27 所示。

```
-- event logging
-- you can enable with defaults from the command line with -A <alert_type>
-- uncomment below to set non-default configs
--alert_csv = { }
alert_fast =
{
        file = true
}
--alert_full = { }
--alert_sfsocket = { }
alert_syslog =
{
        facility = local7,
        level = alert,
        options = pid
}
```

图 7-27　修改 snort.lua 配置文件中的事件日志配置

再编辑一条规则做下测试，在 Lua 配置文件所在的目录下，使用 vi user.rules 命令创建一个规则文件，并编辑一条规则：

```
alert icmp any any -> any any (msg:"ICMP ALERT TEST";)
```

编辑完后输入 :wq 存退出，这条规则很简单，表示检测到任何 ICMP 流量包就报警，输出信息 ICMP ALERT TEST，没有其他的规则选项，便于做测试。

接下来，在配置文件所在目录下输入以下命令开启 Snort 入侵检测程序：

```
$ snort -c snort.lua -R user.rules -A fast_alert -i ens33
```

上面这条命令表示使用 snort.lua 配置文件、user.rules 规则文件，报警输出模式为 alert_fast，监听 ens33 网络接口。该命令默认保存事件日志到当前目录下，如果需要指定保存的位置，可以使用 -l 参数指明保存文件的绝对路径或相对路径。

然后切换到其他虚拟控制台（无 GUI 系统）或者新开一个终端窗口（带 GUI 系统），执行一条 ping 命令（例如 ping 10.10.10.10 ）。过几秒钟后，在 Snort 3 运行界面按下 Ctrl+z 组合键退出程序，可以看到当前目录下有一个 alert_fast.txt，打开观察，里面就是报警日志记录，如图 7-28 所示。

```
root@skill:/usr/local/etc/snort# cat alert_fast.txt
04/14-02:10:31.613388 [**] [1:0:0] "ICMP ALERT TEST" [**] [Priority: 0] {ICMP} 192.168.22.201 -> 10.
10.10.10
04/14-02:10:32.636828 [**] [1:0:0] "ICMP ALERT TEST" [**] [Priority: 0] {ICMP} 192.168.22.201 -> 10.
10.10.10
04/14-02:10:33.660324 [**] [1:0:0] "ICMP ALERT TEST" [**] [Priority: 0] {ICMP} 192.168.22.201 -> 10.
10.10.10
04/14-02:10:34.683841 [**] [1:0:0] "ICMP ALERT TEST" [**] [Priority: 0] {ICMP} 192.168.22.201 -> 10.
10.10.10
04/14-02:10:35.707664 [**] [1:0:0] "ICMP ALERT TEST" [**] [Priority: 0] {ICMP} 192.168.22.201 -> 10.
10.10.10
```

图 7-28　观察报警功能的事件日志记录

Snort 3 保存事件日志时采用追加模式，不会擦除掉以前保存的内容，这对于事件分析来说非常友好。不过恶意分子在入侵系统后通常会删除掉日志文件，为了防止其发生，可以给日志文件设置特殊权限，防止被删除或覆盖。

chattr 命令可以给指定文件或目录设置特殊权限，防止关键文件被修改，或是只能追加，例如下面这条命令赋予文件只能追加的特殊权限，可以起到保护日志文件的作用。

```
$ chattr +a alert_fast.txt
```

6. 配置 Snort 3

Snort 3 要如何处理获取到的流量信息是由配置文件决定的，用户可以配置处理全局变量的设置、启用或禁用不同模块、性能设置、事件日志记录策略、要启用的特定规则文件的路径等等。配置 Snort 3 的方式有三种：通过命令行、使用单个 Lua 配置文件、使用多个 Lua 配置文件。

Snort 3 有许多不同的配置选项可以调节，开源的 Snort 3 附带了一组标准配置文件，可以帮助 Snort 3 用户快速启动并运行。这些默认配置文件位于 lua 或 snort 目录中，snort_defaults.lua 和其他的 .lua 配置文件提供了一套可用的基本配置，这些默认配置是一个很好的构建模板，可以直接插入 Snort 3 中立即使用。

例如，在 snort_defaults.lua 配置文件中设置了一些变量，这些变量可以被引用，用户可以修改变量的值，如图 7-29 所示。

```
-- Path to your rules files (this can be a relative path)
RULE_PATH = '../rules'
BUILTIN_RULE_PATH = '../builtin_rules'
PLUGIN_RULE_PATH = '../so_rules'

-- If you are using reputation preprocessor set these
WHITE_LIST_PATH = '../lists'
BLACK_LIST_PATH = '../lists'
```

图 7-29 snort_defaults.lua 配置文件中的变量设置

默认情况下，Snort 3 不会查找特定的配置文件，但是用户可以通过 -c 参数传递一个配置文件给它，例如：

```
$ snort -c $my_path/etc/snort/snort.lua
```

上面的命令只是验证提供的配置文件，如果一切正常，则输出结果的最后包含一条消息，表示 Snort 3 成功验证了配置。

注意：一个配置文件中可以包含其他的配置文件，这样可以灵活运用配置，比如 snort.lua 配置文件中就包含了 snort_defaults.lua 和 file_magic.lua。

有时候，规则编写者想要对特定的配置进行实验，看看它如何影响检测。Snort 3 提供了直接从命令行运行一次性定制 Lua 配置的能力，使用 --lua 关键字，后跟用引号包围的字符串，其中包含要设置的特定 Lua 配置（或多个配置）。

例如，下面的 --lua 命令将对指定配置文件中的 IPS 模块添加 enable_builtin_rules 布尔值并设置为 true：

```
$ snort -c $my_path/etc/snort/snort.lua -R local.rules \
    --lua 'ips.enable_builtin_rules = true'
```

注意：上面的 --lua 参数使用点表示法来修改 Snort 3 配置文件中存在的任何现有 IPS 配置。但是，用户也可以使用花括号代替点表示法覆盖给定模块的配置。

例如，下面的命令用指定的参数覆盖任何现有的 IPS 配置：

```
$ snort -c $my_path/etc/snort/snort.lua -R local.rules \
     --lua  'ips = { enable_builtin_rules = true }'
```

上面的命令会将 IPS 改回默认配置，随后将 enable_builtin_rules 设置为 true。

配置的很大一部分内容是启用和调优 Snort 3 的模块（modules），这些模块在高层次上控制 Snort 3 如何处理和处理网络流量。Snort 3 包含一些模块用于解密原始数据包、执行流量规范化、确定是否应该对特定数据包采取特定操作，以及控制如何记录事件。Snort 3 具有八种不同类型的模块：

（1）Basic Modules。用于处理基本流量和规则处理的配置。

（2）Codec Modules。用于解码协议并执行异常检测。

（3）Inspector Modules。用于分析和处理协议。

（4）IPS Action Modules。用于启用在事件发生时可以执行的自定义动作。

（5）IPS Option Modules。用于 Snort 3 规则中设置检测参数的选项。

（6）Search Engine。对数据包数据执行模式匹配，以确定要评估的规则。

（7）SO Rule Modules。用于执行现有 IPS 选项无法实现的检测。

（8）Logger Modules。用于控制事件和数据包数据的输出。

可以使用 --help-modules 命令参数查看所有 Snort 3 的模块列表和简要描述，模块在配置中作为 Lua 表文字量被启用和配置。例如 stream_tcp 检查器模块，它处理 TCP 流跟踪和流规范化和重组，启用命令如下：

```
stream_tcp = { }
```

查看 snort.lua 配置文件，就可以看到关于模块部分的配置记录，如图 7-30 所示。

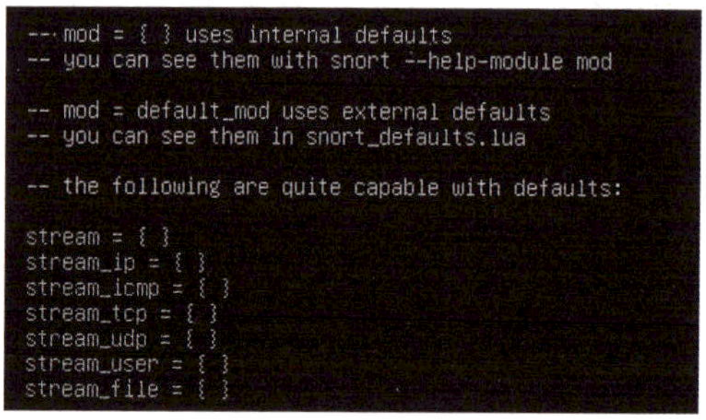

```
-- mod = { } uses internal defaults
-- you can see them with snort --help-module mod

-- mod = default_mod uses external defaults
-- you can see them in snort_defaults.lua

-- the following are quite capable with defaults:

stream = { }
stream_ip = { }
stream_icmp = { }
stream_tcp = { }
stream_udp = { }
stream_user = { }
stream_file = { }
```

图 7-30　snort.lua 配置文件中的模块配置记录

如果一个模块被初始化为一个空表，那么这意味着该模块正在使用它的默认设置。可以使用 --help-config stream_tcp 命令参数查看这些默认值，如图 7-31 所示，列出了 stream_tcp 模块的配置信息：

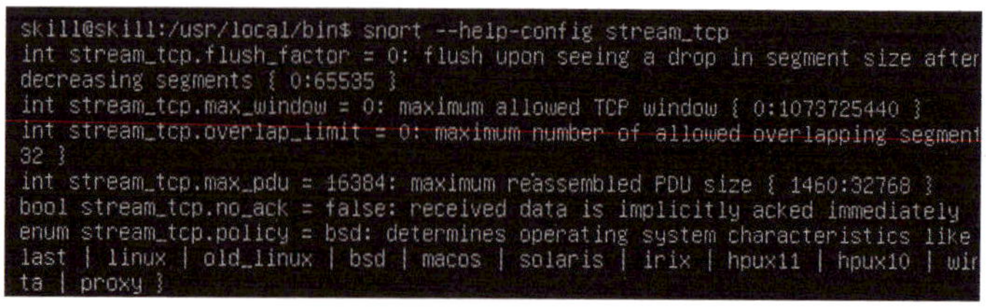

```
skill@skill:/usr/local/bin$ snort --help-config stream_tcp
int stream_tcp.flush_factor = 0: flush upon seeing a drop in segment size after
decreasing segments { 0:65535 }
int stream_tcp.max_window = 0: maximum allowed TCP window { 0:1073725440 }
int stream_tcp.overlap_limit = 0: maximum number of allowed overlapping segment
32 }
int stream_tcp.max_pdu = 16384: maximum reassembled PDU size { 1460:32768 }
bool stream_tcp.no_ack = false: received data is implicitly acked immediately
enum stream_tcp.policy = bsd: determines operating system characteristics like
last | linux | old_linux | bsd | macos | solaris | irix | hpux11 | hpux10 | wi
ta | proxy }
```

图 7-31　查看 stream_tcp 模块的配置信息

命令可以输出给定模块的不同设置，每个设置的描述以及有效值。例如，max_pdu 可以设置为 1460 ～ 32768 之间的整数（含 1460 和 32768）。

Lua 表文字量中的条目实际上只是键值对。如果想设置 stream_tcp.max_pdu 的值，可以简单地添加一个表项，命令如下所示：

```
stream_tcp =
{
  max_pdu = 32768
}
```

max_pdu 也可以理解为 stream_tcp 模块的参数，其他 Lua 表文字量遵循相同的格式，如果有多个参数（键值对）的用逗号分隔。

注意：Lua 使用四个空格，而不是制表符来缩进这些行。

7. Snort 3 规则简介

（1）如何使用规则。如果要使用 Snort 3 的 IDS/IPS 功能，就要告诉 Snort 3 使用什么检测规则。检测模块是 Snort 3 的核心功能模块，检测引擎将解码预处理后的数据与规则相比较，若符合条件则触发后续动作。该模块分为 2 个部分：规则解析和规则检测。规则解析在程序初始化的时候完成，作用是分析规则文件内容，把规则加载到内存中形成规则链；规则检测的作用是检查捕获的流量是否与某条规则匹配。

Snort 3 中有一套应用规则的定义，还提供了一套内置规则，要启用内置规则需要修改 snort.lua 配置文件，在 IPS 模块中将 enable_builtin_rules=true 前面的注释取消掉。在 Snort 3 配置文件中，用两个连字符表示注释，如图 7-32 所示。

```
ips =
{
    -- use this to enable decoder and inspector alerts
    enable_builtin_rules = true,

    -- use include for rules files; be sure to set your path
    -- note that rules files can include other rules files
    -- (see also related path vars at the top of snort_defaults.lua)
    include = '/usr/local/snort/rules/snort3-community-rules/snort3-community.rules',
    variables = default_variables
}
```

图 7-32　修改 IPS 模块中的使用规则

Snort 3 用户规则以文本形式编写，保存在 .rules 规则文件中，一个规则文件中可以设置多条规则，也可以包含其他规则文件。Snort 3 官方网站上提供了一套免费的规则库，可用于大多数入侵检测场景，用户可以从网上免费下载，例如使用下面的命令下载规则库：

```
wget https://www.snort.org/downloads/community/snort3-community-rules.tar.gz
```

建议创建一个专门的目录放置规则文件，使用 tar 命令将下载的规则库解压到规则文件目录中。规则文件保存好后，可以在 Lua 配置文件中引用规则文件，也可以在 Snort 3 运行命令行中指定。

如图 7-11 所示，在 snort.lua 配置文件的 IPS 模块中，编辑 include 参数引用了下载的规则文件，文件路径可以是绝对路径或者相对路径，也可以使用之前定义的路径变量。

如用户想包含多个规则文件，也可以编写如下命令：

```
ips =
{
```

```
    rules = [[
        include /path/to/rulesfile1.rules
        include /path/to/rulesfile2.rules
        ...
    ]]
}
```

任何时候，都可以测试 Snort 3 配置文件和规则是否正确，例如运行下面的命令可以检测配置文件和加载的规则是否有效：

```
$ snort -c /usr/local/etc/snort/snort.lua
```

根据上面的配置，规则文件已经包含在 snort.lua 文件中，所以无需另行指定。

除了在配置文件中指定规则文件外，用户还可以在命令行上将单个规则文件或规则目录的路径直接传递给 Snort 3。可以通过 -R 参数传递单个规则文件，也可以通过 --rule-path 选项传递整个规则文件目录。当需要验证或排除一个或多个规则的故障时，这种方法很方便。

注意：多个规则文件中的规则将会叠加处理。

例如，下面的命令将对 bad.pcap 数据包文件中的流量使用 malware.rules 文件中的规则和 snort.lua 配置文件中应用的规则进行检测分析：

```
$ snort -c $my_path/lua/snort.lua -R malware.rules -r bad.pcap
```

（2）规则结构介绍。攻击方法是在不断变化的，规则库也需要不断更新，除了下载官方的规则外，用户也可以自行编写规则，对特定的网络活动进行检测或防御。

Snort 3 规则分为两部分，分别为规则头和规则选项，如下所示：

```
[action][protocol][source IP][source port][opt] [destIP][destport]( [Rule options...])
```

Snort 3 规则中在圆括号前的部分是规则头部。规则头部中定义了规则动作、协议、源 IP 地址和端口、方向操作符、以及目的 IP 地址和端口；圆括号内的是规则选项，规则选项中可包括报警信息、需要检测的模式信息、特定流向、数据尺寸等各种选项组合。一条规则中可能有多个选项，每个选项由关键字和参数组成，每个关键字和它的参数间使用冒号分隔，不同选项之间使用分号分隔，选项之间为与的关系。

如图 7-33 所示规则结构示例，在规则头中 alert 是规则动作，表示匹配这条规则就报警；协议字段为 tcp，表示检测 TCP 流量；接下来的 any any 表示任意地址的任意端口；“->”是方向操作符，表示左边的是源方向，右边的是目的方向；后面就是目的地址/网段和目的端口了。在规则选项中有两条选项，第 1 条 msg 关键字定义报警信息内容；第 2 条 dsize 关键字表示匹配数据大于 3000 字节的包。

规则头
规则选项
alert tcp any any -> 202.12.1.0/24 80 (msg:"misc large tcp packet"; dsize:>3000;)

图 7-33　规则结构示例

（3）规则头结构。

下面对 Snort 3 规则各个部分进行分析，学习如何编写规则。

1）规则动作。规则动作告诉 Snort 3 如何处理匹配的数据包，有 5 个基本的动作：

- alert。数据包匹配当前规则就产生报警。

- block。阻止当前数据包以及该数据流内所有的后续数据包。
- drop。丢弃当前数据包。
- log。记录下当前数据包。
- pass。标记当前数据包为已通过。

也有所谓的“主动响应”，执行一些动作来响应被检测到的数据包，例如：

- react。向客户端发送响应并终止会话。
- reject。终止会话，TCP 复位或 ICMP 不可达。
- rewrite。使用规则中的 replace 选项内容覆盖数据包内容。

例如：下面的规则表示如果检测到任意来源访问 192.168.10.8 地址的非 80 端口的 HTTP 协议的数据包，就丢弃掉并给出报警，规则的标识号为 2。

```
drop http any any -> 192.168.10.8 !80 (msg:"Drop this packet"; sid:1000002;)
```

2）协议。协议字段告诉 Snort 3 给定规则应该检查什么类型的协议，目前支持的协议包括 IP、ICMP、TCP、UDP，一条规则只能有一个协议。

此外，规则编写者也可以选择在这里指定应用层服务（而非前面的四种协议之一），以告诉 Snort 3 只匹配指定服务的流量。规则中指定的服务必须与流量中检测到的服务相匹配，才能将规则视为匹配，这里可以使用的服务名称可以通过查看 snort_defaults.lua 配置文件中的 default_wizard 部分的条目来找到，比如 HTTP、FTP 等。

Snort 3 的新文件规则允许规则编写者创建匹配特定文件的规则，而不考虑协议、源 IP、目标 IP、端口和服务。Snort 3 能够处理使用 HTTP、SMTP、POP3、IMAP、SMB、FTP 等应用层协议发送的文件。

使用文件规则只需要在规则动作后面跟上 file 关键字，后跟规则选项。另外注意应该为在文件中匹配的所有内容指定 file_data 缓冲区，还有从规则中省略任何服务和流规则选项，例如：

```
alert file
(
  msg:"MALWARE-OTHER Win.Ransomware.Agent payload download attempt";
  file_data;
  content:"secret_encryption_key",fast_pattern,nocase;
  classtype:trojan-activity;
  sid:1000003;
)
```

这条规则告诉 Snort 3 在流量中检测到的任何文件中查找“secret_encryption_key”字符串，而不考虑源、目标或服务。

3）IP 地址。规则头中的 IP 地址告诉 Snort 3 应该应用给定规则的源 IP 地址和目标 IP 地址。只有当给定数据包的源 IP 地址和目的 IP 地址与该规则中设置的 IP 地址匹配时，规则才会匹配。

IP 地址可以用以下四种方式声明：

- 单个 IP 地址，或是带有 CIDR 块的网络地址，例如：192.168.0.5、192.168.1.0/24。
- 在 Lua 配置文件中定义的变量，用于指定一个网络地址或一组网络地址，例如：$EXTERNAL_NET、$HOME_NET 等，如图 7-34 所示。

```
-- HOME_NET and EXTERNAL_NET must be set now
-- setup the network addresses you are protecting
HOME_NET = '192.168.0.8'

-- set up the external network addresses.
-- (leave as "any" in most situations)
EXTERNAL_NET = 'any'
```

图 7-34　在 snort.lua 中定义的地址变量

- 关键字 any，它表示任意地址。
- IP 地址、IP 地址变量或端口范围的列表，用方括号括起来并用逗号分隔，例如：[192.168.1.0/24,10.1.1.0/24]。

在一个规则头中有两个 IP 地址声明：源 IP 地址声明在协议字段之后；目的 IP 地址声明在方向操作符之后。例如下面这条规则指明要观察通信流量从 192.168.1.0 网段的任意端口到 $HOME_NET 变量定义地址的 80 端口：

```
alert tcp 192.168.1.0/24 any -> $HOME_NET 80 ( [options…] )
```

4）端口号。端口号也可以有几种不同形式的声明：

- 直接写出端口号，例如：22、80、8080 等。
- 用 any 关键字代表任意端口。
- 在 Lua 配置文件中定义的表示一个或一组端口的变量，例如：$HTTP_PORTS。
- 用冒号分隔的端口范围，例如：1:1024、3000: 等。
- 一组端口列表，用方括号括起来并用逗号分隔，例如：[1:1024,7000,$HTTP_PORTS]。

5）方向操作符。方向操作符表示规则应用的流量方向，有两种有效的方向运算符：

- ->。表示左边是源地址和端口，右边是目的地址和端口。
- <>。表示两边互为源和目的，也就是检测双向流量。

（4）规则选项内容。规则选项是 Snort 3 规则的核心，它决定要检测哪些信息。规则选项被括在规则头之后的一对圆括号中，里面可以设置多个规则项，每个规则项都由关键字和可选的冒号加参数组成，规则项之间用分号分隔。

注意：并非所有的规则项都有参数。

可选的规则项有很多，主要分为四大类：

1）general options。常规选项为给定规则提供额外的上下文。

2）payload options。荷选项设置特定于有效载荷的标准。

3）non-payload options。非载荷选项设置非有效载荷特定的标准。

4）post-detection options。投递 - 检测选项设置在规则触发后对给定数据包采取的操作。

Snort 3 规则选项有很多，此处只介绍一些常用的规则选项，更多的信息可参考 Snort 3 官方网站的规则编写手册或者其他用户帮助文档。

1）Msg。Msg 选项用于添加描述规则的消息，也是规则触发的报警信息。这是最常用的一个选项，它将与规则生成的事件一起输出。这个选项只有一个参数：一个用双引号括起来的文本字符串。

2）reference。reference 为规则提供额外的链接到相关攻击识别系统的上下文，相当于提供该入侵行为的文献参考。该选项接受两个以逗号分隔的参数。第一个参数是 scheme，它是被引用的攻击识别系统，第二个参数是 id，它是该系统中的特定标识符。常用的 scheme 类型有两类：cve 和 url，cve 对应的 id 参数是 cve 编号，url 对应的 id 参数是 url 地址，例如：

```
reference:cve,2020-1234;
reference:url,www.example.com;
```

3）sid。sid 选项唯一地标识给定的 Snort 3 规则。该规则项接受一个数值参数，sid 值对于规则必须是唯一的。

虽然在技术上不是必需的，但所有 Snort 3 规则都应该有一个 sid，以便在规则生成警报时能够快速识别规则。

Snort 3 保留的 sid 值为 0 ～ 999999，因为这些值在 Snort 3 发行版中包含的规则中使用。因此，对于用户编辑的规则，应该使用从 1000000 开始的 sid 值，建议每增加一个用户规则，sid 值增加 1。

4）classtype。classtype 选项为规则分配一个分类，以指示与事件相关联的攻击类型。Snort 3 提供了一个默认分类列表，规则编写者可以使用它来更好地组织规则事件数据。Snort 3 提供的攻击分类位于 snort_defaults.lua 配置文件中，可以查阅此文件获取到可用的 classtype，如图 7-35 所示。

注意：一个规则应该只有一个 classtype 声明。

```
default_classifications =
{
    { name = 'not-suspicious', priority = 3,
      text = 'Not Suspicious Traffic' },

    { name = 'unknown', priority = 3,
      text = 'Unknown Traffic' },

    { name = 'bad-unknown', priority = 2,
      text = 'Potentially Bad Traffic' },
```

图 7-35　在 snort_defaults.lua 中定义 classtype

5）metadata。metadata 选项以键值对的形式向规则添加额外和任意的信息。在此选项中设置的键值对使用空格分隔，键的值也可以包含空格。规则编写者还可以在此选项中设置多个键值对，方法是用逗号分隔它们，例如：

```
metadata:policy max-detect-ips, policy security-ips drop;
```

注意：在 Snort 2 中，服务声明是在 metadata 选项中进行的，但是 Snort 3 将这些声明移动到一个全新的关键字 service 中。

6）service。service 选项用于告诉 Snort 3 用户希望规则应用于哪个或哪些应用层服务。当 Snort 3 接收到流量时，它首先要做的一件事是确定流量中的服务，以便它能够正确地处理和解析。此选项接受一个或多个以逗号分隔的服务名称作为参数，可以使用的服务名称可以在 snort_defaults.lua 配置文件中查看。

Snort 3 处理该选项中指定的服务的方式与处理规则头中指定的服务的方式不同，使用此选项，只要规则头中的端口与流量的端口匹配，指定的服务可以不必与流量的实际服务匹配。也就是说，它既可以通过规则头和规则选项中的其他选项来触发规则，也可以检测出与 service 选项参数相符的服务类型来触发规则。

请注意，如果用户已经在规则头中指定了服务或创建了文件规则，那么就不能在规则中包含 service 选项。

7）content。content 选项用于对数据包的数据内容执行基本模式匹配，这是内容检查的一项重要选项。这个选项用 content 关键字声明，后面跟着一个冒号，然后跟着用双引号括起来的内容字符串。字符串也可以在前面添加感叹号来表示否定，告诉 Snort 3 只匹配不包含给定字符串或十六进制序列的数据包。

一个规则可以包含多个 content 内容匹配，并且每个内容匹配都按照它们在规则中声明的顺序进行计算。匹配内容可以包含 ASCII 字符串、十六进制字节或两者的混合，十六进制字节必须用“|”字符括起来，例如：

```
content:"user=root";
content:!"200 OK";
content:"PK|03 04|";
```

注意：某些字符必须转义（使用“\”字符）或以十六进制编码。它们是“：”“;”“、”“\”和“»”。

可以使用选项修饰符编写匹配内容，这些选项修饰符包括 fast_pattern、nocase、offset、depth、distance、和 within，它们写在匹配内容字符串之后，用逗号分隔，某些修饰符还需要参数，例如：

```
content:"pizza", nocase, offset 64;
```

这些修饰符的含义分别是：

- fast_pattern。表示快速模式匹配，可增加匹配速度。
- nocase。表示匹配时忽略字符大小写区别。
- offset：指定相对于数据包或缓冲区的开头开始搜索的偏移位置，取值范围为 -65535 ～ 65535，例如 offset 64 表示从载荷的偏移 64 字节处开始查找匹配内容。
- depth。指定在 Snort 3 数据包或缓冲区中查找指定匹配内容的深度。例如 depth 100 表示只在有效负载的前 100 个字节内查找匹配内容，如果没有指定 offset 偏移值将默认从偏移 0（负载的起始位置）开始计算。depth 的值必须大于等于内容字符串的长度，最大值为 65535。
- distance。类似于 offset，但它是相对于前面的内容匹配而不是负载或缓冲区的开始。它告诉 Snort 3 在上一个内容匹配的位置之后跳过一段距离（x 字节），然后再查找这个匹配内容。该修饰符允许取值范围为 -65535 ～ 65535。
- within 类似于 depth，但它是相对于前面的匹配内容而不是负载的开始，它告诉 Snort 3 在上一个内容匹配的位置之后的 x 字节内查找该内容匹配。

8）bufferlen。该选项使用户能够检查给定缓冲区的长度。用户可以检查缓冲区的长度是否等于一个确切的大小，或者使用数学符号中的等号或不等号来比较缓冲区的长度与指定的大小。

使用时在 bufferlen 关键字后跟冒号，后跟数值或是数值范围，最后还可以添加 relative 参数来指明从前一个内容匹配位置开始的 bufferlen 检查。

数值范围通过将符号设置为 <> 或 <=>，并将最小的数字放在符号的左边，将最大的数字放在符号的右边来实现。<> 表示不含两边的值，<=> 表示包含两边的值，例如：

```
bufferlen:10,relative;          // 从当前游标位置开始检查缓冲区是否为 10 字节
bufferlen:2<=>10;               // 检查缓冲区大小是否在 2 ～ 10 字节之间
```

9）dsize。dsize 选项用于检查数据包的有效载荷的大小，这也是常用的检测选项，通常用于检查超长报文。可以指定此选项以查找小于、大于、等于、不等于、小于等于或大于等于指定整数值的数据包大小。该规则选项还可用于检查有效载荷大小是否在一组数字之间，使用 <> 操作符进行排他性范围检查或使用 <=> 操作符进行包容性范围检查，dsize 的取值范围是 0 ～ 65535。例如：

```
dsize:64<>1518;                 // 载荷内容小于 64 字节或大于 1518 字节
dsize:>10000;                   // 载荷内容大于 10000 字节
dsize:!64;                      // 载荷内容不等于 64 字节
```

10）pcre。pcre 选项根据数据包数据内容匹配正则表达式字符串。这里编写的正则表达式使用 perl 兼容的正则表达式（Perl Compatible Reqular Expressions，PCRE）语法，所写的正则表达式用双引号括起来，并且必须以正斜杠开始和结束。正则表达式语法可以参考以下网站：

https://www.pcre.org/original/doc/html/pcrepattern.html。

可以否定一个正则表达式，告诉 Snort 3 仅在正则表达式不匹配时发出警报，方法是在正则表达式的双引号之前加感叹号。

用户可以在结束的正斜杠后面加上可选的标志来表示 pcre 修饰符，例如：

- i：不区分大小写。
- s：可以匹配任何字符，包含换行符。
- m：允许多行匹配。
- x：指定忽略模式中的空白数据字符，除非转义或在字符类中。
- A：指定模式必须只在缓冲区的开头匹配（与指定“^”字符相同）。
- E：将“$”设置为只匹配主题字符串的末尾。
- G：反转量词的贪婪，默认为非贪婪的，但如果后面跟着“?”字符就会变成贪婪的。
- O：覆盖为此表达式配置的 pcre 匹配限制和 pcre 匹配限制递归。
- R：从最后匹配的末尾开始正则表达式搜索，而不是从缓冲区的开始。

注意：从性能的角度来看，正则表达式的成本相对较高，所以要使用正则表达式的规则也应该至少有一个内容匹配，以利用 Snort 3 的快速模式引擎。

11）regex。regex 选项通过超扫描搜索引擎根据有效负载数据匹配正则表达式。与 pcre 选项相比，使用 regex 选项的主要优点之一是能够将 regex 正则表达式用作 fast_pattern 匹配。但是这样做需要安装超扫描库，并在 Snort 3 的 Lua 配置中启用超扫描，命令如下所示：

```
search_engine = { search_method = «hyperscan" }
```

与 pcre 选项一样，这些正则表达式遵循 perl 兼容的 PCRE 语法，用双引号括起来，并且必须以正斜杠开始和结束。

与 pcre 类似，regex 选项对其前面的任何粘性缓冲区进行计算。

为 regex 选项编写的正则表达式只能访问一组有限的修饰符，包括“i”“s”“m”“R”。

12）pkt_data。pkt_data 选项将检测游标设置为规范化数据包数据的开始。

除非在 Snort 3 配置中将 search_engine.detect_raw_tcp 设置为 true，否则不会将数据

包有效负载中的所有内容放入 pkt_data 缓冲区中。例如：如果将流量检测为 HTTP，那么像 URI 和头这样的元素就不会放在 pkt_data 缓冲区中，例如：

```
pkt_data;
content:"pizza", depth 5;
bufferlen:>1000;
```

13）raw_data。Snort 3 中的 raw_data 规则选项替换了 Snort 2 中的旧 rawbytes 关键字，并将游标设置为原始数据包数据。它与 pkt_data 的不同之处在于，它将忽略 Snort 3 所做的某些预处理和规范化。

14）file_data。file_data 选项将检测游标设置为 HTTP 流量的 HTTP 响应体或通过 Snort 3 的文件 API 处理和捕获的其他应用程序协议发送的文件数据。此缓冲区中的数据可以包含规范化和解码的数据，具体取决于用于发送文件数据的服务以及 Snort 3 中包含的不同服务检查器所启用的特定配置。

使用该选项检测文件数据非常简单，只需指定 file_data 选项在任何想要匹配的选项之前，如果需要，这个规则选项可以在一条规则中多次使用。

支持 file_data 缓冲区的服务包括：HTTP、POP3、IMAP、SMTP、ftp-data、netbios-ssn。要了解每个服务的 file_data 缓冲区可以包含哪些内容，可以参考官方的规则编写手册。用户可以检查 Snort 3 的 Lua 配置，并适当的地调整它们。

下面给出几段示例：

```
// 将缓冲区指向规范化的 HTTP 响应体，然后检查 content 匹配内容
alert http (
  …
  flow:to_client,established;
  file_data;
  content:"<script>var aaaaaaa";
  …
)
// 在文件规则中缓冲区指向应用层协议中发送的文件，检查是否有 MS 可执行文件
alert file (
  …
  flow:to_client,established;
  file_data;
  content:"MZ",depth 2;
  …
)
// 将缓冲区指向 TCP 流量中发送的文件，检查 content 匹配内容
alert tcp $EXTERNAL_NET any -> $HOME_NET 25 (
  …
  file_data;
  content:"decoded SMTP file here"
  …
)
```

15）js_data。js_data 选项将检测光标设置为规范化的 JavaScript 数据缓冲区。Snort 3 可以检测消息体中是否存在 JavaScript，如果存在，则对其执行规范化。

要查看默认的规范化是否启用，可以使用下面的命令查看 http_inspect.js_* 的默认配置：

```
$ snort --help-module http_inspect
```

要使用这个缓冲区，必须在 Snort 3 的 Lua 配置中添加如下设置：

```
http_inspect = { js_normalization_depth = depth }
```

使用示例如下：

```
js_data;
content:"0xFFFFFFFF";
bufferlen:<200;
```

16）byte_extract。byte_extract 选项用于从数据包数据中读取一定数量的字节，并将提取的单个或多个字节存储到指定变量中。该选项本身不做任何事情，提取的值应该与规则后面的其他选项一起使用。命名的变量可以用作以下任何选项的参数：

- distance, within, offset, depth 等修饰符。
- byte_test。
- byte_jump。
- isdataat。

byte_extract 是用关键字声明的，后面是一个冒号字符，后面是三个用逗号分隔的必需参数，这三个参数必须按照这个顺序指定：

- 要提取的字节数。
- 要提取的字节的偏移量。
- 将接收提取值的变量名。

在三个必需的参数之后还可以添加一些额外的可选参数，它们也是用逗号分隔的，具体信息可以参考官方的规则编写手册。下面是一个简单示例：

```
byte_extract:1, 0, str_offset;
byte_extract:1, 1, str_depth;
content:"bad stuff", offset str_offset, depth str_depth;
```

注意：byte_extract 选项将移动检测光标位置于提取的字节之后。

17）byte_test。byte_test 选项使用指定操作符根据特定值测试字节字段。该选项能够直接从数据包中测试二进制值，并且它还可以将字符串转换为数字表示（例如十进制，十六进制和八进制）并进行测试。

byte_test 是用关键字声明的，后面跟着一个冒号字符，后面跟着四个用逗号分隔的必需参数，按照这个顺序指定：

- 从数据包中抓取的字节数。
- 对数据包中的字节进行测试的操作符。
- 对数据包中的字节进行测试的值。
- 要抓取的字节的偏移量。

在必需的参数之后也可以添加一些额外的可选参数，它们也是用逗号分隔的，具体信息可以参考官方的规则编写手册。下面是一个简单示例：

```
byte_test:4, >, 1234, 0, string, dec;
```

这条规则项表示在偏移量 0 处获取 4 个字节，转换这些字节作为十进制字符串，并测试转换后的数字是否大于 1234。

注意：byte_test 选项不会移动检测光标。

18）byte_math。byte_math 选项从数据包中提取字节，使用指定值或现有变量对提取的值执行数学运算，并将结果存储在新变量中，这些变量可以稍后在规则中使用，类似于 byte_extract 变量的引用。

byte_math 是用关键字声明的，后面跟着一个冒号字符，后面跟着用逗号分隔的五个必需参数，这五个参数必须按照这个顺序指定：

- bytes 参数后面跟着要从数据包中提取的字节数。
- offset 参数后面跟着要提取的字节的偏移量。
- oper 参数后面跟着对提取的值进行的数学运算。
- rvalue 参数后面跟着要对所提取的值进行数学运算的值。
- result 参数后面跟着将接收最终结果的变量名。

在必需的参数之后也可以添加一些额外的可选参数，它们也是用逗号分隔的，具体信息可以参考官方的规则编写手册。下面是一个简单示例：

```
byte_math:bytes 2, offset 0, oper *, rvalue 10, result area;
byte_test:2, >, area, 16;
```

这条规则项表示在偏移量 0 处提取 2 字节，将提取的数字乘以 10，将结果存储在变量 area 中，然后在 byte_test 选项中使用 area 变量。

注意：byte_math 选项不会移动检测光标。

19）HTTP Specific Options。Snort 3 使用一组服务检查器进行操作，这些检查器可以识别特定的 TCP/UDP 应用程序，并将应用程序数据划分到不同的缓冲区中。其中一个服务检查器就是 HTTP 检查器。

每当在数据包中检测到 HTTP 流量时，HTTP 服务检查器就会扫描有效载荷数据以解析不同的 HTTP 元素（例如 URI、报头、方法等），并用这些不同的部分填充各个缓冲区。这个功能强大的检查器允许规则编写者开发内容匹配的规则，只针对 HTTP 数据包的特定部分。

Snort 3 规则中的大多数 HTTP 选项都是粘性缓冲区（Sticky Buffer），与 Snort 2 中的内容修饰符相反，这意味着它们应该放在内容匹配选项之前，以设置所需的缓冲区，例如：

```
http_uri;                        // 设置缓冲区为 HTTP 请求的 URI 部分
content: "/pizza.php";           // 在上面设置的缓冲区中搜索目标字符串
```

在 Snort 3 中，粘性缓冲区是指指定内容匹配的区域。它可以用于精确定位某些协议字段或特定的缓冲区区域，以减少不必要的匹配，进而提高规则的精确性和性能。粘性缓冲区通常用来指定要搜索的特定协议字段或某个缓冲区内的内容，而不是默认情况下搜索整个数据包。

Snort 3 有许多 HTTP 检查器，用户可以通过官方的规则编写手册了解如何使用每个规则选项，每个粘性缓冲区中包含哪些 HTTP 数据，以及如何在不同的缓冲区中格式化这些数据，下面列出可用的检查器及描述：

- http_uri、http_raw_uri：规范化 HTTP URI 和非规范化 HTTP URI。
- http_header、http_raw_header：规范化和非规范化的 HTTP headers。

- http_cookie、http_raw_cookie：规范化和非规范化的 HTTP cookies。
- http_client_body：规范化 HTTP 请求体。
- http_raw_body：非规范化 HTTP 请求体和响应数据。
- http_param：具体的 HTTP 参数值。
- http_method：HTTP 请求方法。
- http_version：HTTP 请求和响应的版本。
- http_stat_code：HTTP 响应状态码。
- http_stat_msg：HTTP 响应状态信息。
- http_raw_request、http_raw_status：非规范化的 HTTP 请求起始行和响应起始行。
- http_raw_status：非规范化的 HTTP 响应信息起始行。
- http_trailer、http_raw_trailer：规范化和非规范化的 HTTP 标题行 trailer。
- http_true_ip：原始客户端 IP 地址（代理存储在请求头中的变量）。
- http_version_match：根据版本列表测试 HTTP 消息的版本（非粘性缓冲区选项）。
- http_num_headers：根据特定值或值范围测试 HTTP 头的数量（非粘性缓冲区选项）。
- http_num_trailers：根据特定值或值范围测试 HTTP trailer 的数量（非粘性缓冲区选项）。
- http_num_cookies：根据特定值或值范围测试 HTTP cookie 的数量（非粘性缓冲区选项）。

用户可以使用 HTTP 检查项执行应用层内容检查，极大增强了 Snort 3 的入侵检测能力，另外，Snort 3 的 HTTP 检查器的有状态特性使规则编写者能够创建针对 HTTP 客户机请求和对该请求的 HTTP 服务器响应的检测，能够混合请求和响应的检测。下面是一个示例：

```
alert http (
    msg:"Rule examining a response and the request associated with that response";
    flow:to_client,established;
    file_data;                              // 设置文件数据缓冲区
    content:"pizza",fast_pattern;           // 检查指定的字符串
    http_header:request;                    // 设置规范化的 HTTP header 缓冲区
    content:"User-Agent: bad";              // 查找指定的字符串
    classtype:misc-activity;                // 设置该规则的分类
)
```

20）id。id 选项用于检查 IP 报头的 ID 字段值是否小于、大于、等于、不等于、小于等于或大于等于指定的整数值。该规则选项还可以检查报头的 ID 值是否在一个数字范围之间，使用 <> 范围操作符进行排他范围检查，或使用 <=> 范围操作符进行包含范围检查。

使用方法同 TTL 选项。

21）itype 和 icode。itype 和 icode 选项分别用于检查 ICMP 包的 type（类型）和 code（代码）是否小于、大于、等于、不等于、小于等于或大于等于指定的整数值。该规则选项还可以检查 type 和 code 值是否在一个数字范围之间，使用 <> 范围操作符进行排他范围检查，或使用 <=> 进行包含范围检查。

使用方法同 TTL 选项。

22）fragoffset。fragoffset 选项用于检查 IP 报文头中的 IP 分片偏移量是否小于、大于、等于、不等于、小于等于或大于等于指定的整数值。该规则选项还可以检查偏移值是否在一个数字范围之间，使用 <> 范围操作符进行排他性范围检查，或使用 <=> 进行包容性范围检查。

使用方法同 TTL 选项。

23）ip_proto。ip_proto 规则选项用于根据 IP 协议号或名称检查 IP 报头协议字段。有效的协议编号和名称可在 IANA 的协议编号页面上找到，页面链接如下：

https://www.iana.org/assignments/protocol-numbers/protocol-numbers.xhtml。

规则编写者还可以使用“!”“<”“>”操作符来检查 IP 报头协议号是否不等于、小于或大于指定的协议号或协议名对应的数字。

下面给出几个示例：

```
ip_proto:igmp;
ip_proto:!tcp;
ip_proto:17;
```

24）flags。flags 选项检查是否在 TCP 报头中设置了指定的标志位。

可以检测下列标志位：

- F -> FIN (Finish)。
- S -> SYN (Synchronize sequence numbers)。
- R -> RST (Reset the connection)。
- P -> PSH (Push buffered data)。
- A -> ACK (Acknowledgement)。
- U -> URG (Urgent pointer)。
- C -> CWR (Congestion window reduced)。
- E -> ECE (ECN-Echo)。
- 0 -> No TCP flags set。

通过指定多个标志字符，可以一次检查多个标志。此外，规则选项还可以包括以下可选修饰符之一，以丰富检查标准，例如：

- + -> 匹配任何指定的位，加上任何其他位。
- * -> 匹配指定的位。
- ! -> 匹配，如果指定的位没有设置。

用户还可以指定要忽略的标志，方法是在一组检测标志后面加上逗号，后跟一个或多个要忽略的标志字符。

下面给出几个示例：

```
flags:S;            // 检查 TCP 报文是否仅设置了 SYN 标志
flags:SA;           // 检查 TCP 报文是否仅设置了 SYN 和 ACK 标志
flags:*SA;          // 检查 TCP 报文是否仅设置了 SYN 或 ACK 标志
flags:+R;           // 检查是否设置了 RST 标志，加其他任何标志
flags:SF,CE;        // 检查是否仅设置了 SYN 和 FIN 标志，但忽略 CWR 和 ECN 的检查
```

25）flow。flow 选项用于检查给定数据包的会话属性，有四个主要的属性类别：

- 数据包的方向，具体来说是从客户端到服务端还是从服务端到客户端。
- 数据包是否属于已建立的 TCP 连接。
- 报文是否为重组报文。
- 是否为重构的分片报文。

一个选项可以指定多个属性，顺序不重要，但每个类别中的一个属性只能包含在单个选项中。在下表中列出并描述了所有可能的参数：

- to_client、from_server：匹配服务端到客户端的响应。
- to_server、from_client：匹配客户端到服务端的请求。
- established：仅匹配已建立的 TCP 连接。
- not_established：仅匹配未建立的 TCP 连接。
- stateless：不管流状态如何都匹配。
- no_stream：仅匹配未重组的报文。
- only_stream：仅匹配已重组的报文。
- no_frag：仅匹配分片报文。
- only_frag：仅匹配碎片化的报文。

下面给出几个示例：

```
flow:to_client,established;        // 匹配到客户端的已建立 TCP 连接的报文
flow:stateless;                    // 不管流状态如何都匹配
```

26）file_type。file_type 选项用于编写规则时限制给定文件类型、文件类型的特定版本、几种不同的文件类型或不同版本的几种文件类型。

用户可以通过指定单个文件类型名称和特定版本或多个文件类型名称和可选版本号来使用此选项。文件类型名称与版本号之间用逗号分隔，用单个空格字符分隔多个文件类型名。

Snort 3 在 file_magic.rules 中给出了最常见的文件类型的定义，如 EXE、PDF 和 OFFICE 文件。

下面给出几个示例：

```
file_type:"PDF";                     // 指定是 PDF 文件
file_type:"PDF,1.6,1.7";             // 指定 PDF 文件的 1.6 或 1.7 版
file_type:"MSEXE MSCAB MSOLE2";      // 指定几种类型文件
```

27）stream_size。stream_size 选项用于检查给定 TCP 会话的流大小。用户可以检查 stream_size 是否小于、大于、等于、不等于、小于等于或大于等于指定的整数值，或者他们可以检查窗口号是否在一个数字范围之间，使用 <> 范围操作符进行排他范围检查，或使用 <=> 操作符进行包含范围检查。

用户还可以指定 stream_size 仅应用于来自服务器、客户端或服务器和客户端两者的 TCP 报文。这是通过在参数末尾放置一个逗号，后跟四个可能的选项之一来完成的，四个选项分别为 either、to_server、to_client 和 both。

下面给出几个示例：

```
stream_size:=125,to_server;
stream_size:>300,both;
```

28）detection_filter。detection_filter 选项要求本规则在触发报警之前进行多次命中。

用户在使用应用系统前会提交登录请求，如果在短时间内重复提交多次请求可视为密码暴力破解攻击，通过配置 detection_filter 选项可以监测到暴力破解攻击行为，也可用于监测网络嗅探行为。

该选项有 3 个属性，下面列出它们的说明：

- track。追踪命中是同一源地址还是同一目的地址，取值 by_src 或是 by_dst，如果不设置，则不追踪。
- count。产生事件之前命中规则次数，取值范围是 {1:max32}。
- seconds。计算命中次数的时间间隔长度，单位为秒，取值范围是 {1:max32}。

例如设置当同一个目的地址在 1 秒内命中规则 10 次则触发事件：

```
detection_filter: track by_dst,seconds 5,count 3;
```

四、能力训练

1. 安装 Snort 3

在安装 Snort 3 之前，需要先准备好操作系统，建议在 VMWare 下添加一台 Linux 虚拟机，并安装 Ubunbu 20.04 操作系统，准备过程此处略过。准备好后，开始安装 Snort 3。

（1）安装依赖包程序。首先下载并安装 Snort 3 所需依赖（图 7-36），可以使用 apt 命令一次性安装多个程序，也可以分别安装，命令如下所示：

```
apt install build-essential libpcap-dev libpcre3-dev libnet1-dev zlib1g-dev luajit hwloc libdnet-dev libdumbnet-dev bison flex liblzma-dev openssl libssl-dev pkg-config libhwloc-dev cmake cpputest libsqlite3-dev uuid-dev libcmocka-dev libnetfilter-queue-dev libmnl-dev autotools-dev libluajit-5.1-dev libunwind-dev libfl-dev libhyperscan-dev -y
```

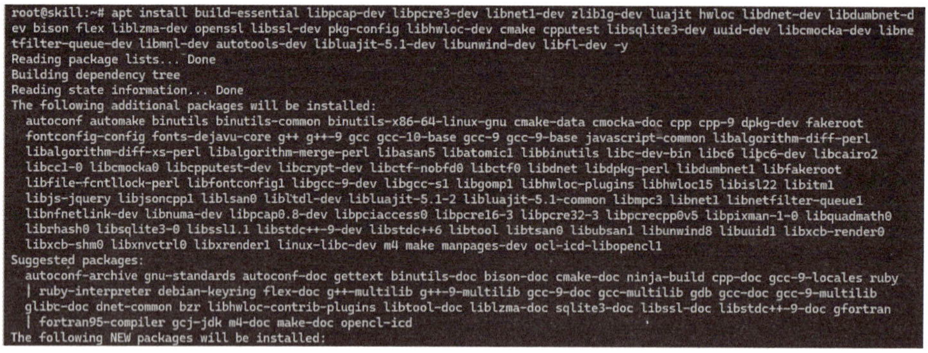

```
root@skill:~# apt install build-essential libpcap-dev libpcre3-dev libnet1-dev zlib1g-dev luajit hwloc libdnet-dev libdumbnet-d
ev bison flex liblzma-dev openssl libssl-dev pkg-config libhwloc-dev cmake cpputest libsqlite3-dev uuid-dev libcmocka-dev libne
tfilter-queue-dev libmnl-dev autotools-dev libluajit-5.1-dev libunwind-dev libfl-dev -y
Reading package lists... Done
Building dependency tree
Reading state information... Done
The following additional packages will be installed:
  autoconf automake binutils binutils-common binutils-x86-64-linux-gnu cmake-data cmocka-doc cpp cpp-9 dpkg-dev fakeroot
  fontconfig-config fonts-dejavu-core g++ g++-9 gcc gcc-10-base gcc-9 gcc-9-base javascript-common libalgorithm-diff-perl
  libalgorithm-diff-xs-perl libalgorithm-merge-perl libasan5 libatomic1 libbinutils libc-dev-bin libc6 libc6-dev libcairo2
  libccl-0 libcmocka0 libcpputest-dev libcrypt-dev libctf-nobfd0 libctf0 libdnet libdpkg-perl libdumbnet1 libfakeroot
  libfile-fcntllock-perl libfontconfig1 libgcc-9-dev libgcc-s1 libgomp1 libhwloc-plugins libhwloc15 libisl22 libitm1
  libjs-jquery libjsoncpp1 liblsan0 libltdl-dev libluajit-5.1-2 libluajit-5.1-common libmpc3 libnet1 libnetfilter-queue1
  libnfnetlink-dev libnuma-dev libpcap0.8-dev libpciaccess0 libpcre16-3 libpcre32-3 libpcrecpp0v5 libpixman-1-0 libquadmath0
  librhash0 libsqlite3-0 libssl1.1 libstdc++-9-dev libstdc++6 libtool libtsan0 libubsan1 libunwind8 libuuid1 libxcb-render0
  libxcb-shm0 libxnvctrl0 libxrender1 linux-libc-dev m4 make manpages-dev ocl-icd-libopencl1
Suggested packages:
  autoconf-archive gnu-standards autoconf-doc gettext binutils-doc bison-doc cmake-doc ninja-build cpp-doc gcc-9-locales ruby
  | ruby-interpreter debian-keyring flex-doc g++-multilib g++-9-multilib gcc-9-doc gcc-multilib gdb gcc-doc gcc-9-multilib
  glibc-doc dnet-common bzr libhwloc-contrib-plugins libtool-doc liblzma-doc sqlite3-doc libssl-doc libstdc++-9-doc gfortran
  | fortran95-compiler gcj-jdk m4-doc make-doc opencl-icd
The following NEW packages will be installed:
```

图 7-36　安装 Snort 3 依赖

（2）安装 LibDAQ 数据采集接口，如图 7-37 所示。首先，使用以下命令从 GitHub 下载 Snort 3 的 DAQ 二进制文件：

```
git clone https://github.com/snort3/libdaq.git
```

```
root@skill:~# git clone https://github.com/snort3/libdaq.git
Cloning into 'libdaq'...
remote: Enumerating objects: 2491, done.
remote: Counting objects: 100% (226/226), done.
remote: Compressing objects: 100% (94/94), done.
remote: Total 2491 (delta 156), reused 176 (delta 132), pack-reused 2265
Receiving objects: 100% (2491/2491), 1.15 MiB | 1.75 MiB/s, done.
Resolving deltas: 100% (1789/1789), done.
root@skill:~# |
```

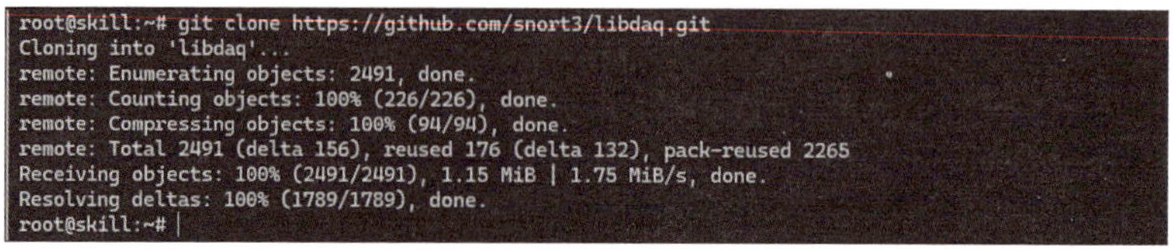

图 7-37　安装 LibDAQ

下载完成后，转到下载保存的目录（例如 cd /root/libdaq），查看下载好的文件，如图 7-38 所示。

```
root@skill:~/libdaq# ls
api        ChangeLog-2.x  COPYING  libdaq.pc.in  m4           modules    test
bootstrap  configure.ac   example  LICENSE       Makefile.am  README.md
root@skill:~/libdaq# |
```

图 7-38　查看下载好的 LibDAQ 文件

然后使用 ./bootstrap 命令生成符合 Linux 文件系统标准（Filesytem Hierarchy Standard，FHS）的一套文件目录，如图 7-39 所示。

```
root@skill:~/libdaq# ./bootstrap
+ autoreconf -ivf --warnings=all
autoreconf: Entering directory '.'
autoreconf: configure.ac: not using Gettext
autoreconf: running: aclocal --force --warnings=all -I m4
autoreconf: configure.ac: tracing
autoreconf: running: libtoolize --copy --force
libtoolize: putting auxiliary files in '.'.
libtoolize: copying file './ltmain.sh'
libtoolize: putting macros in AC_CONFIG_MACRO_DIRS, 'm4'.
libtoolize: copying file 'm4/libtool.m4'
libtoolize: copying file 'm4/ltoptions.m4'
libtoolize: copying file 'm4/ltsugar.m4'
libtoolize: copying file 'm4/ltversion.m4'
libtoolize: copying file 'm4/lt~obsolete.m4'
```

图 7-39　准备 LibDAQ 安装文件

再使用 ./configure 命令检测系统环境和依赖关系，并根据提供的选项生成相应的 Makefile 文件，如图 7-40 所示。

```
root@skill:~/libdaq# ./configure
checking for a BSD-compatible install... /usr/bin/install -c
checking whether build environment is sane... yes
checking for a thread-safe mkdir -p... /usr/bin/mkdir -p
checking for gawk... gawk
checking whether make sets $(MAKE)... yes
checking whether make supports nested variables... yes
checking for gcc... gcc
checking whether the C compiler works... yes
checking for C compiler default output file name... a.out
checking for suffix of executables...
checking whether we are cross compiling... no
checking for suffix of object files... o
checking whether we are using the GNU C compiler... yes
```

图 7-40　生成 Makefile 文件

如果没有问题，再使用 make 命令编译程序，如图 7-41 所示。

```
root@skill:~/libdaq# make
make  all-recursive
make[1]: Entering directory '/root/libdaq'
Making all in api
make[2]: Entering directory '/root/libdaq/api'
/bin/bash ../libtool  --tag=CC   --mode=compile gcc -DHAVE_CONFIG_H -I. -I..  -fvisibility=hidden -Wall -Wmissing-declarations
-Wpointer-arith -Wcast-align -Wcast-qual -Wformat -Wformat-nonliteral -Wformat-security -Wundef -Wwrite-strings -Wextra -Wsign-
compare -Wno-unused-parameter -fno-strict-aliasing -fdiagnostics-show-option  -Wstrict-prototypes -Wmissing-prototypes -Wold-s
tyle-definition -Wnested-externs  -g -O2 -MT libdaq_la-daq_base.lo -MD -MP -MF .deps/libdaq_la-daq_base.Tpo -c -o libdaq_la-daq
_base.lo `test -f 'daq_base.c' || echo './'`daq_base.c
libtool: compile:  gcc -DHAVE_CONFIG_H -I. -I.. -fvisibility=hidden -Wall -Wmissing-declarations -Wpointer-arith -Wcast-align -
Wcast-qual -Wformat -Wformat-nonliteral -Wformat-security -Wundef -Wwrite-strings -Wextra -Wsign-compare -Wno-unused-parameter
-fno-strict-aliasing -fdiagnostics-show-option -Wstrict-prototypes -Wmissing-prototypes -Wold-style-definition -Wnested-externs
 -g -O2 -MT libdaq_la-daq_base.lo -MD -MP -MF .deps/libdaq_la-daq_base.Tpo -c daq_base.c  -fPIC -DPIC -o .libs/libdaq_la-daq_ba
se.o
libtool: compile:  gcc -DHAVE_CONFIG_H -I. -I.. -fvisibility=hidden -Wall -Wmissing-declarations -Wpointer-arith -Wcast-align -
Wcast-qual -Wformat -Wformat-nonliteral -Wformat-security -Wundef -Wwrite-strings -Wextra -Wsign-compare -Wno-unused-parameter
-fno-strict-aliasing -fdiagnostics-show-option -Wstrict-prototypes -Wmissing-prototypes -Wold-style-definition -Wnested-externs
 -g -O2 -MT libdaq_la-daq_base.lo -MD -MP -MF .deps/libdaq_la-daq_base.Tpo -c daq_base.c -o libdaq_la-daq_base.o >/dev/null 2>&
1
```

图 7-41　编译 LibDAQ

编译完成后，使用 make install 命令安装 LibDAQ，如图 7-42 所示。

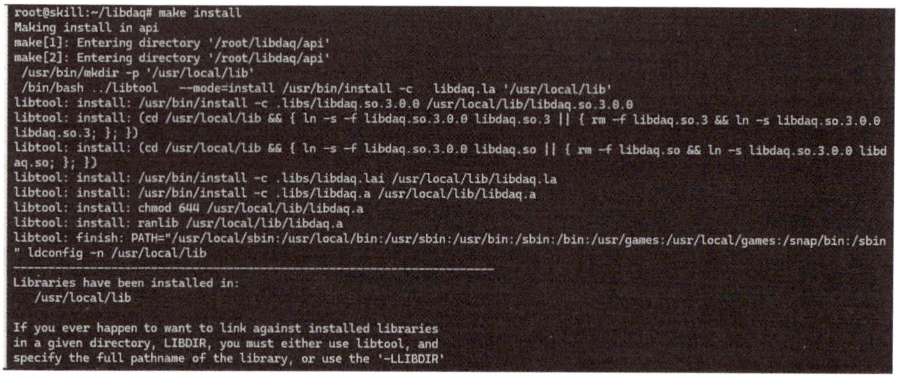

```
root@skill:~/libdaq# make install
Making install in api
make[1]: Entering directory '/root/libdaq/api'
make[2]: Entering directory '/root/libdaq/api'
 /usr/bin/mkdir -p '/usr/local/lib'
 /bin/bash ../libtool   --mode=install /usr/bin/install -c   libdaq.la '/usr/local/lib'
libtool: install: /usr/bin/install -c .libs/libdaq.so.3.0.0 /usr/local/lib/libdaq.so.3.0.0
libtool: install: (cd /usr/local/lib && { ln -s -f libdaq.so.3.0.0 libdaq.so.3 || { rm -f libdaq.so.3 && ln -s libdaq.so.3.0.0
libdaq.so.3; }; })
libtool: install: (cd /usr/local/lib && { ln -s -f libdaq.so.3.0.0 libdaq.so || { rm -f libdaq.so && ln -s libdaq.so.3.0.0 libd
aq.so; }; })
libtool: install: /usr/bin/install -c .libs/libdaq.lai /usr/local/lib/libdaq.la
libtool: install: /usr/bin/install -c .libs/libdaq.a /usr/local/lib/libdaq.a
libtool: install: chmod 644 /usr/local/lib/libdaq.a
libtool: install: ranlib /usr/local/lib/libdaq.a
libtool: finish: PATH="/usr/local/sbin:/usr/local/bin:/usr/sbin:/usr/bin:/sbin:/bin:/usr/games:/usr/local/games:/snap/bin:/sbin
" ldconfig -n /usr/local/lib
----------------------------------------------------------------------
Libraries have been installed in:
   /usr/local/lib

If you ever happen to want to link against installed libraries
in a given directory, LIBDIR, you must either use libtool, and
specify the full pathname of the library, or use the '-LLIBDIR'
```

图 7-42　安装 LibDAQ

最后，使用 ldconfig 命令配置动态链接器运行时绑定。

（3）安装 Snort 3。前面的准备工作就绪后，可以安装 Snort 3 了，这里采用下载安装包的方式。先退回到根目录，从官网下载 Snort 3 的压缩包（图 7-43），命令如下：

```
wget https://github.com/snort3/snort3/archive/refs/tags/3.1.43.0.tar.gz
```

```
root@skill:~# wget https://github.com/snort3/snort3/archive/refs/tags/3.1.43.0.tar.gz
--2024-04-09 05:09:07--  https://github.com/snort3/snort3/archive/refs/tags/3.1.43.0.tar.gz
Resolving github.com (github.com)... 198.18.0.184
Connecting to github.com (github.com)|198.18.0.184|:443... connected.
HTTP request sent, awaiting response... 302 Found
Location: https://codeload.github.com/snort3/snort3/tar.gz/refs/tags/3.1.43.0 [following]
--2024-04-09 05:09:08--  https://codeload.github.com/snort3/snort3/tar.gz/refs/tags/3.1.43.0
Resolving codeload.github.com (codeload.github.com)... 198.18.0.188
Connecting to codeload.github.com (codeload.github.com)|198.18.0.188|:443... connected.
HTTP request sent, awaiting response... 200 OK
Length: unspecified [application/x-gzip]
Saving to: '3.1.43.0.tar.gz'

3.1.43.0.tar.gz                [  <=>                                        ]  1.05M  1.69MB/s
```

图 7-43　下载 Snort 3 安装包

然后使用以下命令解压（图 7-44）：

```
tar zxf 3.1.43.0.tar.gz
```

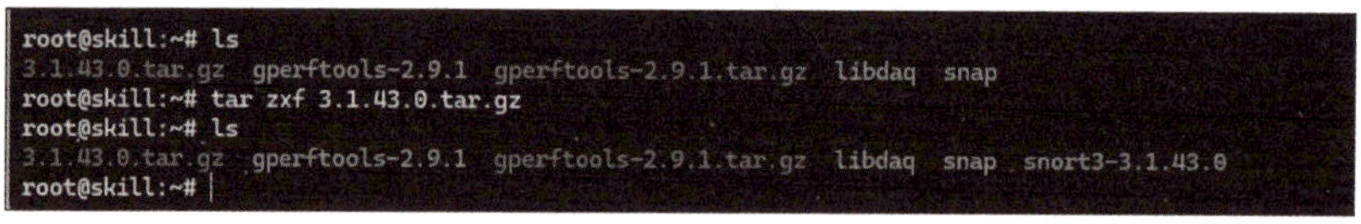

```
root@skill:~# ls
3.1.43.0.tar.gz  gperftools-2.9.1  gperftools-2.9.1.tar.gz  libdaq  snap
root@skill:~# tar zxf 3.1.43.0.tar.gz
root@skill:~# ls
3.1.43.0.tar.gz  gperftools-2.9.1  gperftools-2.9.1.tar.gz  libdaq  snap  snort3-3.1.43.0
root@skill:~# |
```

图 7-44　解压 Snort 3 安装包

接下来，进入到刚才解压的目录，命令如下：

```
cd snort3-3.1.43.0
```

使用以下命令配置 Snort 3 编译环境，后面的参数表示指定安装的目录，优化内存分配（图 7-45）：

```
./configure_cmake.sh --prefix=/usr/local --enable-tcmalloc
```

配置完成后，进入到 build 目录，分别运行编译和安装指令，再配置动态链接器，完成 Snort 3 的安装（图 7-46），命令如下：

```
cd build
make -j $(nproc)
make install
ldconfig
```

```
root@skill:~/snort3-3.1.43.0# ./configure_cmake.sh --prefix=/usr/local --enable-tcmalloc
Build Directory : build
Source Directory: /root/snort3-3.1.43.0
-- The CXX compiler identification is GNU 9.4.0
-- The C compiler identification is GNU 9.4.0
-- Check for working CXX compiler: /usr/bin/c++
-- Check for working CXX compiler: /usr/bin/c++ -- works
-- Detecting CXX compiler ABI info
-- Detecting CXX compiler ABI info - done
-- Detecting CXX compile features
-- Detecting CXX compile features - done
-- Check for working C compiler: /usr/bin/cc
-- Check for working C compiler: /usr/bin/cc -- works
-- Detecting C compiler ABI info
-- Detecting C compiler ABI info - done
```

图 7-45　配置 Snort 3 编译环境

```
root@skill:~/snort3-3.1.43.0/build# make
Scanning dependencies of target tcp_connector
[  0%] Building CXX object src/connectors/tcp_connector/CMakeFiles/tcp_connector.dir/tcp_connector.cc.o
[  0%] Building CXX object src/connectors/tcp_connector/CMakeFiles/tcp_connector.dir/tcp_connector_module.cc.o
[  0%] Built target tcp_connector
Scanning dependencies of target ips_actions
[  0%] Building CXX object src/actions/CMakeFiles/ips_actions.dir/actions.cc.o
[  0%] Building CXX object src/actions/CMakeFiles/ips_actions.dir/ips_actions.cc.o
[  0%] Building CXX object src/actions/CMakeFiles/ips_actions.dir/act_alert.cc.o
[  0%] Building CXX object src/actions/CMakeFiles/ips_actions.dir/act_block.cc.o
```

图 7-46　编译 Snort 3

最后，使用 snort -V 命令检查下版本和安装情况，下图说明安装完成，如图 7-47 所示。

```
root@skill:~# snort -V

   ,,_     -*> Snort++ <*-
  o"  )~   Version 3.1.43.0
   ''''    By Martin Roesch & The Snort Team
           http://snort.org/contact#team
           Copyright (C) 2014-2022 Cisco and/or its affiliates. All rights reserved.
           Copyright (C) 1998-2013 Sourcefire, Inc., et al.
           Using DAQ version 3.0.14
           Using LuaJIT version 2.1.0-beta3
           Using OpenSSL 1.1.1f  31 Mar 2020
           Using libpcap version 1.9.1 (with TPACKET_V3)
           Using PCRE version 8.45 2021-06-15
           Using ZLIB version 1.2.11
           Using LZMA version 5.2.4

root@skill:~#
```

图 7-47　检查 Snort 3 版本和安装情况

（4）配置 Snort 3。安装完成后，需要做一些基础的配置。简单的配置包括两点：一是添加规则应用；二是设置报警参数。

1）添加官方规则库。本例中 Snort 3 是安装在 /usr/local/ 目录下的，应用程序位于 /usr/local/bin/ 目录，配置文件位于 /usr/local/etc/snort/ 目录，现在要创建一个目录用于存放规则库，命令如下：

```
mkdir -p /usr/local/snort/rules
```

进入刚创建的规则库目录，从官网上下载免费的公开规则库，如图 7-48 所示，命令如下：

```
wget https://www.snort.org/downloads/community/snort3-community-rules.tar.gz
```

```
root@skill:~# cd /usr/local/snort/rules/
root@skill:/usr/local/snort/rules# wget https://www.snort.org/downloads/community/snort3-community-rules.tar.gz
--2024-04-09 06:00:10--  https://www.snort.org/downloads/community/snort3-community-rules.tar.gz
Resolving www.snort.org (www.snort.org)... 198.18.0.220
Connecting to www.snort.org (www.snort.org)|198.18.0.220|:443... connected.
HTTP request sent, awaiting response... 302 Found
Location: https://snort-org-site.s3.amazonaws.com/production/release_files/files/000/039/398/original/snort3-community-rules.ta
r.gz?X-Amz-Algorithm=AWS4-HMAC-SHA256&X-Amz-Credential=AKIAU7AK5ITMMOXGB2W5%2F20240409%2Fus-east-1%2Fs3%2Faws4_request&X-Amz-Da
te=20240409T060017Z&X-Amz-Expires=3600&X-Amz-SignedHeaders=host&X-Amz-Signature=7b72ad114044f3553d4439e45440fa055fc67a60285a8b5
0744c017c0b12be48 [following]
--2024-04-09 06:00:18--  https://snort-org-site.s3.amazonaws.com/production/release_files/files/000/039/398/original/snort3-com
munity-rules.tar.gz?X-Amz-Algorithm=AWS4-HMAC-SHA256&X-Amz-Credential=AKIAU7AK5ITMMOXGB2W5%2F20240409%2Fus-east-1%2Fs3%2Faws4_r
equest&X-Amz-Date=20240409T060017Z&X-Amz-Expires=3600&X-Amz-SignedHeaders=host&X-Amz-Signature=7b72ad114044f3553d4439e45440fa05
5fc67a60285a8b50744c017c0b12be48
Resolving snort-org-site.s3.amazonaws.com (snort-org-site.s3.amazonaws.com)... 198.18.0.223
Connecting to snort-org-site.s3.amazonaws.com (snort-org-site.s3.amazonaws.com)|198.18.0.223|:443... connected.
HTTP request sent, awaiting response... 200 OK
Length: 331973 (324K) [application/octet-stream]
Saving to: 'snort3-community-rules.tar.gz'

snort3-community-rules.tar.gz  83%[======================================>          ] 271.14K  91.3KB/s           snort3-c
snort3-community-rules.tar.gz   100%[================================================>] 324.19K  95.7KB/s    in 3.4s

2024-04-09 06:00:23 (95.7 KB/s) - 'snort3-community-rules.tar.gz' saved [331973/331973]
```

图 7-48　下载官方规则库

下载好后解压规则库（图 7-49），默认解压到当前目录，命令如下：

```
tar zxf snort3-community-rules.tar.gz
```

```
root@skill:/usr/local/snort/rules# ls
snort3-community-rules.tar.gz
root@skill:/usr/local/snort/rules# tar zxf snort3-community-rules.tar.gz
root@skill:/usr/local/snort/rules# ls
snort3-community-rules  snort3-community-rules.tar.gz
root@skill:/usr/local/snort/rules# 
```

图 7-49　解压规则库

解压完毕后，自动创建了 snort3-community-rules 的子目录，进入该目录，可以看到里面存储了规则文件，用户也可以自行编辑规则文件放到该目录中，如图 7-50 所示。

```
root@skill:/usr/local/snort/rules# cd snort3-community-rules
root@skill:/usr/local/snort/rules/snort3-community-rules# ls
AUTHORS  LICENSE  sid-msg.map  snort3-community.rules  VRT-License.txt
root@skill:/usr/local/snort/rules/snort3-community-rules# 
```

图 7-50　查看规则文件

切换到 /usr/local/etc/snort/ 目录，编辑 snort.lua 配置文件，在 IPS 模块中添加下载的规则文件，如图 7-51 所示。

```
ips =
{
    -- use this to enable decoder and inspector alerts
    --enable_builtin_rules = true,

    -- use include for rules files; be sure to set your path
    -- note that rules files can include other rules files
    -- (see also related path vars at the top of snort_defaults.lua)
    include = '/usr/local/snort/rules/snort3-community-rules/snort3-community.rules',
    variables = default_variables
}
```

图 7-51　添加规则文件

保存后退出，然后运行 Snort 3 测试程序。

```
snort -c snort.lua
```

看到“Snort successfully validated the conf igurat ion (with 0 warnings) .”的提示表示配置完成。

2）设置报警参数。打开 /usr/local/etc/snort/snort.lua 配置文件，找到如下位置（默认位于 251 行），去掉 alert_fast 前面的注释符号，修改参数“file = true”，然后保存退出。如图 7-52 所示。

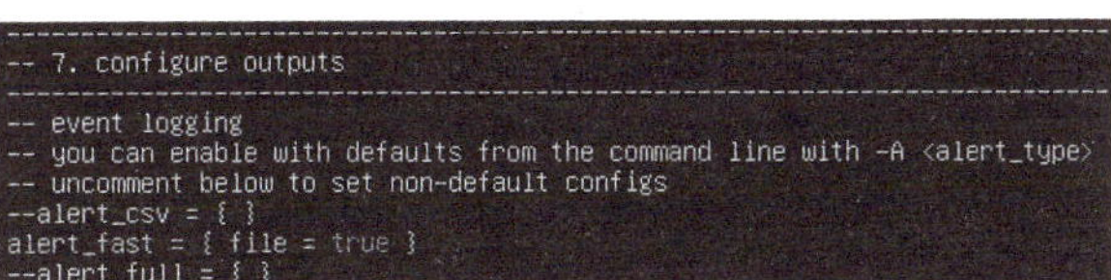

```
-- 7. configure outputs
-----------------------------------------------------------
-- event logging
-- you can enable with defaults from the command line with -A <alert_type>
-- uncomment below to set non-default configs
--alert_csv = { }
alert_fast = { file = true }
--alert_full = { }
```

图 7-52 设置报警参数

为了方便查看报警日志，可以创建一个单独的日志存放目录，命令如下：

```
mkdir -p /var/log/snort
```

2. 测试 Snort 3

下面来做一个简单的测试，先创建一个规则文件，命令如下：

```
vi /usr/local/snort/rules/user.rules
```

在里面编写一条简单的规则，命令如下：

```
alert icmp any any -> any any (msg:"ICMP Multiple Att!"; detection_filter: seconds 5,count 3; )
```

编辑效果如图 7-53 所示。

```
alert icmp any any -> any any ( msg:"ICMP MULTIPLE ATT!"; detection_filter:seconds 5,count 3; )
```

图 7-53 编写效果

其中：规则头部分定义了检测到任意的 ICMP 包将报警；msg 给出了提示信息；detection_filter 要求规则生成事件之前多次命中，seconds 5 代表计算命中次数的时间间隔为 5 秒，count 3 代表产生事件之前要命中 3 次，也就是说在 5 秒内发生规则命中第 4 次时会触发生成事件。

写完后输入 :wq 命令保存退出，使用 vi 程序编写规则时关键字有颜色区分，非常友好。

为了便于检查这条规则的检测效果，还要将前面在 snort.lua 文件中 IPS 模块里包含的规则文件注释掉，让 Snort 3 只处理这条规则。

先运行命令验证一下有没有问题，命令如下：

```
snort -c /usr/local/etc/snort/snort.lua -R /usr/local/snort/rules/user.rules
```

如果验证没有问题，就可以开始做测试了，输入以下命令启动 Snort 程序监听：

```
snort -c /usr/local/etc/snort/snort.lua -R /usr/local/snort/rules/user.rules -i ens33 -A alert_fast -l /var/log/snort -s 65535 -k none
```

运行命令如图 7-54 所示。

```
root@skill:/usr/local/etc/snort# snort -c /usr/local/etc/snort/snort.lua -R /usr/local/snort/rules/u
ser.rules -i ens33 -A alert_fast -l /var/log/snort -s 65535 -k none_
```

图 7-54 运行 Snort 测试命令

这里的命令又增加了一些参数，表 7-3 中给出了相关运行参数的解读。

表 7-3 相关运行参数解读

参数	描述
-c /usr/local/etc/snort/snort.lua	指定 snort.lua 配置文件
-R /usr/local/snort/rules/user.rules	指定规则文件

续表

参数	描述
-i ens33	要监听的网络接口
-A alert_fast	使用 alert_fast 快速输出插件将事件输出
-l /var/log/snort	指定保存事件日志的目录
-s 65535	设置 snaplen，使 Snort 3 不会截断和丢弃过大的数据包
-k none	忽略错误的校验和，否则将丢弃具有错误校验和的数据包

Snort 3 运行后处于监听状态，不需要做其他操作，也无法处理其他指令。按下 Ctrl+Alt+F2 组合键切换到另一个控制台，进入到保存日志的目录 /var/log/snort，可以看到已经创建了一个 alert_fast.txt 的文件，不过其字节数显示为 0，因为还没有捕捉到事件。

接下来开始测试 ICMP 数据包，从网络中的另一台主机（比如宿主机或者另一台虚拟机）运行 ping 命令来测试 Snort 3 主机。在 Windows 系统下默认运行 ping 命令会发出 4 个 ICMP 包，刚好能被规则捕捉到。如果不方便用其他主机做测试，也可以从 Snort 3 主机 ping 任意地址，也能捕捉到。

本例使用另一个 Windows 虚拟机运行 ping 命令，Windows 虚拟机地址为 192.168.15.130，Snort 3 主机的地址为 192.168.15.128，结果显示网络连通，如图 7-55 所示。

```
C:\Documents and Settings\enuser1>ping 192.168.15.128

Pinging 192.168.15.128 with 32 bytes of data:

Reply from 192.168.15.128: bytes=32 time=1ms TTL=64
Reply from 192.168.15.128: bytes=32 time<1ms TTL=64
Reply from 192.168.15.128: bytes=32 time=1ms TTL=64
Reply from 192.168.15.128: bytes=32 time<1ms TTL=64
```

图 7-55　运行 ping 命令测试规则

回到 Snort 3 虚拟机，运行 cat alert_fast.txt 命令，从返回结果可以看到已触发规则，这里记录了两条日志。仔细观察地址部分，第一条是进方向，是 ICMP 请求，第二条是出方向，是 ICMP 回应，而 Windows 主机发送了 4 个 ICMP 包，刚好触发了规则事件，产生一进一出两条记录，如图 7-56 所示。

```
root@skill:/var/log/snort# cat alert_fast.txt
04/26-15:35:55.724122 [**] [1:0:0] "ICMP MULTIPLE ATT!" [**] [Priority: 0] {ICMP} 192.168.15.130 ->
192.168.15.128
04/26-15:35:55.724176 [**] [1:0:0] "ICMP MULTIPLE ATT!" [**] [Priority: 0] {ICMP} 192.168.15.128 ->
192.168.15.130
root@skill:/var/log/snort# _
```

图 7-56　观察日志记录

由此可以看出规则测试成功。请读者思考一下，假如只需记录 ICMP 包进入事件，该如何修改规则呢？

五、任务实战

1. 任务情境

某港口的 WEB 服务器对外开放，内外网的用户都能够访问它，该服务器位于

DMZ 网络中，存在着被攻击的风险。尽管网络中已采取了访问控制措施，但无法知道网络流量中隐藏着哪些非法的行为，所以必须要时刻监控与 WEB 服务器的通信，检查是否存在扫描、爆破、反弹连接、蠕虫病毒等危险的网络攻击行为，并记录到日志，便于采取安全措施，网络拓扑图如图 7-57 所示。

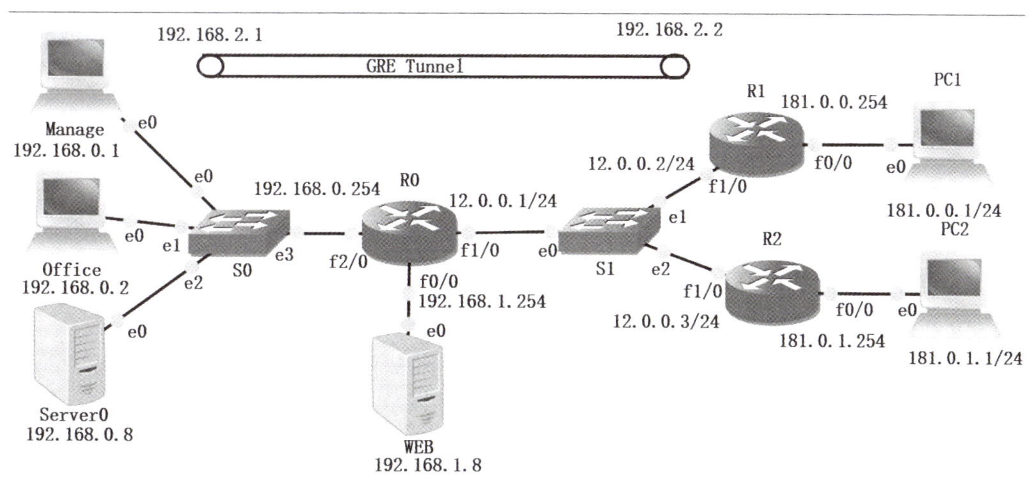

图 7-57　港口网络拓扑图

2. 任务要求

根据问题情境，需要完成以下工作任务。

任务 1：在一部 Ubuntu 虚拟机上安装 Snort 3，使用 snort.lua 配置文件和官方的规则库，将虚拟机添加到拓扑图中作为 WEB 服务器。

任务 2：在规则库目录下新建 test.rules 规则文件，编写规则使其满足监测要求。

3. 任务实施步骤

任务 1：在一部 Ubuntu 虚拟机上安装 Snort 3，使用 snort.lua 配置文件和官方的规则库，将虚拟机添加到拓扑图中作为 WEB 服务器。

（请参照能力训练中的内容完成此任务步骤）。

任务 2：在规则库目录下新建 test.rules 规则文件，编写规则使其满足监测要求。

（请根据下列要求编写安全规则）

（1）配置 Snort 3 检测并告警所有发向本机的超过 1024 字节的 ICMP 数据包，告警消息设置为 ICMP FLOOD ATTACK。

（2）配置 Snort 3 检测并告警所有发向本机的每 3 秒超过 100 条的 TCP SYN 数据包（按源地址进行计数），指定警报模式设置为 fast，告警消息设置为 TCP SYN FLOOD。

（3）配置 Snort 3 检测并告警所有发向本机的 TCP FIN 扫描数据包，告警消息设置为 TCP FIN SCAN。

（4）配置 Snort 3 检测并告警 HTTP 爆破攻击，规则要求来自某个 IP 地址提交请求的 URL 中含有路径 /login，在 1 分钟内的请求超过 15 次就产生告警，告警消息设置为 HTTP Brute Force Attempt。

六、学习结果评价

本节主要学习了入侵检测和入侵防御系统的概念，开源免费入侵防御系统 Snort 3

的功能和使用方式，以及如何配置 Snort 3 规则检测入侵行为，对提高网络安全防护技能有较大的帮助。为让读者清楚自身学习情况，现设定学习结果评价表，小组同学之间可以交换评价，进行互相监督，见表 7-4。

表 7-4　学习结果评价表

序号	评价内容	评价标准	评价结果（是 / 否）
1	安装 Snort	能正确安装 Snort 3 及基本功能组件	
2	配置 Snort 入侵检测	能配置 Snort 3 记录入侵事件	

七、课后作业

1. 填空题

（1）对计算机和网络资源的恶意使用行为进行识别和相应处理的技术称为（　　）。

（2）IPS 的中文全称是（　　）。

（3）Snort 3 的配置文件扩展名是（　　），规则文件扩展名是（　　）。

（4）Snort 3 默认的配置文件目录位于（　　）。

2. 选择题

（1）【多选】下列说法正确的是（　　）。

A．IDS 是侧重于风险控制的安全产品

B．IPS 是侧重于风险控制的安全产品

C．IDS 是侧重于风险检测的安全产品

D．IPS 是侧重于风险检测的安全产品

（2）【多选】Snort 3 规则的协议字段支持哪些协议？（　　）

A．IP　　B．TCP　　C．UDP

D．ARP　　E．ICMP

（3）【多选】下列说法正确的是（　　）。

A．一个 Snort 3 配置文件中可以包含其他的配置文件

B．在 Snort 3 配置文件中包含了解码器和检查器的基本规则

C．在 Snort 3 配置文件中可以应用一个或多个规则文件

D．在规则文件中可以包含其他规则文件

E. 使用命令行 -R 参数加载规则文件时不会再加载其他规则文件

（4）【多选】关于 Snort 3 命令行参数说法正确的是（　　）。

A．-c 参数指定规则文件　　B．-i 参数指定监听网络接口

C．-l 参数指定加载的配置文件　　D．-A 参数指定报警的类型

3. 判断题

（1）IDS 误用检测模型漏报率低，误报率高。（　　）

（2）NIDS 一般使用误用检测模型。（　　）

（3）如果网络上部署了 NIDS/NIPS，则服务器上就没有必要再部署 HIDS/HIPS。（　　）

（4）Snort 是一款流行的 IDS 产品，自身不具备 IPS 能力。（　　）

4. 简答题

（1）请简述 IDS 的工作过程。

（2）请简述 IDS 从原理上的分类的特点。

（3）请简述 Snort 3 的核心功能模块的作用。

职业能力 7-2-2：能防御 WEB 应用层攻击

一、核心概念

- WEB 应用防火墙（WAF）：一种专门用于 WEB 应用安全的入侵防御系统。

二、学习目标

- 了解 WEB 应用防火墙的概念。
- 了解 ModSecrity 的工作机制。
- 掌握 ModSecrity 的安装与运用。
- 熟悉 ModSecrity 规则配置。

学习思维导图：

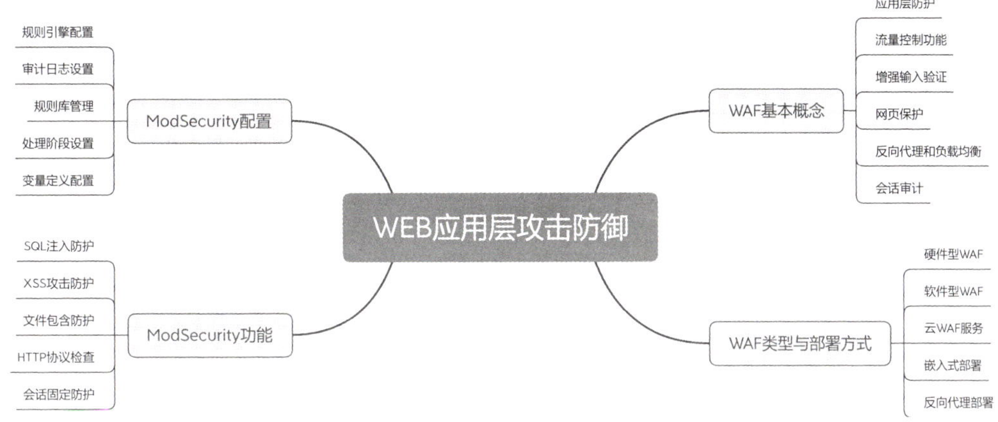

三、基本知识

1. WEB 应用安全威胁

现在 WEB 应用已成为互联网上最主要的应用，其应用范围非常广泛，从门户网站、OA 管理系统、教务教学系统、金融购物系统、内容管理系统、社交论坛、视频媒体等日常应用，到企业和组织机构的各种专用业务系统，都采用 B/S 技术构建，现在 WEB 应用已成为日常生活和工作中最主要的信息化工具。

在 WEB 业务迅猛发展的同时，其安全问题也严重凸显。一方面 WEB 应用非常丰富，且向互联网开放，使得恶意份子有广阔的施展空间，且能够通过窃取信息、篡改数据等手段获取到利益；另一方面 WEB 应用开发者众多，技术水平良莠不齐，特别是早期的 WEB 应用开发几乎没有安全意识，在软件开发时只满足业务，没有考虑代码安全，充斥着 SQL 注入、越权、文件读取 / 下载等各种高风险漏洞，恶意分子能够较容易获取到敏感信息和特殊权限，严重威胁到系统安全，如图 7-58 所示。

图 7-58 WEB 应用面临的威胁

下面介绍一些常见的应用层安全漏洞和攻击手段：

（1）SQL 注入。SQL 注入（SQL Injection）漏洞是发生在 WEB 程序中数据库层的安全漏洞，是网站存在最多也是最简单的漏洞。主要原因是程序对用户输入数据的合法性没有判断和处理，导致恶意分子可以在 WEB 应用程序中事先定义好的 SQL 语句中添加额外的 SQL 语句，在网络管理员不知情的情况下实现非法操作，以此来实现欺骗数据库服务器执行非授权的任意查询，从而进一步获取到数据信息。

（2）XSS。跨站脚本攻击（Cross-site scripting，XSS）是一种安全漏洞，恶意分子可以利用这种漏洞在网站上注入恶意的客户端代码（通常为 JavaScript）。若用户运行这些恶意代码，恶意分子就可以突破网站的访问限制并冒充用户。根据开放式 WEB 应用安全项目（OWASP），XSS 在 2017 年被认为 7 种最常见的 WEB 应用程序漏洞之一。

（3）任意文件上传。任意文件上传（Arbitrary File Upload）是一种常见的 WEB 应用程序安全漏洞，由于对上传文件过滤机制不严，恶意分子可以通过这个漏洞上传恶意文件到服务器。这些文件可能包括脚本文件（如 PHP、ASP、JSP）、恶意二进制文件（如 DLL、EXE），或者其他类型的恶意文件。

（4）远程代码执行。远程代码执行（Remote Code Execution，RCE）允许恶意分子通过远程调用的方式来攻击或控制计算机设备，无论该设备在哪里。这种漏洞使得恶意分子在用户运行应用程序时执行恶意程序，并控制这个受影响的系统。恶意分子一旦访问该系统后，可能会试图提升其权限。

（5）任意文件读取 / 下载。任意文件读取 / 下载（Arbitrary File Read/Download）指恶意分子能够绕过应用程序或中间件的限制，直接读取或下载合法访问权限之外的文件。这种漏洞通常是没有对用户身份或输入进行验证和过滤造成的，恶意分子可能会利用该漏洞窃取到密码、数字证书、配置文件、重要业务数据等，增加应用系统被入侵的风险或是窃取重要信息。

（6）CC 攻击。CC（Challenge Collapsar）攻击是 DDoS 攻击的一种类型，也是一种常见的网站攻击方法。其原理是恶意分子借助代理服务器或者“肉鸡”生成指向受害主机的合法请求，实现 DDoS 和伪装。由于 CC 攻击使用合法的 HTTP 请求，难以被常规安全策略识别，同时攻击可以模仿正常用户的行为模式，难以被流量监测工具发现。

2. WEB 应用防火墙简介

在信息安全防护体系中，用于网络边界安全控制的防火墙工作在 OSI 模型的第 2～4 层，实现的是对网络封包的地址、端口、传输方向以及传输状态的控制，可以防止非法网络访问，抵御网络层的流量攻击，但不能分析通信内容，不能检测出恶意网络行为和恶意代码。一般的入侵检测和入侵防御系统能对流量内容进行检查过滤，匹配规则库里的特征关键字，具备网络行为安全检查的能力和恶意代码检测能力。但是，WEB 应用的内容非常丰富，拥有强大的设计灵活性和扩展性，一般的入侵检测和入侵防御系统对于应用层通信内容的解析能力有限，很难识别出在复杂结构的数据流中潜藏的攻击代码，且对内容解码分析需要占用大量的处理器时间和内存空间，处理性能会大幅下降，所以依靠普通防火墙和入侵防御系统来应对 WEB 应用攻击是不够的。

要保障 WEB 应用的安全，使其提供稳定安全的服务，需要从两方面入手：一是 WEB 应用的开发者要加强软件代码安全，开发者要选择安全的平台、组件和软件包，使用安全的通信协议和密码技术，遵循安全规范的代码设计思路，并经过安全测试和验证；二是有专用的 WEB 入侵防御手段，保障 WEB 应用环境的安全，有纵深的安全防御措施，降低安全威胁发生的可能性，提高网络攻击实施的门槛。

WAF 是一种保护 WEB 应用程序安全的设备或软件，它通过分析 HTTP/HTTPS 流量来识别和阻止潜在的攻击，WAF 可以根据预定义的规则和策略来检测和过滤恶意流量，从而保护 WEB 应用安全运行。

一款商业化的 WAF 产品除了具备 HTTP 应用层的入侵防御功能外，通常还有以下功能：

（1）流量控制功能。基础防火墙功能，实现安全访问控制和防御流量攻击。

（2）增强输入验证。对用户提交的 HTTP 数据做额外的数据有效性验证，防止网页篡改、信息泄露、木马植入等安全问题。

（3）网页保护。对重点关注的网页进行监控，包括可用性探测、挂马探测、敏感字探测等。

（4）反向代理和负载均衡。提供 WEB 代理和负载均衡服务，提高服务响应能力。

（5）会话审计。记录 HTTP 访问请求用于发生安全事件后分析溯源。

WEB 应用防火墙的类型有以下 3 种：

（1）硬件型 WAF。硬件类型的 WAF 是独立的物理设备，通常部署在网络区域的边界，以保护网络内部的 WEB 应用服务。

（2）软件型 WAF。软件类型的 WAF 是一个软件程序，一般安装在 WEB 服务器上，以保护单个或多个 WEB 应用程序。

（3）云 WAF。云 WAF 是一种虚拟化安全软件，用于向云服务客户提供 WEB 防护服务，用户可以通过互联网访问和配置 WAF，以保护托管在云上的 WEB 应用程序。

3. ModSecurity 简介

ModSecurity 是一款开源的、跨平台的 WAF，被称为 WAF 界的“瑞士军刀”，是目前世界上使用最多的开源 WAF 产品之一。

ModSecurity 能实现的安全防护功能包括：

（1）SQL Injection (SQLi)。阻止 SQL 注入。

（2）Cross Site Scripting (XSS)。阻止跨站脚本攻击。

（3）Local File Inclusion (LFI)。阻止利用本地文件包含漏洞进行攻击。

（4）Remote File Inclusione(RFI)。阻止利用远程文件包含漏洞进行攻击。

（5）Remote Code Execution (RCE)。阻止利用远程命令执行漏洞进行攻击。

（6）PHP Code Injection。阻止 PHP 代码注入。

（7）HTTP Protocol Violations。阻止违反 HTTP 协议的恶意访问。

（8）HTTPoxy。阻止利用远程代理感染漏洞进行攻击。

（9）Sshllshock。阻止利用 Shellshock 漏洞进行攻击。

（10）Session Fixation。阻止利用 Session 会话 ID 不变的漏洞进行攻击。

（11）Scanner Detection。阻止黑客扫描网站。

（12）Metadata/Error Leakages。阻止源代码 / 错误信息泄露。

（13）Project Honey Pot Blacklist。蜜罐项目黑名单。

（14）GeoIP Country Blocking。根据判断 IP 地址归属地来进行 IP 阻断。

此外，WEB 服务器在日志记录方面通常做得很少，许多 WEB 应用只记录访问的源地址和用户名等简单信息。ModSecurity 能够记录所有内容，包括原始事务数据，这对于调查取证非常重要。

ModSecurity 分为 2 和 3 两个大的版本，ModSecurity v2 版本于 2006 年发布，主要针对 Apache 服务器，它只是 Apache 的一个扩展模块。从 2.7.0 版本开始，ModSecurity 增加了对 Nginx 和 IIS WEB 服务器的支持，但在编译以及运行时，都离不开 Apache 这个主体，所以在 Nginx 和 IIS 平台上的兼容性和工作稳定性不如 Apache。

为了满足多平台支持的需求，ModSecurity 项目团队决定删除其对 Apache 服务器的依赖，使其能够很好地支持多个平台，ModSecurity v3 版本由此诞生，同时也取了一个新名字：Libmodsecurity。ModSecurity v3 版本可以不依赖 WEB 服务进行独立安装，但是如果需要与 WEB 服务进行联动工作时，则需要安装对应的连接器（Connector），例如 Nginx 需要安装 ModSecurity-nginx connector。

所以在选择时需要注意，ModSecurity v2 版本目前支持 Apache、Nginx、IIS 几种 WEB 服务器，最新版本是 v2.9.3，ModSecurity v3 版本目前只支持 Nginx 服务器，最新版本是 v3.0.12，官方目前暂停了 ModSecurity v3 与 Apache 的连接器（ModSecurity-apache connector）的研发工作，所以现在用得较多的仍是 v2 版本。

ModSecurity 的中文社区网站上提供了操作手册，包括了配置指令、处理阶段、变量、转换函数、动作、运算符等各项帮助文档。用户需要留意每个配置指令和参数的帮助中的版本支持，如出现“Libmodsecurity 支持：否 /TBI/TBD”，即表示该配置指令和参数目前并不被 ModSecurity v3 所支持。

4. ModSecurity 的安装与配置

ModSecurity 支持两种部署方式：嵌入式和反向代理。

嵌入式部署方式就是将其安装到 WEB 服务器上，因为 ModSecurity 是一个 Apache 模块，所以可以将它添加到任何兼容的 Apache 版本中，嵌入式部署不会改变现有网络结构，主要挑战是服务器资源在 WEB 服务器和 ModSecurity 之间共享，这是常见的部署方式。

反向代理部署方式设计为站在 WEB 服务器和客户机之间，相当于在服务器区域的前端部署了一台 WEB 应用防火墙，可以保护服务器区域内的多台服务器的 WEB 服务。在性能上，独立的 ModSecurity 将有专门的资源来行使其功能，当然，它自身也是一个故障点。

安装了 ModSecurity 模块的 Apache 在处理 WEB 请求时做了以下工作：

（1）解密 SSL。

（2）将入站连接流分解为 HTTP 请求。

（3）部分解析 HTTP 请求。

（4）调用 ModSecurity，选择正确的配置上下文。

（5）在必要时将请求体删除。

Apache 在反向代理中执行了一些额外的任务：

（1）将请求转发到后端服务器（使用或不使用 SSL）。

（2）部分解析 HTTP 响应。

（3）在必要时将响应体删除。

由此可以看出，ModSecurity 工作在已解密或已解压的应用层数据处理环节，可以分析 HTTPS 流量数据，而不像普通的 IDS 对加密通信的流量束手无策。

本文以 Apache 和 ModSecurity 这对原生搭配为例来介绍基本的安装和使用方法。采用的系统及软件版本为 Ubuntu v20.04+Apache v2.4.41+ModSecurity v2.9.3。

（1）安装 Apache。Ubuntu 操作系统上默认没有安装 Apache，可以使用 apt 命令安装。在开始安装之前，可以选择性的执行下面的命令进行现有软件升级：

```
apt upgrade
```

该命令会检索已安装的软件包，提示哪些安装包有新版本可以升级，同时不移除任何包。

安装 Apache 的命令如下：

```
apt install apache2
```

在安装过程中可能会遇到提示，例如检查到依赖关系是否需要安装等，输入 Y 即可。

安装完成后，可以使用 systemctl start apache2 命令启动 Apache 服务，使用 systemctl status apache 服务查看运行情况，显示 active (running) 则表示运行成功。

（2）安装 ModSecurity。安装 ModSecurity 有多种方式，可以使用 apt 命令安装，或者从官网下载安装包安装、或者从 GitHub 上下载源码编译安装，推荐使用第一种方式，命令如下：

```
apt install libapache2-mod-modsecurity2
```

安装好后，可以输入以下命令检查 ModSecurity 模块是否安装成功：

```
apt list | grep apache2
```

从返回结果看到相应的安装包以及版本则说明安装成功，命令如下：

```
libapache2-mod-security2/focal-updates,focal-security,now 2.9.3-1ubuntuo.1 amd64 [installed]
```

或者执行 apachectl -M 命令，在返回结果中看到“security2_module (shared)”字样，也表示安装成功。

安装完成后，需要重新启动 Apache 服务才能生效。如果对 ModSecurity 进行了配置修改，也需要重新启动 Apache 服务才能生效，重新启动命令如下：

```
systemctl restart apache2
```

（3）配置 ModSecurity。在让 ModSecurity 开始工作之前，需要先设置好配置参数，告诉 ModSecurity 该如何工作。ModSecurity 有一个默认的配置文件样本，保存在 /etc/modsecurity/modsecurity.conf-recommended。

将其复制到名为 modsecurity.conf 的配置文件，以启用和配置 ModSecurity（也可以改名使用）。配置项有很多，大部分使用默认值即可，此处介绍几个常用的配置选项供参考。

1）SecRuleEngine。该配置选项的作用是设置规则引擎的工作方式，如果在配置项 SecRuleEngine 后面的参数值是 DetectionOnly，这意味着只是检测恶意攻击，但不会阻断攻击。如果要开启阻断功能，需要将该值修改为 On，开启阻断功能后才能起到防火墙的作用，如图 7-59 所示。

```
# -- Rule engine initialization ----------------------------------------------

# Enable ModSecurity, attaching it to every transaction. Use detection
# only to start with, because that minimises the chances of post-installation
# disruption.
#
SecRuleEngine On
```

图 7-59　开启阻断功能

2)SecAuditLogParts。审计日志是 ModSecurity 的一大特色，在审计日志配置区域中，SecAuditLogParts 配置项决定审计日志中会记录哪些信息，其值由一串字母组成，每个字母含义代表如下：

- A：审计日志头（必须配置）。
- B：请求头。
- C：请求体（仅在请求体存在并且 ModSecurity 配置为拦截它时才存在。这需要将 SecRequestBodyAccess 设置为 On）。
- D：该值是为中间响应头保留，尚未有任何实际作用。
- E：中间响应体（仅当 ModSecurity 配置为拦截响应体并且审计日志引擎配置为记录时才存在。拦截响应体需要将 SecResponseBodyAccess 设置为 On）。除非 ModSecurity 拦截中间响应体，否则中间响应体与实际响应体相同，在这种情况下，实际响应体将包含错误消息（Apache 默认错误消息或 ErrorDocument 页面）。
- F：最终响应头（不包括日期和服务器标题，Apache 始终在内容交付的后期阶段添加）。
- G：该值是为实际响应体保留，尚未有任何实际作用。
- H：审计日志追踪内容。
- I：该部分是 C 的替代品。除了使用 multipart/form-data 命令，否则它在所有情况下记录的数据与 C 相同。在这种情况下，它将记录一个假应用程序 / x-www-form-urlencoded 正文，其中包含有关参数的信息，但不包含有关文件的信息。如果用户不想在审核日志中存储（通常很大）的文件，使用 I 比使用 C 更方便。
- J：该部分包含有关使用 multipart/form-data 命令上传的文件的信息。
- K：该部分包含了本次访问中所匹配到的所有规则（按每行一个进行记录）。规则是完全合格的，因此将显示继承的操作和默认操作符，V2.5.0 以上的版本支持。

- Z：结尾分界线，表示本次日志记录完毕（必须配置）。

用户可以根据需要设置该值，例如开启了阻断功能，可以把 SecAuditLogParts 的值修改为 ABCEFHKZ。

如果要记录请求体，建议使用 IJ 来替代 C，因为使用 C 在进行文件上传时，上传文件的所有内容也将会被记录在审计日志中，如果你上传了一个 2G 的文件，那审计日志也会记录 2G 的内容。

3）SecAuditEngine。该配置项用于配置审计日志引擎，它能记录完整的网站访问。参数值为 On 表示开启并记录所有事务，Off 表示关闭记录，RelevantOnly 可配置相关的 HTTP 状态码来记录指定的日志（需与 SecAuditLogRelevantStatus 联合使用），默认值为 RelevantOnly。

4）SecAuditLogRelevantStatus。配置指定的 HTTP 响应码，使审计日志只记录出现对应响应码的网站日志。该指令需与 SecAuditEngine 联合使用，且 SecAuditEngine 必须配置为 RelevantOnly。

该配置项的参数值为 REGEX 正则表达式，例如“^(?:5|4(?!04))”，如图 7-60 所示。另外，审计日志的记录在规则中默认存在，即便此次访问的状态码不在配置当中，但引擎依旧会绕过 SecAuditLogRelevantStatus 指令并将匹配到的规则记录到审计日志中。

```
# Log the transactions that are marked by a rule, as well as those that
# trigger a server error (determined by a 5xx or 4xx, excluding 404,
# level response status codes).
#
SecAuditEngine RelevantOnly
SecAuditLogRelevantStatus "^(?:5|4(?!04))"
```

图 7-60　配置 HTTP 响应码

在本例中，所提供的示例将记录所有 5×× 和 4×× 级别的状态码，404 除外。

另外，如果使用了这个参数，那么返回状态码为 200 的成功事件不会被记录。

5）SecAuditLog。该配置项定义主审计日志文件（串行日志记录格式）或并发日志记录索引文件（并发日志记录格式）的路径。当与 mlogc 结合使用时（仅适用于并发日志记录），该指令定义 ModSecurity 日志收集器 mlogc 的位置和命令行。

伴随服务器运行开始，这个文件会以 root 权限打开，出于安全考虑，不能为非 root 权限的用户对这个文件或存储这个文件的目录有可写权限。

如果使用串行审计日志记录格式，指定的文件将存储所有的日志。可以采用默认的保存文件名，或是修改它，例如修改为 /var/log/modsec_audit.log，如图 7-61 所示。

```
# Use a single file for logging. This is much easier to look at, but
# assumes that you will use the audit log only ocassionally.
#
SecAuditLogType Serial
SecAuditLog /var/log/modsec_audit.log
```

图 7-61　修改主审计日志文件

如果使用并发审计日志记录格式，则该文件将只存储日志索引，完整的日志将记录在 SecAuditLogStorageDir 所指定的文件夹。

如果打算使用并发审计日志记录并想将审计日志数据发送到远程服务器，则需要部署 mlogc，该配置项做如下设置：

```
SecAuditLog "|/path/to/mlogc /path/to/mlogc.conf"
```

注意：伴随着时间推移，日志文件将越来越大，需要定期进行清理。另外当网站并发量很高时，串行审计日志记录格式可能会导致出现出错警告信息。

6）SecAuditLogType。配置要使用的审计日志记录机制的类型，有两个可选参数值：Serial 和 Concurrent。

- Serial：串行日志记录，所有的日志将被记录在 SecAuditLog 指定的单个文件中，如果临时使用的话无问题，但是如果网站并发较大的话将降低服务器速度，因为一次只能将一条日志写入文件中。这是默认配置。
- Concurrent：并发日志记录，每次访问（每个事务）用一个文件单独记录审计日志，要大量日志记录时可以扩展（多个事务可以并行记录）。如果需要使用远程日志记录，它也是唯一的选择。

7）SecAuditLogStorageDir。配置存储并发审计日志条目的目录，该配置选项仅在使用并发审计日志记录时需要，否则不需要配置，注释掉即可。

指定的目录必须已经存在，并且必须给 WEB 服务用户写入权限，使其可以创建文件。与所有日志记录机制一样，请确保目录所在盘符具有足够的磁盘空间且不在主系统分区上。

5. ModSecurity 规则介绍

ModSecurity 以 Apache 的模块加载，/etc/apache2/mods-enabled/security2.conf 文件是 Apache 启动加载 ModSecurity 模块的配置文件，在文件中默认有三项配置，第一项指明缓存目录，第二项表示包含 /etc/modsecurity/ 目录下的 .conf 配置文件，这些文件将作为 ModSecurity 的启动配置读入，里面也包含了部分规则语句，如图 7-62 所示。

```
<IfModule security2_module>
        # Default Debian dir for modsecurity's persistent data
        SecDataDir /var/cache/modsecurity

        # Include all the *.conf files in /etc/modsecurity.
        # Keeping your local configuration in that directory
        # will allow for an easy upgrade of THIS file and
        # make your life easier
        IncludeOptional /etc/modsecurity/*.conf

        # Include OWASP ModSecurity CRS rules if installed
        IncludeOptional /usr/share/modsecurity-crs/*.load
</IfModule>_
```

图 7-62　Apache 的 ModSecurity 模块配置

第三项表示包含 /usr/share/modsecurity-crs/ 目录下的 .load 文件。转到该目录下，默认只有一个 owasp-crs.load 文件，里面又配置了 4 条包含项。这些包含项所对应的文件就是 ModSecurity 的默认规则。由此可以看出，.conf 文件既是 ModSecurity 的配置文件，同时也可以保存规则，如图 7-63 所示。

```
## This file loads OWASP CRS's rules when the package is installed
## It is Included by libapache2-mod-security2
##
Include /etc/modsecurity/crs/crs-setup.conf
IncludeOptional /etc/modsecurity/crs/REQUEST-900-EXCLUSION-RULES-BEFORE-CRS.conf
Include /usr/share/modsecurity-crs/rules/*.conf
IncludeOptional /etc/modsecurity/crs/RESPONSE-999-EXCLUSION-RULES-AFTER-CRS.conf
```

图 7-63　ModSecurity 的默认规则文件配置

可以注释掉包含项以防止ModSecurity加载某些规则，也可以在.conf文件中修改或增加规则，还可以自定义规则文件，放到配置文件包含的目录中。这种方式便于用户灵活的组合规则来应对不同的场景。

注意：修改规则后需要重新启动Apache才能生效。

默认的规则可以应对很多场景，用户可以从网络上下载新的规则库。不过，有时候我们也需要自行定义规则，下面简单介绍下ModSecurity规则。

（1）规则的处理阶段。ModSecurity依靠规则来决定如何处理遇到的数据，ModSecurity 2.X允许将规则置于Apache请求周期的以下五个阶段之一：

1）请求头（REQUEST_HEADERS）阶段。这个阶段的规则会在Apache完成请求头的读取后立即被执行（post-read-request阶段），这时，还没有读取请求体，意味着不是所有的参数都可用。如果用户必须让规则尽早运行，应把规则放在这个阶段（在Apache使用这个请求做某些事前），在请求体被读取前做些事情，从而决定是否缓存这个请求体，或者决定用户将希望这个请求体如何被处理（如是否以XML格式解析或不解析）。

2）请求体（REQUEST_BODY）阶段。请求体阶段是主要的请求分析阶段，当接收到一个完整的请求体并进行处理时，这一阶段立即发生。这一阶段的规则可以任意处理所有的请求数据。

在请求体阶段，ModSecurity支持三种编码类型：

- application/x-www-form-urlencoded：用于传输表单数据。
- multipart/form-data：用于文件传输。
- text/xml：用于传递XML数据。

3）响应头（RESPONSE_HEADERS）阶段。响应头阶段在接收到响应头之后（响应头被发送到客户端之前），在还没有读取响应体之前发生。这一阶段的规则将会决定是否检查响应体，包括是否想缓存响应体。

4）响应体（RESPONSE_BODY）阶段。响应体阶段是主要的响应分析阶段。这一阶段会读取响应体的数据以供规则使用，可以在这个阶段检查输出的HTML信息公布、错误消息和失败的验证文字。

5）记录（LOGGING）阶段。这是在日志发生前运行的一个阶段，放在这个阶段的规则只能影响日志记录器如何执行，这个阶段可以检测Apache记录的错误消息，在这个阶段用户不能拒绝或阻断连接，因为太迟了，这个阶段也允许检测其他的响应头信息。该阶段很特殊，无论前面发生了什么（例如阻断操作）它都会执行。

怎么指定规则在哪个阶段执行呢？可以直接在规则的ACTIONS部分中使用phase参数来指明该规则在哪个部分执行，例如：

```
SecRule REQUEST_HEADERS:Host "!^$" "deny,phase:1,id:5"
```

规则是根据阶段执行的，因此即使两个规则在配置文件中相邻，但设置为在不同阶段执行，它们也不会一个接一个地触发。配置文件中的规则顺序仅在每个阶段的规则中很重要。使用skip和skipAfter动作时，这一点尤为重要。

注意：每个阶段的可用数据是累积的，这意味着进入后续阶段时，可以从事务中访问越来越多的数据。

（2）规则构成。ModSecurity 依靠安全规则来决定如何处理遇到的数据，安全规则是一个以事件为基础的语言，其语法如下：

```
SecRule VARIABLES OPERATOR [ACTIONS]
规则指令 变量          操作     动作
```

安全规则以 SecRule 指令开头，后面跟 3 个部分参数，用空格做分隔，前 2 部分为必选项，第 3 部分 ACTIONS 为可选项，先来看个简单的例子：

```
SecRule ARGS "<script>" "log,deny,status:404"
```

第 1 部分 ARGS 表示要检查 WEB 请求的参数(这是一个集合,包含了所有的参数)。

第 2 部分“<script>”表示在请求参数中匹配“<script>”字符串。

第 3 部分“log,deny,status:404”表示如果匹配成功就执行 3 个动作：记录日志，阻止该通信，返回 404 状态码。

SecRule 属于配置指令（INSTRUCTION），ModSecurity 有许多配置指令，包括配置安全规则、配置保存数据的目录、配置审计日志、配置规则引擎等等，有的前面已介绍过。当配置指令是 SecRule 时，就是配置安全规则了，才会有构成规则的 3 个部分参数。

除了 SecRule 外，与配置安全规则相关的指令有：

1）SecAction。设置安全动作，该指令后只跟安全动作。将指定的动作列表作为第一个也是唯一参数进行无条件执行。

2）SecDefaultAction。定义指定某个阶段的默认执行的动作列表，这些动作将由相同阶段相同配置上下文中的所有规则继承。使用方法与 SecAction 相同。

3）SecMarker。为规则创建一个固定的标记，然后可根据标记使用 SkipAfter 跳转至指定的规则。SecMarker 指令基本上创建了一个不做任何事情的规则，其唯一目的是携带已给定的 ID。

（3）VARIABLES（变量）。指定哪些变量将被检查。每条规则可以指定一个或多个变量，中间用“|”符号分隔。常用的变量有：

1）ARGS。请求参数集合，可以通过静态参数（匹配带有该名称的参数），或是通过正则表达式（匹配所有带有与正则表达式匹配的名称的参数）进行单独使用。参数包括 POST Payload。如果只需要进行字符串或正文参数的查询，可使用 ARGS_GET 和 ARGS_POST 变量。如果只想查看集合的某些部分。这可以通过选择运算符“:”来实现。

下面的示例仅查看名为 user 的参数的值：

```
SecRule ARGS:user "admin" "id:8"
```

下面的示例将检查所有请求参数的值是否为单词 dirty，除了名为 z 的参数：

```
SecRule ARGS|!ARGS:z dirty "id:9"
```

2）REQUEST_HEADERS。请求头集合。

3）FILES。包含原始文件名的集合（因为它们是在远程用户的文件系统上调用的）。仅适用于检查通过 multipart/form-data 形式上传的请求。

4）REMOTE_ADDR。远程客户端的 IP 地址。

5）TX。该变量代表临时事务集合，用于存储数据片段，创建事务异常分值等。放入此集合的变量仅在事务完成之前可用。

更多变量及用法请参考 ModSecurity 中文手册。

（4）OPERATOR（操作符）。该部分描述了如何进行检查，也就是定义规则的匹配条件。此部分由操作符和正则表达式构成，中间用空格隔开。操作符修饰如何匹配，正则表达式表示匹配内容。ModSecurity 提供不少可用的操作符，利用“@”符号可以指定使用何种操作符。下面介绍几个常用的 OPERATOR：

1）@rx。通过提供的正则表达式对指定的变量进行匹配检测。@rx 是默认运算符，所有未明确指定运算符的规则都将默认使用 @rx 作为运算符。正则表达式使用 PCRE 库格式，整个输入被视为单行，即使存在换行符也是如此。所有匹配都区分大小写。如果希望执行不区分大小写的匹配，可以使用小写转换函数或强制不区分大小写的匹配，方法是在正则表达式模式前加上“?!”修饰符。例如下面的规则语句都是使用不区分大小写的模式检测“nikto”字符串：

```
SecRule REQUEST_HEADERS:User-Agent "(?i)nikto" "id:175"
SecRule REQUEST_HEADERS:User-Agent "@rx (?i)nikto" "id:175"
```

2）@eq。执行数值比较，如果输入值等于提供的参数，则返回 true，在比较之前对参数字符串执行宏扩展。例如下面的规则检测请求标头的数量是否为 8 个：

```
SecRule &REQUEST_HEADERS_NAMES "@eq 8" "id:153"
```

注意：如果提供的字符串值不能转换为整数，则此运算符会将该值视为 0。

3）@streq。执行字符串比较，如果给定的参数字符串与输入字符串相同，则返回 true，在比较之前对参数字符串执行宏扩展。例如下面的规则在请求参数 foo 中检测不包含”bar”：

```
SecRule ARGS:foo "!@streq bar" "id:176"
```

4）@contains。如果在输入中的任何位置找到参数字符串，则返回 true。在比较之前对参数字符串执行宏扩展。

5）@ipMatch。对 REMOTE_ADDR 变量进行快速 IPv4 或 IPv6 匹配。可以处理完整的 IP 地址或是网络块 /CIDR 地址，例如：

```
SecRule REMOTE_ADDR "@ipMatch 192.168.1.100" "id:161"
SecRule REMOTE_ADDR "@ipMatch 192.168.1.100,10.10.50.0/24" "id:162"
```

更多操作符说明和用法请参考 ModSecurity 中文手册。

（5）ACTIONS。该部分表示动作（可选项），指明当规则匹配发生时将会做什么。有以下 5 类动作：

1）阻断性动作。指定 ModSecurity 执行某些操作。在多数情况下代表阻断此次访问，但不是所有动作都是如此。例如 allow 被归类为阻断性动作，但它代表的却是允许此次访问。每条规则只能有一个阻断性动作（如果存在多个阻断性动作，只有最后一个会生效）或者规则链（在规则链中，破坏性操作只能出现在第一条规则中）。

注意：如果 SecRuleEngine 设置为 DetectionOnly，则不会执行破坏性操作。

2）非阻断性动作。执行某些操作，但有些操作不会影响规则处理流程。

3）流动作。这些动作会影响规则的执行顺序，例如 skip 和 skipAfter。

4）元数据动作。元数据动作用于提供有关规则的更多信息，例如 id，rev，phase 和 msg。

5）数据动作。不是真正的动作，它仅仅是容纳其他操作使用的数据的容器。

一条规则中可以包含多个动作，用双引号括起来，动作之间用逗号分隔。下面列举一些常用的动作说明：

1）deny（阻断性动作）。停止规则处理并拦截此次访问。

2）pass（阻断性动作）。规则匹配成功后，仍继续使用下一个规则进行处理。

3）allow（阻断性动作）。在规则匹配成功时停止规则处理并允许事务继续执行。如果单独使用此动作无参数，则停止当前阶段以及后续其他阶段（记录阶段除外，它始终被执行）。如果与参数 phase 一起使用，则允许引擎停止处理当前阶段，其他阶段将继续照常进行。如果与参数 request 一起使用，则允许引擎停止处理当前阶段，要处理的下一个阶段是阶段 RESPONSE_HEADERS。示例如下：

```
SecAction phase:1,allow:request,id:96
// 不处理请求但处理响应
SecAction phase:1,allow,id:97
// 允许事务进行且不做后续处理（请求和响应）
```

4）nolog（非阻断性动作）。表示当规则匹配成功时，不记录错误和审计日志。

5）log（非阻断性动作）。表示当规则匹配成功时进行日志记录，记录 Apache 错误日志和 ModSecurity 审核日志的匹配项。

6）t（非阻断性动作）。此操作用于指定转换函数，用于在匹配之前转换规则中使用的每个变量的值。在默认配置文件中 SecDefaultAction 指定了一些默认的动作，在相同配置环境下中的所有规则都继承该指令的所设置的动作，包括对变量的转换动作。t 操作会将安全规则中指定的转换函数添加到动作列表中，按照顺序依次执行。如果该规则不想继承 SecDefaultAction 指定的默认转换函数，建议在开始处使用 t:none 清除继承的转换函数。例如下面的规则会继承默认转换函数，然后依次将变量转换为小写字符，再删除空格字符，命令如下：

```
SecRule ARGS "<script>" "id:146,t:lowercase,t:removeWhitespace"
```

7）setvar（非阻断性动作）。用于创建、删除或更新变量，变量名称不区分大小写。其用法如下：

```
setvar:TX.score              // 创建变量并将其值设置为 1（通常用于设置标志）
setvar:TX.score=10           // 创建变量并同时对其进行初始化
setvar:!TX.score             // 删除变量，在名称前加上感叹号
setvar:TX.score=+5           // 要增加或减少变量值，在数值前面使用 + 和 - 字符
```

8）skip（流动作）。当匹配成功时跳过一个或多个规则或规则链。

9）chain（流动作）。使用紧随其后的规则与当前规则进行链接，形成规则链。链式规则允许更复杂的处理逻辑。规则链的作用与 AND 一致。仅当多条规则中的变量检查同时匹配成功时，才会触发链式规则的第一条规则中指定的阻断性操作。链式规则中无论哪一条规则没有匹配成功，则表示整个规则链匹配失败，即不会执行阻断性动作。

注意：阻断性动作、skip、skipafter、id、rev、msg、severity、logdata 等操作只能由链式启动器规则指定。

10）phase（元数据动作）。配置规则或规则链的处理阶段，参数值使用数字表示第几阶段。可以在 SecAction 指令中创建指定某个阶段的默认值，SecAction 指令允许无

条件的动作，示例如下：

```
SecAction "phase:1,nolog,pass,id:126,initcol:IP=%{REMOTE_ADDR}"
// 在阶段 1 中初始化 IP 地址跟踪
SecRule REQUEST_HEADERS:User-Agent "Test" "phase:1,log,deny,id:127"
// 在阶段 1 中匹配“Test”，匹配成功则记录日志，阻断连接
```

11）id（元数据动作）。为规则或规则链指定唯一 ID。从 ModSecurity 2.7 开始，id 必须进行配置，且必须是数字。用户可自定义 ID 号范围为 1 ～ 99,999，保留用于本地（内部）使用。

12）severity（元数据动作）。用数字代表规则产生事件的严重性（EMERGENCY：0、ALERT：1、CRITICAL：2、ERROR：3、WARNING：4、NOTICE：5、INFO：6 、DEBUG：7）。

13）msg（元数据动作）。将自定义信息分配给规则或规则链。该消息将与每次警报一起记录到日志中。

14）status（数据动作）。指定一个数字用于动作拒绝和重定向的响应状态代码。

关于 ModSecurity 规则的配置指令、变量、运算符、转换函数、动作的详细说明请参考 ModSecurity 中文手册。

四、能力训练

1. 安装 ModSecurity

在安装之前，需要先准备好操作系统，建议在 VMWare 下添加一台 Linux 虚拟机，并安装 Ubunbu 20.04 操作系统，准备过程此处略过。准备好后，开始安装 ModSecurity。

（1）搭建 Apache。首先使用命令下载并安装 Apache 服务，命令为 apt-get install apache2。

```
root@skill:~# apt-get install apache2
Reading package lists... Done
Building dependency tree
Reading state information... Done
The following additional packages will be installed:
  apache2-bin apache2-data apache2-utils libapr1 libaprutil1 libaprutil1-dbd-sqlite3 libaprutil1-ldap libjansson4 liblua5.2-0
  ssl-cert
Suggested packages:
  apache2-doc apache2-suexec-pristine | apache2-suexec-custom www-browser openssl-blacklist
The following NEW packages will be installed:
  apache2 apache2-bin apache2-data apache2-utils libapr1 libaprutil1 libaprutil1-dbd-sqlite3 libaprutil1-ldap libjansson4
  liblua5.2-0 ssl-cert
0 upgraded, 11 newly installed, 0 to remove and 52 not upgraded.
Need to get 1,872 kB of archives.
After this operation, 8,118 kB of additional disk space will be used.
Do you want to continue? [Y/n]
```

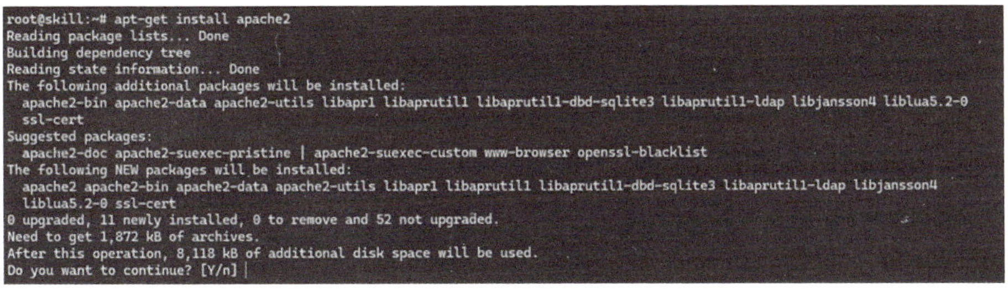

图 7-64　安装 Apache

输入 Y 继续安装，安装完成后，使用 systemctl status apache2 命令查看 Apache 服务状态，如图 7-65 所示，显示为“active（running）”表示服务正常运行。

打开主机的浏览器，输入 Ubunto 虚拟机的 IP 地址，看到如图 7-66 所示的回应页面说明 WEB 服务工作正常。

（2）安装 PHP 功能。在安装 PHP 之前，先安装管理发行版和独立软件供应商的软件源的软件，如图 7-67 所示，命令如下：

```
apt-get install software-properties-common
```

```
root@skill:~# systemctl status apache2
● apache2.service - The Apache HTTP Server
     Loaded: loaded (/lib/systemd/system/apache2.service; enabled; vendor preset: enabled)
     Active: active (running) since Sun 2024-04-07 21:38:53 UTC; 42s ago
       Docs: https://httpd.apache.org/docs/2.4/
   Main PID: 14120 (apache2)
      Tasks: 55 (limit: 4557)
     Memory: 5.8M
     CGroup: /system.slice/apache2.service
             ├─14120 /usr/sbin/apache2 -k start
             ├─14122 /usr/sbin/apache2 -k start
             └─14123 /usr/sbin/apache2 -k start

Apr 07 21:38:53 skill systemd[1]: Starting The Apache HTTP Server...
Apr 07 21:38:53 skill apachectl[14102]: AH00558: apache2: Could not reliably determine the server's fully qualified domain nam>
Apr 07 21:38:53 skill systemd[1]: Started The Apache HTTP Server.
lines 1-15/15 (END)
```

图 7-65　查看 Apache 服务状态

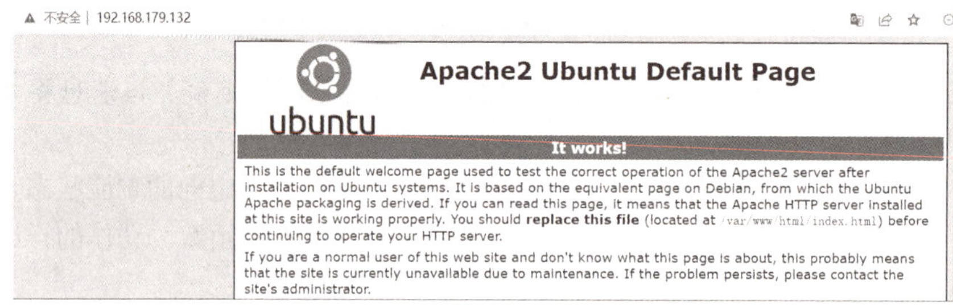

图 7-66　检查 Apache 运行状态

```
root@skill:~# apt-get install software-properties-common
Reading package lists... Done
Building dependency tree
Reading state information... Done
The following additional packages will be installed:
  python3-software-properties
The following packages will be upgraded:
  python3-software-properties software-properties-common
2 upgraded, 0 newly installed, 0 to remove and 58 not upgraded.
Need to get 32.1 kB of archives.
After this operation, 0 B of additional disk space will be used.
Do you want to continue? [Y/n]
```

图 7-67　安装软件源

安装完成后，添加 ondrej 提供的 PHP PPA 软件源，并在添加后立即更新本地软件包列表，如图 7-68 所示，命令如下：

```
add-apt-repository ppa:ondrej/php && sudo apt-get update
```

```
root@skill:~# add-apt-repository ppa:ondrej/php && sudo apt-get update
 Co-installable PHP versions: PHP 5.6, PHP 7.x, PHP 8.x and most requested extensions are included. Only Supported Versions of PHP (http://php.net/supported-versions.php) for Supported Ubuntu Releases (https://wiki.ubuntu.com/Releases) are provided. Don't ask for end-of-life PHP versions or Ubuntu release, they won't be provided.

Debian oldstable and stable packages are provided as well: https://deb.sury.org/#debian-dpa

You can get more information about the packages at https://deb.sury.org

IMPORTANT: The <foo>-backports is now required on older Ubuntu releases.

BUGS&FEATURES: This PPA now has a issue tracker:
https://deb.sury.org/#bug-reporting

CAVEATS:
1. If you are using php-gearman, you need to add ppa:ondrej/pkg-gearman
2. If you are using apache2, you are advised to add ppa:ondrej/apache2
3. If you are using nginx, you are advised to add ppa:ondrej/nginx-mainline
   or ppa:ondrej/nginx
```

图 7-68　更新软件包列表

然后安装 7.2 版本的 PHP，参数前加上 -y 就不用回答每项问题了，如图 7-69 所示，命令如下：

```
apt-get -y install php7.2
```

```
root@skill:~# apt-get -y install php7.2
Reading package lists... Done
Building dependency tree
Reading state information... Done
The following additional packages will be installed:
  libapache2-mod-php7.2 libpcre3 php-common php7.2-cli php7.2-common php7.2-json php7.2-opcache php7.2-readline
Suggested packages:
  php-pear
The following NEW packages will be installed:
  libapache2-mod-php7.2 php-common php7.2 php7.2-cli php7.2-common php7.2-json php7.2-opcache php7.2-readline
The following packages will be upgraded:
  libpcre3
1 upgraded, 8 newly installed, 0 to remove and 55 not upgraded.
Need to get 3,902 kB of archives.
After this operation, 17.1 MB of additional disk space will be used.
Get:1 http://ppa.launchpad.net/ondrej/php/ubuntu focal/main amd64 libpcre3 amd64 2:8.45-1+ubuntu20.04.1+deb.sury.org+1 [240 kB]
Get:2 http://ppa.launchpad.net/ondrej/php/ubuntu focal/main amd64 php-common all 2:94+ubuntu20.04.1+deb.sury.org+2 [16.4 kB]
Get:3 http://ppa.launchpad.net/ondrej/php/ubuntu focal/main amd64 php7.2-common amd64 7.2.34-43+ubuntu20.04.1+deb.sury.org+1 [5
70 kB]
14% [3 php7.2-common 220 kB/570 kB 39%]                                                12.0 kB/s 4min 44s
```

图 7-69　安装 PHP

PHP 安装完成后，可以输入 php -v 命令查看安装情况和 PHP 版本号，如图 7-70 所示。

```
root@skill:~# php -v
PHP 7.2.34-43+ubuntu20.04.1+deb.sury.org+1 (cli) (built: Sep  2 2023 08:01:00) ( NTS )
Copyright (c) 1997-2018 The PHP Group
Zend Engine v3.2.0, Copyright (c) 1998-2018 Zend Technologies
    with Zend OPcache v7.2.34-43+ubuntu20.04.1+deb.sury.org+1, Copyright (c) 1999-2018, by Zend Technologies
root@skill:~#
```

图 7-70　检查 PHP 安装情况

接下来安装安装 PHP 常用的扩展，比如 mysql，json，xml 等等，使其有较完善的功能，如图 7-71 所示，命令如下：

```
apt-get -y install php7.2-fpm php7.2-mysql php7.2-curl php7.2-json php7.2-mbstring php7.2-
xml  php7.2-intl php7.2-odbc php7.2-cgi
```

```
root@skill:~# apt-get -y install php7.2-fpm php7.2-mysql php7.2-curl php7.2-json php7.2-mbstring php7.2-xml  php7.2-intl php7.2
-odbc php7.2-cgi
Reading package lists... Done
Building dependency tree
Reading state information... Done
php7.2-json is already the newest version (7.2.34-43+ubuntu20.04.1+deb.sury.org+1).
php7.2-json set to manually installed.
Suggested packages:
  libmyodbc odbc-postgresql tdsodbc unixodbc-bin php-pear
The following NEW packages will be installed:
  libodbc1 php7.2-cgi php7.2-curl php7.2-fpm php7.2-intl php7.2-mbstring php7.2-mysql php7.2-odbc php7.2-xml
0 upgraded, 9 newly installed, 0 to remove and 145 not upgraded.
Need to get 3,935 kB of archives.
After this operation, 19.2 MB of additional disk space will be used.
Get:1 http://cn.archive.ubuntu.com/ubuntu focal-updates/main amd64 libodbc1 amd64 2.3.6-0.1ubuntu0.1 [190 kB]
Get:2 http://ppa.launchpad.net/ondrej/php/ubuntu focal/main amd64 php7.2-cgi amd64 7.2.34-43+ubuntu20.04.1+deb.sury.org+1 [1,39
8 kB]
```

图 7-71　安装 PHP 扩展软件

（3）测试 PHP 功能。安装完毕后，做一下测试，查看 PHP 是否能正常工作。

Apache 和 PHP 的默认网站目录在 /var/www/html，可以编写一个简单的网页测试一下，在该目录下使用 vi index.php 命令编辑一段简单的 PHP 脚本，命令如下：

```
<?php
$a=$_GET[ ‘a’ ];
echo $a;
?>
```

该脚本的作用是获取用户提交请求中的参数 a 的值，返回这个值到用户浏览器。

保存退出后，重启 Apache 服务使 index.php 文件生效，命令如下：

```
systemctl restart apache2
```

在浏览器上访问 WEB 服务，使用 get 方法传递参数 a 并赋值为 1，如果能打印出这个值，则说明 PHP 服务正常运行，如图 7-72 所示。

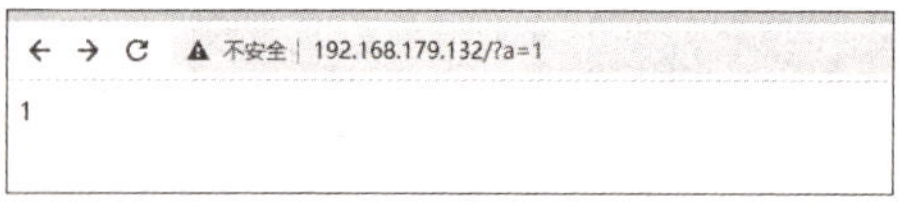

```
不安全 | 192.168.179.132/?a=1
1
```

图 7-72　测试 PHP 功能

（4）安装 ModSecurity 模块。接下来安装 Apache 的 ModSecurity 模块，如图 7-73 所示，执行下面的命令进行安装：

```
apt-get install libapache2-mod-security2
```

```
root@skill:~# apt-get install libapache2-mod-security2
Reading package lists... Done
Building dependency tree
Reading state information... Done
The following additional packages will be installed:
  liblua5.1-0 libyajl2 modsecurity-crs
Suggested packages:
  lua geoip-database-contrib ruby python
The following NEW packages will be installed:
  libapache2-mod-security2 liblua5.1-0 libyajl2 modsecurity-crs
0 upgraded, 4 newly installed, 0 to remove and 55 not upgraded.
Need to get 548 kB of archives.
After this operation, 4,287 kB of additional disk space will be used.
Do you want to continue? [Y/n]
```

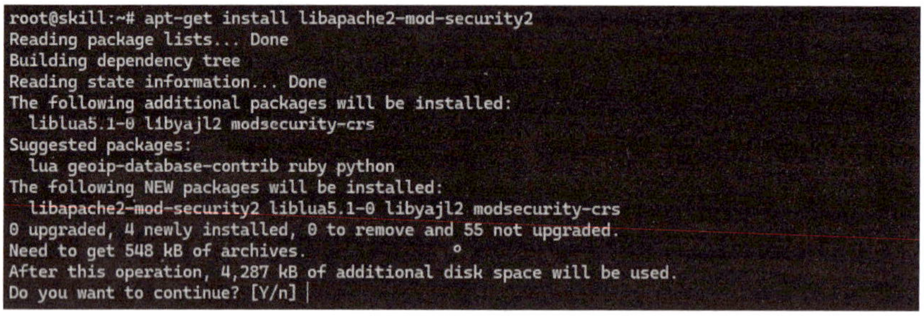

图 7-73　安装 ModSecurity 模块

安装完成后，重启 Apache 服务，使模块加载到 Apache 服务里面，命令如下：

```
systemctl restart apache2
```

检查 ModSecurity 模块是否正常加载如图 7-74 所示，执行以下命令，可看到模块已加载：

```
apachectl -M | grep security
```

```
root@skill:~# apachectl -M | grep security
AH00558: apache2: Could not reliably determine the server's fully qualified domain name, using 127.0.1.1. Set the 'ServerName' directive globally to suppress this message
 security2_module (shared)
root@skill:~#
```

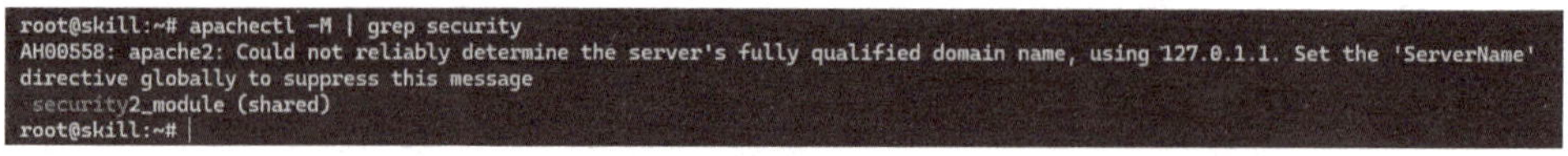

图 7-74　检查 ModSecurity 安装情况

最后在 /etc/modsecurity 目录下将示例配置文件样本 modsecurity.conf-recommended 改名为 modsecurity.conf（复制也可以），使得 ModSecurity 能正常工作，命令如下：

```
mv modsecurity.conf-recommended modsecurity.conf
```

2. 测试 ModSecurity

（1）配置 ModSecurity。打开配置文件 modsecurity.conf，查找 SecRuleEngine，将后面的值 DetectionOnly 改为 On。如图 7-75 所示。

查找 SecAuditLogParts（约第 187 行），将后面的值改为 ABCEFHJKZ，如图 7-76 所示。

修改完成后保存退出，然后再次重新启动 Apache 服务，命令如下：

```
systemctl restart apache2
```

```
# Enable ModSecurity, attaching it to every transaction. Use detection
# only to start with, because that minimises the chances of post-installation
# disruption.
#
SecRuleEngine on
```

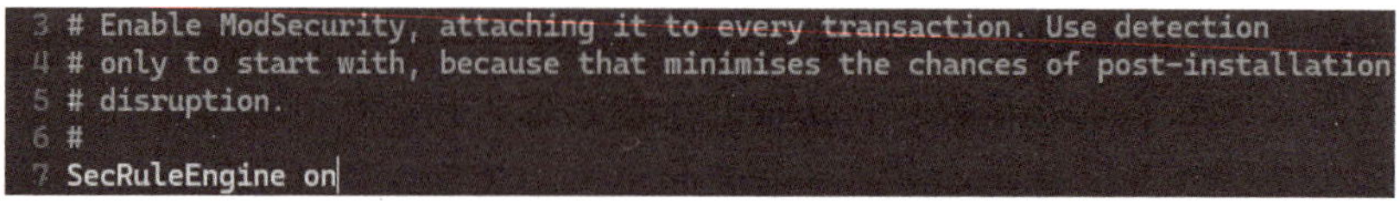

图 7-75　修改 SecRuleEngine 选项设置

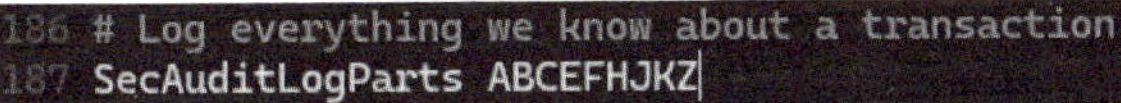

图 7-76 修改 SecAuditLogParts 选项设置

接下来测试 XSS 攻击，通过变量 a 传递一个 XSS 攻击常用的弹窗攻击语句，来查看效果。方法是在访问页面的 URL 后面加上"?a=<script>alert(1)</script>"，这是一个简单的 XSS 测试用例，客户端通过 Request 方法传递了一个脚本语句，弹出警告对话框。结果如图 7-77 所示，网站回应访问被禁止，不被允许访问此资源。

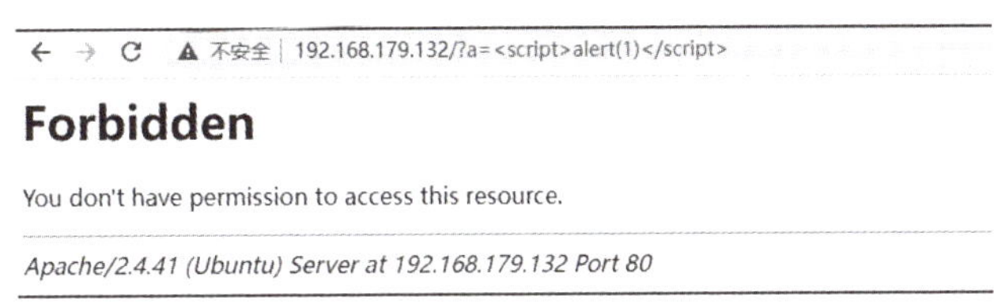

图 7-77 测试 ModSecurity 工作情况

这是因为 modsecurity.conf 配置文件中默认加载了 OWASP 的防护规则，当检测到用户请求中含有不安全的内容时进行拦截，并给出回应，说明 ModSecurity 已正常工作。

（2）测试编写安全规则。下面来尝试自己编写安全规则抵御 XSS 攻击。为了方便测试，需要先将默认加载的防护规则注释掉。在 /etc/apache2/mods-enabled/security2.conf 配置文件中找到下面的命令，在前面加上"#"号注释掉，如图 7-78 所示。

```
#IncludeOptional /usr/share/modsecurity-crs/*.load
```

```
<IfModule security2_module>
        # Default Debian dir for modsecurity's persistent data
        SecDataDir /var/cache/modsecurity

        # Include all the *.conf files in /etc/modsecurity.
        # Keeping your local configuration in that directory
        # will allow for an easy upgrade of THIS file and
        # make your life easier
        IncludeOptional /etc/modsecurity/*.conf

        # Include OWASP ModSecurity CRS rules if installed
        #IncludeOptional /usr/share/modsecurity-crs/*.load
</IfModule>
```

图 7-78 注释掉自带 OWASP 安全规则

保存以后，重新启动一下 Apache 服务，然后测试一下刚才的 URL 请求，看是否能检测和防御 XSS 攻击。可以看到去掉安全规则后，成功触发了 XSS 攻击，浏览器上出现警告对话框，如图 7-79 所示。

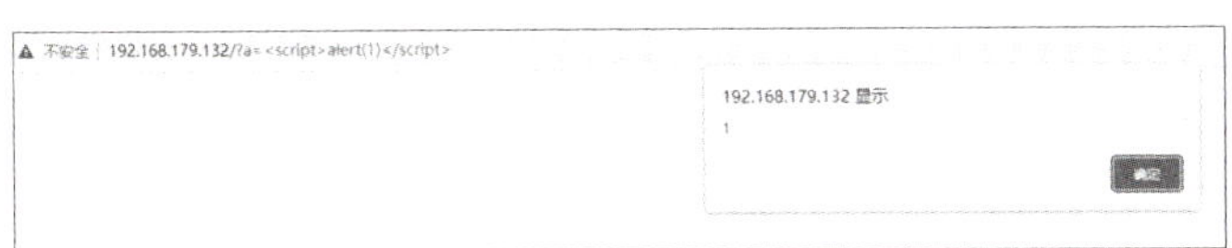

图 7-79 测试 XSS 攻击

下面编写一条安全规则，在 /etc/modsecurity 目录下运行 vi xss.conf 命令，然后输入以下命令，如图 7-80 所示。

```
SecRule ARGS "@contains <script>" "id:10001,phase:1,t:lowercase,
t:removeWhitespace,deny,status:403,auditlog"
```

```
root@skill:/etc/modsecurity# cat xss.conf
SecRule ARGS "@contains <script>" "id:10001,phase:1,t:lowercase,t:removeWhitespace,deny,status:403,a
uditlog"
```

图 7-80　编写 XSS 安全规则

这条规则的含义是：检查所有请求参数，匹配是否存在“<script>”字符串，这是命令语句关键字。然后看一下 ACTIONS（动作）部分各个选项的含义：

```
id:10001                -- 规则的 ID 号
phase:1                 -- 此规则应用于第 1 阶段
t:lowercase             -- 将字符转换为小写再匹配，即大小写无关
t:removeWhitespace      -- 移除掉空客字符
deny                    -- 此规则触发后阻断该流量，拦截此次访问
status:403              -- 指定动作拒绝的响应状态代码为 403
auditlog                -- 将此次访问记录到审计日志中
```

我们编写的 xss.conf 文件所在的目录已经包含在配置文件中了，所以直接重启 Apache 服务使规则生效就可以了。

在浏览器中再次输入刚才的 URL 请求，如果出现前面的访问被禁止的提示，则说明规则配置正确并应用成功。

五、任务实战

1. 任务情境

某港口的 WEB 服务最近遭受到攻击，网站页面被恶意篡改，造成了不良影响。经分析判断恶意分子利用了 WEB 站点的漏洞获取到后台管理权限，进而篡改了信息。为了加强对 WEB 应用的安全防护，现在需要在 WEB 服务器上部署 WEB 应用安全防火墙，阻断不安全的 WEB 应用访问，保障业务的正常运行，网络拓扑图如图 7-81 所示。

2. 任务要求

根据问题情境，请读者完成以下 2 个工作任务：

任务 1：在 WEB 上安装 ModSecurity 2.9.X，开启阻断模式并应用 OWASP 核心规则文件。

任务 2：请在规则目录下创建 user.conf 文件，配置安全防护规则。

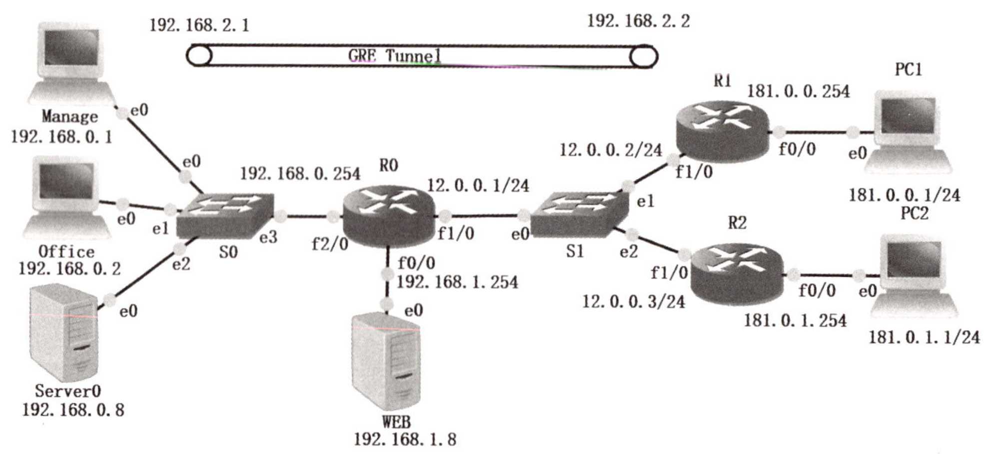

图 7-81　港口网络拓扑图

3. 任务实施步骤

任务 1：在 WEB 上安装 ModSecurity 2.9.X，开启阻断模式并应用 OWASP 核心规则文件。（请参照能力训练中的内容完成此步骤。）

搭建一个 Linux VM 服务器，安装 Apache 和 PHP 网站平台，并创建一个网页文件或是安装一个 WEB 网站，再安装 ModSecurity 2.9.X，开启阻断模式并应用 OWASP 核心规则文件，最后将该服务器加入到网络拓扑中作为 WEB 服务器。

任务 2：请在规则目录下创建 user.conf 文件，配置安全防护规则。

（请根据下列要求编写安全规则）

（1）拦截所有请求方式为 HEAD、PUT、DELETE、CONNECT、TRACE 的 HTTP 数据包。

（2）检查请求的参数是否含有经 Base64 编码的字符串“eval”（不分大小写），如果有则阻断该通信，并返回 403 状态码。

（3）阻止来自地址 181.0.1.0/24 的 WEB 请求。

六、学习结果评价

本节主要讨论了以 WEB 应用为典型目标的安全威胁与防治的方法。WAF 是一种专用于 WEB 服务的安全防御技术措施，通过对 ModSecurity 的学习有助于熟悉 WAF 的工作原理，提升信息安全应用水平。为让读者清楚自身学习情况，现将设定学习结果评价表，小组同学之间可以交换评价，进行互相监督，见表 7-5。

表 7-5 学习结果评价表

序号	评价内容	评价标准	评价结果（是 / 否）
1	安装 ModSecurity	能正确安装和使用 ModSecurity	
2	配置 ModSecurity 防护功能	能正确配置 WEB 防护规则	

七、课后作业

1. 填空题

（1）状态检测防火墙工作在 OSI 模型的第 2 层到第（　　）层。

（2）ModSecurity 分为 2 和 3 两个大的版本，其中（　　）版本以 Apache 的一个扩展模块形式存在。

（3）Apache 请求周期的五个阶段分别是（　　）、（　　）、（　　）、（　　）、（　　）。

（4）默认 Apache 在加载 ModSecurity 模块时的配置文件是（　　）。

（5）SecRule 指令后跟 3 个部分参数，分别是（　　）、（　　）、（　　）。

2. 选择题

（1）【多选】WEB 应用层攻击包括（　　）。

A．DDoS　　B．SQL injection

C．Remote Code Execution　　D．Cross-site Scripting

E．SYN scan　　F．Arbitrary File Download

（2）ModSecurity 相对于普通的入侵防御系统主要的优势在于（　　）。

A．ModSecurity 只专注于处理 WEB 应用的安全防御，不易受到其他干扰。

B．ModSecurity 的安装和配置过程简单。

C．ModSecurity 工作在已解密或已解压的应用层数据处理环节。

D．ModSecurity 的处理性能比其他入侵防御产品高。

（3）ModSecurity 运行时的配置文件是（　　）。

A．/etc/apache2/modsecurity/modsecurity.conf

B．/etc/modsecurity/modsecurity.conf-recommended

C．/etc/apache2/mods-enabled/security2.conf

D．/etc/modsecurity/modsecurity.conf

（4）配置项 SecRuleEngine 的参数值设置为 On 代表（　　）。

A．支持分析安全规则　　B．启用安全规则引擎

C．启用用户自定义安全规则　　D．开启规则引擎的阻断功能

3．判断题

（1）ModSecurity 里的 .conf 文件既记录配置也保存规则。（　　）

（2）ModSecurity 支持两种部署方式：模块式和反向代理。（　　）

（3）记录阶段总是会被执行，即便前面发生了阻断操作。（　　）

（4）ModSecurity 会在每个阶段依次执行该阶段的规则，所以在编写规则时必须按阶段顺序编写。（　　）

4．简答题

（1）请简述一款 WAF 产品通常具有哪些功能。

（2）请简述 SecRule 规则指令后 3 个部分参数分别的作用。

参考文献

[1] 徐军，杨木伟，王追，等．网络安全防护体系建设的实践探索与思考 [J]．广播与电视技术，2019，46（8）：99-103．

[2] 刘积芬．网络入侵检测关键技术研究 [D]．上海：东华大学，2013．

[3] 黄硕．基于虚拟化及 SDN 技术的企业园区网络优化设计 [D]．济南：山东大学，2015．

[4] 夏玉涛．新一代防火墙技术在网络信息安全中的应用 [J]．无线互联科技，2011（10）：19．

[5] 郭征，吴向前，刘胜全．针对校园网 ARP 攻击的主动防护方案 [J]．计算机工程，2011，37（05）：181-183．

[6] 唐涛．ARP 欺骗攻击分析及一种新防御算法 [J]．中国高新技术业，2008（12）：129-134．

[7] 唐克．企业网络安全防护体系构建研究 [J]．中国高新技术企业，2015（18）：12-13．

[8] 龚俭，臧小东，苏琪，等．网络安全态势感知综述 [J]．软件学报，2017，28（4）：1010-1026．

[9] Harrington D.An Architecture for Descri bing Simple Network Management Protocol(SNMP)Management Frameworks[S].RFC, 2002: 3411.

[10] Dong Z, Xu T, Li Y, et al.Review and application of situation awareness key technologies for smart grid[C]//2017 IEEE Conference on Energy Internet and Energy System Integration(EI2), 2017: 1-6.

[11] Franke U, Brynielsson J.Cyber situational awareness-A systematic review of the literature[J].Computers&Security, 2014, 46: 18-31.

[12] An J, Li X H, You C L, et al.The Research of Cyber Situation Awareness Model[C]//International Conference on Intelligent and Interactive Systems and Applications.Cham: Springer, 2016: 232-238.

[13] Stanton N A, Salmon P M, Walker G H, et al.State-of-science: situation awareness in individuals, teams and systems[J].Ergonomics: The official Publication of the Ergonomics Research Society, 2017, 60(4): 449-466.

读书笔记

读书笔记